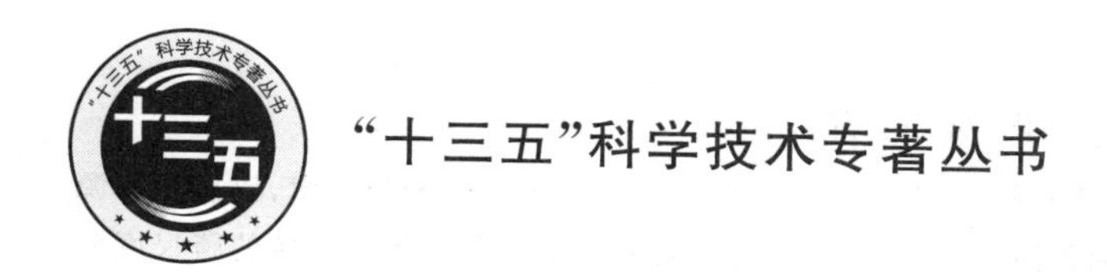

多源运动图像的跨尺度融合研究

杜军平　徐　亮　李清平　著

北京邮电大学出版社
www.buptpress.com

内 容 简 介

本书主要研究了多源运动图像的跨尺度分析、配准、拼接、融合与降噪等相关理论与技术，以提高多源运动图像配准与融合算法的精度、实时性和鲁棒性等为目的，将研究成果应用在多源运动图像的跨尺度分析与处理等实际问题中。本书提出了各类运动图像跨尺度分析、运动图像的跨尺度配准和拼接方法，重点提出了多传感器、多曝光、多尺度、自适应的运动图像融合方法，设计并实现了多传感器运动图像的跨尺度分析与融合系统，并将本书的相关研究成果集成在该系统中。

本书体系结构完整，注重理论联系实际，可作为电子信息工程、计算机科学与技术、软件工程、通信信息处理等相关专业的工程技术人员、科研人员、研究生和高年级本科生的参考用书。

图书在版编目（CIP）数据

多源运动图像的跨尺度融合研究 / 杜军平，徐亮，李清平著. -- 北京 ：北京邮电大学出版社，2018. 6

ISBN 978-7-5635-4925-2

Ⅰ. ①多… Ⅱ. ①杜… ②徐… ③李… Ⅲ. ①图象处理－研究 Ⅳ. ①TN911. 73

中国版本图书馆 CIP 数据核字（2016）第 210882 号

书　　　名：多源运动图像的跨尺度融合研究
著作责任者：杜军平　徐 亮　李清平　著
责 任 编 辑：刘　颖
出 版 发 行：北京邮电大学出版社
社　　　址：北京市海淀区西土城路 10 号（邮编：100876）
发　行　部：电话：010-62282185　传真：010-62283578
E-mail：publish@bupt. edu. cn
经　　　销：各地新华书店
印　　　刷：北京鑫丰华彩印有限公司
开　　　本：787 mm×1 092 mm　1/16
印　　　张：15. 75
字　　　数：407 千字
版　　　次：2018 年 6 月第 1 版　2018 年 6 月第 1 次印刷

ISBN 978-7-5635-4925-2　　定　价：48. 00 元

· 如有印装质量问题，请与北京邮电大学出版社发行部联系 ·

前　言

跨尺度运动图像融合是多传感器信息融合的一个重要分支。运动图像融合可以有效合成多源运动图像序列信息，从图像序列中提取并融合有用的信息，生成针对相同监控场景目标的更加精细、完整和稳定的运动图像表示。同时，可以在不同情境、不同模态、不同距离和视角下，使得对监控场景对象的综合特征的融合结果与监控者的视觉特征更为相符，为更深入地研究目标场景的检测、识别、跟踪等提供依据。

在多传感器合作过程中，各传感器获取的运动图像信息具有互补性和冗余性，因此融合图像包含了比任何单一传感器输入通道的图像更丰富、更全面、更细节的信息，可以有效地提高图像中的信息含量，使融合结果有更高的可靠性和可信度，这有利于提高对运动图像信息的分析、识别和理解能力。

在场景监控、视觉导航和目标识别追踪系统中，利用多个角度、多种类型的传感器捕获不同视角、不同拍摄条件的运动图像信息，通过图像融合技术综合各图像的互补信息和冗余信息，可扩展传感器获取信息的有效范围，提升实际应用系统的可靠性和可维护性，降低对单个传感器的依赖程度，获取对目标场景的可靠准确描述，进一步提升目标图像的视觉效果。

本书共分 10 章。第 1 章是绪论；第 2 章是运动图像跨尺度分析方法研究；第 3 章是基于局部三值模式的运动图像配准研究；第 4 章是基于特征相似性的多传感器运动图像序列融合方法研究；第 5 章是基于离散小波框架变换图像融合研究；第 6 章是基于统一离散曲波变换和时空信息的运动图像融合研究；第 7 章是基于多尺度变换的多传感器运动图像序列融合与降噪方法的研究；第 8 章是多曝光运动图像序列融合方法研究；第 9 章是基于分散式卡尔曼滤波的自适应多视频传感器融合研究；第 10 章给出了利用本书提出的相关算法设计和实现的运动图像融合系统。

本书由杜军平、徐亮、李清平共同完成写作。参加写作的还有宋福照、胡前、陆承、张振红、范聃、王连海等。本书得到国家重点基础研究发展计划（973

计划)项目(2012CB821200)“空间合作目标运动再现中跨尺度控制的前沿数学问题”中的课题“空间多源数据分析与跨尺度融合”(2012CB821206)资助。因作者水平有限,书中错误在所难免,请读者多批评指正。

北京邮电大学　杜军平

目　录

第1章 绪 论

1.1 研究背景与意义

随着现代信息处理技术、通信技术、传感器技术和存储技术的不断发展，图像和视频传感器已经得到了大范围的应用，从而产生了海量的运动图像。例如，在空间交会对接的最后阶段，依靠视觉信息获取各子系统的位置，这就需要传输和处理大量的图像信息，从中获取运动目标之间的相对位置、相对速度和相对姿态，为空间交会对接过程提供准确的运动信息。因此需要提供更加稳定高效的图像处理技术，使得处理后的图像信息易于传输，并且能够清晰准确地表达运动目标的速度、位姿等内在信息以及场景等上下文信息。

随着传感器技术的迅速发展，各类传感器被大量地用于监控、军事、航空航天等领域。由此也让我们面临一个重要的问题，那就是如何将来自不同传感器的信息有效地结合成一个融合的信息表示来解释[1,2]。多传感器信息融合正是以此为目的而提出的有效策略。多个传感器针对同一目标或场景捕获的多源运动图像具有冗余性和互补性，基于此特性，从不同尺度和层次对多源运动图像进行分析并合成，就可以得到比输入的原图像包含更多重要和感兴趣细节信息的融合结果，该融合结果能在很大程度上描述运动目标或场景的综合信息[3,4]。

跨尺度运动图像融合是多传感器信息融合的一个重要分支。多源运动图像配准和融合技术也是在此技术的理论基础上发展起来的图像处理技术[5]。运动图像融合可以有效合成多源运动图像序列信息，从图像序列中提取并融合有用的信息，生成针对相同监控场景目标的更加精细、完整和稳定的运动图像表示[6,7]。同时，可以获得在不同情境、不同模态、不同距离和视角下对监控场景对象的综合特征表示[8]。融合结果与监控者的视觉特征更为相符，为更深入地解析目标场景，检测、识别、跟踪目标提供更好的数据基础。运动图像融合在卫星遥感、航空航天、机器人视觉等领域的图像处理及分析，在实际的工程项目中得到了广泛应用[9,10]。

在多传感器合作过程中由各传感器获取的运动图像信息具有互补性和冗余性，因此融合图像包含了比任何单一传感器输入通道的图像更丰富、更全面、更具细节的信息[11]，可以提高图像中的有效信息含量，使融合结果有更高的可靠性和可信度。这有利于提高对运动图像信息的分析、识别和理解能力，提高空间交汇对接过程中各子系统间合作的稳定性[12]。因此开展多源运动图像跨尺度融合的理论及实现方法的研究具有重要的意义。

然而，由于系统中不同传感器的光谱波段、模态、位置、分辨率、对比度参数设置不同等多种因素的影响，使得多个传感器获取关于同目标或同场景的运动图像之间存在相对平移、旋转、缩放、亮度变化等差异[13-15]，这导致多源运动图像不能直接进行像素级融合，因而在融合之前需要先对其进行配准[16]。运动图像配准可以对多源运动图像进行匹配，将这些来自多个摄像头、不同距离或视角的图像序列在同一个坐标空间内对齐。对运动图像序列中表示同一目标、对象的像素点进行精确的空间坐标对准和定位，而且配准的精度越高，融合结果包含的信息就越准确、越可靠[17]。图像配准是多源运动图像融合的前提，也是自动目标识别、计算机视觉、3D目标重建、医学和遥感影像处理等领域中关键技术的基础[18,19]。

目前，研究人员已经提出了很多配准和融合的方法，这些方法在图像配准和融合上已经取得了很好的效果，但是在算法的适用性、运动性和跨尺度等方面仍有待深入研究。鉴于此，本书根据空间合作目标运动再现的特点和需求，围绕上述问题，深入研究多源运动图像的跨尺度配准与融合算法及相关问题，给出有效的运动图像的跨尺度配准与融合的理论和方法。

为了获取完整准确的运动目标场景信息，实现对运动目标的准确分析，需要对不同传感器捕获的图像信息进行融合，获取融合图像，完整表达场景信息，同时降低冗余。要提高图像融合方法的性能和可靠性，就需要进一步研究运动图像跨尺度分析方法，从不同尺度分析运动图像的特征属性，为运动图像融合提供支持。在运动图像分析和融合的过程中，涉及跨尺度问题，主要表现在时间和空间上的跨尺度、图像频率跨尺度以及不同光照尺度等。对于跨尺度相关问题的研究，目前还处于起步阶段，需要不断地提出更好的解决方法，处理在运动图像分析与融合过程中遇到的跨尺度问题，为空间合作目标运动再现研究提供可靠的图像数据。

如何利用运动图像中存在的运动信息，有效地对运动图像进行分析，是图像处理研究领域中的关键问题[20,21]。运动图像提供了比静态图像更丰富的信息，通过对运动序列图像的分析，可以获得从单一图像中观察不到的图像运动目标的位置、速度、姿态等运动状态信息。传统的运动图像分析方法主要是在时间尺度上从二维图像序列中提取运动参数，分析运动规律，获取运动图像的流体结构特征，从而更有效地进行运动图像的识别、稳定化与融合。本书主要从运动图像的时空尺度和频率尺度出发，综合利用运动估计、多尺度变换与视觉关注度等技术，实现对运动图像的综合分析，构建运动图像分析方法，并将其应用于运动图像融合，使其提高融合运动图像的质量。

在场景监控、视觉导航和目标识别追踪系统中，视觉信息是提高系统性能和精度的重要手段。由于现实环境的复杂多变特性，在采集的图像中可能会夹杂着噪声、信息内容不完整、物体遮挡、光照变化等情况，使得图像的视觉效果较差，图像不能表示场景的完整信息，严重影响运动目标的准确识别和提取。因此利用多个角度、多种类型的传感器，捕获不同视角、不同拍摄条件的运动图像信息，通过图像融合技术综合各图像的互补信息和冗余信息，扩展传感器获取信息的有效范围，提升实际应用系统的可靠性和可维护性，降低对单个传感器的依赖程度，可以获取对目标场景的可靠准确描述，进一步提升目标图像的视觉效果[22]。

运动图像分析与融合在图像场景的表达方面具有重要作用，将其应用于视觉导航过程中对图像的处理方面，可以有效分析目标的运动特性，捕获完整的目标和场景信息，从而为获取目标的相对位姿与速度提供视觉数据保证。通过对视觉导航信息系统的应用进行需求分析，多传感器运动图像分析与融合仍然存在以下问题需要解决：

一是如何更好地分析运动图像的时间特性和空间特性，获取运动图像的时空系数，为运动图像融合提供数据支撑。解决的方法是构建运动图像跨尺度分析方法，同时从时间、空间和频率角度对运动图像进行分析，保证分析结果的时间一致性和稳定性。

二是解决存在环境干扰情况，包括噪声、遮挡和光照变化等，致使单个传感器很难捕获完整清晰的目标场景，导致视觉导航系统无法获取到高质量的图像视觉信息，影响系统的准确性和稳定性。解决的途径是采用运动图像融合技术，融合多个传感器捕获的目标场景信息，在融合的过程中消除干扰信息,从而显示完整的目标运动轨迹和场景,保证系统获取到完整准确的视觉信息,同时降低冗余,便于各个子系统之间的通信传输。

为了有效解决上述问题,我们重点考虑从运动图像时空尺度、不同频率尺度、不同传感器尺度及光照变化尺度出发探索解决问题的新方法,其中面对的难点体现在时空尺度及频率尺度。已有的图像分析方法,要么单纯从时间尺度出发考虑图像序列的运动特征,要么从空间尺度出发,分析图像的几何特征,以及图像不同频率尺度特征,没有真正将时间尺度、空间尺度和频率尺度融合在一起从整体上考虑,这就需要从分散的单尺度分析转到多尺度综合分析,实现图像分析的一致性和全面性,提升描述图像特征的能力,进而解决运动图像及噪声运动图像的融合问题。

不同传感器尺度。不同模态传感器在捕获场景信息时,由于其成像机理不同,捕获到的场景细节不同,其图像内容之间可能是互补或冗余关系。例如,红外和可见光传感器同时拍摄的相同场景图像,如何判断图像信息之间的互补和冗余关系,是提升融合图像质量的关键。

光照变化尺度。由于现实环境复杂多变,在传感器捕获图像的过程中可能会遇到光照变化情况,致使捕获的图像内容不完整、不清晰,影响视觉导航系统的处理分析。已有的图像融合方法不能适应不同光照变化情况下的运动图像融合,导致融合图像仍然不能满足场景完整捕获的要求,需要设计新的算法克服光照变化造成的影响,保证融合图像的质量。

综上所述,传统的图像分析与融合方法无法完全满足对运动图像处理的要求。本书根据运动图像的特点,结合其中存在的跨尺度特征,对多传感器运动图像跨尺度分析与融合方法展开深入研究,相关研究成果可以提供丰富、完整、清晰的目标场景信息,更好地满足视觉导航系统需求,为空间合作目标运动再现研究提供服务。

1.2 研究现状

1.2.1 运动图像分析

世界是动态变化的,相比于单一的静态图像,运动图像序列可以提供更加丰富的信息,通过分析运动图像序列,不仅可以理解图像的内容,还可以了解复杂的动态变化过程。对运动图像几何特征及运动特征的分析,直接关系到后续图像处理任务的完成质量。运动图像跨尺度分析主要涉及运动估计和多尺度几何分析等技术。

运动估计的任务是从连续的图像序列中检测目标的运动,获取表示目标运动的运动向量。运动向量可能与整个图像相关,表示全局运动估计,也可能与图像局部区域有关。从早期的光流估计方法[23]开始,研究者已经提出了各种各样的模型和计算工具来分析视频图像序列中的运动信息。运动图像序列的运动信息是非常关键的因素,大量运动估计方法已经被成功应用于视频摘要[24]、视频稳定化[25]、视频压缩[26]、视频降噪[27]、帧插值[28]、三维几何重构[29]、目标跟踪[30]和分割[31]等。

另外,与运动估计非常相关的主题有图像对应[32]、图像配准[33]、图像匹配[34]、图像对齐[35]等。最初在计算机视觉中运动估计被称为图像序列分析。变分方法和基于块的平移配准技术被广泛认为是运动估计方法的基础。运动估计方法主要有块匹配法、光流法、特征法和相位法等。

图像块匹配运动估计方法假设在局部块内像素做相同运动，在相邻图像帧中，根据一定的匹配准则在一定的搜索范围内搜索最相似的块，计算对应块的运动位移作为当前图像块的运动向量。该类方法重点在于改善搜索匹配算法的效率来提高算法性能最广泛应用的一种方法是菱形搜索算法（Diamond Search）[36]，包括大菱形搜索模式（LDST）和小菱形搜索模式（SDSP）两种，是一种快速的块匹配运动估计方法。

为了进一步提高块匹配算法的速度和精度，自适应十字模式搜索（Adaptive Rood Pattern Search）[37]方法基于如下方法来提高搜索速度，即通常情况下在一帧图像中像素的运动是一致的，如果当前图像块周围的块向某个方向运动，则当前图像块有相似运动的概率是最大的，以此估计当前图像块的初始值，限制搜索范围，加快搜索速度。为了获得更好的运动向量估计，Nisar 等人[38]组合时空相关信息和预测的运动向量方向来提高块匹配的精度和速度。

光流估计方法[39,40]能够独立地估计每个像素的运动向量。从 Lucas 和 Kanada 以及 Horn 和 Schunck 的奠基性工作开始，光流技术得到了快速的发展，取得了丰硕的成果，尤其是随着各种数学理论和方法在图像处理领域的广泛应用，促进了各种有效的光流计算模型的提出，极大地提高了光流估计的精度和实时性[41]。采用近似最近邻场，估计大位移光流，可以有效处理具有大位移运动的估计问题[42]。结合使用全局和局部运动模型，将场景中刚性运动估计问题转变为全局摄像机运动参数的估计问题[43]。

通过信道表示分解图像以及描述子恒常假设代替标准亮度恒常假设[44]、集成高阶全变分正则项[45]、局部自适应数据项[46]、各向异性粘贴张量投票[47]、先验各向异性平滑[48]等方法可提高光流运动估计的性能。精确的光流估计仍然在快速发展，评估光流算法的基准和不断更新的技术[49,50]促进了光流算法质量的不断提升。

特征运动估计方法利用角点、边缘、区域等局部和全局特征在相邻帧之间匹配特征结构，以此计算特征向量[51]。Guerreiro 和 Aguiar[52]讨论了基于特征的方法和非特征方法的优缺点，提出了一种迭代方案组合基于特征方法的简单性和非特征方法的鲁棒性来估计运动向量。Tok 等人[53]依据 Helmholtz 原理提出了一种基于特征的两步运动估计算法。

相位相关法[54,55]通过在傅里叶变换域利用其移位性质计算相邻帧之间的运动向量。相位相关法可检测出图像的尺度变换和旋转变换，在某些情况下性能很好，但其结果容易受到其信号特性和噪声的影响。子图像的应用极大地提高了相位相关运动估计的速度[56]，利用子图像的相位相关运动估计，得到全局运动估计向量，全局运动向量根据子图像相位相关表面的峰值来决定。在混叠和噪声存在的情况下，采用奇异值分解和随机抽样一致性算法，可以准确地进行亚像素相位相关运动估计[57]。子六边形相位相关运动估计算法[58]将图像在六边形网格上采样，并在傅里叶变换域进行六边形交叉相关计算，得到浮点精度的运动向量。

多尺度几何分析是从数学分析、计算机视觉、模式识别、统计分析和生理学等学科发展而来的一种信号分析方法，已经广泛地应用于图像处理、计算机视觉等领域，其目的在于建立最优逼近意义下的高维函数，检测、表示、处理高维空间数据。多尺度几何分析方法可以从多尺度、局部性、方向性和各向异性四个角度分析图像的边缘、纹理、结构等几何特征[59]，可以结合分析运动信息的运动估计方法用于运动图像跨尺度分析。多尺度表示对图像信号实现了由粗到精的连续逼近；局部性刻画了图像在空域和频域所具有的局部特征，并根据尺度的不同具有可伸缩性；方向性是指设计的基对信号具有灵活的方向选择特性，能够随尺度变化而变化，以便更好地逼近原始信号；各向异性是指通过考虑图像的几何正则性，构建一种支撑区间表现为长条形的基，该类型的基实现了奇异曲线的最优逼近，并体现了信号的方向性。

从最初的金字塔变换[60]开始,研究者已经做了大量探索性研究工作,提出了众多具有里程碑意义的多尺度几何分析方法。金字塔变换将图像分解成包含多级不同空间分辨率、不同尺度子图像的塔形结构实现图像分析。小波变换[61,62]与金字塔变换类似,但是小波变换具有更佳的方向选择性。通常使用最多的是离散小波变换,其具有良好的时频联合分析特性,可以较好地表示图像的特征。但是它不具有平移不变性,二维小波变换仍然由一维信号直接表示,只具有有限的方向,容易引起系数的混叠现象。另外,小波变换没有充分利用数据本身的几何特征,不能最优地表示含线奇异性或者面奇异性的高维函数。

为了能够更好地分析二维或更高维数据、更好地逼近具有奇异曲线的信号,研究者提出了许多真正的具有高维数据分析能力的多尺度几何分析方法,主要包括:脊波(Ridgelet)变换[63]使得在高维空间的直线奇异性(纹理丰富的图像)得到良好的逼近,但是对于曲线奇异性的逼近性能较差;条带波(Bandelet)变换[64]利用图像自身的局部几何正则性,构造以边缘为基础的基函数,Bandelet变换在图像去噪和图像压缩中具有潜在的优势;曲波(Curvelet)变换[65]能够更好地逼近具有曲线奇异性的高维信号;轮廓波(Contourlet)变换[66]是一种真正的多分辨率的、局域的、方向的图像二维表示方法,继承了Curvelet变换的优点,具有支撑长条形结构的基,能够最佳地表示运动图像边缘;楔形波(Wedgelet)变换[67]是一种图像轮廓表示方法,能够自适应地捕获图像中的线和面特征,在含噪声数据的恢复中具有潜在优势;非下采样Contourlet变换(Nonsubsampled Contourlet Transform, NSCT)[68]采用非下采样滤波器组进行图像的尺度分解和方向分解,具有平移不变性,非常适合于图像去噪、图像增强和图像融合等应用。多尺度几何分析方法在图像处理领域已经取得了很大成果,其理论和算法还在不断发展,还需要探索和开发更加适合于运动图像跨尺度分析的多尺度几何分析方法。

针对运动图像的分析问题,大量的研究都是从分析图像序列的运动信息出发,获取运动目标的运动向量,或者单纯从单个图像分析入手,采用多尺度几何分析方法在空域和频域对图像特征进行分析,还有一些方法在运动估计中利用多尺度分析方法,但这也仅仅是为了更好地估计运动向量。在众多的运动分析方法中,真正同时考虑从时域、空域和频域对运动图像序列进行建模,进而刻画运动图像尺度特征的方法很少,能够应用于运动图像融合的运动图像分析方法更少,因此需要设计新的运动图像分析方法对跨尺度信息进行分析处理,从而有效地捕获运动目标和场景的细节,提高运动图像的融合能力。

1.2.2　图像配准研究

图像配准技术一经提出就得到大力支持和赞助[69]。随后研究人员对该技术进行了更为深入和广泛的研究,并被逐步推广应用到医学图像处理、机器视觉等相关领域中。对图像配准方法的综述性文献也相继出现[70-72]。按照图像配准的研究历程,研究人员将图像配准划分为三类:基于图像灰度统计的配准、基于图像变换域的配准和基于图像特征的配准。

1. 基于图像灰度统计的配准方法

基于图像灰度统计的配准方法直接使用图像的像素计算匹配的变换关系,该类配准直接在图像的空间灰度采用原始像素灰度信息进行匹配[73]。基于图像灰度统计的配准方法通常会选取一个输入图像间的相似度,该测度一般是由图像灰度信息中统计出来的特征生成的函数;计算该函数的极值,并对其进行优化,计算出精确的变换系数[74]。基于图像灰度统计的配准方法思想简洁,易于实现。然而该类方法在搜索空间较大时非常消耗计算时间,而且在图像有明显几何或亮度变化时配准效果不稳定。该类方法中应用较为广泛的有互相关方法、投影匹配方法和互信息方法[71]。

互相关匹配方法只能配准尺度和灰度信息相近的输入图像。在其中一幅图像上进行搜索，逐像素遍历计算输入图像间对应部分的互相关。以互相关作为目标函数，在该目标函数取最大时，得到该图像中与另一图像中匹配的点[73]。Pratt 对基于互相关技术的图像配准进行了全面研究，分析了其中关键技术的特性以及相关的不同算法性能[75]。投影匹配方法把二维的图像灰度值投影变换成为一维的数据，利用互相关匹配方法对图像窗口的一维投影数据进行相似度度量，也可以用一维数据的差分字符串匹配技术来提高运算速度[76]。

另外一种经典的配准算法为基于互信息的配准方法，通过计算两个变量 A 和 B 的熵以及它们的联合熵，得到它们之间的互信息[77]。若 A 和 B 代表两幅图像，互信息达到最大时得到配准参数。从而可以将互信息配准方法等价为一个优化问题，计算配准后的输入图像之间互信息最大时的变换参数。Viola、Rivaz、Sakai 等人应用互信息到医学图像配准，实现了不同模态的医学影像的精确配准[78-80]；Chen、Legg 等人也将基于互信息的配准应用于遥感图像配准和眼底成像技术中的配准，均取得了精确的配准结果[81,82]。

此外，研究人员也将图像变换技术应用到配准中，提出了图像变换域的配准方法，其中傅里叶变换方法是最为广泛使用的方法。该方法可以在变换域中检测出图像的平移、旋转等变化，此外变换域的方法还有一定程度的噪声抑制能力。采用 FFT 对图像进行配准的方法最早由 Anuta 提出，使得配准技术在匹配速度方面有了明显的改善[83]。Hoge 等人在配准时采用了相位相关匹配技术，得到了良好的配准结果[84]。

对于两幅平移失配的图像，可以采用依据傅里叶变换的平移性质的相位相关技术进行配准。两幅图像的相位差类似于其交叉功率谱的相位，使用 FT 对其变换生成相应的脉冲函数，该函数不为零的地方为匹配的地方。Wang 等人采用局部上采样傅里叶变换完成了 2D 和 3D 图像的精确配准[85]；Zhang 等人在分数傅里叶变换域也完成了图像配准，得到了精确的配准结果[86]。

2. 基于图像特征的配准方法

基于图像特征的配准方法是在图像灰度信息的基础上，计算提取一些不变量特征，这些特征对亮度、旋转、尺度等变化不敏感，从而有效地解决了基于灰度统计配准方法中存在的一些问题。例如，亮度、尺度、旋转变化等因素导致的误匹配[87]。图像特征是图像空间中的不平滑点，也就是在较小的局部区域中发生的灰度剧烈改变。特征位置在局部区域中包含更大的信息量，用来配准的特征通常在图像发生各种变换时具有一定的鲁棒性。在各种基于特征的图像配准中，常用的图像特征有点特征、边缘特征、区域特征及结构特征等。

通常将图像二维空间一个局部区域不同方向上发生急剧变化的点作为特征点，在配准领域应用最广泛的是角点。研究人员提出了各种不同的特征点检测方法，其中最常用的几种是 Harris、SIFT 和 SURF 等。Kang Juan 等人提出了 Harris 特征点和互信息的配准方法，解决了因相机运动造成的特征点不一致问题[88]。K. Sharma 等人采用 Harris-Laplace 提取特征点，结合 SIFT 描述算子描述特征点，解决了超高分辨率的图像配准问题[89]。基于 SIFT 特征的匹配方法由于其健壮的匹配能力，在各个配准相关的领域得到了广泛的应用。此外，它对平移、旋转、亮度、仿射等变化都有很好的鲁棒性。

El Rube 等人提出了一种多尺度 SIFT 配准方法，提高了传统 SIFT 配准的速度[90]。M. Hasan 等人采用改进的 SIFT 方法完成了多模态遥感图像融合[91]。Mahesh 采用传统的

SIFT 方法在有旋转、尺度和噪声变化的图像上完成了配准[92]，均取得了精确的配准结果。SURF 是以 SIFT 为基础提出的一种更加高效的方法，其特征提取速度比 SIFT 有很大的提升。M. Teke 等人将尺度约束方法引入基于 SURF 配准方法，在多光谱图像上取得了良好的配准效果[93]。Kai Wang 等人采用归一化 SURF 方法配准遥感图像，减少了待配准图像之间色差对配准的影响[94]。Lin Zhu 等人采用改进的 SURF 配准方法，进一步改善了配准速度[95]。

基于边缘特征的图像配准以图像中的边缘结构为对象进行匹配。在图像中人类视觉首先能识别出的就是边缘结构，在图像中对象结构特征稳定的情况下，可以很好地去除其中不稳定因素的影响。

此外，有众多的边缘提取算子可以高效且准确的计算出边缘特征，使得基于边缘特征的配准也得到了广泛和深入的研究。苏娟等人提出了一种基于结构特征边缘的多传感器图像配准方法，提取了待配准图像中的结构特征边缘，基于边缘匹配构造虚拟角点，实现了图像的自动配准，取得了较高的配准精度[96]。陈天泽等人提出了一种在特征匹配过程中，直接计算几何变换模型的边缘点特征配准方法[97]，利用图像边缘点的梯度和方向特征，基于像素迁移思想建立了图像边缘点集合的相似性匹配准则，实现了输入图像的自动配准，具有较好的鲁棒性。倪希亮等人提出了一种基于轮廓和尺度不变特征的全自动配准方法[98]，利用轮廓特征配准算法实现粗配准，利用局部自适应的尺度不变特征配准算法实现精配准，提高了配准精度。J. F. Ning 等人提出了一种基于轮廓配准方法的目标跟踪框架，可以鲁棒地处理非刚体运动目标形状变化情况下的配准，提高了目标跟踪精度[99]。基于轮廓配准方法的共同特点是待配准的图像要具有比较稳定且易匹配的封闭轮廓，但在实际应用环境中采集到的图像中，由于目标的运动等因素影响，通常难以检测出稳定的封闭轮廓。

矩不变量是一种高效的统计特征，主要用于区域特征的检测，被研究人员广泛使用在图像配准领域的研究中。它对旋转、平移、缩放等变化的影响具有很好的鲁棒性，最常用的有 Hu 矩、Zernike 矩等[100-103]。除此之外，研究人员还提出了众多诸如 Harris-affine[104]、Hessian-affine[105]、最稳极值区域[106]、高斯差分[107]等各类提取符。Mikolajczyk 等人在深入对比了以上各类提取符的性能后发现，最稳极值区域提取符在整体上具有更好的表现[108]。Cheng 等人采用基于最稳极值区域方法检测区域特征，采用 SIFT 描述提取的特征，提出了在不同的层级采用匹配优化的方法进行配准[109]。Van 等人也设计了一种区域检测方法，该方法检测的区域也具有仿射不变特性，在此基础上实现了基于区域的配准[110]。然而若输入图像中重叠的区域较小，这些检测方法难以得到有效的封闭区域，如何使得检测到的特征具有不变性也是其中的关键问题。

特征点之间的结构信息是一种较为稳定的特性，对仿射变换不敏感。其中基于三角结构的配准方法由于特征点间三角剖分结构的稳定性而得到了广泛研究。Cohen 等人以凸多边形结构为模型，在特征点集上建立用来匹配的结构进行匹配，所建立的凸多边形结构也具有仿射不变性[111]。随后定义了 Cross-weight 矩，并在此基础上设计了仿射不变量，实现了配准任务[112]。此外，Gope、Zhang 和 Myronenko 等人也各自提出了基于特征点邻接结构的配准算法，实现了亮度、仿射变化等情况下的配准，均得到了精确的配准结果[113-115]。Chui 等人针对非刚体变换问题，设计了新的算法完成了非刚体变换情况下的配准任务[116]。然而，这些方法大部分难以完成干扰点较多情况下的配准。为此，Aguilar 等人为了有效去除格外点，基于待匹配特征点集中的 K 近邻结构，提出了图变换匹配算法，得到了良好的配准结果[117]。由于算法中仅考虑了局部结构，在仿射和干扰较大时，难以完成精确的匹配。

1.2.3 图像融合研究

图像融合是多传感器融合领域中重要的分支，通过综合多源图像中的冗余和互补信息，能够有效提高传感器系统信息利用率。在当前的研究中，由于捕获机理不同，多源图像包括多模态图像、遥感图像、多聚焦图像、运动序列图像等。融合技术将多源图像的信息整合在一起，利用多源图像的冗余和互补特性，得到更为精细完整的图像表示，可以有效提高多传感器系统性能[118]。在机器视觉、模式识别、遥感、医学影响分析、智能监控等领域发挥着重要的作用。研究人员在设计多源图像融合算法时发现，只用相同的融合算法来融合不同类型的图像，难以完全得到满意的结果。在研究融合算法时基本都是针对具体的应用场景来设计融合算法。依据融合技术在融合过程中操作的对象，通常可将多源图像融合分为像素级融合、特征级融合和决策级融合这三种类型。

1. 多源图像的像素级融合方法

多源图像像素级融合是在基础数据层面上进行的信息融合。像素级融合方法在融合过程中直接操纵图像的像素，将多源图像相同位置处的像素根据灰度值或相关测度进行整合，使来自不同源图像中包含更多有效信息的像素进入融合图像，得到包含更多重要细节信息的融合结果[119]。像素级融合能提供比特征级和决策级更为丰富和精细的细节信息，而且融合结果具有很好的准确性。然而，当图像分辨率较高时，该类算法计算量较大，且很容易受噪声和配准误差的影响。多源图像像素级融合包括：基于空间域的图像融合和基于变换域的图像融合。

基于空间域的图像融合不对图像进行多尺度变换，直接在空间域中操纵像素来融合输入的图像。基于加权平均的融合策略是最简单的融合方法，得到的融合结果由于平均运算而大大降低了对比度，会直接造成图像模糊[120]。因此该方法难以在各种要求较为精确的应用中使用。基于主成分分析的技术被研究人员大量地应用于图像融合，由于主成分分析技术的使用，使得来自不同源图像中的信息有效程度被计算出来用于加权生成新的融合图像。Hubli等人采用分层 PCA 方法进行图像融合[121]，H. Y. Jing 等人采用一种新颖的 PCA 方法完成了像素级多聚焦图像融合[122]，H. R. Shahdoosti 等人采用空间 PCA 方法作为一种新的图像融合方法[123]，均得到了较好的融合结果。基于 PCA 的方法虽然融合速度较快，但是很容易造成有效弱小信息的丢失。

随着人工神经网络的迅速发展，基于人工神经网络的多源图像融合也被研究人员大量提了出来。将多源图像数据输入神经网络，通过其中不同层节点的计算，可将多个输入综合成一个输出，提供了一种新颖的图像融合方式。D. Agrawal 等人采用改进的 PCNN 完成了多聚焦图像融合[124]，N. Y. Wang 等人采用空间频率激发 PCNN 进行图像融合[125]，W. Ge 等人将小波变换和 PCNN 结合在一起完成了融合任务[126]，这些方法均取得了较好的融合效果。脉冲耦合神经网络以其简单的网络结构和学习规则，成为图像融合领域一个重要分支。

基于变换域的融合由于其高效的图像表示和重要信息提取能力，已成为近些年的主要融合方法。其基本思想是采用多尺度变换技术将输入的图像变换到频率域，再分别对系数结构采用一定的规则进行融合，将组合后的系数进行反变换得到融合结果[119]。Y. Liu、B. B. Chu 和 Alex 等人对基于多尺度分解的图像融合算法做了详细归纳，给出了类似的融合框架，当前基于变换域的融合算法基本是在此框架下实现[127-129]。基于变换域的图像融合算法中所采用的多尺度变换技术一般包括金字塔变换、小波变换（包括由基本的小波变换衍生的各种改进小波变换)以及其他一些最新变换技术。

对多尺度变换技术在图像融合中的研究最初始于P. J. Burt和E. H. Adelson提出的拉普拉斯金字塔(LP)变换。随后,Toet先后提出了对比度金字塔和形态学金字塔变换,并将它们应用到了图像融合中,取得了很好的融合效果[130,131]。X. J. Qu采用基于梯度金字塔的图像融合算法,实现了双波段红外图像的融合,该方法能很好地提取出图像的边缘信息,提高融合的稳定性和抗噪性[132]。J. B. Shen等人也采用改进的LP变换方法,在多曝光图像上完成了融合,得到的融合图像可以保留更多的纹理细节信息[133]。

随后,由于小波变换在图像表示方面的优良性能,大量基于小波变换的图像融合方法涌现而出,尤其是基于离散小波变换(DWT)的融合方法。T. Ranchin和H. Li等人较早地提出了基于离散小波变换的图像融合算法[134,135]。Y. Yang等人采用改进的离散小波变换实现了多曝光图像融合[136];Naveen等人采用离散小波变换实现了2D深度图像融合,并在此基础上进行人脸识别[137];Vijayarajan等人提出了基于DWT的主成分分析融合方法,并采用此方法实现了多模态医学图像融合[138]。

随后,针对小波变换不具有平移不变性这个重要的属性,研究人员提出了平移不变小波变换方法,X. Wang等人采用平移不变小波变换实现了多源图像序列的融合[139]。此外,基于非下采样的图像变换技术也得到了相应的研究,并基于此提出了有效的融合算法。Khan和Nasr等人分别提出了基于离散小波框架变换的图像融合算法[140,141]。I. W. Selesnick、R. G. Baraniuk和N. G. Kingsbury等人提出了双树复小波变换方法,该方法具有更好的近似平移不变性、多方向选择性以及有限冗余等特点[142]。冯宏臣、Y. Yang、X. Y. Wei等人提出了基于双树复小波变换的图像融合方法,分别实现了红外-可见光和多聚焦图像的融合[143-145]。

除了以上介绍的一些经典的变换域图像融合算法外,还有不少新的图像变换技术被应用于图像融合。吴俊政和郭磊等人分别实现了基于曲波变换和轮廓波变换的图像融合算法,得到的融合结果比基于金字塔变换和小波变换的融合结果更好[146,147]。Da Cunha和Nguyen等人分别提出了非下采样轮廓波变换(NSCT)[148]和统一离散曲波变换(UDCT)[149],研究人员在此基础上提出了大量的基于NSCT变换和UDCT变换的融合方法。这两种方法由于其精细的分层和方向特性,所得的融合结果可以很好地保留待融合图像中丰富的细节信息。还有基于Surfacelet变换[150]、Shearlet变换[151]的融合算法,在各自的应用方向都取得了不错的融合结果。

2. 多源图像的特征级融合方法

特征级融合是更高一级的融合,它从输入的多源图像中检测并提取出有效的特征,在特征级别完成融合任务。一般情况下图像的特征包括边缘、区域、轮廓等;最近一些研究人员也将运动图像中目标的位置和轨迹作为特征进行融合,可得到更为精确的目标跟踪结果[152]。相对于像素级融合,特征级融合操纵的对象更为抽象,可以对信息进行压缩,计算更为快捷,适用于实时的情况。此外它也充分地保留了有效数据,使得融合结果不至于因为信息的压缩而大量丢失有效信息[153]。特征级融合又分为传统的特征级融合和多传感器运动图像融合。

在传统的特征级图像融合中,主要对图像进行特征提取,得到目标的边缘、轮廓、区域等特征,在此基础上设计相应的特征级融合规则完成融合任务。M. Wang等人利用梯度方向直方图(HOG),对图像进行边缘检测和特征提取,实现了特征级图像序列融合[154]。T. Tong等人提出一种基于边缘特征的图像融合算法,在融合过程中,通过对低频边缘特征的融合以指导高频系数的融合,提高了融合图像质量,增强了融合的时效性[155]。K. Liu和Anjali等人分别将运动图像分割为目标区域和背景区域，并设计了相应的基于区域的融合规则，完成了运动图像序列的融合，得到了目标区域细节信息更加清晰完整的融合结果[156,157]。J. Han 和 X. W. Zhang 等人分别采用运动目标检测方法在图像序列上检测出运动目标区域，并为运动目标区域和静态背景区域分别设计了不同的融合规则，得到的融合结果很好地保持了运动目标区域的完整性[158,159]。

多传感器运动图像融合相比像素级融合是更高级的特征级融合技术，该融合技术可以从不同视角的单个传感器获取的运动图像中提取特征信息，并将这些来自不同传感器图像产生的多个同质或异质特征按一定的方法组合在一起，得到融合后的特征[160]。P. Jing 和 Pelapur 等人通过似然图方法，分别利用局部颜色直方图、Canny 边缘特征、小波系数特征以及相关系数特征融合到一起，对运动目标进行跟踪[161,162]。

对于像素级图像融合和传统的特征级融合方法，一直都有持续不断的文献和研究成果被提出；但是针对视频监控的多传感器运动图像融合的研究还不是很多。在大多数情况下，监控系统中的传感器组都是被开发用来最大化监控范围。但是随着传感器技术的迅速发展，摄像头的价格大大降低，也允许采用多个摄像头监控相同的场景。例如，一个目标在其运动轨迹上，可以被多个摄像头监控到[163]。

然而，这些摄像头相对监控场景有时有着很大的视角差异，再加上距离、光照等因素的影响，使得基本不可能在像素级对所得运动图像进行融合。因此有必要从待融合的多源传感器获得的图像中提取特征，并用统一的格式来表示。在当前的视频监控系统中，该流程通过提取目标位置有关的特征数据，并将所得特征数据映射到一个统一的代表监控环境的坐标模板中来实现。Grabner[164]、Bischof[165]、Yin[160]、Snidaro[166]和 Visentini[167]都将来自运动图像的不同特征进行融合，并实现了基于融合特征的目标跟踪。通过特征级数据融合能够降低多模态传感器或不同视角传感器的融合难度，如融合不完全重合的视频监控系统所得到的多传感器运动图像序列[168]。

3. 多源图像的决策级融合方法

在决策级融合方法中，多源图像被预处理之后进行特征提取与分类，得到各自相应的决策，最后进行决策融合。在此过程中，同时计算出不同决策的置信度，并使用相应的推理规则得到融合后的决策结果[169]。决策级融合比其他级别的融合更加完善，并能更好地克服各个传感器的不足。决策级融合是在认知模型的基础上进行的，在融合过程中数据库和专家系统联合工作，共同辅助最终决策结果的生成[170]。与像素级融合和特征级融合相比，决策级融合可以实时处理信息，容错性能较好，但在处理过程中会损失大量有效信息，因此在常规的图像融合应用领域中使用较少，相关的研究也不多。常见的决策级融合算法有基于贝叶斯推理、D-S证据理论、模糊推理以及其他各种特定方法的融合[171-173]。

1.2.4 运动图像融合

图像融合是图像处理中的关键技术之一，基本思想是综合由多个传感器捕获相同场景的图像或视频信息，合成目标或场景的更为准确、完整、可靠的图像数据[174]，弥补单一传感器捕获图像能力的不足，增强图像信息的内容表达能力，降低冗余，提高信息的利用效率。为了获取到有利于进行图像分析和处理的场景图像，图像融合的处理结果应该更好地满足人或机器的视觉需要[175,176]。图像融合系统具有广泛的时域和空域覆盖性、良好的重构能力、时间优越性、测量维数高、目标分辨率高、系统经济成本相对较低等特点，已经受到各个研究领域的高度重视。图像融合技术已经大量应用于遥感[177]、计算机视觉[178]、机器人[179]、医学图像[180]和国防监控[181]等领域。

多传感器图像融合技术按照融合层次、信息抽象的程度不同，可以分为像素级图像融合、特征级图像融合、决策级图像融合[182]。像素级图像融合直接分析多源图像所表示的信息，对多源图像中像素所表示的场景信息进行直接的融合处理。特征级图像融合在执行特征提取获取边缘、形状、纹理和区域轮廓等目标和场景特征后，对获取的特征进行综合。决策级图像融合是根据一定的准则以及每个决策的可信度做出最优决策。各个层次上的多源图像融合技术具有不同的优缺点。目前，大部分图像融合算法主要集中在像素级层次上，本书根据是否需要使用变换工具支持，把图像像素级融合分为变换域图像融合和空间域图像融合。

1. 变换域图像融合

在变换域图像融合方法中，首先需要对待融合的多源图像采用变换方法（如金字塔、小波变换）进行图像分解，得到高频和低频尺度系数，之后通过一定的融合策略对变换后的系数进行综合以实现图像融合。基于变换域的图像融合具有性能稳定、融合结果质量高的优点，目前研究者已经提出了众多多尺度分析工具，使得基于多尺度分析的图像融合引起了广泛关注。

通过对人眼感知过程的模拟，研究者提出了多尺度分析的概念，构建了多尺度分析工具，可以将图像分解为不同尺度、不同方向的子带系数，实现对图像信号的精确描述。基于金字塔变换和基于离散小波变换的图像融合算法是最早提出的基于多尺度分析的图像融合方法。P. J. Burt 和 E. H. Adelson 建立了最初的金字塔变换（拉普拉斯金字塔变换），其后又提出了高斯金字塔变换，P. J. Burt 在金字塔变换的系数上，采用绝对值最大选取的融合策略实现图像融合。此后还出现了对比度金字塔变换、形态学金字塔变换和梯度金字塔变换，并在此基础上实现了各种图像融合算法[7,121]。但是这些传统的金字塔变换不具有方向选择特性，不能准确描述具有各向异性的特征信号。为了改善金字塔变换的性能，研究者又提出了方向金字塔变换，方向金字塔变换在傅里叶变换域实现，允许从子带系数实现图像的重构，可以灵活选择方向数和尺度数[183]。

离散小波变换（DWT）比传统的基于金字塔变换的融合算法有更好的融合效果。DWT 具备良好的时频联合分析特性，可以同时从图像抽取水平、垂直和对角三个方向的高频细节以及低频细节信息[184]。此后，研究者提出了许多基于 DWT 的图像融合方法[185]。在实际的应用中，发现 DWT 也存在一些缺点，不能很好地满足图像多尺度分析的要求。小波变换在进行图像分解时执行了行列降采样，使每层图像的大小均缩小为其上一层大小的 1/4，导致其不具有平移不变性，不利于图像融合的应用。因此，研究者提出了不需要降采样的小波框架变换实现图像融合[186]。针对小波变换不能精细分解具有大量细小边缘和纹理等高频信号的缺点，提出了小波包融合方法[187]，小波包突破了传统小波分析的限制，能同时对低频和高频系数实现更细致的分解。为了克服传统小波进行大量卷积操作引起的复杂度高和存储量大的问题，Chai 提出了提升格式小波变换摆脱了小波变换对傅里叶变换的依赖，提高了处理速度，降低了存储空间要求，逆变换方式也更加简单[188]，可以实现简单、快速的图像融合处理。

此外二维 DWT 是直接通过两个一维变换的张量积构建的，因此它只有有限的方向，并且每个尺度是各向同性的。另外，DWT 不能有效地表示具有平滑曲线的信号[189]。为了克服 DWT 在图像分析中存在的这些缺点，最近几年研究者又相继提出了许多新的多尺度变换工具。这些多尺度变换工具主要包括 Ridgelet 变换、Curvelet 变换、Contourlet 变换、NSCT 变换和 UDCT 变换等。利用这些工具能够更好地逼近具有线奇异性和面奇异性的信号，是真正的二维多尺度变换。

针对这些多尺度变换工具在图像分析中的优越表现，大量的基于二维多尺度分析工具的图像融合方法被提出，用于解决实际应用中的融合问题。Krishn 等人[190]在 Ridgelet 变换域实现了基于主成分分析的医疗图像融合，二维 Ridgelet 变换可以实现对具有线奇异性信号的良好逼近，主成分分析用于完成系数的融合，改善融合图像的空间分辨率。Lu 等人[191]在超小波变换域，实现了多传感器图像的融合，定义了最大局部能量用于低频系数的选取，并对比了在多种超小波变换下的融合效果，包括 Wedgelet 变换、Bandelet 变换、Curvelet 变换和 Contourlet 变换下的融合。此外还提出了许多基于 Contourlet 变换[192]、NSCT 变换[193,194]、Shearlet 变换[195]等二维多尺度变换的融合方法，这些方法充分利用了这些二维多尺度变换在描述二维图像信号上的优越性能，结合提出的各种融合策略，使得融合图像在视觉效果和客观质量评价指标上都获得了比小波变换更好的效果。

在基于多尺度变换的图像融合方法中，构建变换域系数的融合规则是另一个关键的步骤。在众多文献中根据频域系数的特点提出了各种融合策略[196]，主要可以分为三类：基于像素、基于窗口和基于区域的融合规则。基于像素的融合规则直接利用像素本身的灰度值或特征进行系数的选择；基于窗口的融合规则采用像素周围固定大小的区域，利用邻域像素计算中心像素的能量，依据能量大小进行系数融合；基于区域的融合规则主要利用了区域的一致性特征，将多尺度系数划分为不同的感知一致的区域，利用区域特征进行融合。由于充分利用了像素邻域的局部特征，基于窗口和基于区域的融合规则比基于像素的融合规则具有更高的抗干扰能力。

Li 等人[197]在 NSCT 变换域实现了多聚焦图像的融合，提出了采用聚焦区域检测方法和聚焦区域边缘指导方法，实现系数的融合。Tian 和 Chen[198]设计了一种自适应的多聚焦图像融合方法，依据在不同级别的聚焦区域小波系数的边缘分布不同，提出了一种统计度量方法，探索小波系数的分布，以此度量图像的模糊程度，并在此基础上实现了小波变换域系数的区域融合。基于区域的融合方法由于考虑了区域内部的相关性，在具有明显边界的图像中融合性能较好，但是其性能的提高严重依赖于区域检测的能力，因此对于区域划分不明显的图像融合效果会有明显下降。

目前研究者已经提出了许多变换域的融合方法，这些方法在图像融合上已经取得了很好的效果。但在视觉导航以及安全监控环境等实际应用中，需要对来自多个传感器的运动图像序列进行融合处理，由于运动图像融合的复杂性，目前针对运动图像融合只有一些初步的探索。研究者采用目标检测方法将目标与背景区域分离，在不同区域分别采用不同融合规则，改善动态图像的融合性能[199]，但是该方法没有充分利用帧之间的相关信息，仍然是按照传统的静态图像的融合方法处理的。

随着多尺度技术的不断发展，在二维多尺度变换技术的基础上，出现了众多三维多尺度分析方法，三维多尺度分析方法可以从时间维度对运动图像序列进行分析，因此在图像序列的融合上表现出了比二维多尺度变换更加优越的性能。基于三维 Surfacelet 变换，Zhang 等人[150]提出了一种视频融合框架，一次融合输入图像序列的多帧图像，由于一次性将多帧相邻图像变换为不同的频率系数，因此可以充分利用相邻帧系数的相关性，提高融合结果的质量。此外在小波变换域，采用 Z-score 方法检测运动信息，实现运动信息的有效融合。Zhang 等人[150]采用三维一致离散 Curvelet 变换(3D-UDCT)和结构张量，构建了一种基于时空显著性检测的视频融合算法，该算法利用三维变换生成的相邻帧对应系数，采用时空结构张量判断图像的时空显著性信息，改善视频图像融合的性能。

但是,基于三维变换的图像序列融合方法仍然存在许多不足,视频信号不是二维静态图像信号的简单三维扩展,这其中仍然存在较大的区别,其中主要区别在于运动信息的表示能力[200,201]。由于存在运动,相邻帧系数之间可能没有完全对应,很可能表示的不是相同的信息,以致在进行时空分析的时候可能引入误差,降低融合视频序列的质量。这些方案的计算负载和内存需求都较高,因此难以满足运动图像序列融合的实际需要,仍然需要探索更加高效合理的运动图像序列融合方法。

2. 空间域图像融合

空间域图像融合通过直接操作图像的像素灰度空间实现融合。相对于变换域图像融合方法,空间域图像融合方法灵活,计算复杂度低,适用于各种类型的图像融合应用。随着计算机处理能力不断提高和计算理论的进步,更多高效稳定的空间域图像融合算法被提出,目前的空间域图像融合算法主要有加权法、基于神经网络的图像融合、基于估计理论的图像融合、基于稀疏表示的图像融合等。

加权法中最简单的处理方式是对原图像进行直接加权平均。加权平均融合的优点是提高了图像的信噪比,缺点是降低了图像的对比度,容易引起图像边缘模糊。尽管该方法简易、速度快,但是很难满足实际应用的需要。大多数存在的空间域加权融合方法都是采用一定的度量方法计算图像的权重,在此基础上达到加权融合的目的。Liu 等人[202]采用空间频率计算图像的权重,实现加权融合,结合聚焦区域检测和归一化图像分割方法,对加权融合结果进行校正,最终实现多聚焦图像的融合。

加权融合的一类重要应用是多曝光图像融合,该方法是为了应对目标场景光照强度不同而设计的图像融合方法,其基本思想是采用不同曝光度,捕获同一目标场景的图像,之后综合这些图像的信息,得到曝光良好、高动态范围的融合图像,结果能够包含目标场景的完整细节和纹理信息,有效克服了光照变化对传感器捕获场景信息时的干扰[203]。通常对于静态场景的多曝光图像融合方法,采用各种质量度量标准得到对应像素的权重,采用加权的方法计算最终的融合图像[204],这种方法没有考虑目标运动对合成图像造成的影响。而另一些方法在合成图像的同时考虑到了运动信息的干扰,Jinno 和 Okuda[205]基于马尔可夫随机场模型设计了一种新的图像融合算法,通过极大后验概率估计位移向量、遮挡、饱和度,成功获取了无运动模糊的多曝光融合结果。

基于神经网络的图像融合利用神经网络模仿生物神经系统的处理方式,将多个传感器图像输入神经网络,经过神经网络的非线性变换,将多个图像变换为一个图像数据来描述,图像融合方法的设计可以充分利用神经网络的并行性和学习特性,提供一种特殊的融合方式。脉冲耦合神经网络[206,207]以其独有的特性,适合于图像融合的应用。一种新的基于双通道脉冲耦合神经网络的多聚焦图像融合方法被提出,该方法不需要对图像进行分解,也不需要采用更多的脉冲耦合神经网络[208]。Lang 和 Hao[209]利用自适应脉冲耦合神经网络和离散多参数分形随机变换,实现了遥感图像融合。

基于估计理论的图像融合是针对基于多尺度变换的融合方法计算复杂度高,在分解和重构的过程中容易引入干扰因素等引入的新方法,通常的估计过程包括极大后验概率估计和极大似然估计。Piella[210]采用变分方法来获取融合图像,融合结果包含了不同输入图像的局部几何信息,同时感知增强图像,并维持图像的一致性。为解决实际应用中图像噪声污染的问题,Ludusan 和 Lavialle[211]基于误差估计理论和偏微分方程,同时实现图像的融合与降噪处理,得到了更高质量的融合图像。基于马尔可夫随机场的融合方法[212,213],建立在贝叶斯估计理论的基础上，马尔可夫随机场模型搭建了不确定性描述与先验知识的桥梁，根据统计决策和估计理论中的最优准则构建目标函数，转换为最优估计问题，采用贝叶斯估计方法估计最可能的融合图像像素值。

基于稀疏表示的图像融合利用稀疏表示系数对图像信号的精确表示进行图像融合。稀疏表示是近年来机器学习、模式识别和计算机视觉领域的一大热点，是探索自然信号稀疏性的一种新的信号表示理论。Li 等人[214]将稀疏表示应用于遥感图像融合，通过该方法可以将全色图像的空间细节与低分辨率多光谱图像的光谱信息集成，形成具有更高空间分辨率的多光谱融合图像，全色图像与低分辨率多光谱图像的词典从原图像学习得到，高分辨率多光谱图像词典的构造不需要额外的训练集，运用正交匹配追踪算法计算图像系数，完成遥感图像融合。稀疏表示在图像融合中的应用极大地改善了融合结果的质量，但是稀疏表示需要训练词典，图像融合的性能很大程度上依赖于训练词典的完备情况。

以上的空间域图像融合方法主要是对静态图像的融合，没有专门为运动图像序列设计的融合方法。利用相邻图像帧之间的相关信息，从图像融合中派生出了超分辨率重建方法[215]，可以归类为对单个图像序列的融合方法，该方法充分利用了帧之间的相关信息，实现动态序列图像的融合，获取分辨率更高的清晰图像。Li 等人[216]使用摄像机的物理点扩散函数(PSF)和维数不变原理，通过一系列迭代重构算法从低分辨率序列图像构建高分辨率图像。Zhang 等人[217]利用图像帧之间运动估计对像素进行补偿，有效地消除了由于摄像机与物体运动造成的场景运动变化现象。Zhang 和 Wang[218]将基于运动块的局部特征融合用于交通视频监控中进行自动目标分类。利用图像帧之间相关信息，研究者提出了一些序列图像融合算法[219]，处理序列图像融合中出现的新问题，增强了算法的鲁棒性。

上述方法对开展运动图像融合深入研究奠定了一定的基础，但主要是关于静态图像的融合，没有考虑运动图像捕获过程中的特殊情况，在很大程度上不适用于运动图像的融合，即使是针对运动图像的融合方法，也还远不能满足实际应用的需求，因此还需要进一步探索建立成熟的融合理论模型。针对运动图像融合方法的研究，需要充分考虑运动图像的特性以及利用时间和空间轴上的跨尺度信息，建立运动图像融合的统一框架。在设计运动图像融合方法时，不仅要考虑图像本身的空间结构特征，还要考虑序列图像帧之间运动变化特征，充分利用运动图像的时间尺度信息，使得融合后的运动图像包含更加丰富的场景信息，保持运动图像序列的时间稳定性和一致性。

本章参考文献

[1] 杨露菁，余华. 多源信息融合理论与应用[M]. 2 版 . 北京：北京邮电大学出版社，2011.

[2] 敬忠良，肖刚，李振华. 图像融合-理论与应用[M]. 北京：高等教育出版社，2007.

[3] 刘卫光，李跃，张修社，等. 图像信息融合与识别[M]. 北京：电子工业出版社，2008.

[4] 杨少荣，吴迪靖，段德山. 机器视觉算法与应用[M]. 北京：清华大学出版社，2008.

[5] Liu Z, David S. Forsyth, Robert Laganière. A Feature-based Metric forthe Quantitative Evaluation of Pixel-level Image Fusion [J]. Computer Vision and Image Understanding, 2009, 109(1): 56-68.

[6] Chai Y, Li H F, Li Z F. Multifocus Image Fusion Scheme Using Focused Region Detection and Multiresolution [J]. Optics Communications, 2011, 284(19): 4376-4389.

[7] Wang W C, Chang F L. A Multi-focus Image Fusion Method Based on Laplacian Pyramid [J]. Journal of

Computers, 2011, 6(12): 2559-2566.

[8] Yang B, Li S T. Pixel-level Image Fusion with Simultaneous Orthogonal Matching Pursuit [J]. Information Fusion, 2012, 13(1): 10-19.

[9] Mourad Z B. Non-parametric and Region-based Image Fusion with Bootstrap Sampling [J]. Information Fusion, 2010, 11(2): 85-94.

[10] Wei C M, Blum R S. Theoretical Analysis of Correlation-based Quality Measures for Weighted Averaging Image Fusion [J]. Information Fusion, 2010, 11(4): 301-310.

[11] Hu J W, Li S T. The Multiscale Directional Bilateral Filterand its Application to Multisensor Image Fusion [J]. Information Fusion, 2012, 13(3): 196-206.

[12] Petrovic V, Cootes T. Objectively Adaptive Image Fusion [J]. Information Fusion, 2008, 8(28): 168-176.

[13] Zosso D, Bresson X, Thiran J P. Geodesic Active Fields-A Geometric Framework for Image Registration [J]. IEEE Transactions on Image Processing, 2011, 20(5): 1300-1312.

[14] Fan S K, Chuang Y C. A New Image Registration Method Using Intensity Difference Data on Overlapped Image [C]. In Proceeding of 2010 Symposia and Workshops on Ubiquitous, Autonomic and Trusted Computing, 2010, 138-141.

[15] Markelj P, Tomazevic D, Likar B, Pernus F. A Review of 3D/2D Registration Methods for Image-guided Interventions [J]. Medical Image Analysis, 2012, 16(3): 642-661.

[16] Liao S, Chung. Non-rigid Brain MR Image Registration Using Uniform Spherical Region Descriptor [J]. IEEE Transactions on Image Processing, 2012, 21(1): 157-169.

[17] Kaplan L M, Nasrabadi N M. Block Wiener-based Image Registration for Moving Target Indication [J]. Image and Vision Computing, 2009, 27(6): 694-703.

[18] Reuter M, Rosas H D, Fischl B. Highly Accurate Inverse Consistent Registration: A Robust Approach [J]. Neuron Image, 2010, 53(4): 1181-1196.

[19] Bunting P, Labrosse F, Lucas R. A multi-resolution Area-based Technique for Automatic Multi-Modal Image Registration [J]. Image and Vision Computing, 2010, 28(8): 1203-1219.

[20] Szeliski R. Computer Vision: Algorithms and Applications [M]. Springer Science & Business Media, 2010.

[21] Liu C. Beyond Pixels: Exploring New Representations and Applications for Motion Analysis [D]. Massachusetts Institute of Technology, 2009.

[22] Ardeshir G A, Nikolov S. Image Fusion: Advances in the State of the Art [J]. Information Fusion, 2007, 8(2): 114-118.

[23] Baker S, Matthews I. Lucas-kanade 20 Years on: A Unifying Framework [J]. International Journal of Computer Vision, 2004, 56(3): 221-255.

[24] Rajendra S P, Keshaveni N. A Survey of Automatic Video Summarization Techniques [J]. International Journal of Electronics, Electrical and Computational System, 2014, 2(1).

[25] Kim S W, Yin S, Yun K, et al. Spatio-temporal Weighting in Local Patches for Direct Estimation of Camera Motion in Video Stabilization [J]. Computer Vision and Image Understanding, 2014, 118: 71-83.

[26] Fan Y C, Wu S F, Lin B L. Three-dimensional Depth Map Motion Estimation and Compensation for 3D Video Compression [J]. IEEE Transactions on Magnetics, 2011, 47(3): 691-695.

[27] Liu C, Freeman W T. A High-quality Video Denoising Algorithm Based on Reliable Motion Estimation [C]. Proceedings of 11th European Conference on Computer Vision (ECCV), 2010: 706-719.

[28] Mahajan D, Huang F C, Matusik W, Ramamoorthi R, Belhumeur P. Moving Gradients: A Path-Based

Method for Plausible Image Interpolation [J]. ACM Transactions on Graphics, 2009, 28(3): 341-352.

[29] Roussos A, Russell C, Garg R, et al. Dense Multibody Motion Estimation and Reconstruction from a Handheld Camera [C]. Proceedings of IEEE International Symposium on Mixed and Augmented Reality (ISMAR), 2012: 31-40.

[30] Babu R V, Pérez P, Bouthemy P. Robust Tracking with Motion Estimation and Local Kernel-Based Color Modeling [J]. Image and Vision Computing, 2007, 25(8): 1205-1216.

[31] Criminisi A, Cross G, Blake A, et al. Bilayer Segmentation of Live Video [C]. Proceedings of the IEEE Computer Society Conference on Computer Vision and Pattern Recognition, 2006, 1: 53-60.

[32] Hacohen Y, Shechtman E, Lischinski D. Deblurring by Example Using Dense Correspondence [C]. Proceedings of 2013 IEEE International Conference on Computer Vision (ICCV), 2013: 2384-2391.

[33] Wu Z, Goshtasby A. Adaptive Image Registration via Hierarchical Voronoi Subdivision [J]. IEEE Transactions on Image Processing, 2012, 21(5): 2464-2473.

[34] Pang Y, Li W, Yuan Y, et al. Fully Affine Invariant SURF for Image Matching [J]. Neurocomputing, 2012, 85: 6-10.

[35] Szeliski R. Image Alignment and Stitching: A Tutorial [J]. Foundations and Trends in Computer Graphics and Vision, 2006, 2(1): 1-104.

[36] Zhu S, Ma K K. A New Diamond Search Algorithm for Fast Block-matching Motion Estimation [J]. IEEE Transactions on Image Processing, 2000, 9(2): 287-290.

[37] Nie Y, Ma K K. Adaptive Rood Pattern Search for Fast Block-matching Motion Estimation [J]. IEEE Transactions on Image Processing, 2002, 11(12): 1442-1449.

[38] Nisar H, Choi T S. Fast Motion Estimation Algorithm Based on Spatio-Temporal Correlation and Direction of Motion Vectors [J]. Electronics Letters, 2006, 42(24): 1384-1385.

[39] Xu L, Jia J, Matsushita Y. Motion Detail Preserving Optical Flow Estimation [C]. Proceedings of IEEE Conference on Computer Vision and Pattern Recognition(CVPR), 2010: 1293-1300.

[40] Weinzaepfel P, Revaud J, Harchaoui Z, et al. Deep Flow: Large Displacement Optical Flow with Deep Matching [C]. Proceedings of IEEE International Conference on Computer Vision (ICCV), 2013: 1385-1392.

[41] Sun D, Roth S, Black M J. Secrets of Optical Flow Estimation and Their Principles [C]. Proceedings of IEEE Conference on Computer Vision and Pattern Recognition (CVPR), 2010: 2432-2439.

[42] Bao L, Yang Q, Jin H. Fast Edge-preserving patchmatch for Large Displacement Optical Flow [C]. Proceedings of IEEE Conference on Computer Vision and Pattern Recognition (CVPR), 2014: 3534-3541.

[43] Wedel A, Cremers D, Pock T, et al. Structure and Motion-adaptive Regularization for High Accuracy Optic Flow [C]. Proceedings of IEEE 12th International Conference on Computer Vision, 2009: 1663-1668.

[44] Sevilla-Lara L, Sun D, Learned-Miller E G, et al. Optical Flow Estimation with Channel Constancy [M]. Computer Vision-ECCV, Springer International Publishing, 2014: 423-438.

[45] Ranftl R, Bredies K, Pock T. Non-local Total Generalized Variation for Optical Flow Estimation [M]. Computer Vision-ECCV, Springer International Publishing, 2014: 439-454.

[46] Kim T H, Lee H S, Lee K M. Optical Flow via Locally Adaptive Fusion of Complementary Data Costs [C]. Proceedings of IEEE International Conference on Computer Vision (ICCV), 2013: 3344-3351.

[47] Rashwan H A, García M A, Puig D. Variational Optical Flow Estimation Based on Stick Tensor Voting [J]. IEEE Transactions on Image Processing, 2013, 22(7): 2589-2599.

[48] Werlberger M, Trobin W, Pock T, et al. Anisotropic Huber-L1 Optical Flow [C]. Proceedings of

BMVC. 2009, 1(2): 3.

[49] Baker S, Black M, Lewis J P, et al. A Database and Evaluation Methodology for Optical Flow [C]. Proceedings of in Eleventh International Conference on Computer Vision (ICCV), 2007.

[50] Baker S, Scharstein D, Lewis J P, et al. A Database and Evaluation Methodology for Optical Flow [J]. International Journal of Computer Vision, 2011, 92(1): 1-31.

[51] Yammine G, Wige E, Simmet F, et al. Novel Similarity-Invariant Line Descriptor and Matching Algorithm for Global Motion Estimation [J]. IEEE Transactions on Circuits and Systems for Video Technology, 2014, 24(8): 1323-1335.

[52] Guerreiro R F C, Aguiar P M Q. Global Motion Estimation: Feature-based, Featureless, or Both? [M]. Image Analysis and Recognition. Springer Berlin Heidelberg, 2006: 721-730.

[53] Tok M, Glantz A, Krutz A, et al. Feature-based Global Motion Estimation Using the Helmholtz Principle [C]. Proceedings of IEEE International Conference on Acoustics, Speech and Signal Processing (ICASSP), 2011: 1561-1564.

[54] Tong X, Ye Z, Xu Y, et al. A Novel Subpixel Phase Correlation Method Using Singular Value Decomposition and Unified Random Sample Consensus [J]. IEEE Transactions on Geoscience and Remote Sensing, 2015, 53(8): 4143-4156.

[55] Kumar S, Azartash H, Biswas M, et al. Real-time Affine Global Motion Estimation Using Phase Correlation and its Application for Digital Image Stabilization [J]. IEEE Transactions on Image Processing, 2011, 20(12): 3406-3418.

[56] Erturk S. Digital Image Stabilization with Sub-image Phase Correlation Based Global Motion Estimation [J]. IEEE Transactions on Consumer Electronics, 2003, 49(4): 1320-1325.

[57] Tong X, Ye Z, Xu Y, et al. A Novel Subpixel Phase Correlation Method Using Singular Value Decomposition and Unified Random Sample Consensus [J]. IEEE Transactions on Geoscience and Remote Sensing, 2015, 53(8): 4143-4156.

[58] Argyriou V. Sub-Hexagonal Phase Correlation for Motion Estimation [J]. IEEE Transactions on Image Processing, 2011, 20(1): 110-120.

[59] Donoho D L, Flesia A G. Can Recent Innovations in Harmonic Analysis"Explain" Key Findings in Natural Image Statistics? [J]. Network: Computation in Neural Systems, 2001, 12(3): 371-393.

[60] Qiguang M, Baoshu W. Multi-Sensor Image Fusion Based on Improved Laplacian Pyramid Transform [J]. Acta Optica Sinica, 2007, 27(9): 1605.

[61] Mallat S G. A Theory for Multiresolution Signal Decomposition: TheWavelet Representation [J]. IEEE Transactions on Pattern Analysis and Machine Intelligence, 1989, 11(7): 674-693.

[62] Demirel H, Anbarjafari G. Discrete Wavelet Transform-based Satellite Image Resolution Enhancement [J]. IEEE Transactions on Geoscience and Remote Sensing, 2011, 49(6): 1997-2004.

[63] Gupta D, Anand R S, Tyagi B. Despeckling of Ultrasound Images of Bone Fracture Using M-Band Ridgelet Transform [J]. Optik-international Journal for Light and Electron Optics, 2014, 125(3): 1417-1422.

[64] Peyré G, Mallat S. Orthogonal Bandelet Bases for Geometric Images Approximation [J]. Communications on Pure and Applied Mathematics, 2008, 61(9): 1173-1212.

[65] Sampo J. Some Remarks on Convergence of Curvelet Transform of Piecewise Smooth Functions [J]. Applied and Computational Harmonic Analysis, 2013, 34(2): 324-326.

[66] Do M N, Vetterli M. The Contourlet Transform: An Efficient Directional Multiresolution Image Representation [J]. IEEE Transactions on Image Processing, 2005, 14(12): 2091-2106.

[67] Lisowska A. Moments-based Fast Wedgelet Transform [J]. Journal of Mathematical Imaging and

Vision, 2011, 39(2): 180-192.
[68] Rodriguez-Sánchez R, GarcíA J A, Fdez-Valdivia J. Image Inpainting with Nonsubsampled Contourlet Transform [J]. Pattern Recognition Letters, 2013, 34(13): 1508-1518.
[69] Milgram D. Computer Methods for Creating Photomosaics [J]. IEEETransactions on Computers, 1975, C-24(11): 1113-1119.
[70] Brown L G. A Survey of Image Registration Techniques [J]. ACM Computing Surveys, 1992, 24(4): 325-376.
[71] Holden M. A Review of Geometric Transformations for Nonrigid Body Registration [J]. IEEE Transactions on Medical Imaging, 2008, 27(1): 111-128.
[72] Markelj P, Tomazevic D, Likar B, et al. A Review of 3D/2D Registration Methods for Image-Guided Interventions. Medical Image Analysis [J], 2012, 16(3): 642-661.
[73] Zitová B, Flusser J. Image Registration Methods: A Survey [J]. Image and Vision Computing, 21 (11): 977-1000, 2003.
[74] 宋智礼.图像配准技术及其应用的研究[D].复旦大学,2010.
[75] Pratt W K. Correlation Techniques of Image Registration [J]. IEEE Transactions on Aerospace and Electronic System, 1974, AES-10(3): 353-358.
[76] Fuch C S, Liu H B. Projection for Pattern Recognition [J]. Image and Vision Computing, 1998, 26 (11): 677-687.
[77] Cover T M, Thomas J A. Elements of Information Theory [M]. 2nd Edition. New York: Wiley, 2006.
[78] Viola P, Wells W M. Alignment by Maximization of Mutual Information [J]. International Journal of Computer Vision, 1997, 24: 137-154.
[79] Rivaz H, Karimaghaloo Z, Louis C D. Self-similarity Weighted Mutual Information: A New Nonrigid Image Registration Metric [J]. Medical Image Analysis, 2014, 18(2): 343-358.
[80] Sakai T, Sugiyama M, Kitagawa K, et al. Registration of Infrared Transmission Images Using Squared-Loss Mutual Information [J]. Precision Engineering, 2015, 39:187-193.
[81] Chen H, Varshney P, Arora M. Mutual Information Based Image Registration for Remote Sensing Data [J]. International Journal of Remote Sensing, 2003, 24(18): 3701-3706.
[82] Legg P A,Rosin P L,Marshall D. Feature Neighbourhood Mutual Information for Multi-Modal Image Registration: An Application to Eye Fundus Imaging [J]. Pattern Recognition, 2015, 48(6): 1937-1946.
[83] Anuta P E. Spatial Registration of Multispectral and Multitemporal Digital Imagery Using Fast Fourier Transform Techniques [J]. IEEE Transactions on Geoscience Electronics, 1970, 8(4): 353-368.
[84] Hoge S W, Mitsouras D, Rybicki F R, et al. Registration of Multi-Dimensional Image Datavia Subpixel Resolution Phase Correlation [C]. Proceedings of International Conference on Image Processing, Barcelona, 2003, 2: II-707-II-710.
[85] Wang C L, Jing X Y, Zhao C X. Local Upsampling Fourier Transform for Accurate 2D/3D Image Registration [J]. Computers & Electrical Engineering, 2012, 38(5): 1346-1357.
[86] Zhang X J, Shen Y, Li S Y, et al. Medical Image Registration in Fractional Fourier Transform Domain [J]. Optik - International Journal for Light and Electron Optics, 2013, 124(12): 1239-1242.
[87] 丁南南.基于特征点的图像配准技术研究[D].[学位论文].长春:中国科学院研究生院(长春光学精密机械与物理研究所),2012.
[88] Kang J. Image Registration Based on Harris Corner and Mutual Information [C]. Proceedings of International Conference on Electronic and Mechanical Engineering and Information Technology,

Harbin, China, 2011, 7: 3434-3437.

[89] Sharma K. Goyal A. Very High Resolution Image Registration Based on Two Step Harris-Laplace Detector and SIFT Descriptor [C]. Proceedings of 4th International Conference on Computing, Communications and Networking Technologies, Tiruchengode, 2013.

[90] El Rube I. A. Image Registration Based on Multi-scale SIFT for Remote Sensing Images [C]. Proceedings of 3rd International Conference on Signal Processing and Communication Systems, Omaha, NE, 2009, 1-5.

[91] Hasan M. Modified SIFT for multi-modal Remote Sensing Image Registration [C]. Proceedings of IEEE International Geoscience and Remote Sensing Symposium, Munich, 2012, 2348-2351.

[92] Mahesh. Automatic Feature Based Image Registration Using SIFT Algorithm [C]. Proceedings of 3rd International Conference on Computing Communication & Networking Technologies, Coimbatore, 2012, 1-5.

[93] Teke M. Multi-spectral Satellite Image Registration Using Scale-Restricted SURF [C]. Proceedings of 20th International Conference on Pattern Recognition, Istanbul, 2010, 2310-2313.

[94] Wang K. Multi-source Remote Sensing Image Registration Based on Normalized SURF Algorithm [C]. Proceedings of International Conference on Computer Science and Electronics Engineering, Hangzhou, 2012, 1: 373-377.

[95] Zhu L. A Fast Image Stitching Algorithm Based on Improved SURF [C]. Proceedings of 10th International Conference on Computational Intelligence and Security, Kunming, 2014, 171-175.

[96] Su J, Lin X G, Liu D Z. A Multi-sensor Image Registration Algorithm Based on Structure Feature Edges [J]. Acta Automatica Sinica, 2009, 35(3): 251-257.

[97] Chen T Z, Li Y. The Edge Point Registration Method of SAR Images Based on the Joint Similarity [J]. Journal of National University of Defense Technology, 2013, 35(4): 67-73.

[98] Ni X L, Cao C X, Ding L, et al. A Fully Automatic Registration Approach Based on Contour and SIFT for HJ-1 Images [J]. Sci China Earth Sci, 2012, 42(8): 1245-1252.

[99] Ning J F, Zhang L, Zhang D, et al. Joint Registration and Active Contour Segmentation for Object Tracking [J]. IEEE Transactions on Circuits and Systems for Video Technology, 2013, 23(9): 1589-1597.

[100] Yasein M S, Agathoklis P. A Robust Feature-based Algorithm for Aerial Image Registration [C]. Proceedings of IEEE International Symposium on Industrial Electronics, 2007, 1731-1736.

[101] Bentoutou Y, Taleb N, Bounoua A, et al. Feature Based Registration of Satellite Images [J]. 15th International Conference on Digital Signal Processing, Cardiff, 2007, 419-422.

[102] Qiuying Yang Q Y, Wen Y. Zernike Moments Descriptor Matching Based Symmetric Optical Flow for Motion Estimation and Image Registration [C]. Proceedings of International Joint Conference on Neural Networks, 2014, 350-357.

[103] Mikolajczyk K, Schmid C. A Scale and Affine Invariant Interest Point Detectors [J]. In Proceedings of International Journal of Computer Vision, 2004, 60(1):63-86.

[104] Mikolajczyk K, Schmid C. An Affine Invariant Interest Point Detector [C]. Proceedings of 7th European Conference on Computer Vision. Copenhagen, Denmark, 2002.

[105] Zhang Q, Wang Y B, Wang L. Registration of Images with Affine Geometric Distortion based on Maximally Stable Extremal Regions and Phase Congruency [J]. Image and Vision Computing, 2015, 36: 23-39.

[106] Tuytelaars T, van Gool L. Content-based Image Retrieval Based on Local Affinely Invariant Regions [C]. Proceedings of 3rd International Conference on Visual Information and Information System, 1999, 493-500.

[107] Lowe D. Object Recognition from Local Scale Invariant Features [C]. In Proceedings of Proceedings

of the ICCV. Kerkyra, Greece, 1999:1150-1157.

[108] Mikolajczyk K, Tuytelaars T, Schmid C, et al. A Comparison of Affine Region Detectors [J]. International Journal of Computer Vision, 2005, 65(1-2): 43-72.

[109] Cheng L, Gong J, Yang X, et al. Robust Affine Invariant Feature Extraction for Image Matching [J]. IEEE Geoscience and Remote Sensing Letters, 2008, 5(2): 246-250.

[110] Goedeme T, Tuytelaars T, van Gool L. Fast Wide Baseline Matching for Matching for Visual Navigation [C]. Proceedings of IEEE Conference on Computer Vision and Pattern Recognition, Washington, 2004, 24-29.

[111] Yang Z, Cohen F S. Image Registration and Object Recognition Use Affine Invariants and Convex Hulls [J]. IEEETransactions on Image Processing, 1999, 8(7): 934-946.

[112] Yang Z, Cohen F S. Cross-weighted Momentsand Affine Invariants for Image Registration and Matching [J]. IEEE Transactions on Pattern Analysis and Machine Intelligence, 1999, 21(8): 804-814.

[113] Gope C, Kehtarnavaz N. Affine Invariant Comparison of Point-sets Using Convex Hulls and Hausdorff Distance [J]. Pattern Recognition, 2007, 40(1): 309-320.

[114] Zhang Y, Doermann D. Robust Point Matching for Nonrigid Shapes by Preserving Local Neighborhood Structures [J]. IEEE Transactions on Pattern Analysis and Machine Intelligence, 2006, 28(4): 643-649.

[115] Myronenko A, Song X. Point-set Registration: Coherent Point Drift [J]. IEEE Trans. on Pattern Analysis and Machine Intelligence, 2010, 32(12): 2262-2275.

[116] Chui H, Rangarajan A. A New Point Matching Algorithm for Non-Rigid Registration[J]. Computer Vision and Image Understanding, 2003, 89(2-3): 114-141.

[117] Aguilar W, Frauel Y, Escolano F, et al. A Robust Graph Transformation Matching for Non-Rigid Registration [J]. Image and Vision Computing, 2009, 27(7): 897-910.

[118] Dong J, Zhuang D F, Huang Y H, et al. Advances in Multi-sensor Data Fusion: Algorithm and Applications [J]. Sensors, 2009, 9(10): 7771-7784.

[119] Shutao Li, Bin Yang, Jianwen Hu. Performance Comparison of Different Multi-Resolution Transforms for Image Fusion [J]. Information Fusion, 2011, 12(2): 74-84.

[120] Schutte K. Fusion of IR and Visual Images [R]. TNO Report,Fel-97-B046,1997.

[121] Patil U, Hubli, Mudengudi U. Image Fusion Using Hierarchical PCA [C]. Proceedings of International Conference on Image Information Processing, Himachal Pradesh, 2011, 1-6.

[122] Jing HY, Vladimirova T. Novel PCA Based Pixel-level Multi-focus Image Fusion Algorithm [C]. Proceedings of NASA/ESA Conference on Adaptive Hardware and Systems, Leicester, 2014, 135-142.

[123] Shahdoosti H R, Ghassemian H. Spatial PCA as A New Method for Image Fusion [C]. Proceedings of 16th CSI International Symposium on Artificial Intelligence and Signal Processing, Shiraz, Fars, 2012, 90-94.

[124] Agrawal D, Singhai J. Multifocus Image Fusion Using Modified Pulse Coupled Neural Network for Improved Image Quality [J]. IET Image Processing, 2010, 4(6): 443-451.

[125] Wang N Y, Ma Y D, Wang W L. Research on Spatial Frequency Motivated Gray Level Image Fusion Based on Improved PCNN [C]. Proceedings of International Conference on Information Science and Cloud Computing Companion, Guangzhou, 2013, 734-739.

[126] Ge W, Li P. Image Fusion Algorithm Based on PCNN and Wavelet Transform [J]. 5th International Symposium on Computational Intelligence and Design, Hangzhou, 2012, 1:374-377.

[127] Liu Y, Liu S P, Wang Z F. A General Framework for Image Fusion Based on Multi-Scale Transform and Sparse Representation [J]. Information Fusion, 2015, 24: 147-164.

[128] Chu B B, Pang L L,Qi D N. Summary of Multi-resolution Analysis Based Image Fusion Technology

[J]. Avionics Technology, 2009, 40(3): 29-34.

[129] Alex P J, Belur V D. Medical Image Fusion: A Survey ofthe State of the Art [J]. Information Fusion, 2014, 19(3): 4-19.

[130] Toet A. Merging Thermal and Visual Images by a Contrast Pyramid [J]. Optical Engineering, 1989, 28(7): 789-792.

[131] Massout S, Smara Y, Ouarab N. Comparison of Fusion by Morphological Pyramid and by High Pass Filtering [C]. Proceedings of Joint Urban Remote Sensing Event, 2009, 1-6.

[132] Qu X J, Zhang F, Zhang Y. A Method ff Dual-band Infrared Images Fusion Based on Gradient Pyramid Decomposition [C]. Proceedings of IET International Conference on Information Science and Control Engineering, 2012, 1-4.

[133] Shen J B, Zhao Y, Yan S C, et al. Exposure Fusion Using Boosting Laplacian Pyramid [J]. IEEE Transactions on Cybernetics, 2014, 44(9): 1579-1590.

[134] Ranchin T, Wald L. The Wavelet Transform forthe Analysis of Remotely Sensed Images [J]. International Journal of Remote Sensing, 1993, 14(3): 615-619.

[135] Li H, Manjunath B S, Mitra S. Multisensor Image Fusion Usingthe Wavelet Transform [J]. Graphical Models and Image Process, 1995, 57(3): 235-245.

[136] Yang Y. A Novel DWT Based Multi-focus Image Fusion Method [J]. Procedia Engineering, 2011, 24 (1): 177-181.

[137] Naveen S, Moni R S. A Robust Novel Method for Face Recognition from 2D Depth Images Using DWT and DCT Fusion [J]. Procedia Computer Science, 2015, 46: 1518-1528.

[138] Vijayarajan R, Muttan S. Discrete Wavelet Transform Based Principal Component Averaging Fusion for Medical Images [J]. AEU-International Journal of Electronics and Communications, 2015, 69(6): 896-902.

[139] Wang X, Wei Y L, Liu F. A New Multi-source Image Sequence Fusion Algorithm Based on SIDWT [C]. Proceedings of 7th International Conference on Image and Graphics, 2013, 568-571.

[140] Khan A M, Khan A. Fusion of Visible and Thermal Images Using Support Vector Machines [C]. Proceedings of IEEE Multitopic Conference INMIC06, 2006, 146-151.

[141] Nasr M E, Elkaffas S M, El-tobely T A, et al. An Integrated Image Fusion Technique for Boosting the Quality of Noisy Remote Sensing Images [J]. National Radio Science Conference, 2007, 1-10.

[142] Selesnick I W, Baraniuk Richard G, Kingsbury Nick G. The Dual-tree Complex Wavelet Transform [J]. IEEE Signal Processing Magazine, 2005, 123-151.

[143] 冯宏臣.基于双树复小波域的红外和可见光图像融合[D].长春理工大学,2013.

[144] Yang Y, Tong S, Huang S, Lin P. Dual-tree Complex Wavelet Transform and Image Block Residual-based Multi-focus Image Fusion in Visual Sensor Networks [J]. Sensors(Basel), 2014, 14(12): 22408-22430.

[145] Wei X Y, Zhou T, Lu H L, et al. Self-adaption Fusion Algorithm of PET/CT Based on Dual-Tree Complex Wavelet Transform [J]. Journal of Frontiers of Computer Science and Technology, 2015, 9 (3):360-367.

[146] Wu J Z, Yan W D, Liu J M, et al. Remote Sensing Image Fusion Based on Curvelet Transform and Fuzzy Theory [J]. Journal of Computer Applications, 2010, 30(1): 162-165.

[147] 郭磊.基于 Contourlet 变换的图像融合及融合指标研究[D].吉林大学,2014.

[148] Da Cunha A L, Zhou J P, Do M N. Nonsubsampled Contourlet Transform: Theory, Design, and Applications [J]. IEEETransactions on Image Processing, 2006, 15(10): 3089-3101.

[149] Nguyen T T, Chauris H. Uniform Discrete Curvelet Transform [J]. IEEE Transactions on Signal Process,

2010,58(7)：3618-3634.

[150] Zhang Q, Wang L, Ma Z K, et al. A Novel Video Fusion Framework Using Surfacelet Transform [J]. Optics Communications, 2012, 285: 3032-3041.

[151] Liu X, Zhou Y, Wang J J. Image Fusion Based on Shearlet Transform and Regional Features [J]. AEU-International Journal of Electronics and Communications, 2014, 68(6): 471-477.

[152] Liu C Y, Jing Z L, Xiao G, et al. Feature-based Fusion of Infrared and Visible Dynamic Image Using Target Detection [J]. Chinese Optics Letters,2007, 5(5): 274-277.

[153] Blum R S, Liu Z. Multi-sensor Image Fusion andits Applications [M]. Boca Raton, FL: CRC Press, 2006.

[154] Wang M, Dai Y P, Liu Y, et al. Feature Level Image Sequence Fusion Based on Histograms of Oriented Gradients [C]. Proceedings of 3rd IEEE International Conference on Computer Science and Information Technology, Chengdu China, 2010, 265-269.

[155] Tong T, Yang G, Meng Q Q, et al. Multi-sensor Image Fusion Algorithm Based on Edge Feature [J]. Infrared and Laser Engineering, 2014, 43(1): 311-317.

[156] Liu K, Guo L, Chen J S. Sequence Infrared Image Fusion Algorithm Using Region Segmentation [J]. Infrared and Laser Engineering, 2009, 38(3): 553-558.

[157] Anjali M, Bhirud S G. Visual Infrared Video Fusion for Night Vision using Background Estimation [J]. Journal of Computing, 2010, 2(4): 66-69.

[158] Han J, Bhanu B. Fusion of Color and Infrared Video for Moving Human Detection [J]. Pattern Recognition,2007, 40(6): 1771-1784.

[159] Zhang X W, Zhang Y N, Guo Z, et al. Advances and Perspective on Motion Detection Fusion in Visual and Thermal Framework [J]. Journal of Infrared and Millimeter Waves, 2011, 30(4): 354-360.

[160] Yin Z Z, Porikli F, Collins R T. Likelihood Map Fusion for Visual Object Tracking [C]. Proceedings of IEEE Workshop on Applications of Computer Vision, 2008, 1-7.

[161] Jing P, Seetharaman G. Margin Based Likelihood Map Fusionfor Target Tracking [C]. Proceedings of IEEE International Geoscience and Remote Sensing Symposium, Munich, 2012, 2292-2295.

[162] Pelapur R, Candemir S, Bunyak F, et al. Persistent Target Tracking Using Likelihood Fusion in Wide-area and Full Motion Video Sequences [C]. Proceedings of 15th International Conference on Information Fusion, Singapore, 2012, 2420-2427.

[163] Denman S, Lamb T, Fookes C, et al. Multi-spectral Fusion for Surveillance Systems [J]. Computers & Electrical Engineering, 2010, 36(4): 643-663.

[164] Grabser H, Bischof H. On-line Boosting and Vision [C]. Proceedings of the IEEE Conference on Computer Vision and Pattern Recognition(CVPR), 2006, 260-267.

[165] Grabser H, Grabser M, Bischof H. Real-time Tracking via On-line Boosting [J]. In Proceedings of the British Machine Vision Conference(BMVC), 2006, 47-56.

[166] Snidaro L, Visentini L. Fusion of Heterogeneous Features via Cascaded On-Line Boosting [C]. Proceedings of the 11th International Conference on Information Fusion, 2008, 1340-1345.

[167] Snidaro L, Visentini L, Foresti G L. Intelligent Video Surveillance: Systems and Technology [M]. CRC Press, 2009a, 363-388.

[168] Snidaro L, Visentini L, Foresti G L. Multi-sensor Multi-Cue Fusion for Object Detection in Video Surveillance [C]. Proceedings of the International Conference on Advanced Video and Signal-Based Surveillance, 2009b, 364-369.

[169] Kawakami T, Ogawa T, Haseyama M. Novel Image Classification Based on Decision-Level Fusion of

EEG and Visual Features [C]. Proceedings of IEEE International Conference on Acoustics, Speech and Signal Processing, Florence, 2014, 5874-5878.

[170] Li Q H, Du Y. Dual Band IR Image Target Multi-features Decision Level Fusion Recognition Algorithm [J]. Computer Engineering and Applications, 2010, 46(17): 171-175.

[171] Sun Q, Na Y, Liu B. Image Fusion Algorithm Based on Mamdani Type Intuitionistic Fuzzy Inference System [J]. Electronic Sci. & Tech, 2014, 27(5): 193-196.

[172] Wang A L, Jiang J N, Zhang H Y. Multi-sensor Image Decision Level Fusion Detection Algorithm Based on D-S Evidence Theory [C]. Proceedings of 4th International Conference on Instrumentation and Measurement, Computer, Communication and Control, Harbin, 2014, 620-623.

[173] Smith D, Singh S. Approaches to Multisensor Data Fusion in Target Tracking: A Survey [J]. IEEE Trans. on Knowledge and Data Engineering, 2006, 18(12): 1696-1710.

[174] 才溪.多尺度图像融合理论与方法[M].北京:电子工业出版社,2014.

[175] Yuan J, Shi J, Tai X C. A Study on Convex Optimization Approaches to Image Fusion [C]. Proceedings of the 3rd International Conference on Scale Space and Variational Methods in Computer Vision(SSVM), 2011: 122-133.

[176] 苗启广,叶传奇,汤磊,等.多传感器图像融合技术及应用[M].西安:西安电子科技大学出版社,2014.

[177] Xian-chuan Y, Feng N, Si-liang L, et al. Remote Sensing Image Fusion Based On Integer Wavelet Transformation and Ordered Nonnegative Independent Component Analysis [J]. GIScience & Remote Sensing, 2012, 49(3): 364-377.

[178] Chei W D, Mao X G, Ma H G. Low-contrast Microscopic Image Enhancement Based on Multi-Technology Fusion [C]. Proceedings of IEEE International Conference on Intelligent Computing and Intelligent Systems, 2010: 891-895.

[179] Luo R C, Lai C C. Enriched Indoor Map Construction Based on Multisensor Fusion Approach for Intelligent Service Robot [J]. IEEE Transactions on Industrial Electronics, 2012, 59(8): 3135-3145.

[180] Wang C, Chen M, Zhao J M. Fusion of Color Doppler and Magnetic Resonance Images of the Heart [J]. Journal of Digital Imaging, 2011, 24(6):1024-1030.

[181] Yuan Y, Zhang J, Chang B. Objective Evaluation of Target Detect Ability in Night Vision Color Fusion Images [J]. Chinese Optics Letters, 2011, 9(1): 95-100.

[182] 孙岩.基于多分辨率分析的多传感器图像融合算法研究[D].哈尔滨工程大学,2012.

[183] Zhang Q, Wang L, Li H, et al. Similarity-based Multimodality Image Fusion with Shiftable Complex Directional Pyramid [J]. Pattern Recognition Letters, 2011, 32(13): 1544-1553.

[184] Raol J R. Multi-sensor Data Fusion with Matlab [M]. CRC Press, Taylor and Francis Group, LLC, 2010.

[185] Desale R P, Verma S V. Study and Analysis of PCA, DCT & DWT Based Image Fusion Techniques [C]. Proceedings of 2013 International Conference on Signal Processing Image Processing & Pattern Recognition (ICSIPR), 2013: 66-69.

[186] 杨波,敬忠良.梅花形采样离散小波框架图像融合算法[J].自动化学报,2010,36(1):12-22.

[187] 陈浩.基于多尺度变换的多源图像融合技术研究[D].长春:中国科学院长春光学精密机械与物理研究所,2010.

[188] Chai Y, Li H F, Guo M Y. Multifocus Image Fusion Scheme Based On Features of Multiscale Products and PCNN In Lifting Stationary Wavelet Domain [J]. Optics Communications, 2011, 284(5): 1146-1158.

[189] Zheng Y F. Image Fusion and its Applications [M]. In Tech, 2011.

[190] Krishn A, Bhateja V, Sahu A. PCA Based Medical Image Fusion in Ridgelet Domain [C]. Proceedings

of the 3rd International Conference on Frontiers of Intelligent Computing: Theory and Applications, Springer International Publishing, 2015: 475-482.

[191] Lu H, Zhang L, Serikawa S. Maximum Local Energy: An Effective Approach for Multisensor Image Fusion in Beyond Wavelet Transform Domain [J]. Computers & Mathematics with Applications, 2012, 64(5): 996-1003.

[192] Yang L, Guo B L, Ni W. Multimodality Medical Image Fusion Based on Multiscale Geometric Analysis of Contourlet Transform [J]. Neurocomputing, 2008, 72: 203-211.

[193] Bhatnagar G, Wu Q M J, Liu Z. Directive Contrast Based Multimodal Medical Image Fusion in NSCT Domain [J]. IEEE Transactions on Multimedia, 2013, 15(5): 1014-1024.

[194] Zhang Q, Guo B L. Multifocus Image Fusion Using the Nonsubsampled Contourlet Transform [J]. Signal Processing, 2009, 89(7): 1334-1346.

[195] Miao Q, Shi C, Xu P, et al. A Novel Algorithm of Image Fusion Using Shearlets [J]. Optics Communications, 2011, 284(6): 1540-1547.

[196] Luo X Y, Zhang J, Dai Q. A Regional Image Fusion Based on Similarity Characteristics [J]. Signal Processing, 2012, 92(5): 1268-1280.

[197] Li H, Chai Y, Li Z. Multi-focus Image Fusion Based on Nonsubsampled Contourlet Transform and Focused Regions Detection [J]. Optik-International Journal for Light and Electron Optics, 2013, 124(1): 40-51.

[198] Tian J, Chen L. Adaptive Multi-Focus Image Fusion Using a Wavelet-based Statistical Sharpness Measure [J]. Signal Processing, 2012, 92(9): 2137-2146.

[199] Xiao G, Wei K, Jing Z L. Improved Dynamic Image Fusion Scheme for Infrared and Visible Sequence Based on Image Fusion System [C]. Proceedings of the 11th International Conference on Information Fusion, 2008, 891-895.

[200] Zhang Q, Chen Y, Wang L. Multisensor Video Fusion Based on Spatial-temporal Salience Detection [J]. Signal Processing, 2013, 93(9): 2485-2499.

[201] Wang Z, Li Q. Video Quality Assessment Using a Statistical Model of Human Visual Speed Perception [J]. JOSA A, 2007, 24(12): B61-B69.

[202] Liu Y, Jin J, Wang Q, et al. Region Level Based Multi-focus Image Fusion Using Quaternion Wavelet and Normalized Cut [J]. Signal Processing, 2014, 97(7): 9-30.

[203] Wang J, Liu H, He N. Exposure Fusion Based on Sparse Representation Using Approximate K-SVD [J]. Neurocomputing, 2014, 135(135): 145-154.

[204] Mertens T, Kautz J, Van Reeth F. Exposure Fusion: A Simple and Practical Alternative to High Dynamic Range Photography [C]. Proceedings of Computer Graphics Forum, Blackwell Publishing Ltd, 2009, 28(1): 161-171.

[205] Jinno T, Okuda M. Multiple Exposure Fusion for High Dynamic Range Image Acquisition [J]. IEEE Transactions on Image Processing, 2012, 21(1): 358-365.

[206] Wang Z, Ma Y, Cheng F, et al. Review of Pulse-coupled Neural Networks [J]. Image and Vision Computing, 2010, 28(1): 5-13.

[207] Subashini M M, Sahoo S K. Pulse Coupled Neural Networks and its Applications [J]. Expert Systems with Applications, 2014, 41(8): 3965-3974.

[208] Wang Z, Ma Y, Gu J. Multi-focus Image Fusion Using PCNN [J]. Pattern Recognition, 2010, 43(6): 2003-2016.

[209] Lang J, Hao Z. Novel Image Fusion Method Based on Adaptive Pulse Coupled Neural Network and Discrete Multi-parameter Fractional Random Transform [J]. Optics and Lasers in Engineering, 2014, 52(1): 91-98.

[210] Piella G. Image Fusion for Enhanced Visualization: A Variational Approach [J]. Internat. J. Comput. Vision, 2009, 83(1): 1-11.

[211] Ludusan C, Lavialle O. Multifocus Image Fusion and Denoising: A Variational Approach [J]. Pattern Recognition Letters, 2012, 33(10): 1388-1396.

[212] Chen J, Nunez-Yanez J, Achim A. Joint Video Fusion and Super Resolution Based on Markov Random Fields [C]. Proceedings of IEEE International Conference on Image Processing(ICIP), 2014: 2150-2154.

[213] Sun J, Zhu H, Xu Z, et al. Poisson Image Fusion Based on Markov Random Field Fusion Model [J]. Information Fusion, 2013, 14(3): 241-254.

[214] Li S, Yin H, Fang L. Remote Sensing Image Fusion via Sparse Representations over Learned Dictionaries [J]. IEEE Transactions on Geoscience and Remote Sensing, 2013, 51(9): 4779-4789.

[215] Stathaki T. Image Fusion: Algorithms and Applications [M]. Elsevier Press, 2008: 1-23.

[216] Li S, Yao Z, Yi W. Frame Fundamental High-resolution Image Fusion from Inhomogeneous Measurements [J]. IEEE Transactions on Image Processing, 2012, 21(9): 4002-4015.

[217] Zhang X H, Tang M, Jiang Z C, Tong R F. Video Fusion Oriented Object Motion Removing [J]. Journal of Computational Information Systems, 2012, 8(6): 2317-2324.

[218] Zhang Z X, Wang Y H. Automatic Object Classification Using Motion Blob Based Local Feature Fusion for Traffic Scene Surveillance [J]. Frontiers of Computer Science, 2012, 6(5): 537-546.

[219] Zhang Q, Wang Y, Levine M D, et al. Multisensor Video Fusion Based on Higher Order Singular Value Decomposition [J]. Information Fusion, 2015,24: 54-71.

第2章　运动图像跨尺度分析方法研究

2.1 引　言

运动分析方法能够高效感知图像序列中的运动信息，抽取运动特征，其依据是人类视觉对运动物体的运动感知，可以预测物体的运动方向和速度[1]。据此，尺度空间分析方法与运动分析方法相结合，可以分析运动图像的特征信息，并抽取相应特征，从而更好地对图像序列进行分析。

图像的多尺度几何分析方法主要关注图像本身的几何特征，可以从不同尺度和频率，由粗到精地刻画图像的轮廓和细节纹理特征，不关注图像帧之间的运动信息。金字塔和小波变换是其中典型的分析方法，包括一些多尺度分析方法，如 Curvlet 变换、Contourlet 变换等，都是从图像本身的特性出发的分析方法。三维分析方法在一定程度上可以描述运动特征。三维离散小波变换被用于时空显著性目标区域的检测和表示[2]，该方法将运动图像序列看作三维欧氏空间，时间作为第三个维度，利用三维离散小波变换具有方向选择性的子带来度量显著目标，同时表明三维小波变换对运动信息具有一定的定位和表示能力。三维双树离散小波变换[3]利用方向子带分离不同方向的运动，可以捕获运动信息，但是它仍然不能有效处理存在快速剧烈运动的情况。

运动估计方法大致可以分为块匹配法、光流法、特征法和相位法。与运动估计非常相关的方法还有图像对应、图像配准、图像匹配、图像对齐等。光流运动估计[4]是目前发展较快的运动分析方法，它可以独立地的估计每个像素的运动。在运动分析中，由于光照变化和噪声，亮度恒常性假设常常被突破，影响运动估计的精度。为了更快速、更准确地估计目标运动信息，需要超出像素级，在更高的层次上分析运动特征。为了估计快速的、位移量较大的运动，一种大位移光流(Large Displacement Optical Flow)算法被提出[5]，将特征描述子集成到变分光流框架下，不再需要稠密采样，同样能够估计稠密光流场。

Sift Flow 算法[6]在光流计算框架下，采用 SIFT 特征代替像素作为匹配基元来估计运动向量，SIFT 描述子是稀疏特征表示，刻画了局部梯度信息，具有尺度、光照、旋转不变性，有效提高了运动估计的精度和速度。大多数光流方法采用由粗到精的框架来处理大位移运动，但这种方法有其内在的限制，Chen 等人[7]将运动估计问题构建为运动分割问题，有效解决大位移运动估计问题。Stixels 运动估计[8]利用目标所处的平面和形状等先验知识构建 Stixels 运动估计方法，可以不计算图像的光流快速地估计目标的运动。光流估计方法在提高估计精度的同时存在其固有的限制，计算复杂度较高，在实际应用中不实用。采用全局与局部相结合的运动估计方法[9,10]既能保证运动估计的准确性，又能够提高运动估计的速度。全局运动估计可以有效消除摄像机运动造成的图像全局运动，局部运动估计可以补偿局部目标运动造成的移位。

由以上分析可知，多尺度几何分析理论和运动估计理论在图像处理领域中有广阔的发展空间，将两种理论引入多传感器运动图像处理中，充分利用两种理论在图像分析上所拥有的互补特性是完全可行的，主要体现在以下几个方面：其一，提供对运动图像序列中运动特征的抽取能力，估计运动向量，实现运动补偿，增强图像帧之间的相关性；其二，将运动图像的分析转换为在不同尺度、不同频率空间的信号的分析，能够有效刻画图像的结构、细节和纹理特征，有助于制定灵活的图像处理策略；其三，在运动补偿后的相邻图像帧进行多尺度几何分析，增强了相邻帧对应系数之间的相关性，提高运动图像分析的精度。

本章研究多传感器运动图像跨尺度分析方法，针对运动图像的运动特征以及空间几何纹理特征的分析，利用多尺度几何分析方法和运动估计分析方法的功能互补特性，提出运动图像跨尺度分析算法，建立了运动图像分析框架，为多传感器运动图像融合奠定基础。

2.2　运动图像跨尺度分析算法的提出

本章提出了基于多传感器运动图像融合的运动图像跨尺度分析算法（MCTA），目的是构建一种可以从空间、时间、频率尺度分析运动图像序列的框架。在时间尺度上执行运动补偿对齐运动图像序列，对补偿后的图像序列进行多尺度分析，建立运动图像的时空分析框架，在时空跨尺度变换系数上实现运动图像的精细尺度与粗糙尺度的准确分析。

2.2.1　MCTA 研究动机

由于外界环境的复杂多变性，传感器在捕获运动图像的过程中会遭到各种干扰，造成捕获的图像存在噪声、遮挡、光照不足等各种情况，为了获得完整清晰的目标场景信息，就需要进行多传感器融合，而在运动图像的跨尺度融合中，首先遇到的问题是运动图像的分析，通过分析运动图像的结构、边缘、细节、纹理、轮廓和运动等特征，分析图像信息在场景中的重要程度，为运动图像融合奠定基础。

目前主要的运动图像分析方法是多尺度几何分析方法和运动估计方法。多尺度几何分析方法主要从图像本身的几何空间出发在不同尺度、不同频率分析图像结构和细节纹理特征，不关注运动特征。小波变换等传统的多尺度几何分析方法不能有效表示运动图像在时间轴上的运动信息。也有一些三维多尺度几何分析方法可以通过不同的方向子带在三维空间中抽取运动信息，但是当运动速度较快，位移较大时这种方法就不能很好地表示运动特征。运动估计方法在运动图像分析中重点关注的是运动信息，可以准确抽取运动特征，估计运动向量。可以执行两帧运动估计，也可以执行多帧运动估计；可以以局部块为单位进行估计，也可以独立估计每个像素的运动。依据运动图像数据的动态特性及处理的复杂性，结合多尺度几何分析方法和运动估计方法，构建运动图像跨尺度几何分析算法，并充分利用时间轴上的运动信息增强相邻帧之间系数的相关性，是实现运动图像跨尺度分析的有效方式。

2.2.2 MCTA 描述

为了提高多尺度几何分析方法处理运动图像信息的能力,结合运动补偿,提出了运动图像跨尺度分析算法。该方法增强相邻帧之间子带系数的相关性,并有效利用时间轴上的运动信息。采用运动补偿方法通过对齐一组视频帧,并调整过去帧和未来帧使之与当前帧位于相同的坐标系,这样处理后帧之间的运动信息成为视频分析的一种有效的约束条件。同时该方法利用多尺度分析的几何近似特性,将对齐的图像帧采用多尺度变换方法分解成组合的高频和低频子带系数(组合的多尺度子带系数指跨越相邻的过去、当前和未来帧的对应尺度和方向的多尺度系数组合),最终形成运动图像跨尺度分析框架。在运动图像的时间维度和空间维度,该方法进行了运动图像时空分析。由于对应的跨越相邻图像帧的子带系数之间存在较强的相关性,沿着时间方向的组合频率系数能够帮助改进运动图像序列分析性能。MCTA 如图 2-1 所示。输入运动图像序列,通过以下步骤构建跨尺度分析框架,得到组合的不同尺度、不同频率的图像系数。

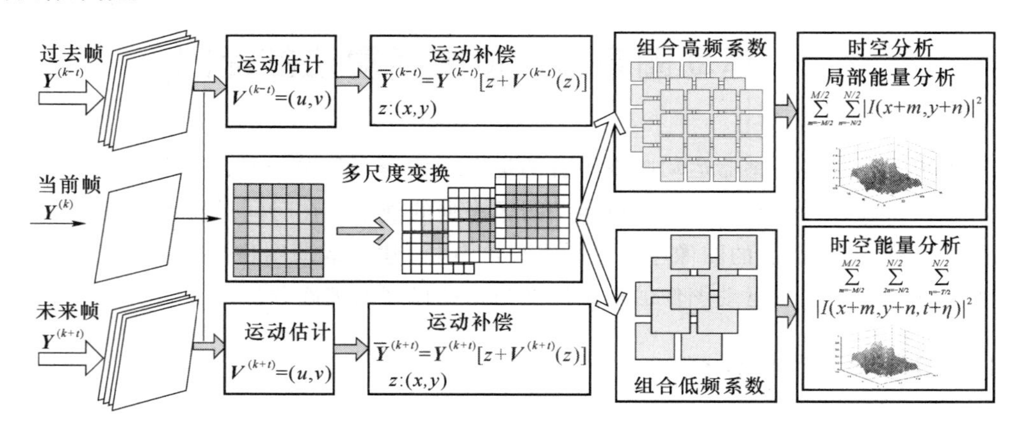

图 2-1　MCTA 框架图

运动图像序列的运动估计与补偿:采用运动估计方法估计图像帧之间的运动向量,实现图像帧之间的运动补偿,调整过去帧和未来帧使之与当前帧位于相同的坐标系,使图像帧之间的运动信息成为视频分析的一种有效约束条件。

运动图像序列的多尺度变换:利用多尺度变换的几何近似特性,将对齐的视频帧分解成组合的高频和低频子带系数,形成运动图像跨尺度分析框架。

运动图像序列的时空分析:在时间维度和空间维度上同时进行运动图像分析。由于对应的跨越相邻帧的运动图像系数之间存在较强的相关性,因此沿着时间方向的组合系数能够有效改善运动图像分析的性能。

MCTA 的形式化描述如下:

运动图像序列 G 中的当前帧 $\boldsymbol{Y}^{(k)}$ 以及过去帧和未来帧 $\boldsymbol{Y}^{(k\pm t)}$,$t=1,\cdots,T/2$,其中 T 是 G 的长度,表示如下:

$$G=\{\boldsymbol{Y}^{(k-T/2)},\cdots,\boldsymbol{Y}^{(k-1)},\boldsymbol{Y}^{(k)},\boldsymbol{Y}^{(k+1)},\cdots,\boldsymbol{Y}^{(k+T/2)}\} \tag{2-1}$$

使用当前帧作为参考帧,在当前帧 $\boldsymbol{Y}^{(k)}$ 以及过去帧和未来帧 $\boldsymbol{Y}^{(k\pm t)}$ 上执行运动估计,获得运动向量 $\boldsymbol{V}^{(k\pm t)}$,$t=1,\cdots,T/2$。执行运动补偿后的过去帧和未来帧定义如下:

$$\bar{\boldsymbol{Y}}^{(k\pm t)}=\boldsymbol{Y}^{(k\pm t)}[z+\boldsymbol{V}^{(k\pm t)}(z)],\quad t=1,\cdots,T/2 \tag{2-2}$$

其中，$\boldsymbol{Y}^{(k\pm t)}(z)$ 和 $\boldsymbol{V}^{(k\pm t)}(z)$ 分别是在空间位置 z 的像素值和运动向量。

在当前帧和运动补偿后的过去帧和未来帧上执行多尺度变换(MST)，形成 MCTA。

$$\text{MCTA} = \text{MST}\{\bar{\boldsymbol{Y}}^{(k-T/2)},\cdots,\bar{\boldsymbol{Y}}^{(k-1)},\boldsymbol{Y}^{(k)},\bar{\boldsymbol{Y}}^{(k+1)},\cdots,\bar{\boldsymbol{Y}}^{(k+T/2)}\} \tag{2-3}$$

通过时空邻域系数组合，得到多尺度系数向量，包括组合的低频子带系数和组合的高频子带系数 $\{C_{j,0}(x,y,t),C_{j,l}(x,y,t)\}$ 。在组合系数的基础上，可以对运动图像执行各种时空分析，完成运动图像融合、降噪和增强等处理任务，得到处理后的系数 $\{C'_{j,0}(x,y,t),C'_{j,l}(x,y,t)\}$ 。通过多尺度逆变换可以重构出经过分析处理后的预期运动图像。

$$\boldsymbol{Y}' = \text{IMST}\{C'_{j,0}(x,y,t),C'_{j,l}(x,y,t)\} \tag{2-4}$$

在 MCTA 算法的实现中，需要考虑两个问题。一个问题是依赖运动估计建立相邻帧之间的时间对应关系，增强相邻帧系数之间的相关性。提出了采用全局与局部结合的运动估计方法，既保证运动估计的精度也降低了复杂度，同时也能够适应多种模态的传感器图像序列的运动估计。另一个问题是图像的多尺度变换，这里采用 UDCT 变换(Uniform Discrete Curvelet Transform)[11]实现运动图像的多尺度变换，UDCT 能够克服小波变换容易引起系数混叠的缺点，提升刻画图像细节特征的描述能力。

1. 运动图像序列运动估计与补偿

考虑到运动图像序列相邻帧之间具有很强的时空相关性，采用全局与局部结合的运动估计方法，估计运动向量实现运动补偿，增强相邻帧之间的时间相关性。

在输入的运动图像序列 G 中的当前帧 $\boldsymbol{Y}^{(k)}$ 以及过去帧和未来帧 $\boldsymbol{Y}^{(k\pm t)}$ 之间进行全局运动估计，实现全局运动补偿，消除传感器运动造成的位移。典型的估计两帧图像间的全局运动向量的方法是互相关方法[12,13]，基本思想是当 $\boldsymbol{Y}^{(k\pm t)}$ 是 $\boldsymbol{Y}^{(k)}$ 的平移版本时，$\boldsymbol{Y}^{(k)}$ 和 $\boldsymbol{Y}^{(k\pm t)}$ 之间的互相关函数的峰值位置正好对应两帧之间的位移向量。与互相关等价并且更加高效的方法是傅里叶域的互相关方法，其定义为

$$E_{\text{cc}}(u) = F^{-1}\{F_k(\omega)F^*_{k+t}(\omega)\} \tag{2-5}$$

其中，F^{-1} 表示逆离散傅里叶变换，$F_k(\omega)$ 和 $F_{k+t}(\omega)$ 分别是相邻两帧的离散傅里叶变换，$F^*_{k+t}(\omega)$ 是 $F_{k+t}(\omega)$ 的共轭复数。则估计的运动向量为

$$u_{\text{opt}} = \underset{u}{\text{argmax}}\,E_{\text{cc}}(u) \tag{2-6}$$

采用块匹配运动估计方法实现局部运动补偿。全局运动估计不能有效反映局部区域的运动，块匹配方法是典型的补偿帧间局部运动的方法。本章采用的运动补偿只考虑那些发生运动变化的块，如图 2-2 所示。局部运动估计过程描述如下。

在进行块匹配的过程中，考虑对发生运动变化的区域进行匹配。这里采用低秩和稀疏分解[14]的方法定位运动变化的区域。将输入图像序列 G 沿着时间方向组合为 X-T 和 Y-T 时间片矩阵 $\boldsymbol{S}_{XT}$ 和 $\boldsymbol{S}_{YT}$，对时间片 $\boldsymbol{S}_{XT}$ 和 $\boldsymbol{S}_{YT}$ 进行分解：

$$\min \|\boldsymbol{A}\|_* + \lambda\|\boldsymbol{E}\|_1 \ \text{s,t}\ \boldsymbol{S} = \boldsymbol{A} + \boldsymbol{E} \tag{2-7}$$

其中，λ 是控制稀疏矩阵的权重系数，$\| * \|_*$ 和 $\| * \|_1$ 分别表示矩阵的核范数和 l_1 范数。低秩分量 $\boldsymbol{A}$ 对应背景，稀疏分量 $\boldsymbol{E}$ 表示前景中的运动区域。取 $\boldsymbol{E}$ 的绝对值获取 X-T 和Y-T的运动矩阵 $\boldsymbol{S}_{\text{m}XT}$ 和 $\boldsymbol{S}_{\text{m}YT}$，执行 $\text{norm}(\boldsymbol{S}_{\text{m}XT} * \boldsymbol{S}_{\text{m}YT})$ 得到归一化的运动检测图 $\boldsymbol{S}_{\text{m}}$。采用高斯函数恢复误丢失的运动像素，优化检测结果：

$$\boldsymbol{S}_{\text{m}}(i,j) = \sum_{\|q_{x,y}-q_{i,j}\|_2<\tau} \boldsymbol{S}_{\text{m}}(x,y) * f(\|q_{x,y}-q_{i,j}\|_2) \tag{2-8}$$

(a) “UN Camp”序列的参考帧

(b) “UN Camp”序列的输入帧

(c) 检测到的运动变化区域

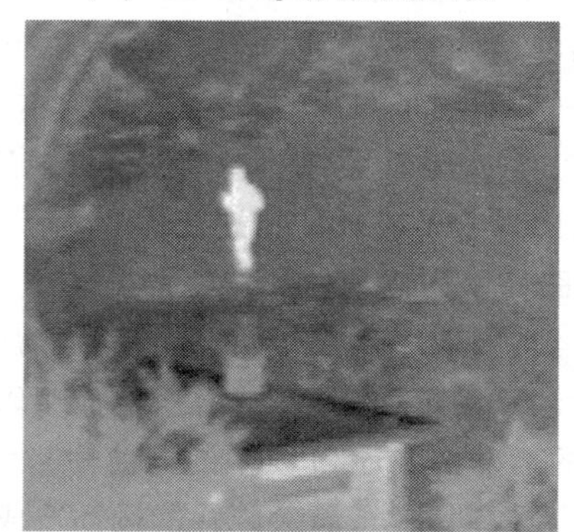

(d) 输入帧运动补偿结果

图 2-2 局部运动补偿过程

其中，τ 表示中心为 $q_{i,j}$ 的支持区域的半径，$\| * \|_2$ 是 l_2 范数，f 是高斯函数 $f(d)=\frac{1}{\sqrt{2\pi}\sigma}\exp-\frac{d^2}{2\sigma^2}$。采用自适应阈值方法移除应该属于背景的非运动区域，假设运动区域的平均值满足高斯分布 (μ,σ)，设置自适应全局阈值 $\mathrm{Th}=\mu+\sigma$，消除噪声，得到最终的运动变化图 $\boldsymbol{S}_{\mathrm{m}}$。得到 G 中连续帧的运动区域后，将每个输入图像 $\boldsymbol{Y}^{(k\pm t)}$ 的运动变化图与参考图像 $\boldsymbol{Y}^{(k)}$ 的运动变化图合并，最终获取输入帧相对于参考帧的变化图 $\boldsymbol{S}_{\mathrm{c}}$，运动变化区域用于局部块匹配运动补偿过程。

对运动变化区域进行块匹配。块的大小采用固定的 8×16 的矩形块，这样的矩形块在精确估计、噪声鲁棒性和计算复杂度上是一个很好的折中。块匹配中相似性的度量最流行的方法是平均绝对误差(Mean Absolute Difference)和均方误差(Mean-squared Error)，但是这两种度量方法与人类视觉系统之间没有太多的关联度，不能最佳地度量图像块间的相似性。梯度相似性(GSIM)[15]能够度量图像视觉对比度和结构信息变化，符合人类视觉系统的认知过程。两个图像块 m 和 n 之间的 GSIM 定义如下：

$$\mathrm{GSIM}(m,n)=\frac{2g_m g_n+c}{g_m^2+g_n^2+c} \tag{2-9}$$

其中，c 是小的常量，避免分母为零，g_m 和 g_n 分别是图像块 m 和 n 的梯度值。GSIM 值的范围是[0,1]，值越大表示两个图像块之间越相似，对应的两个块间的结构相异性 DGSIM 定义为

$$D(m,n) = 1 - \mathrm{GSIM}(m,n) \tag{2-10}$$

匹配块的搜索采用穷举搜索策略，因为其具有简单和准确的优点。块匹配完成后，通过复制相邻帧的最佳匹配块到参考块的位置来构建补偿帧。通过仅对运动变化区域执行局部块匹配过程，加快了局部运动补偿的速度。采用梯度相似性 GSIM 作为匹配块相似性的度量指标，提高了块匹配的准确度，改善了局部运动补偿的性能。

2. 运动图像序列的多尺度变换

针对运动图像的多尺度变换方法，需要能够克服小波变换容易引起系数混叠的缺点，提升刻画图像细节特征的描述能力，采用 UDCT 变换[16]实现运动图像的多尺度变换。UDCT 在傅里叶变换域基于多速率滤波器组理论构建，被设计成多分辨率滤波器组（Filter Bank，FB）的形式，包括一组离散滤波器及下采样和上采样块，充分利用了基于快速傅里叶变换（FFT）的离散 Curvelet 变换和基于 FB 的 Contourlet 变换的优点。UDCT 变换中正向和逆向变换形成了一种紧致的自对偶框架，输入图像经过 UDCT 变换可以完美重构。UDCT 具有更高的几何形状逼近精度、最佳的稀疏性、低冗余率以及层次化的数据结构。UDCT 运行速度快，可以满足实际的图像分析处理的需要。

MCTA 跨尺度分解采用 UDCT 变换，将运动补偿对齐后的运动图像序列 G 进行逐帧分解，G 中包含当前帧 $\boldsymbol{Y}^{(k)}$ 以及过去帧和未来帧 $\boldsymbol{Y}^{(k\pm t)}$，分解过程如图 2-3 所示，图中展示了一个三尺度的分解过程。$J=3$ $(1\leqslant j\leqslant J)$ 个尺度，在第 j 个尺度有 $2N_j=3\times 2^n$ $(n\geqslant 0)$ 个方向子带，方向子带的数量满足抛物线尺度规则。图 2-3 所示的分解过程第 3 个尺度有 24 个方向，第 2 个尺度有 12 个方向，第 1 个尺度有 6 个方向。

对于序列中的每一帧图像 $\boldsymbol{Y}^{(k\pm t)}$，首先采用方向滤波器 $F_l(\omega)$ 和低通滤波器 $F_0(\omega)$ 进行滤波处理。需要构造 $2N$ 个二维方向滤波器 $F_l(\omega)$，$l=1,\cdots,2N_j$ 和 1 个低通滤波器 $F_0(\omega)$，定义如下：

$$\begin{aligned} F_0(\omega) &= 2u_0(\omega) \\ F_l(\omega) &= 2^{\frac{n+3}{2}}u_l(\omega) \end{aligned} \tag{2-11}$$

其中，$u_0(\omega)$ 和 $u_l(\omega)$ 是具有楔形支持区域的平滑窗口滤波函数，方向子带和低通子带可以实现无混叠采样，由于方向滤波器在频率域有单边支持，因此有复数子带系数。

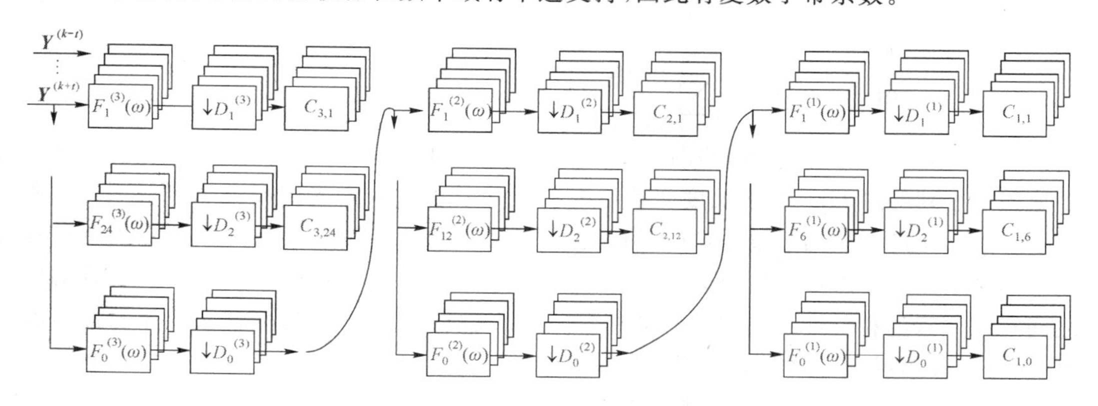

图 2-3　MCTA 三尺度时空分解

滤波输出的信号被下采样，三种下采样率用于对 $2N$ 个方向子带和第 $2N+1$ 个低通子带进行下采样。$D_0^{(N)}$ 用于低通子带的下采样，$D_1^{(N)}$ 和 $D_2^{(N)}$ 分别用于开始和最后的 3×2^n 方向子带的下采样。三个采样率定义如下：

$$D_0^{(N)} = 2I\ ,\quad D_1^{(N)} = \mathrm{diag}\left\{2, \frac{2N}{3}\right\}\ ,\quad D_2^{(N)} = \mathrm{diag}\left\{\frac{2N}{3}, 2\right\} \tag{2-12}$$

高通方向信号经过下采样后，输出高频方向子带系数 $C_{j,l}$，而最低的低频子带用于级联相同的滤波器组构建下一级尺度的频率系数，级联点是图 2-3 所示 $D_0^{(N)}$ 的输出。

运动图像序列 G 中的当前帧 $\boldsymbol{Y}^{(k)}$ 以及过去帧和未来帧 $\boldsymbol{Y}^{(k\pm t)}$ 通过如图 2-3 所示的过程进行分解后，获得相邻多帧的不同尺度、不同频率的组合子带系数 $\{C_{j,0}(x,y,t), C_{j,l}(x,y,t)\}$，其中 $C_{j,0}(x,y,t)$ 表示在最粗尺度的低频子带系数，$C_{j,l}(x,y,t)$ 表示第 t 帧，第 j 尺度和 l 方向的高频子带系数。频率子带系数通过并置相邻的过去、当前和未来图像帧上的对应尺度和方向的系数实现组合，以便形成一个大小为 $M\times N\times T$ 的时空系数体(M 和 N 表示空间维度，T 表示时间维度)，一般设置为 3×3×3 或 5×5×5，用于执行时空运动图像分析。由于执行了运动补偿过程，使得每个层次中相邻帧系数之间具有更加紧密的相关性关系，经过运动补偿的相邻时空系数间具有更强的相关性，可以有效增强时空分析的性能。

3. 运动图像序列时空分析

MCTA 跨越了不同的时间尺度、空间尺度、频率尺度，构建了一种可以从空间、时间和频率角度分析运动图像序列的框架。MCTA 通过运动补偿机制增强了序列中相邻帧之间的相关性，从而提高了时间角度分析的准确性。MCTA 算法可以将运动图像序列的分析转化到在不同尺度和不同频率空间进行分析。运动补偿机制的运用有效增强了不同尺度相邻帧对应系数之间的相关性，提升了运动图像分析的性能，增强了抵抗异常值干扰的能力。

采用 MCTA 算法对一组运动图像序列进行分析，分析运动图像序列执行 MCTA 变换后的低频和高频系数的时空能量。假设有 T 帧相邻图像帧 $\{I_1,\cdots,I_t,\cdots I_T\}$，对于单帧图像 I 上的局部空间能量 E，首先定义围绕中心点(x,y)的局部空间区域 $M\times N$，设 $M=N=T=5$，在局部空间区域上定义像素的局部能量 E 如下：

$$E(x,y) = \sum_{m=-M/2}^{M/2}\sum_{n=-N/2}^{N/2} \left| I(x+m, y+n) \right|^2 \tag{2-13}$$

为了充分利用相邻帧之间的时间信息，可将局部空间能量从区域扩展到时空区域，计算时空能量。在围绕中心点(x,y,t)的时空区域上定义大小为 $M\times N\times T$ 的时空体，则图像 I 的时空能量 SE 定义为

$$\mathrm{SE}(x,y,t) = \sum_{m=-M/2}^{M/2}\sum_{n=-N/2}^{N/2}\sum_{\eta=-T/2}^{T/2} \left| I(x+m, y+n, t+\eta) \right|^2 \tag{2-14}$$

图 2-4 展示了一组连续 5 帧的图像序列，图 2-4(a)为原图像序列，图 2-4(b)和(c)分别展示了原图像序列经过 UDCT 多尺度变换后的低频和其中一个方向的高频系数。图 2-5 则展示了图 2-4(a)中图像序列经过 MCTA 算法执行运动补偿后的图像序列及多尺度变换后的低频及高频系数图。可以看到执行运动补偿后，图像序列都对齐到了中间的参考帧，有效增强了帧之间对应像素的相关性。从图 2-4 和图 2-5 中可以观察到低频系数图展示了原图像的结构信息，高频系数图展示了原图像中的显著细节。

图 2-6 展示了图 2-4 中的中间帧低频和高频系数的空间能量 E 和时空能量 SE 图。图 2-6(a)表示低频系数空间能量 E，图 2-6(b)是低频系数的时空能量 SE，图 2-6(c)表示高频系数的空间能量 E，图 2-6(d)表示高频系数的时空能量 SE。

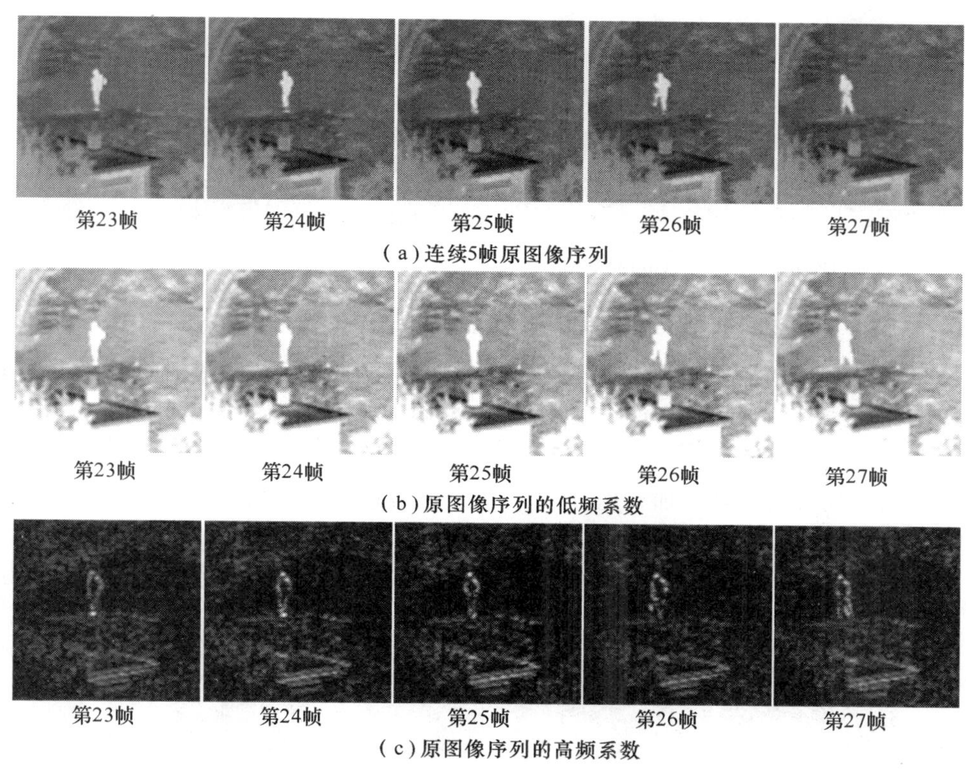

(a) 连续5帧原图像序列
(b) 原图像序列的低频系数
(c) 原图像序列的高频系数

图 2-4　连续 5 帧原图像序列以及序列的低频和高频系数

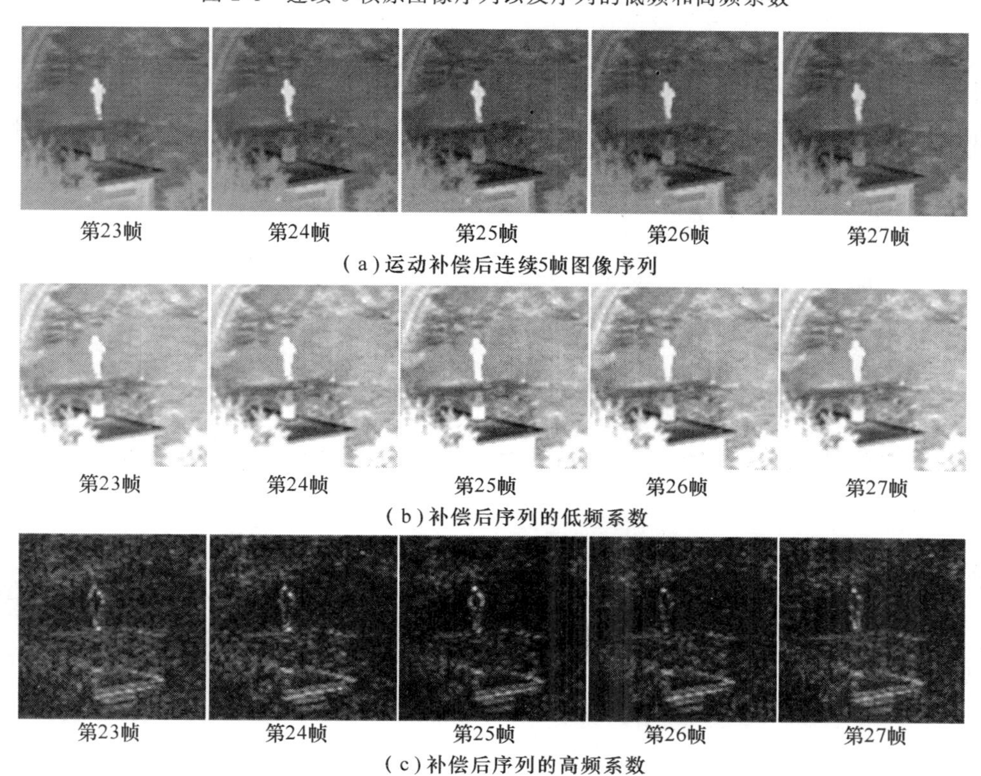

(a) 运动补偿后连续5帧图像序列
(b) 补偿后序列的低频系数
(c) 补偿后序列的高频系数

图 2-5　图 2-4 序列运动补偿后的结果以及补偿后序列的低频系数和高频系数

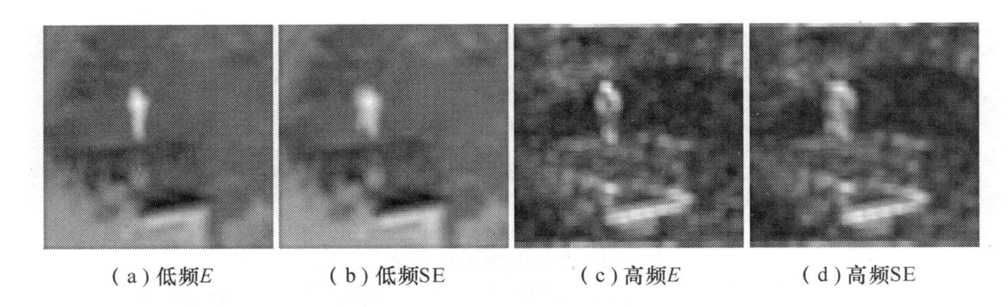

图 2-6　图 2-4 中间帧的低频和高频系数能量 E 和时空能量 SE

由于原图像序列中存在目标运动，SE 图中的运动目标明显比 E 图中的目标占据更大区域，造成时空能量 SE 的计算存在误差，进而不能准确表示中间帧的能量。图 2-7 与图 2-6 类似，表示图 2-5 的中间帧的低频和高频系数空间能量 E 和时空能量 SE。由于进行了运动补偿，使得时空能量 SE 的计算更加精确，所以可以准确表达系数的能量。

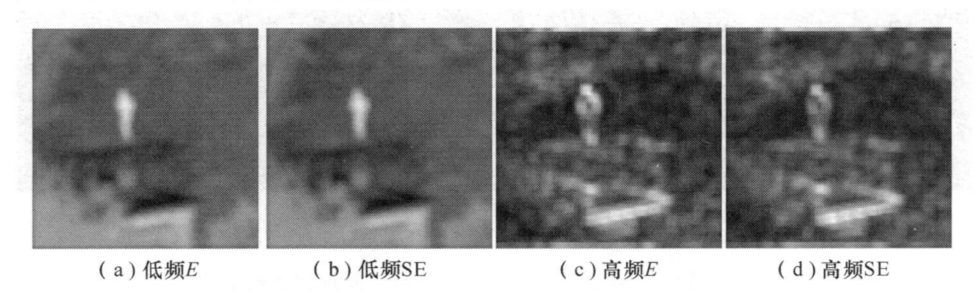

图 2-7　图 2-5 中间帧的低频和高频系数能量 E 和时空能量 SE

图 2-8 展示了图 2-6 中的系数空间能量 E 和时空能量 SE 的立体图。图 2-8(a)和(b)分别表示图 2-6(a)和(b)中的低频系数能量 E、时空能量 SE，图 2-8(c)表示 SE 与 E 的能量差，可

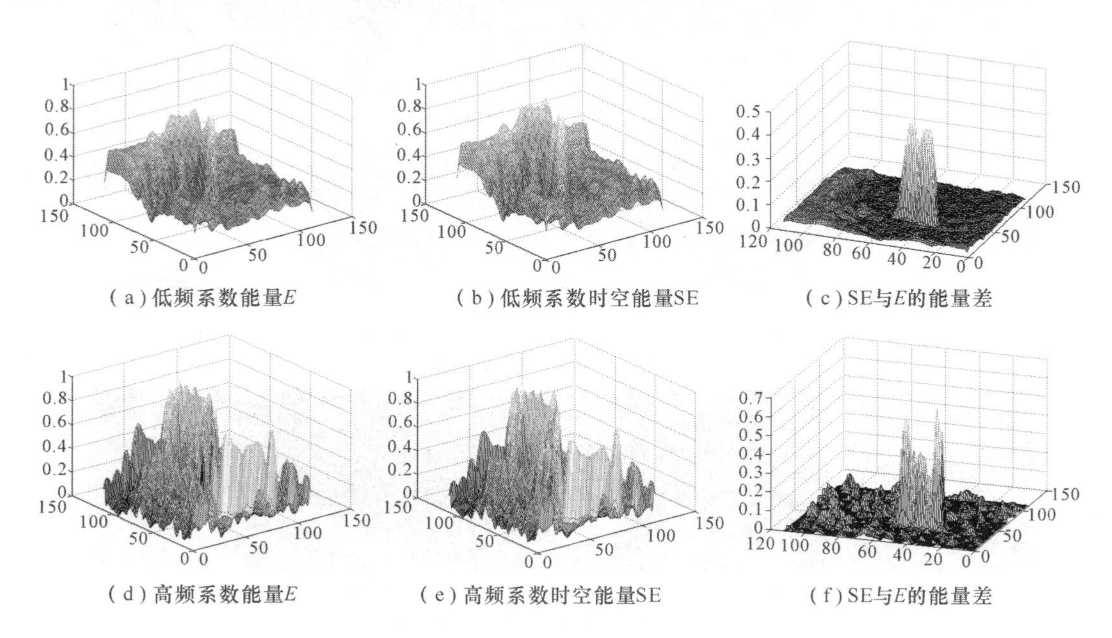

图 2-8　图 2-6 的空间能量和时空能量立体图

以看到 SE 与 E 之间在运动目标区域出现双峰，存在较大的能量差，这是由于目标运动产生位移，在计算 SE 的过程中错误地增加了目标所占据的区域，导致 SE 不能准确表示当前帧的能量。

图 2-8(d)和(e)是图 2-6(c)和(d)中的高频系数能量 E、时空能量 SE，图 2-8(f)表示 SE 与 E 的能量差，在运动目标区域也存在较大的能量差，并且所占据区域较大，这从图 2-6 的 SE 图中也可以观察到与低频 SE 存在相同的问题，未能准确表示高频细节的能量。

图 2-9 展示了图 2-7 中的系数空间能量 E 和时空能量 SE 的立体图。图 2-9(a)和(b)展示了图 2-7(a)和(b)中的低频系数能量 E、时空能量 SE，图 2-9(c)展示 SE 与 E 的能量差。由于进行了运动补偿，图 2-9(c)展示的能量差只存在于运动目标区域，目标区域 SE 能量值的提高能够更显著地表示运动区域，增强了能量计算的准确度。图 2-9(d)和(e)表示图 2-7(c)和(d)中的高频系数能量 E、时空能量 SE，图 2-9(f)是 SE 与 E 的能量差，从图 2-9(f)可以看到，SE 与 E 之间存在较小的差值，在运动目标处的差值较大，说明时空能量 SE 更显著地表示了高频系数的目标轮廓、边缘和纹理等细节。

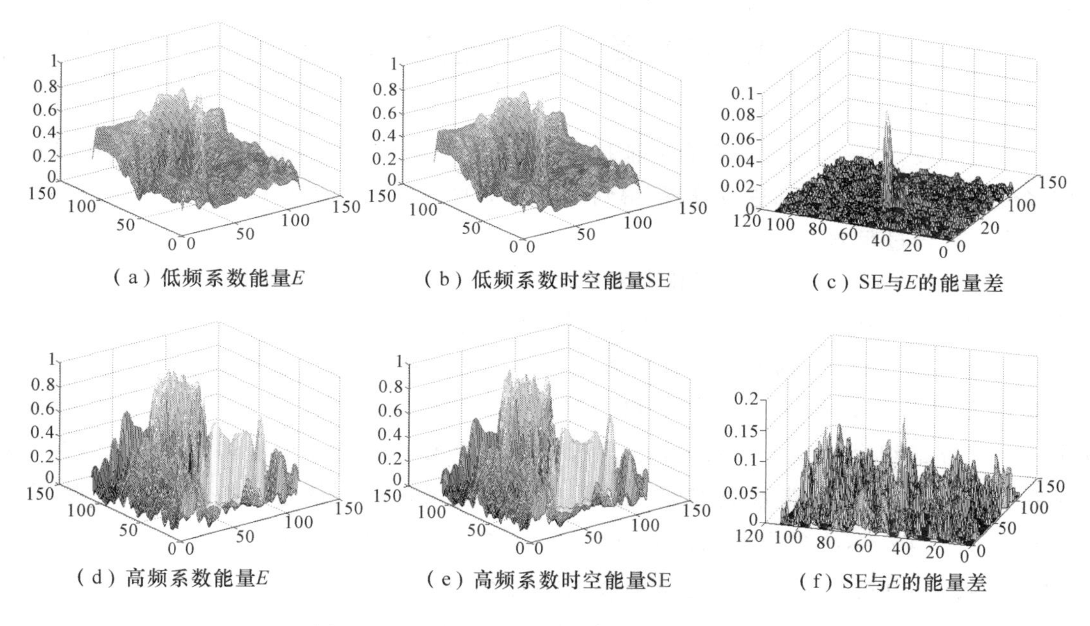

(a) 低频系数能量E　(b) 低频系数时空能量SE　(c) SE与E的能量差

(d) 高频系数能量E　(e) 高频系数时空能量SE　(f) SE与E的能量差

图 2-9　图 2-7 的空间能量和时空能量立体图

从以上分析可以得出，图像序列经过 MCTA 算法分析变换后，能够更方便地进行序列的时空分析，MCTA 算法构建了从时间尺度、空间尺度和频率尺度分析运动图像序列框架。由于采用了运动补偿，增强了不同尺度的相邻帧对应系数之间的相关性，有效地提升了运动图像分析的准确性，这可以从对时空能量的分析中得到。时空分析同时借助时间和空间相邻信息，增强了抵抗干扰的能力。在低频系数上的时空分析，可以有效表达图像的结构特征。在高频系数上的时空分析，能够更显著地表示图像的边缘和纹理细节，提升运动图像序列分析的准确性和可靠性。

4. MCTA 实现步骤

本章提出的 MCTA 的实现步骤如表 2-1 所示。

表 2-1　MCTA 的实现步骤

算法：运动图像跨尺度分析算法（MCTA）
输入：运动图像序列 G，包括当前帧 $\boldsymbol{Y}^{(k)}$ 以及过去帧和未来帧 $\boldsymbol{Y}^{(k\pm t)}$，$t=1,\cdots,T/2$，其中 T 是 G 的长度
输出：组合低频和高频系数向量 $\{C_{j,0}^{G}(x,y,t),C_{j,l}^{G}(x,y,t)\}$，当前帧 $\boldsymbol{Y}^{(k)}$ 的低频和高频系数的时空能量 SE
(1)选取当前帧 $\boldsymbol{Y}^{(k)}$ 作为参考帧，过去帧和未来帧 $\boldsymbol{Y}^{(k\pm t)}$ 中的一帧作为输入帧；
(2)采用式(2-5)和式(2-6)在参考帧和输入帧之间估计全局运动向量，实现全局运动补偿；
(3)按照式(2-9)梯度相似性在参考帧和输入帧之间进行局部运动补偿，得到补偿后的输入图像 $\bar{\boldsymbol{Y}}^{(k\pm t)}$；
(4)读取 G 的下一帧作为输入帧，重复步骤(2)和步骤(3)，直到相邻的 $T-1$ 帧图像都对齐到参考帧；
(5)在当前帧和运动补偿后的过去帧和未来帧 $\bar{\boldsymbol{Y}}^{(k\pm t)}$ 上执行多尺度 UDCT 变换，得到组合低频和高频系数向量 $\{C_{j,0}^{G}(x,y,t),C_{j,l}^{G}(x,y,t)\}$；
(6)按照式(2-14)计算当前帧 $\boldsymbol{Y}^{(k)}$ 的低频和高频系数的时空能量 SE。

2.3　MCTA 算法的实验结果与分析

在实验阶段，利用运动图像融合验证提出的 MCTA 算法。将本章提出的 MCTA 算法对不同多传感器运动图像序列进行分析，得到不同频率的组合系数向量，并在此基础上实现时空能量融合。融合过程如下：

首先，当前帧 $\boldsymbol{Y}^{(k)}$ 以及过去帧和未来帧 $\boldsymbol{Y}^{(k\pm t)}$，$t=1,\cdots,T/2$，从输入序列 V_{a} 和 V_{b} 抽取形成两个组合的帧序列 G_{a} 和 G_{b}，其中 T 是组合的帧序列 G_{a} 和 G_{b} 的长度。采用运动图像跨尺度分析算法 MCTA，将 G_{a} 和 G_{b} 分解成不同尺度、不同频率的子带系数向量，获得组合子带系数 $\{C_{j,0}^{\mathrm{Ga}}(x,y,t),C_{j,l}^{\mathrm{Ga}}(x,y,t)\}$ 和 $\{C_{j,0}^{\mathrm{Gb}}(x,y,t),C_{j,l}^{\mathrm{Gb}}(x,y,t)\}$，其中 $C_{j,0}(x,y,t)$ 表示在最粗的尺度的组合低频子带系数，$C_{j,l}(x,y,t)$ 表示第 t 帧，第 j 尺度和 l 方向的组合高频子带系数。其次，低频子带系数 $C_{j,0}^{\mathrm{Ga/Gb}}(x,y,t)$ 的融合采用时空能量加权的融合规则，高频子带系数 $C_{j,0}^{\mathrm{Ga/Gb}}(x,y,t)$ 的融合采用时空能量选择的融合规则，得到融合的当前帧的子带系数 $\{F_{j,0}^{\boldsymbol{Y}^{(k)}}(x,y),F_{j,l}^{\boldsymbol{Y}^{(k)}}(x,y)\}$。获得融合后当前帧的子带系数 $\{F_{j,0}^{\boldsymbol{Y}^{(k)}}(x,y),F_{j,l}^{\boldsymbol{Y}^{(k)}}(x,y)\}$ 后，应用多尺度逆变换，获取融合后的当前帧 $\boldsymbol{Y}^{(k)}$。迭代执行上述过程获取整个融合图像序列 V_{f}。

2.3.1　客观评价指标及对比算法

为了准确评价算法的性能，同时采用主观视觉评价和客观评价指标综合评价融合运动图像序列的质量。采用的客观度量指标包括：信息熵(IE)、互信息(MI)[17]、梯度保持度($Q_{\mathrm{AB/F}}$)[18]、时空梯度保持度($\mathrm{DQ}_{\mathrm{AB/F}}$)[19]和帧间差图像的互信息(IFD_MI)[20]。其中 IE、MI 和 $Q_{\mathrm{AB/F}}$ 是对于单帧图像的融合性能进行评价的方法，$\mathrm{DQ}_{\mathrm{AB/F}}$ 和 IFD_MI 是针对图像序列融合性能的评价方法。单帧图像评价方法更多的是从图像本身的质量进行评价，没有考虑时间信息，图像序列评价方法结合了相邻帧的时间信息，可以更全面评价运动图像序列融合方法的性能。

IE 计算图像包含的平均信息量、融合图像的 IE 值越大，说明图像中包含的信息越多，融

合图像质量越高。IE 的表达式为

$$\mathrm{IE} = -\sum_{i=0}^{L} P(l)\log_2 P(l) \tag{2-15}$$

其中，$P(l)$ 为灰度值 l 在图像中出现的概率，L 为图像的灰度等级。

MI 表示融合图像包含了多少输入图像的信息，MI 越大，表明融合图像保持了越多原图像的重要信息。$Q_{AB/F}$ 度量从原图像中转换到融合图像中的梯度信息量，反映了输入图像的梯度信息在融合图像中的保持度，$Q_{AB/F}$ 值越大，说明融合效果越好。

$DQ_{AB/F}$ 表示有多少时空信息被从原图像序列抽取，并转移到融合图像序列中。融合结果与输入视频之间的 $DQ_{AB/F}$ 值越高，表明从输入视频中抽取了更多的时空信息，转移到了融合视频中。为了处理在多传感器序列中出现的额外场景和目标运动信息，$DQ_{AB/F}$ 通过考虑输入和融合序列之间的时空梯度信息保持度来构建。空间信息保持度的获取使用传统的基于梯度的 $Q_{AB/F}$ 方法，评价哪些输入梯度信息被转移到了融合图像中。从图像序列抽取时间信息采用鲁棒的时间梯度滤波方法。时空梯度保持度可以通过集成时间信息和空间梯度保持度来评价。$DQ_{AB/F}$ 是一种具有精确性和鲁棒性的用于动态多传感器图像融合的客观评价指标。

IFD_MI 反映了图像序列融合方法在保持时间稳定性和一致性方面的性能。考虑时间稳定性和一致性以及融合图像序列的总体质量，IFD_MI 的值越高，表示对应的图像序列融合方法性能越好。IFD_MI 度量是一种基于互信息的信息理论质量度量，其定义如下：

$$I((S_1, S_2); F) = H(S_1, S_2) + H(F) - H(S_1, S_2, F) \tag{2-16}$$

其中，联合变量依靠输入图像 S_1 和 S_2 以及融合图像 F 的帧间差(IFD)来构造。熵的计算使用 Parzen 估计和数据的随机下采样，从 IFD 构建的联合概率密度得到。

为了进行有效的性能对比，除了 MCTA 的算法以外，另外两种三维图像跨尺度分析算法也应用于图像序列融合，包括基于三维离散小波变换(3D-DWT)算法、基于三维双树复小波变换(3D-DTCWT)算法，这两种算法都使用与 MCTA 相同的时空能量融合策略，分别融合低频子带系数和高频子带系数。采用的所有多尺度变换的分解级数为三级，并假定原图像序列已经配准。

2.3.2　MCTA 算法实验结果与分析

(1) 实验一：MCTA 算法在“UN Camp”标准运动图像序列上的融合性能对比实验

在“UN Camp”标准运动图像序列上，将本章提出的 MCTA 算法的融合实验结果与 3D-DWT算法和 3D-DTCWT 算法的融合实验结果进行比较。“UN Camp”标准运动图像序列来源于网站 http://www.imagefusion.org/。采用主观视觉评价和客观评价指标两方面综合评价融合结果的质量。客观度量指标包括：IE、MI、$Q_{AB/F}$、$DQ_{AB/F}$ 和 IFD_MI。

图 2-10 所示的实验是“UN Camp”序列中第 25 帧的可见光和红外图像对，包含输入图像序列的一对原图像帧以及四个融合图像帧，三个融合图像帧通过基于 3D-DWT、3D-DTCWT 和 MCTA 算法生成。图 2-10(a)是输入图像序列中的一帧可见光图像帧，图 2-10(b)是对应的红外图像序列中的一帧红外原图像。从图 2-10 中可以观察到，图 2-10(c)的结果最差，前景目标不够显著，背景也比较模糊，纹理细节不清晰，房屋边缘出现扭曲。图 2-10(d)中运动目标较暗，背景区域丢失了一些细节，图像对比度较低。图 2-10(e)中前景目标轮廓清晰，保持了红外图像中的显著特征，背景细节也非常突出，图像具有较强的对比度，视觉效果更好。如

图 2-10(e)所示,MCTA 算法生成了最佳的融合结果,展示了清晰的目标,丰富平滑的场景纹理细节,这些对比揭示了 MCTA 算法可以有效地判别输入图像帧之间的信息的重要程度,融合结果保留了输入图像帧的所有有用信息,同时避免了系数混叠引起的图像变形等干扰,表明 MCTA 算法能够有效地对运动图像序列进行描述,准确刻画图像几何空间的边缘纹理细节特征以及时间序列的显著运动特征。

(a)可见光序列中的第25帧

(b)红外序列中的第25帧

(c)3D-DWT融合图像

(d)3D-DTCWT融合图像

(e)MCTA融合图像

图 2-10　三种图像分析算法应用于"UN Camp"运动图像序列的融合结果对比

为了进一步评价上述三种图像分析算法应用于图像融合时在保持融合序列时间稳定性和一致性上的性能,对比了当前帧(25 帧)和前一帧(24 帧)之间的帧间差(IFD)[21],对比结果如图 2-11 所示。图 2-11 中显示的是一组针对图 2-10 中的原图像和融合图像以及它们对应的前一帧图像之间的 IFD 图像。图 2-11(c)～(e)的 IFD 图像都没有引入干扰信息,表明 3D-DWT 算法、3D-DTCWT 算法和 MCTA 的算法都具有一定的运动信息保持能力。图 2-11(e)的 IFD 图像运动目标轮廓及边缘纹理细节更加平滑,表明 MCTA 算法产生的融合图像序列有更好的时间稳定性和一致性,说明了 MCTA 算法在运动图像序列分析上的优越性能。

融合算法的性能需要进一步通过客观量化分析工具进行度量。图 2-12 展示了图 2-10 中"UN Camp"标准测试集中的运动图像序列全部连续 32 帧的融合结果的信息熵(IE)、互信息(MI)和梯度保持度($Q_{AB/F}$)指标的客观评价指标值。观察图 2-12 可以看到对连续的运动图像序列进行融合时,MCTA 算法相比于基于 3D-DWT、3D-DTCWT 算法取得了最高的 IE 值、MI 值和 $Q_{AB/F}$ 值,这说明 MCTA 算法获取的融合序列在客观评价指标方面取得了良好的性能。MCTA 算法准确地描述了图像序列的空间几何纹理特征和时间运动特征,增强了相邻帧系数之间的相关性,从而提升了融合性能,改善了融合图像序列的质量。

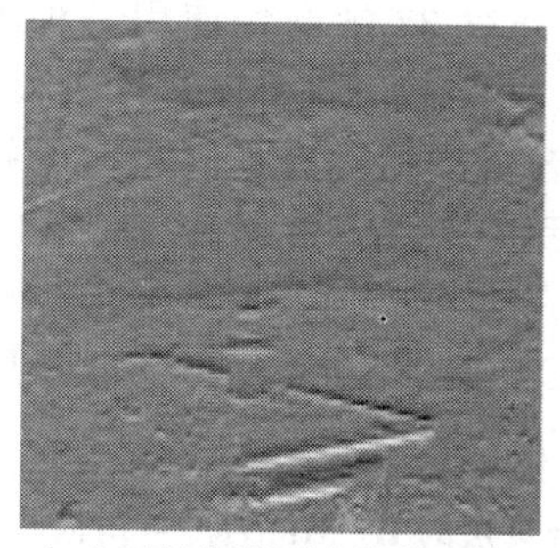

(a)可见光序列中的第25帧

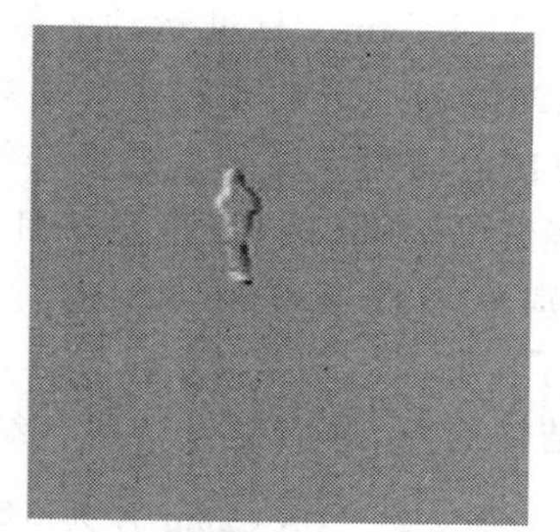

(b)红外序列中的第25帧

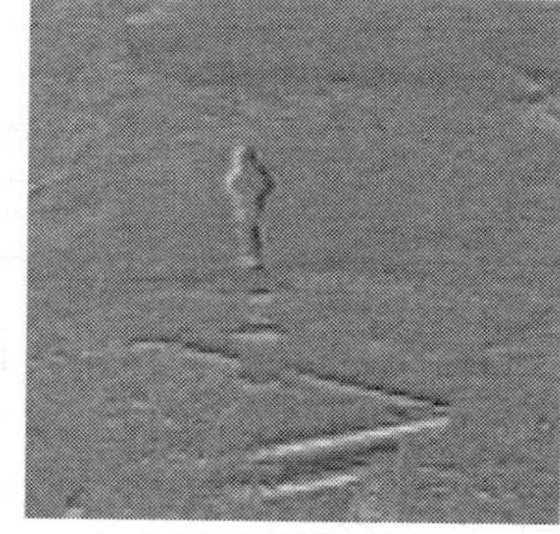

(c)3D-DWT融合图像

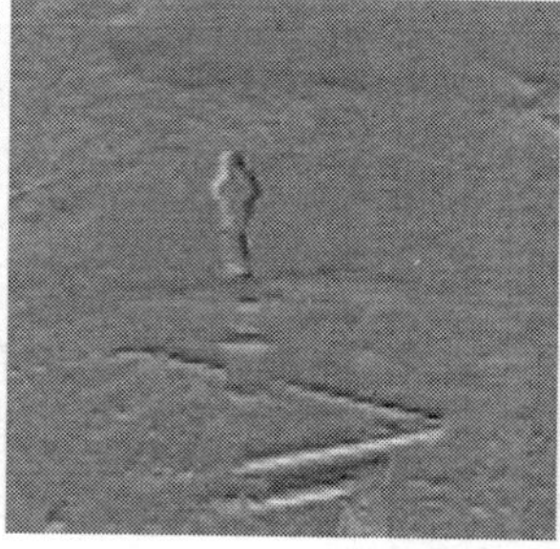

(d)3D-DTCWT融合图像

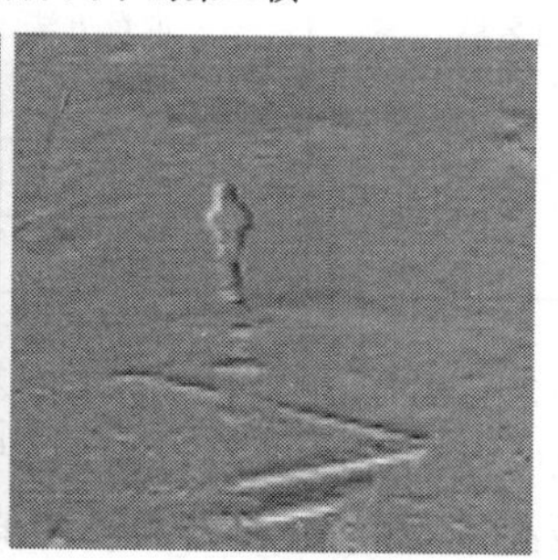

(e)MCTA融合图像

图 2-11　“UN Camp”序列第 25 帧原图像和融合图像的 IFD 图像

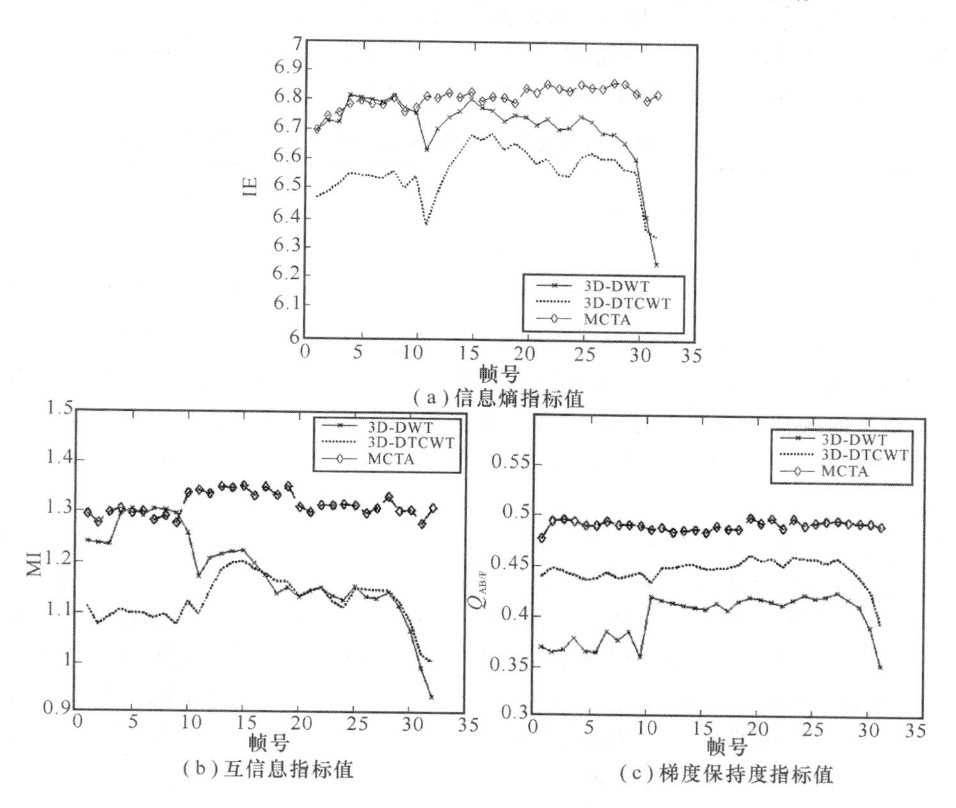

(a)信息熵指标值

(b)互信息指标值

(c)梯度保持度指标值

图 2-12　“UN Camp”图像序列不同算法融合结果客观评价指标值

表 2-2 显示了“UN Camp”标准运动图像序列连续 32 帧图像使用三种不同融合算法得到的融合结果的 IE、MI、$Q_{AB/F}$下的客观指标平均值。相比于 3D-DWT 算法和 3D-DTCWT 的算法，MCTA 的算法在运动图像序列上的融合结果客观指标均有不同程度的提升。信息熵(IE)指标值分别平均提升 2%和 4%，互信息(MI)指标值分别平均提升 11%和 17%，梯度保持度($Q_{AB/F}$)指标值分别平均提升 22%和 10%。IE、MI、$Q_{AB/F}$客观量化指标值的提升，是由于 MCTA 算法采用了 UDCT 多尺度分解方法，UDCT 能够更准确地从不同尺度和频率空间描述图像的细节和结构信息，进而提升了融合结果的质量。

表 2-2 “UN Camp”序列不同融合算法的 IE、MI、$Q_{AB/F}$平均值

序列名称	度量方法	3D-DWT	3D-DTCWT	MCTA
UN Camp	IE	6.710 9	6.555 9	6.808 6
	MI	1.189 0	1.130 4	1.322 0
	$Q_{AB/F}$	0.401 3	0.449 2	0.494 4

表 2-3 显示了图 2-10 中的“UN Camp”标准运动图像序列在 $DQ_{AB/F}$和 IFD_MI 指标上的度量结果。从表 2-3 中可以看出，与 3D-DWT 算法和 3D-DTCWT 的算法相比，MCTA 算法取得了最高的 $DQ_{AB/F}$和 IFD_MI 值，这表明 MCTA 算法生成的融合序列包含了原图像中所有重要信息，消除了冗余，并保持了运动图像序列的时间稳定性和一致性，生成了具有更高质量的融合图像序列。与 3D-DWT 算法和 3D-DTCWT 的算法相比，MCTA 算法 $DQ_{AB/F}$指标值分别平均提升 32%和 30%，IFD_MI 指标值分别平均提升 2%和 1%。MCTA 算法在执行跨尺度分析时显式地执行了运动补偿，增强了相邻帧系数之间的相关性，保持了融合图像序列的时间稳定性和一致性，从而提升了 $DQ_{AB/F}$和 IFD_MI 两个指标值。

表 2-3 “UN Camp”序列不同融合算法的 $DQ_{AB/F}$、IFD_MI 客观评价指标值

序列名称	度量方法	3D-DWT	3D-DTCWT	MCTA
UN Camp	$DQ_{AB/F}$	0.242 5	0.246 3	0.320 2
	IFD_MI	2.451 6	2.469 1	2.491 1

(2) 实验二：MCTA 算法在“Robot”运动图像序列上的融合性能对比实验

实验数据采用我们用红外与可见光传感器拍摄的机器人运动图像序列，对比了本章提出的 MCTA 算法的融合实验结果与 3D-DWT 算法和 3D-DTCWT 算法的融合实验结果。采用主观视觉评价和客观评价指标评价融合结果的质量，客观评价指标包括：IE、MI、$Q_{AB/F}$、$DQ_{AB/F}$和 IFD_MI。

图 2-13 显示了一组采用可见光和红外传感器拍摄的机器人运动图像序列融合结果对比，图 2-13(a)是“Robot”可见光图像序列中的第 350 帧，图 2-13(b)是红外图像序列中的对应帧。图 2-13(c)～(e)是分别采用 3D-DWT 算法、3D-DTCWT 算法和 MCTA 算法得到的融合图像帧。从图 2-1 可以看到，融合结果包含了原图像中的互补信息，即可见光图像帧中的背景细节以及红外图像帧中的前景目标，融合结果展示了完整的场景信息。观察图 2-13(c)～(e)的融合结果，图 2-13(c)中机器人显示器的右上角凸出一点，出现变形，两边的墙壁边缘出现扭曲，严重影响了融合图像的质量和视觉效果。图 2-13(d)中前景目标比较清晰，但是右侧的门框出现了畸变。图 2-13(e)中的融合结果不仅机器人前景目标清晰完整，而且背景纹理、门框边缘等细节清晰平滑，没有引入干扰信息，取得了高质量的融合效果。实验结果表明 MCTA 算法能够有效地改善融合图像序列的质量。

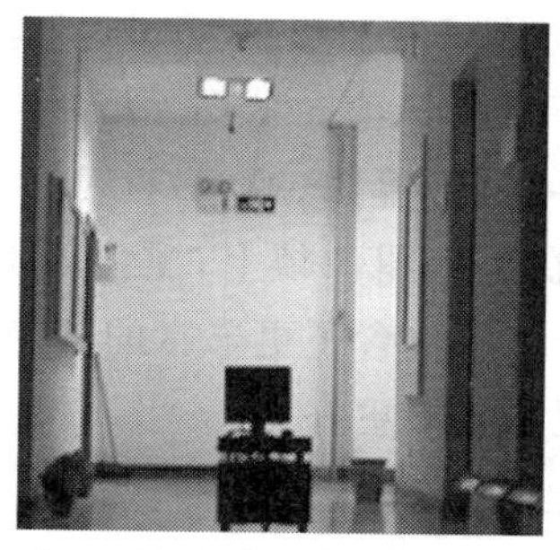
(a)可见光序列中的第350帧

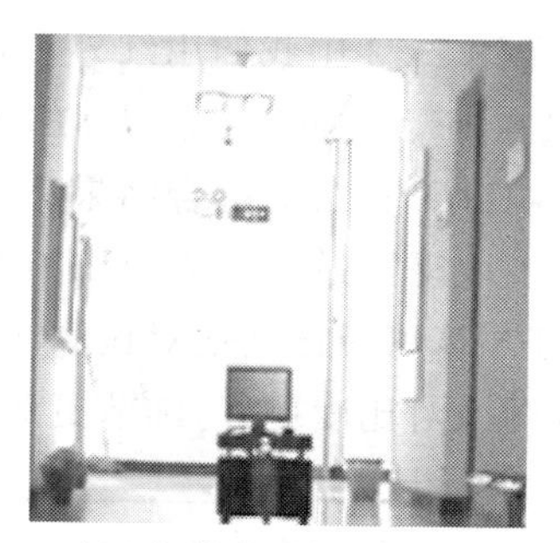
(b)红外序列中的第350帧

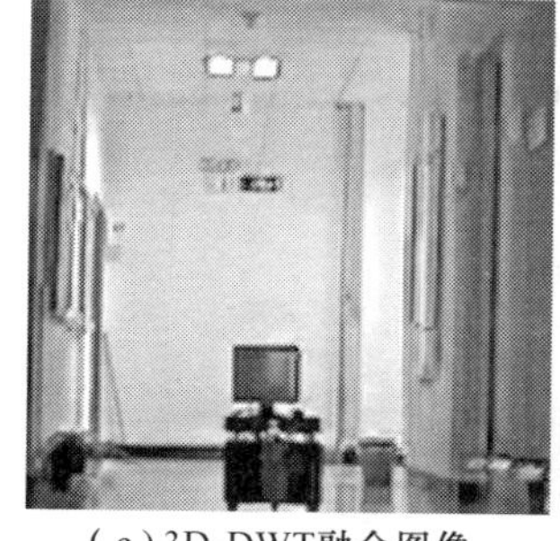
(c)3D-DWT融合图像

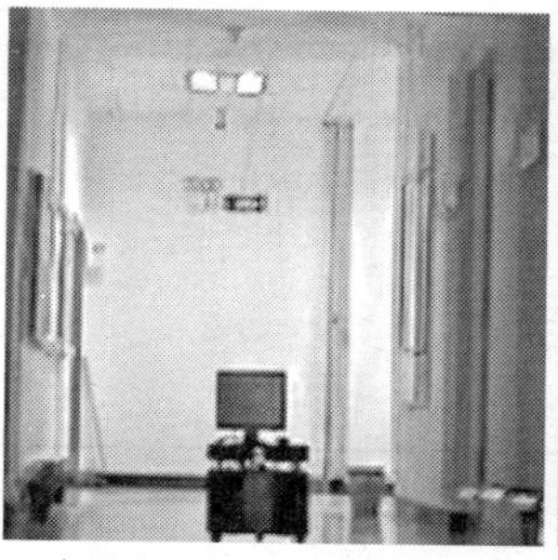
(d)3D-DTCWT融合图像

(e)MCTA融合图像

图 2-13　三种图像分析算法应用于"Robot"运动图像序列的融合结果对比

图 2-14 显示了图 2-13 中所示图像的帧间差 IFD,用于衡量运动图像序列融合算法在保持时间稳定性和一致性方面的性能。从图 2-14 中可以看到,图 2-14(c)中右边中间的位置引入了干扰信息,图 2-14(d)中靠左边中间以及向下的位置出现干扰信息,这些信息在如图 2-14(a)和(b)所示的原图像帧的 IFD 图像中均未出现。图 2-14(e)几乎未包含任何的干扰信息,表明 MCTA 算法具有更好的时间稳定性和一致性。

(a) 可见光序列中的第350帧

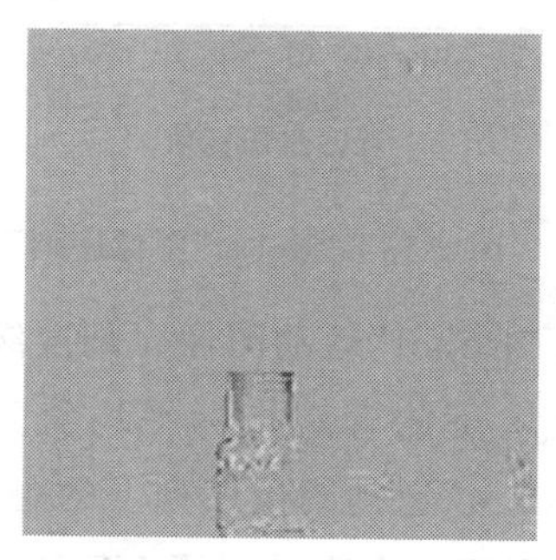
(b) 红外序列中的第350帧

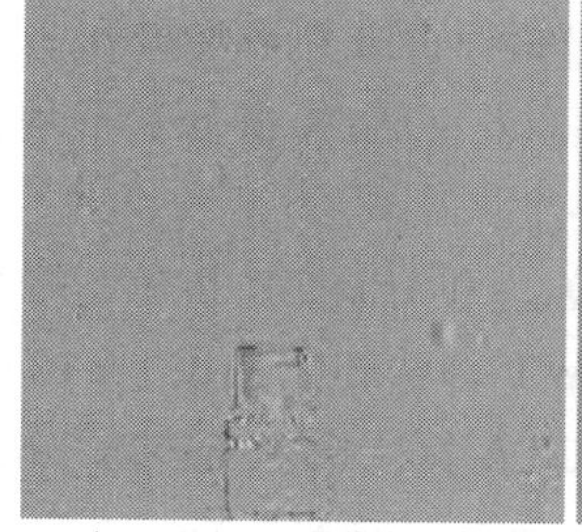
(c) 3D-DWT融合图像

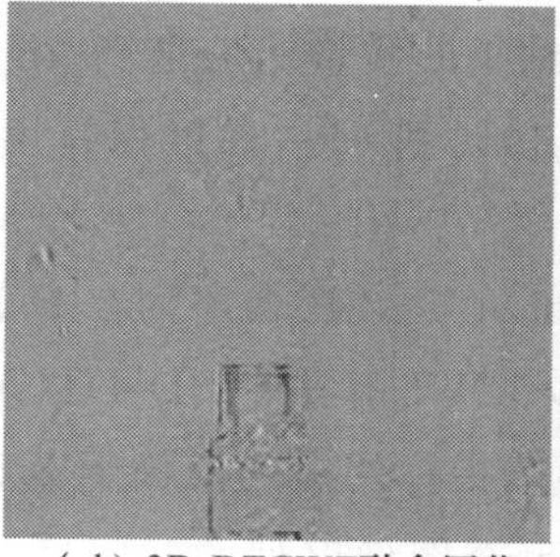
(d) 3D-DTCWT融合图像

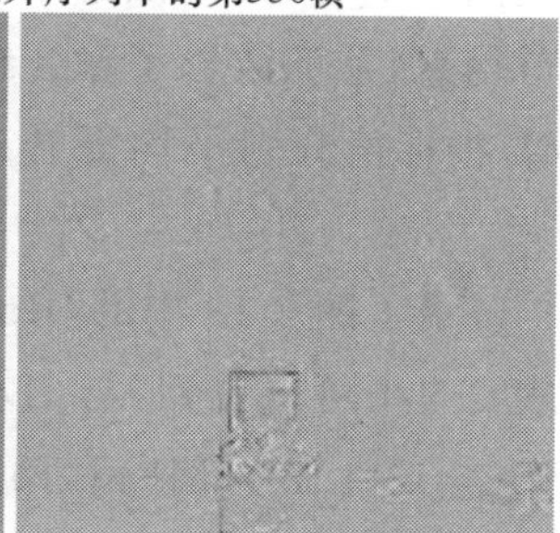
(e) MCTA融合图像

图 2-14　"Robot"序列第 350 帧原图像和融合图像的 IFD 图像

图 2-15 展示了图 2-13 中我们用红外和可见光传感器拍摄的"Robot"运动图像序列连续 100 帧的融合结果在 IE、MI 和 $Q_{AB/F}$ 指标的客观评价指标值。从图 2-15 中可以看到，黑色菱形曲线代表基于 MCTA 算法的融合结果。与 3D-DWT 算法、3D-DTCWT 的算法相比，在连续帧上的 IE 总体上取得了最高的值，MI 和 $Q_{AB/F}$ 在全部图像帧上，黑色菱形曲线都处于最高的位置，说明 MCTA 算法相比其他对比算法，融合图像包含了更丰富的信息，保留了更多的纹理细节内容，融合图像对比度更好，细节更清晰，视觉效果更好。

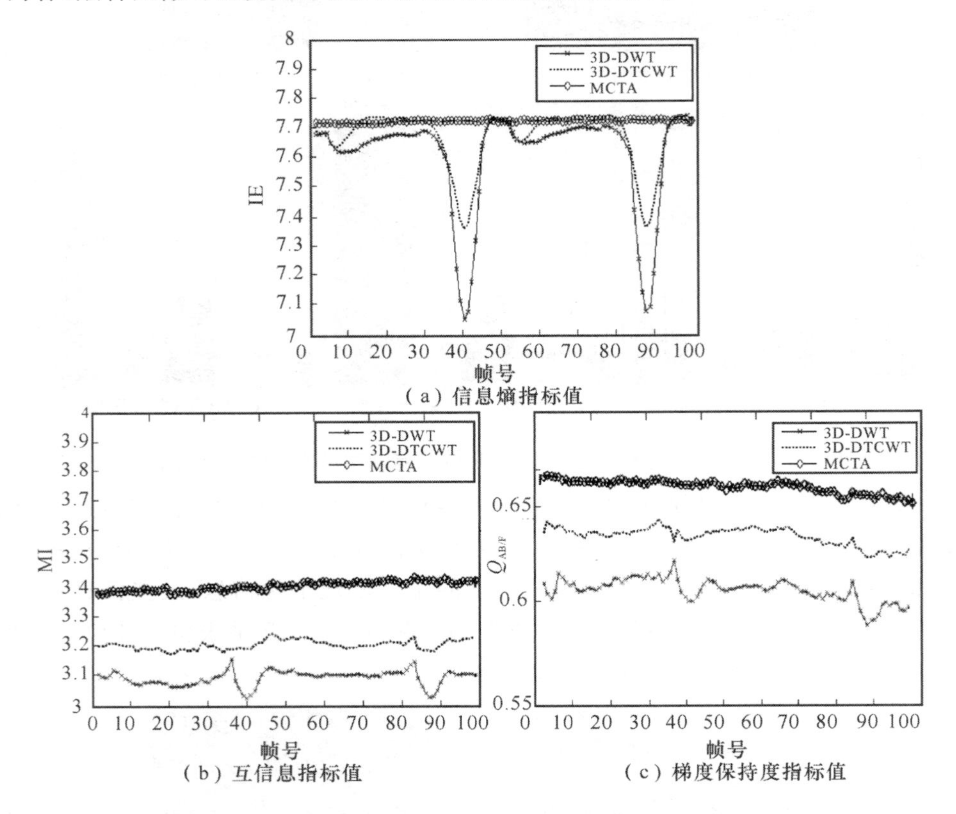

图 2-15 "Robot"图像序列不同算法融合结果客观评价指标值

表 2-4 显示了"Robot"运动图像序列连续 100 帧图像使用三种不同融合算法得到的融合结果在 IE、MI、$Q_{AB/F}$ 下的客观指标平均值。与 3D-DWT 算法和 3D-DTCWT 的算法相比，MCTA 算法在"Robot"运动图像序列上的融合结果客观指标都取得了最高值，客观量化指标值的提升是因为 MCTA 算法采用了 UDCT 多尺度分解方法，能够更准确地描述图像的边缘、纹理等细节信息，从而改善了融合结果的质量。信息熵(IE)指标值分别平均提升 2%和 1%，互信息(MI)指标值分别平均提升 10%和 6%，梯度保持度($Q_{AB/F}$)指标值分别平均提升 9%和 4%。

表 2-5 显示了图 2-13 中的"Robot"运动图像序列在 $DQ_{AB/F}$ 和 IFD_MI 指标上的客观度量结果。从表 2-5 中可以看到，与 3D-DWT 算法和 3D-DTCWT 算法相比，MCTA 的算法取得了最高的 $DQ_{AB/F}$ 和 IFD_MI 值，两个指标的提升依赖于 MCTA 算法执行了运动补偿，增强了相邻帧系数之间的相关性，保持了融合图像序列的时间稳定性和一致性。$DQ_{AB/F}$ 指标值分别提升了 12%和 14%，IFD_MI 指标值分别提升了 3%和 2%。量化分析结果与视觉分析结果是

一致的，表明 MCTA 算法具有优越的性能，既充分保证了融合图像的质量，也保持了融合图像序列的时间稳定性和一致性。

表 2-4　"Robot"序列不同融合算法的 IE、MI、$Q_{AB/F}$ 平均值

度量方法	3D-DWT	3D-DTCWT	MCTA
IE	7.601 1	7.661 8	7.718 5
MI	3.105 3	3.220 0	3.420 9
$Q_{AB/F}$	0.609 9	0.638 7	0.664 7

表 2-5　"Robot"序列不同融合算法的 $DQ_{AB/F}$、IFD_MI 客观评价指标值

度量方法	3D-DWT	3D-DTCWT	MCTA
$DQ_{AB/F}$	0.225 9	0.222 0	0.252 8
IFD_MI	0.380 8	0.382 2	0.391 3

实验结果表明，本章提出的 MCTA 算法无论对于标准运动图像序列，还是对于我们拍摄的机器人运动图像序列，都取得了更好的视觉效果，客观量化指标也有较大的提升。相比于 3D-DWT 算法和 3D-DTCWT 算法，IE 指标值分别提升了 2%和 3%，MI 指标值分别提升了 11%和 12%，$Q_{AB/F}$ 指标值分别提升了 16%和 7%，时空梯度保持度 $DQ_{AB/F}$ 指标值分别提升了 21%和 22%，帧间差互信息 IFD_MI 指标值分别提升了 3%和 2%。通过采用 MCTA 算法可以得到更高质量的融合运动图像序列。

2.4　本章小结

本章研究运动图像跨尺度分析方法，提出了一种新的运动图像跨尺度分析算法（MCTA）。针对运动图像的运动特征以及空间几何纹理特征的分析，利用多尺度几何分析方法和运动估计分析方法的功能互补特性，建立运动图像分析算法，构建从时间、空间和频率尺度分析运动图像的统一框架。MCTA 算法提供对运动图像序列中运动特征的抽取能力，估计运动向量，实现运动补偿，增强图像帧之间的相关性；将运动图像的分析转换为在不同尺度、不同频率的空间信号的分析，能够有效刻画图像的结构、细节和纹理特征，有助于制定灵活的图像处理策略；在运动补偿后的相邻图像帧进行多尺度几何分析，增强了相邻帧对应系数之间的相关性，提高了运动图像分析的精度。实验结果表明，MCTA 算法在运动图像序列融合中与 3D-DWT 算法、3D-DTCWT 算法的融合结果相比，能够更加准确地表达边缘纹理细节特征和运动特征，提高融合结果性能，在客观量化指标上也有较大提升，其信息熵指标值分别提升了 2%和 3%，互信息指标值分别提升了 11%和 12%，梯度保持度指标值分别提升了 16%和 7%，时空梯度保持度指标值分别提升了 21%和 22%，帧间差互信息指标值分别提升了 3%和 2%。

本章参考文献

[1] Balas B, Sinha P. Observing Object Motion Induces Increased Generalization and Sensitivity [J]. Perception, 2008, 37(8): 1160-1174.

[2] Rapantzikos K, Avrithis Y, Kollias S. Spatiotemporal Saliency for Event Detection and Representation in the 3D Wavelet Domain: Potential in Human Action Recognition [C]. Proceedings of the 6th ACM International Conference on Image and Video Retrieval, 2007:294-301.

[3] Yang J, Wang Y, Xu W, et al. Motion Analysis of 3-D Dual-tree Discrete Wavelet transform [C] . Proceedings of Proc. Picture Coding Symposium. 2007.

[4] Wenbin Li, Cosker, D, Brown, M, et al. Optical Flow Estimation Using Laplacian Mesh Energy [C]. Proceedings of IEEE International Conference on Computer Vision and Pattern Recognition(CVPR), 2013: 2435-2442.

[5] Brox T, Malik J. Large Displacement Optical Flow: Descriptor Matching in Variational Motion Estimation [J]. IEEE Transactions on Pattern Analysis and Machine Intelligence, 2011, 33(3): 500-513.

[6] Liu C, Yuen J, Torralba A. Sift Flow: Dense Correspondence Across Scenes and its Applications [J]. IEEE Transactions on Pattern Analysis and Machine Intelligence, 2011, 33(5): 978-994.

[7] Chen Z, Jin H, Lin Z, et al. Large Displacement Optical Flow from Nearest Neighbor Fields [C]. Proceedings of 2013 IEEE Conference on Computer Vision and Pattern Recognition (CVPR), 2013: 2443-2450.

[8] Timofte R, et al. Stixels Motion Estimation without Optical Flow Computation [M]. Computer Vision-ECCV 2012. Springer Berlin Heidelberg, 2012: 528-539.

[9] Abou-Elailah A, Dufaux F, Farah J, et al. Fusion of Global and Local Motion Estimation for Distributed Video Coding [J]. IEEE Transactions on Circuits and Systems for Video Technology, 2013, 23(1): 158-172.

[10] Drulea M, Nedevschi S. Total Variation Regularization of Local-Global Optical Flow [C]. Proceedings of 14th International IEEE Conference on Intelligent Transportation Systems(ITSC), 2011: 318-323.

[11] Nguyen T T, Chauris H. Uniform Discrete Curvelet Transform [J]. IEEE Transactions on Signal Processing, 2010, 58(7): 3618-3634.

[12] Varghese G, Wang Z. Video Denoising Using a Spatiotemporal Statistical Model of Wavelet Coefficients [C]. Proceedings of IEEE International Conference on Acoustics, Speech and Signal Processing (ICASSP 2008), 2008: 1257-1260.

[13] Manduchi R, Mian G A. Accuracy Analysis for Correlation-based Image Registration Algorithms [C]. Proceedings of 1993 IEEE International Symposium on Circuits and Systems (ISCAS'93), 1993: 834-837.

[14] Xue Y, Guo X, Cao X. Motion Saliency Detection Using Low-rank and Sparse Decomposition [C]. Proceedings of IEEE International Conference on Acoustics, Speech and Signal Processing(ICASSP), 2012: 1485-1488.

[15] Liu A, Lin W, Narwaria M. Image Quality Assessment Based on Gradient Similarity [J]. IEEE Transactions on Image Processing, 2012, 21(4): 1500-1512.

[16] Nguyen T T, Chauris H. Uniform Discrete Curvelet Transform [J]. IEEE Transactions on Signal Processing, 2010, 58(7): 3618-3634.

[17]　Qu G，Zhang D，Yan P. Information Measure for Performance of Image Fusion [J]. Electronics Letters，2002，38(7)：313-315.

[18]　Xydeas C S，Petrovć V. Objective Image Fusion Performance Measure [J]. Electronics Letters，2000，36(4)：308-309.

[19]　Petrovic V，Cootes T，Pavlovic R. Dynamic Image Fusion Performance Evaluation [C]. Proceedings of IEEE International Conference on Information Fusion，2007：1-7.

[20]　Rockinger O. Image Sequence Fusion Using a Shift-invariant Wavelet Transform [C]. Proceedings of IEEE International Conference on Image Processing，1997，3：288-291.

第 3 章　基于局部三值模式的运动图像配准研究

3.1 引　　言

考虑 SIFT 方法在特征提取方面的优良性能，采用 SIFT 方法检测运动图像中的特征点。针对 SIFT 算法计算复杂度较高的问题，研究运动图像特征描述方法，引入了一种具有良好的跨尺度不变性、对噪声光照以及仿射变换具有良好鲁棒性的特征描述方法：局部三值模式(LTP)。采用 LTP 描述算子对 SIFT 特征点进行描述，本章提出了一种基于局部三值模式的运动图像跨尺度配准算法(SIFT-LTP)，提高了特征空间的精确性和稳定性，进而得到更为准确的配准结果。SIFT-LTP 算法保持并综合了 SIFT 特征提取方法和 LTP 特征描述算子具有的优势，对提取的特征点采用局部三值模式进行描述，该描述算子在特征向量构造时计算复杂度较低，在不降低匹配精确度的情况下，有效提高了算法的运行效率。

3.2 问题的提出

在众多图像配准算法中，基于灰度统计的配准和基于特征的配准是应用最多的两类方法。其中基于特征的配准方法由于所使用特征对各种变化因素具有较好的鲁棒性，对有亮度、尺度等变化的图像也能正确地完成配准，成为主流的配准方法。图像配准算法的性能主要取决于以下两个方面：一是提取并描述图像中的特征空间；二是建立特征空间之间的对应关系，并求取相应的变换矩阵对图像进行变换[1]。

在基于特征的匹配方法中，区域特征由于考虑了结构信息，比单纯的点特征在配准精度上有了一定程度的提高，但区域信息的信息量较大，从而配准过程中的计算量也较大，尤其在待配准图像具有很高分辨率时显得更为突出[2]。而基于特征点的图像配准虽然能够满足在线实时监测的要求，但在处理配准重叠区域低、含有相似特征较多和仿射变换较大的图像时，会存在大量误匹配现象，算法的稳定性较差[3]。由于特征点之间的空间关系是可靠的，不易受几何变换的影响，为了满足实时在线检测的需要，提高配准算法的速度和精度，基于特征结构信息的图像配准得到了广泛的研究。

对检测到的不变特征必须进行描述，才能实现特征的匹配。研究人员对配准问题的研究主要集中在图像特征的识别和对所检测特征的描述，大量基于特征检测和描述的配准算法被提出，用于解决输入图像间有亮度、尺度等变化以及有仿射变化情况下的配准[4,5]。Mikolajczyk 等人全面对比了不同的特征提取方法，得出的结论是，SIFT 在各种不同因素的影响下都能准确地提取出所需的特征，具有良好的特征提取性能[6]。但是 SIFT 算法采用的是 HOG 统计方法描述特征点，用来进行特征构造的复杂度较大，难以达到实时性要求[7]。研究人员针对此问题，在 SIFT 基础上做了各种改进。B. Junaid 等人基于 SIFT 方法，提出了一种 BIG-OH 描述符，极大地降低了特征向量维度，提高了运行速度[8]。一些方法中采用梯度位置方向直方图在极坐标系下对 SIFT 特征进行描述，并通过主成分分析技术降低特征向量维度。这些算法通过不同的策略，在一定程度上提高了 SIFT 特征匹配速度，然而这些策略本身有一定的计算复杂度，从特征描述到匹配完成整个过程中，提高的速度非常有限。K. Y. Liao 等人提出了一种基于改进 SIFT 的配准算法，采用椭圆区域型描述区域，将特征变换到仿射尺度空间，比对比的 6 种描述符具有更好的鲁棒性和特征识别能力[9]。

另外一种图像配准方法是基于局部二值模式(LBP)的配准方法。其中 LBP 根据图像中给定像素与其邻域像素比大小的结果，生成一个二进制向量来描述该像素的特征[10]。LBP 计算简单，有一定的尺度、亮度不变特性。研究人员进一步对其进行了扩展，使其也具有旋转不变的特性，并在目标识别与图像匹配中广泛应用。C. Zhu 和 Bichot 等人深入研究了 LBP 的特征，提出了一种 OC-LBP 的描述符，在保持原始 LBP 描述符计算效率的同时，增强了其特征识别能力和亮度不变性属性，与大量对比描述符相比，配准效率有了很大提高[11]。但是，在使用 LBP 构建特征描述向量时，只考虑了大于等于 0 和小于 0 这两种状态，且抗噪性和鲁棒性较差。

针对以上问题，本章提出了一种基于局部三值模式的运动图像配准算法(SIFT-LTP)，提高了图像的配准速度和鲁棒性。采用 SIFT 提取图像中的特征点，并对所提取的特征点使用 LTP 算子进行描述。采用最邻近与次邻近点距离之比对两类特征点进行初始匹配，去除明显不匹配点和格外点，再采用 RANSAC 方法进行精细匹配，求出待配准图像变换的最佳参数得到变换矩阵。用双线性插值方法得到配准后的图像。该算法保留了 SIFT 在特征提取方面具有的优势，同时采用 LTP 描述算子构建特征向量，特征向量构造计算复杂度较低，在不降低匹配精确度的情况下，有效提高了算法的运行效率。

3.3　局部二值模式特征描述算子

局部二值模式(LBP)是一种图像局部纹理表示方法，有一定的旋转、亮度不变性。LBP 算子在计算时，给定一个确定的像素，在其 8 邻域中逐个比较该中心像素值与邻域像素值的大小，大于该给定像素处设为 1，小于的设为 0。将这 8 个邻域处的 0 和 1 连接到一起，生成一个 8 位的二进制数，一般情况下将这个二进制数转为十进制，得到一个 0～255 之间的数，这就是该中心像素的 LBP 码，用于表示这个局部区域的纹理特征。通常一个像素 8 邻域的 LBP 码有 2^8 类，如图 3-1 所示。

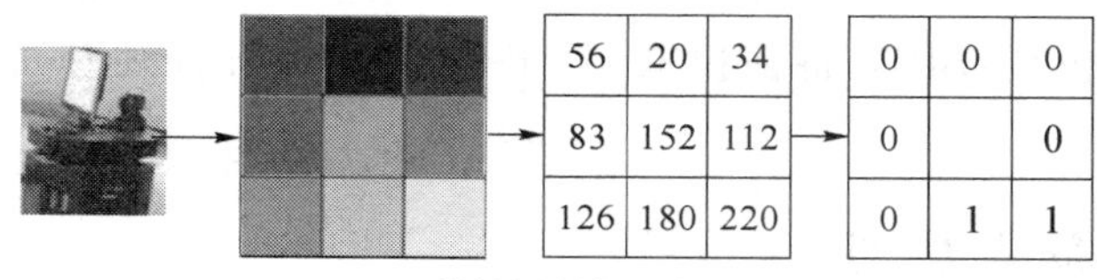

$(00001100)_{10}=8$

图 3-1　LBP 算子

在图像中纹理的尺度和频率不同时，固定尺寸大小的局部区域生成的 LBP 算子仅能描述出固定局部区域内的纹理，难以准确地描述不同尺度的纹理特征，尤其当纹理的尺度明显大于固定窗口时。针对此问题，Ojala 等人扩展了基本的 LBP 算子，将固定大小的 3×3 窗口扩展为任意大小，同时也将正方形的窗口改进为圆形。改进后的 LBP 算子考虑了给定半径范围内所有像素，不但可以更加准确地描述不同尺度的纹理，而且在发生了纹理灰度和旋转变化的情况下也有很好的鲁棒性。因此，假设考虑半径为 R 的局部区域内的所有 P 个像素，通过简单的计算得到圆心像素的 LBP 码，计算公式如下：

$$\mathrm{LBP}_{P,R}(x_c, y_c) = \sum_{i=0}^{P-1} 2^i s(g_i - g_c) \tag{3-1}$$

$$s(u) = \begin{cases} 0, & u < 0 \\ 1, & u \geqslant 0 \end{cases} \tag{3-2}$$

其中，g_c 和 g_i 分别为给定圆形区域圆心 c 处像素和半径为 R 的圆形范围内各邻域像素的灰度值。在以中心像素为圆心，半径为 R 的圆周上等间隔采样，得到 P 个采样点。从式(3-1)可以看出，采样点数越多，生成的二进制位数越多，最终得到的 LBP 编码值的取值范围也越大，为 $[0, 2^P - 1]$，共 2^P 种取值。通常，计算得到某个区域所有像素处的 LBP 编码之后，可以采用直方图对所有 LBP 编码进行统计，形成一个 2^P 维特征向量表示该区域纹理特征。

从 LBP 计算公式能推导出当图像的亮度在整体上同步变化时，每个局部位置的 LBP 值是相同的；但是当图像发生旋转时，LBP 的值由于二进制编码顺序固定，因而会随图像的旋转而发生改变。因此 LBP 仅具有亮度不变性，而不具备旋转不变性[12]。在现实场景中，纹理特征是不随图像的旋转而改变的，为了解决这个问题，旋转不变算子被用来改进 LBP 算子。对 LBP 二进制编码进行循环移位旋转，每移位一次，得到一个旋转后的编码，旋转一个循环后将所有旋转编码中的最小值作为新的 LBP 编码，通过这种方式可以得到旋转不变 LBP 算子，计算如下：

$$\mathrm{LBP}_{P,R}^{ri} = \min\{\mathrm{ROR}(\mathrm{LBP}_{P,R}, k) \mid k = 0, 1, \cdots, P-1\} \tag{3-3}$$

其中，$\mathrm{ROR}(x,k)$ 表示对 P 位二进制数 x 进行循环移位(向左或向右皆可)k 次。

改进后的旋转不变 LBP 算子不但对亮度具有不变性，同时也具备了旋转不变特性。其计算简单快捷，可以很好地用来构建特征的描述向量，并基于此进行特征匹配。值得注意的是，在中心像素与其邻域像素相比较时会有大于 0、小于 0 和等于 0 三种情况，分别代表着相比较的像素之间灰度值的升高、降低和不变。然而，在 LBP 的计算过程中，仅考虑了大于 0 和小于 0 两种情况，将等于 0 的情况归并到了大于 0，有一定的信息损失。

3.4 基于局部三值模式的运动图像配准算法的提出

本章提出的基于局部三值模式的图像配准算法(SIFT-LTP)的结构图如图 3-2 所示。SIFT-LTP 算法主要包括：SIFT 特征提取、基于 LTP 的特征描述和特征匹配这几个关键步骤。

3.4.1 SIFT 特征点检测

基于局部点特征自动提取算法无法控制特征点所在的位置，考虑到 SIFT 算法能准确高

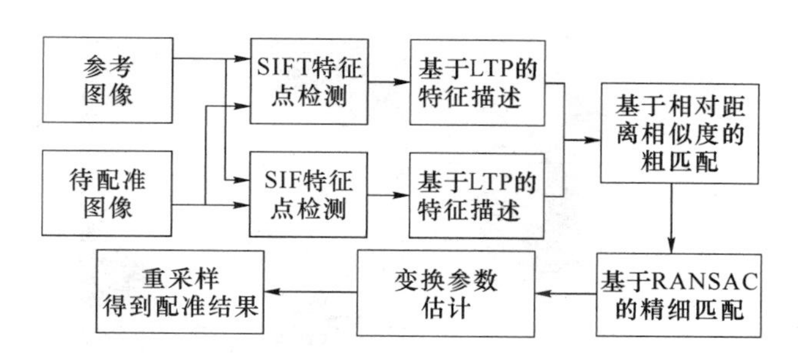

图 3-2　基于局部三值模式的运动图像配准算法结构图

效地检测图像中的特征点，本章采用 SIFT 特征来提取参考图像和待配准图像中的特征点。采用 SIFT 算法提取图像中的特征时，首先检测得到特征点的位置、尺度等信息，计算特征点的方向。通常特征点的方向由其邻域梯度的主方向计算得出，使得该算子具备尺度和方向不变性。综合考虑图像灰度空间中的极值点和高斯差分尺度空间的极值点。结合两个极值检测特征点，从而可以使检测到的特征点拥有更好的可区分性和鲁棒性。高斯差分算子类似于归一化高斯拉普拉斯算子。该算子由两个来自不同尺度上的高斯核做差分计算得到。DoG 算子如下：

$$\begin{aligned} D(x,y,s) &= (G(x,y,k\sigma) - G(x,y,\sigma))I(x,y) \\ &= L(x,y,k\sigma) - L(x,y,\sigma) \end{aligned} \tag{3-4}$$

对于一个给定的特征点，在尺度空间中逐尺度计算其高斯差分算子的值。将不同尺度上的响应值连成一条线，计算其局部的极值点，得到的极值点所在的尺度就是给定特征点的尺度。通过拟合方法检测得到关键点的位置和尺度，可以剔除无效的关键点，提高匹配的稳健性。每个特征点的方向可以通过统计其邻域内其他像素梯度的方向来确定。确定了方向后，可使得算子对旋转变化具有不变性。点 (x,y) 处的梯度值和方向的计算如式(3-5)和式(3-6)所示。

$$m(x,y) = \sqrt{(L(x+1,y) - L(x-1,y))^2 + (L(x,y+1) - L(x,y-1))^2} \tag{3-5}$$

$$\theta(x,y) = \alpha\tan 2((L(x,y+1) - L(x,y-1))/(L(x+1,y) - L(x-1,y))) \tag{3-6}$$

其中，用于 L 的尺度为特征点所在的尺度。在实际应用中，以特征点为中心，设定一定大小的邻域窗口，统计该区域内采样点的梯度方向，用直方图的方式表示出来。将直方图统计出来的最大值处的方向指定为特征点方向。对于每个特征点，SIFT 特征都包含坐标、尺度和方向三个属性。检测完所有的特征点之后，可以基于这些特征点的三个属性数据进行匹配。从图 3-3 可以看出，SIFT 是一种准确、稳定的局部特征检测算子，它对于图像的尺度、旋转、亮度、噪声等因素的影响具有很好鲁棒性。在图像发生相应变化的情况下，SIFT 都可以准确地检测特征点的位置和方向。

3.4.2　LTP 描述算子的构建

不同区域大小内不同采样点数直接影响 LBP 算子生成的二进制编码模式。有多少个采样点，LBP 的二进制编码就有多少位，若在采样半径为 R 的圆形区域内选 P 个点，那么可能的模式数为 $2P$ 种。二进制模式数会按采样点数成指数比例增加。当采样范围和点数扩大到一定程度时，所生成的 LBP 模式种类数也会增加到难以在实际应用中使用的程度。

为了有效降低 LBP 二进制模式数的数量级，Ojala 采用“统一模式”来完成 LBP 模式种类

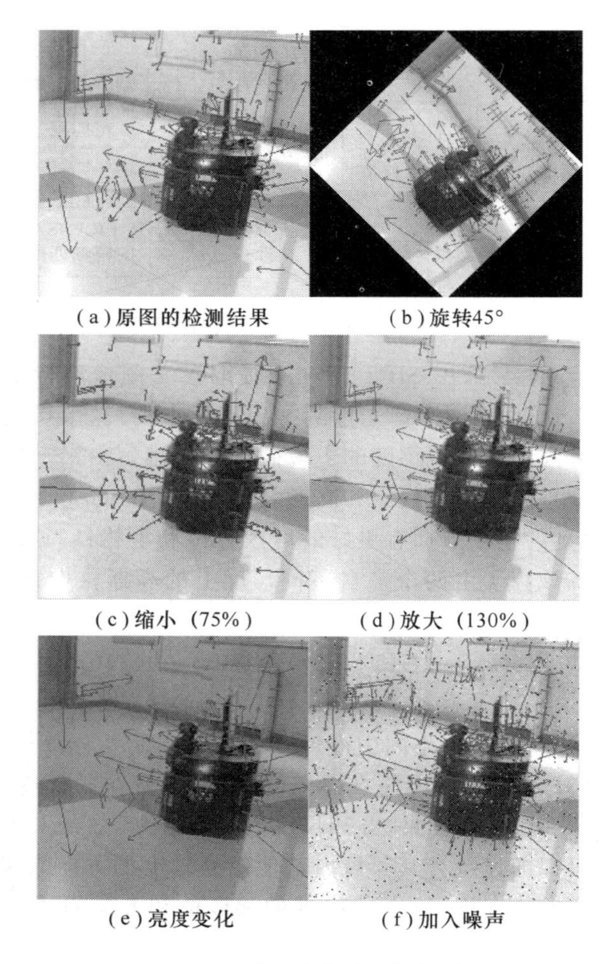

(a)原图的检测结果　(b)旋转45°

(c)缩小 (75%)　(d)放大 (130%)

(e)亮度变化　(f)加入噪声

图 3-3　SIFT 特征点检测结果

减负的任务，在采样点数较大的情况下极大地减少了模式种类数量，更加方便采用直方图进行统计。Ojala 等在分析了大量的真实图像数据之后，发现在大部分的 LBP 二进制编码中，最多发生两次 0 和 1 之间的相互跳变。当给定像素的循环 LBP 二进制编码中出现的 0 和 1 之间的相互跳变不超过两次时，这个 LBP 编码就是一个统一模式类，记作 $\mathrm{LBP}_{P,R}^{\mathrm{riu}}$，如式(3-7)所示：

$$\mathrm{LBP}_{P,R}^{\mathrm{riu}}=\begin{cases}\sum_{p=0}^{P-1}s(g_p-g_c), & U(\mathrm{LBP}_{P,R})\leqslant 2\\ P+1, & U(\mathrm{LBP}_{P,R})>2\end{cases} \tag{3-7}$$

$$U(\mathrm{LBP}_{P,R})=\left|s(g_{P-1}-g_c)-s(g_0-g_c)\right|+\sum_{i=1}^{P-1}\left|s(g_i-g_c)-s(g_{i-1}-g_c)\right| \tag{3-8}$$

这种改进方式不但没有信息的损失，而且极大地降低了 LBP 编码模式的种类，从而也降低了特征描述向量的维数。Ojala 等人也发现绝大部分的纹理特征都可以用统一模式进行描述和表示[13]。采用统一模式 LBP 来进行特征描述，适用于大多数的图像。

在统一模式 LBP 的基础上，我们将统一二值模式算子从二值扩展成三值的编码，得到局部三值模式(LTP)算子，定义如下：

$$s'(g_p,g_c)=\begin{cases}1, & g_p \geqslant g_c+t \\ 0, & |g_p-g_c|<t \\ -1, & g_p \leqslant g_c-t\end{cases} \tag{3-9}$$

其中，t为一个给定的抗噪阈值，它可以有效地降低LTP算子对噪声的敏感性。如图3-4所示的LTP算子构建示例中，$t=5$时可以计算出和中心像素同一灰度级的区间为[49,59]，在滤除一定噪声的同时也使得提取的特征更加精确稳定。

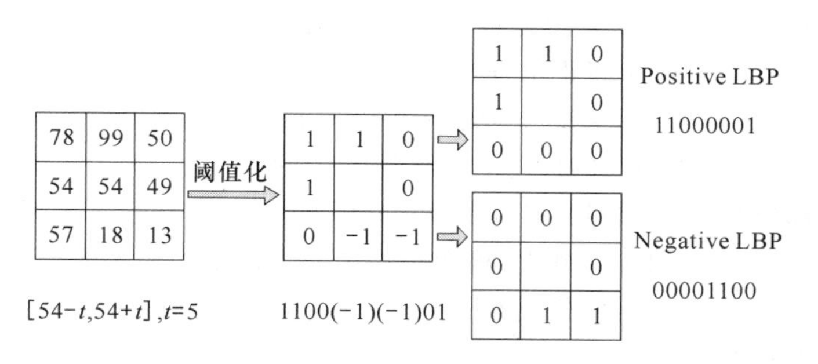

图3-4　LTP算子的构建

有P个采样点的LTP编码模式有3^P个，在此基础上进行计算也会有很高的计算复杂度。将LTP编码中的正值和负值分两部分来计算，形成正LTP和负LTP两个编码。正LTP和负LTP的阈值函数$s'_p(g_p,g_c)$和$s'_n(g_p,g_c)$如式(3-10)和式(3-11)所示：

$$s'_p(g_p,g_c)=\begin{cases}1, & s'(g_p,g_c)=1 \\ 0, & \text{其他}\end{cases} \tag{3-10}$$

$$s'_n(g_p,g_c)=\begin{cases}1, & s'(g_p,g_c)=-1 \\ 0, & \text{其他}\end{cases} \tag{3-11}$$

其中，$s'(g_p,g_c)$可以由式(3-9)计算得到。

将正LTP和负LTP的编码联合起来，就可以得到完整的LTP特征，也可以进一步在此基础上用直方图方法进行更精细的描述。LTP是LBP的一种泛化，该描述算子不但计算简便，而且由于抗噪阈值的设置使描述后的特征降低了对噪声的敏感度，也有了更强的辨识度，适合在配准中对特征点进行描述。

3.4.3　基于LTP的特征描述

SIFT特征描述方法在进行对特征描述和特征向量构造时，在特征点的16×16局部邻域内进行统计，得到一个128维的特征向量，计算复杂度较大。采用LTP特征描述算子对SIFT特征点进行描述，能有效地保持特征点局部区域内的特征。此外，LTP特征描述算子相对SIFT而言计算简捷，能有效提高匹配的运算效率和稳定性。

SIFT方法检测到的特征点包含位置、尺度和方向三个信息，$p_i(x,y,\sigma,\theta)$中，(x,y)为特征点位置，σ和θ是该特征点的尺度和方向。在使用LTP对特征进行描述之前，先把给定的描述窗口旋转θ，这样可以使描述后的特征保持方向不变性。为了保持边界点特征的精确性，我们给出一个以p_i为中心的11×11大小的窗口，取以该点为中心的9×9大小的图像区域作为待描述区域，图3-5中黑线框出的区域为该给定的描述区域。确定了特征描述区域后，可按照如下步骤使用LTP描述算子对相应的特征点进行描述。

考虑到构造特征描述区域的边界处局部LTP编码时也需要考虑其邻域像素信息，因此在

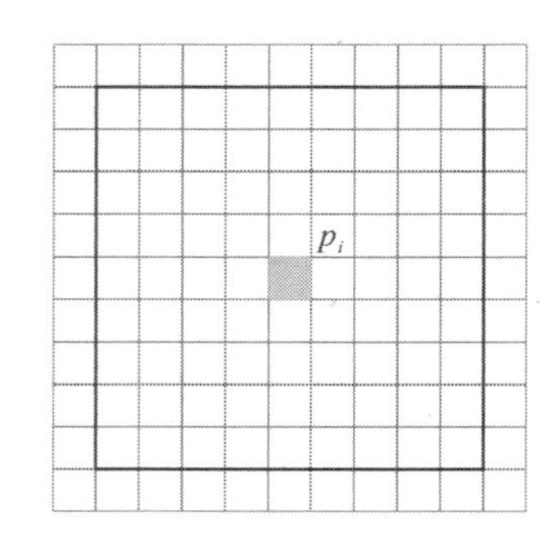

图 3-5　基于 LTP 的特征描述区域

图 3-5中给出了 11×11 大小的窗口，可以使边界处的 LTP 也保持较高的准确度。在给定的区域内，以特征点 p_j 为中心，计算该特征点的 LTP 描述向量，用 $\text{LTP}_j(j=1,2,\cdots,81)$ 表示。计算区域内每个点的局部 LTP 特征值时使用 8 邻域。在 9×9 大小的区域中计算特征描述时，LTP_j 包含两个部分，正 LTP 部分和负 LTP 部分，每个部分都是一个 81 维的向量。我们不采用直方图统计方法来构造特征向量，而是采用计算更为简捷的方式，分别直接将正负各自的 81 个 LTP 值连在一起直接构成特征向量。每个部分都是按照统一模式的旋转不变 LBP 方法生成。在下面的描述中正 LTP 部分的 81 维向量和负 LTP 部分的 81 维向量都是分别进行处理。

像素点 p_j 与中心点 p_i 的距离越大，该像素与中心点像素的相关度会越小，在该区域进行特征描述时，给不同的像素按距离分配不同的权重，使描述得到的特征更加精确，这里我们按式(3-12)来计算权重。

$$w_j=\frac{1}{\sqrt{2\pi\sigma_0^2}}\exp\left[-\frac{(x_j-x_i)^2+(y_j-y_i)^2}{2\sigma_0^2}\right] \tag{3-12}$$

其中，(x_i,y_i) 和 (x_j,y_j) 为中心特征点 p_i 和相应的邻域内的特征点 p_j 位置，σ_0 为根据实际情况给定的参数。

计算出邻域内 81 个特征点位置处的 LTP 值，给它们分配了相应的权重后连起来构成特征向量，T_i^P 和 T_i^L 分别表示正 LTP 的向量和负 LTP 的向量：

$$T_i^P=[w_1\cdot \text{LTP}_1^P \quad w_2\cdot \text{LTP}_2^P \quad \cdots \quad w_{81}\cdot \text{LTP}_{81}^P] \tag{3-13}$$

$$T_i^L=[w_1\cdot \text{LTP}_1^L \quad w_2\cdot \text{LTP}_2^L \quad \cdots \quad w_{81}\cdot \text{LTP}_{81}^L] \tag{3-14}$$

把 T_i^P 和 T_i^L 进行归一化，这样可以在一定程度上进一步消除亮度变化的影响：

$$\frac{T_i^P}{\| T_i^P \|}\rightarrow T_i^P; \quad \frac{T_i^L}{\| T_i^L \|}\rightarrow T_i^L \tag{3-15}$$

把 T_i^P 和 T_i^L 连在一起得到中心特征点 p_i 局部特征的 LTP 描述向量 T_i。

按照以上步骤对特征点进行特征描述，为每个特征点生成一个完整的特征向量 T_i。SIFT 特征点本身具有很好的尺度不变性，采用 LTP 对其进行特征描述的过程中，不但可以很好地保持其尺度不变性，而且由于 LTP 描述算子的使用，使得描述后的特征也具有了方向和亮度不变性。在此基础上进行配准时，可以在保持匹配精确度的同时，也可以在一定程度上提高配准速度。

3.4.4　特征点匹配策略

本章采用的匹配策略分两步进行：首先，计算某一特征点的，最邻近特征点距离与次邻近特征点距离，根据两个距离之间的比值确定初始匹配点对；然后，采用随机采样一致方法(Random Sample Consensus，RANSAC)方法，去除重复匹配点和误匹配特征对。基于距离相似度的粗匹配方法，利用最邻近距离和次邻近距离之比得到一个粗匹配集，去除明显不匹配的格外点；由于 RANSAC 方法是一个从含有格外点的点集中迭代估计数学模型的参数的非确定性算法，在一定的概率下能得到合理的结果，但不能匹配格外点超过 50％的情况；因此粗匹配过程减小了精配准的搜索空间，可很大程度地提高精配准的效率和准确性。

1. 基于相对距离相似度的粗匹配

关键点的描述向量生成之后，采用欧式距离公式作为关键点之间的相似性判定度量，对基于 LTP 描述后的 SIFT 特征点进行粗匹配，删除各自特征点中的格外点和明显不匹配点。

$$\mathrm{de}(p_i, p_j) = \| p_i - p_j \|_1 = \sum_{i=1}^{n} |a_i - b_i| \tag{3-16}$$

其中，$p_i=[a_1 a_2 \cdots a_n]$和 $p_j=[b_1 b_2 \cdots b_n]$分别为关键点 p_i 和 p_j 的描述向量。粗匹配策略为在参考图像中取一个特征点 p_i，并根据相对距离在待配准图像上找和该特征点的相对距离最近的 2 个特征点 m_i 和 m_j，即最邻近点和次邻近点。相对距离计算方法如下：

$$\mathrm{dis}(p_i, p_j) = \frac{\sum_{j=1}^{N_p} \mathrm{de}(p_i, p_j) - \sum_{j=1}^{N_m} \mathrm{de}(m_i, m_j)}{\left(\sum_{j=1}^{N_p} \mathrm{de}(p_i, p_j) + \sum_{j=1}^{N_m} \mathrm{de}(m_i, m_j)\right)/2} \tag{3-17}$$

如果最邻近的距离 $\mathrm{dis}(p_i, m_j)$ 与次邻近距离 $\mathrm{dis}(p_i, m_j)$ 的比值小于某个阈值 t，即：

$$\frac{\mathrm{dis}(p_i, m_i)}{\mathrm{dis}(p_i, m_j)} < t \tag{3-18}$$

则认为关键点 p_i与距离最近的关键点 m_i匹配。

2. 基于 RANSAC 的精细匹配

采用随机抽样一致算法（RANSAC），对粗匹配后的特征点对进行精细匹配，去除其中的误匹配点对。在特征点配对中，模型即为从一个平面上的特征点到另一平面上的特征点的投影关系，反映为投影变换矩阵 $\boldsymbol{T}$。通常 $\boldsymbol{T}$ 是一个包含 8 个自由度的 3×3 矩阵，如下：

$$\boldsymbol{T} = \begin{pmatrix} t_1 & t_2 & t_3 \\ t_4 & t_5 & t_6 \\ t_7 & t_8 & 1 \end{pmatrix} \tag{3-19}$$

最少需要两幅图像中的 4 对匹配点计算出变换矩阵 $\boldsymbol{T}$ 中的 8 个参数，也就是需要 4 组不共线的特征点对。设(u_i, v_i)为参考图像上的特征点，(x_i, y_i)为目标图像上与之对应的点，则有

$$\begin{aligned} u_i &= \frac{t_1 x_i + t_2 y_i + t_3}{t_7 x_i + t_8 y_i + 1} \\ v_i &= \frac{t_4 x_i + t_5 y_i + t_6}{t_7 x_i + t_8 y_i + 1} \end{aligned} \tag{3-20}$$

由 4 对匹配的点可以得到 8 个独立的线性方程，通过求解方程组可以得到 $\boldsymbol{T}$，可以将目标图像上的点变换到参考图像坐标系中。先随机选择两个点，确定穿过它们的直线，并统计与该直线的距离小于一定阈值的点数；将上一步骤重复 N 次，从中取点数最大的那次得到的数据。将点数最大的点的集合作为鲁棒的拟合，小于距离阈值的点称为内点，否则为外点，所有的内点一起组成一致集。

在图像配准的特征点匹配过程中，要得到最优的变换模型，需要确定模型需要数据的最小集合，计算变换矩阵 $\boldsymbol{T}$ 需要的最小集合为 4 个点。首先，随机地选取 4 个匹配点对，计算出初始的变换参数，并由该变换参数计算其他匹配点的误差，当误差小于给定的阈值时，则说明该匹配点支持当前的变换参数，如果在候选匹配点中大于一定比例的匹配点支持当前变换参数，则认为这次选择的匹配点对是有效的，通过所有支持该变换参数的匹配点重新计算变换参数作为最后的变换模型，否则再随机选择 4 对匹配点估计变换参数，重复前面的步骤。其计算过

程如下：

(1) 从 N 组候选匹配特征点对中随机选取 4 个特征点作为样本，并由这个样本初始化变换模型，求解出变换矩阵 $\boldsymbol{T}$ 的未知参数。

(2) 用初始的矩阵 $\boldsymbol{T}$ 变换其余 $N-4$ 个特征点，计算它们与相应的匹配点之间的距离。

(3) 找出距离小于给定阈值 t_d 的变换模型的支撑点集 S_i，集合 S_i 就是样本的一致集，也就是内点集，否则为外点。

(4) 若支撑点集 S_i 的大小超过了给定的阈值 t_s，则用 S_i 重新计算变换矩阵并结束。

(5) 若支撑点集 S_i 的大小小于阈值 t_s，则重新选取 4 个特征点对，执行以上步骤(1)～步骤(4)。

(6) 在完成一定的抽样次数后，若未找到一致集，则算法失败，否则选取抽样后具有内点数量最多的一致集，用它来重新计算变换模型，得到最后的结果，算法结束。

若直接用 RANSAC 来匹配特征点集，效率会比较低，但是经过粗匹配后再使用，可以提高其运行效率。得到参考点集和待配准点集合之间的最终配准结果，计算变换系数。将目标图像上的点利用变换系数映射到参考图像坐标系，得到变换后的图像。将变化后的目标图像和参考图像融合在一起，得到配准结果。本章提出的基于局部三值模式的运动图像配准算法(LTP-SIFT)详细步骤如表 3-1 所示。

表 3-1 基于局部三值模式的运动图像配准算法步骤

基于局部三值模式的运动图像配准算法(LTP-SIFT)
输入：参考运动图像 A 和待配准运动图像 B 输出：变换模型 H 和配准图像 F (1) 采用 SIFT 特征检测算法分别检测出 A 和 B 中的 SIFT 特征点。 (2) 分别对从 A 和 B 中检测到的特征点使用 LTP 算子进行描述： 将 $p(x,y,\sigma,\theta)$ 设为当前待描述的 SIFT 特征点，取以该点为中心的 11×11 大小的图像区域作为完整的待描述区域； FOR 特征点从 $i=1:N$ ① 按照 θ 的大小把该图像区域旋转到参考方向，确保描述向量的旋转不变性； ② 在以当前位置 p_i 为中心的 9×9 区域内，分别计算其中每个位置处的局部 LTP 特征 $\mathrm{LTP}_{8,1}^{g_j}$，也就是以 p_i 的邻域点 p_j 为中心，计算的 p_j 的 LTP 特征。将它们连起来组成当前位置处的特征点 p_i 的特征描述向量，记为 LTP_i ($j=1,2,\cdots,81$)，其中正 LTP 部分的 81 维向量和负 LTP 部分的 81 维向量分别进行处理； ③ 对 LTP_i 进行加权，像素点 p_j 离中心点 p_i 越近，它对描述 p_i 贡献的信息量越大； ④ 计算得到的所有加权 LTP 特征值，组成特征描述向量 T_i^P 和 T_i^L，并把 T_i^P 和 T_i^L 进行归一化，消除光照变化的影响； ⑤ 把 T_i^P 和 T_i^L 连在一起得到 162 维关键点 p_i 特征的 LTP 描述向量 T_i； END FOR (3) 分粗匹配和精匹配两步进行特征点的匹配： ① 粗匹配。在参考图像中取一个特征点 p_i，并根据相对距离，在待配准图像上找和该特征点的相对距离最近的 2 个特征点 m_i 和 m_j，即最邻近点和次邻近点；计算两个特征点距离的比值，若比值小于一个阈值，得到粗匹配点对。 ② 精匹配。按本小节所述进行基于 RANSAC 的精匹配，得到变换模型 H。 (4) 得到参考点集和待配准点集之间的最终配准结果，在此基础上计算变换系数；将目标图像上的点使用变换系数映射到参考图像坐标系，得到变换后的图像。 (5) 将变化后的目标图像和参考图像融合在一起，得到配准结果。 (6) 变换模型 H 和配准图像 F。

3.5　SIFT-LTP 算法的实验结果与分析

分别在多个涵盖了不同类型图像上进行了配准实验，量化评估本章提出的 SIFT-LTP 算法的性能，挑选了不同的配准算法用于实验性能的比较。为了客观、准确地评估算法的性能，我们使用最终匹配的特征点对数、匹配特征点中正确匹配的数量、配准后重叠区域的均方根误差(RMSE)、重叠部分的相关系数以及配准算法运行时间这几个指标，定量地评价配准算法的性能。

最终匹配的特征点对数和匹配特征点中正确的匹配数可以表示特征点匹配的正确率，为了更好地比较算法在特征匹配阶段的性能，匹配的特征点对数和其中正确的匹配点对数分别为采用 RANSAC 进行精细匹配之前和之后计算所得；配准后重叠区域像素的 RMSE 计算配准后的图像和相应的参考图像之间像素值的偏差程度，RMSE 越小，配准的精确度越高；配准完成后重叠部分的相关系数是计算变换后的配准图像和参考图像之间重叠部分的相关性，该系数越大，说明配准的精确度越高；配准算法的运行时间以秒为单位统计。

3.5.1　实验一：SIFT-LTP 算法在测试图像上的配准性能对比

在实验一中，我们使用了三组图像对算法的性能进行验证和评估。实验中所用的原图像是我们拍摄的实验室机器人在室内运动视频中的某一帧。截取原图像中有重叠区域的两个部分，分别存储为两幅图像，如图 3-6(a)和(b)所示，图像尺寸大小分别为 340×300 和 350×300。将图 3-6(b)分别进行旋转 45°，得到图 3-6(c)、放大到原来的 130%得到图 3-6(d)，截取其中一部分得到图 3-6(e)。这三幅图像尺寸大小分别为 459×459、365×365、350×300。实验一分别对图 3-6 中的(a)和(c)、(a)和(d)、(a)和(e)，采用本章提出的 SIFT-LTP 算法进行配准，并将配准结果与两种经典的配准算法进行对比，以此来验证这几种算法在旋转、尺度以及抗噪声方面的性能。

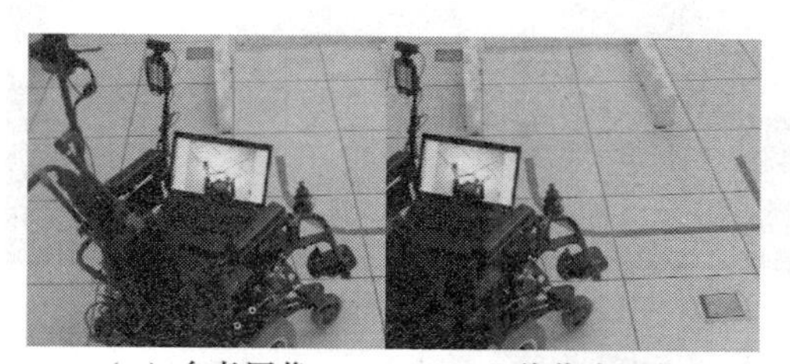

(a) 参考图像　　(b) 待仿真图像

(c) 仿真旋转图像　　(d) 仿真缩放图像　　(e) 仿真噪声图像

图 3-6　仿真图像数据集

用来做对比的两种算法为经典的 SIFT 配准算法和 SURF 配准算法。SIFT 配准算法采用 Mahesh 等人在本章参考文献[14]中的算法，将提取到的 SIFT 特征用 SIFT 特征描述算子进行描述，再用 RANSAC 方法优化匹配点对并得到配准结果。SURF 算法采用本章参考文献[15]中的算法，提取 SURF 特征点，用 SURF 算子对特征点进行描述，同样也采用 RANSAC 方法得到匹配。

图 3-7、图 3-8 及图 3-9 所示为对参考图像和旋转、缩放、带噪声待配准图像采用本章提出的 SIFT-LTP 算法得到的配准结果。图 3-7(a)显示的是粗匹配后得到的匹配点集；图 3-7(b)显示的是精匹配后得到的匹配点集；图 3-7(c)为参考图像和待配准图像的拼接融合结果。为了直观看出匹配点对之间的联系，在图 3-7(a)和(b)中，我们用直线将匹配的点对连接起来，可以看出其中匹配点对的匹配情况。从图 3-7(a)中可以看出，通过相对距离的最邻近和次邻近距离之比进行粗匹配，有效地去除了特征点中大部分明显不匹配的点和格外点，但是其中仍然存在一些误匹配点对。由于已经去除了大量明显不匹配点集，从而为精匹配提供了较好的输入数据集，提高精匹配的效率和精确度。从图 3-7(b)中可以看出，在精匹配过程中进一步去除了粗匹配后存在的误匹配点对，得到了准确的匹配点对。从最后拼接融合的结果图 3-7(c)来看，配准结果是准确的。图 3-8 和图 3-9 给出的结果和图 3-7 相似。

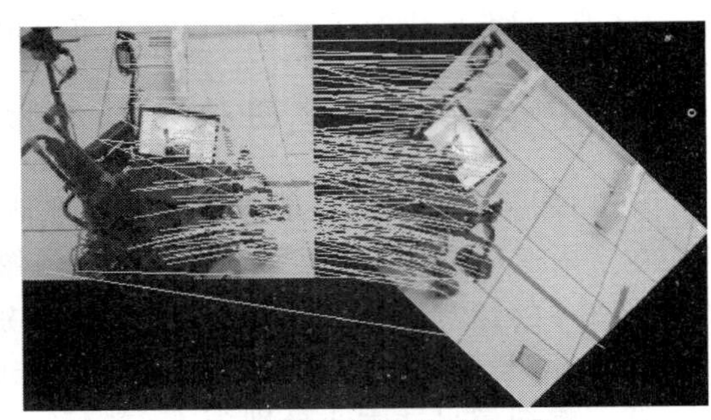

(a) 粗匹配后得到的匹配点集

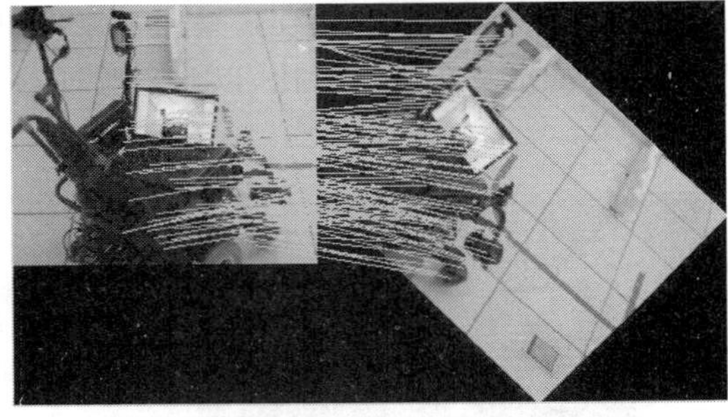

(b) 精匹配后得到的匹配点集

(c) 配准结果

图 3-7　参考图像和仿真旋转图像的配准结果

(a) 粗匹配后得到的匹配点集

(b) 精匹配后得到的匹配点集

(c) 配准结果

图 3-8　参考图像和仿真放大图像的配准结果

为了验证本章提出的 SIFT-LTP 算法的有效性，以及与对比算法进行对比，我们给出了不同算法中描述算法性能的指标。对比结果如表 3-2 所示，我们统计了从两幅输入图像中提取的 SIFT 特征点个数、匹配的特征点对数、匹配特征点中正确匹配的数量、配准后重叠区域的均方根误差(RMSE)、配准完成后重叠部分的相关系数以及配准算法运行时间。参考图像和旋转图像、缩放图像、带噪声图像之间配准结果的客观评价如表 3-2～表 3-4 所示。对于相同的参考图像和仿真图像，可以得到以下的结论：

用 SIFT 方法提取的特征点个数比 SURF 特征点个数多，因为 SIFT 算法在图像中的特征点的识别方面具有更好的检测性能，本章提出的 SIFT-LTP 算法和对比用的 SIFT 算法在特征点提取步骤使用相同的方法，因此提取的特征点数相同，也方便对比。

对于匹配点对数以及其中正确的匹配点对数，本章提出的 SIFT-LTP 算法和 SIFT 算法的正确率好于 SIFT 方法，这说明我们采用 LTP 算子描述 SIFT 特征点是有效的。在与 SURF 算法对比时发现，SURF 算法的配准正确率不够稳定，在带噪声图像上略高于其他方法，在缩放图像上效果稍差。SURF 算法在仿真旋转图像的配准时由于匹配的特征点对中误配点对较多，得到的变换矩阵有误，从而导致配准失败。这说明 SURF 在抗噪声方面有着较好的效果，在图像尺度变

(a) 粗匹配后得到的匹配点集

(b) 精匹配后得到的匹配点集

(c) 配准结果

图 3-9　参考图像和仿真噪声图像的配准结果

化上也保持了 SIFT 方法的优良性能，然而 SURF 算法对图像旋转较为敏感，尤其是旋转角度较大的情况，产生错误的匹配。而 SIFT-LTP 算法由于在用 LTP 算子描述特征点时使用旋转不变 LTP 模式，因而能在匹配过程中很好地保持特征点的旋转不变性。

表 3-2　参考图像和仿真旋转图像的配准结果

配准算法	图像	特征点个数	匹配点对数	正确匹配数	RMSE	相关系数	匹配时间
SIFT	参考图像	336	117	104	18.059 9	0.972 5	1.68
	旋转图像	358					
SURF	参考图像	261	配准失败				0.83
	旋转图像	333					
SIFT-LTP	参考图像	336	144	133	17.068 2	0.973 6	1.09
	旋转图像	358					

对于 RMSE 和相关系数，从表 3-2～表 3-4 中可以看出，三种算法配准后的结果基本相当(SURF 方法配准仿真旋转图像失败除外)，本章提出的 SIFT-LTP 算法与 SIFT 算法和 SURF 算法相比效果相当。这是由于 SIFT-LTP 算法不但保留了 SIFT 在特征点提取上的优势，采用 LTP 算子对特征进行描述，可以很好地保持所描述特征的旋转、尺度和噪声不变性，从而得到更准确的匹配点对，生成更精确的配准结果。

表 3-3　参考图像和仿真缩放图像的配准结果

配准算法	图像	特征点个数	匹配点对数	正确匹配数	RMSE	相关系数	匹配时间
SIFT	参考图像	336	139	131	14.772 1	0.980 4	1.84
	缩放图像	420					
SURF	参考图像	261	129	114	13.764 2	0.963 7	0.79
	缩放图像	289					
SIFT-LTP	参考图像	336	145	137	16.511 4	0.975 6	1.56
	缩放图像	420					

表 3-4　参考图像和仿真噪声图像的配准结果

配准算法	图像	特征点个数	匹配点对数	正确匹配数	RMSE	相关系数	匹配时间
SIFT	参考图像	336	115	104	18.253 9	0.970 4	1.32
	带噪声图像	350					
SURF	参考图像	261	123	117	18.023 5	0.972 8	0.67
	带噪声图像	369					
SIFT-LTP	参考图像	336	122	113	18.834 0	0.967 4	1.06
	带噪声图像	350					

在算法运行效率方面，SURF 算法运行速度最快，SIFT 算法速度最慢，SIFT-LTP 算法速度介于两者之间，快于 SIFT 算法，在旋转、缩放和带噪声图像的配准效率上时间消耗分别减少了 35.1%、15%、19.7%。原因在于采用 LTP 算子构造特征描述向量时，只用到了减法运算，而 SIFT 算子则需要计算采样区域中每个像素特征的大小和方向，从而提高了 SIFT-LTP 算法的效率。

为了更直观地对配准算法性能进行对比，我们将实验一中不同算法在 RMSE、相关系数、特征点匹配正确率和运行效率方面的评价值分别以柱状图的形式进行整体展示，从三组实验结果的整体评价上分析不同配准算法的表现，如图 3-10 所示。

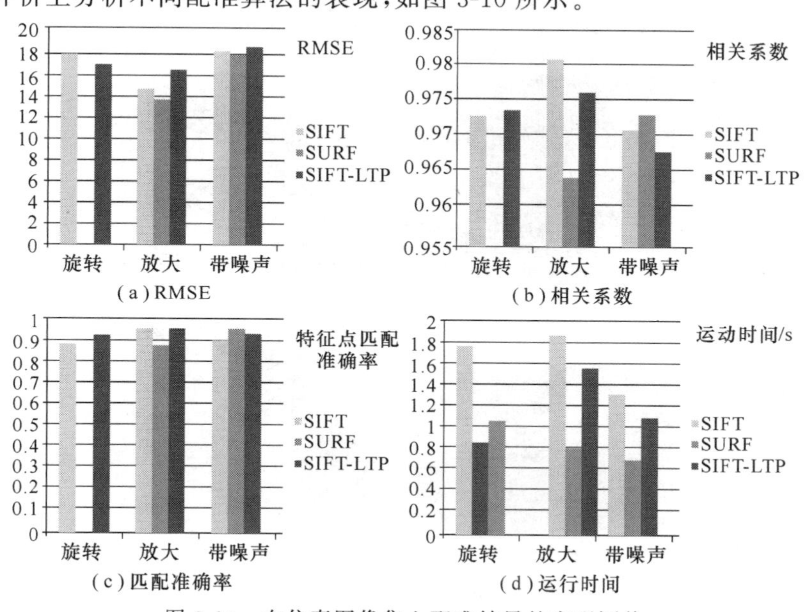

图 3-10　在仿真图像集上配准结果的客观评价

从图 3-10 可以看出，这三种算法都具有良好的抗噪声能力，在带噪声图像上都有较好的配准效果。本章提出的 SIFT-LTP 算法和 SIFT 算法在尺度、旋转、带噪声变换的情况下都具有较好的效果，SURF 算法在旋转不变性上不及这两种方法。SURF 速度比 SIFT 和 SIFT-LTP 的速度快，而 SIFT-LTP 由于在特征描述时没有采用梯度直方图统计，因而其速度比 SIFT 快。本章提出的 SIFT-LTP 算法具有 SIFT 良好的特征提取性能，能够较好地提高 SIFT 算法的特征描述和特征匹配速度。

3.5.2 实验二：SIFT-LTP 算法在 Robot 和 Boat 图像上的配准性能对比

在这组实验中，我们使用了三组拍摄的图像对算法的性能进行验证和评估。图 3-11(a)和(b)所示为拍摄的实验室机器人通过电梯间时拍摄的运动图像，称为 Robot 图像，图像尺寸大小均为 500×370，图 3-11(a)为正常曝光条件，图 3-11(b)为欠曝光情况下拍摄，两幅图像间存在明显的亮度变化。图 3-11(c)～(f)所示为标准测试图中选取的 Boat 图像包，可从网站 http://www.robots.ox.ac.uk/～vgg/research/affine/获取；图像尺寸大小均为 850×600，其中 Boat1 和 Boat2 之间仅存在小幅度的旋转，Boat5 和 Boat6 之间既存在大幅度的旋转，也存在较大的缩放。基于这些图像，该组实验分别对图 3-11 中的(a)和(b)、(c)和(d)、(e)和(f)进行配准，并将配准结果与两种经典的配准算法的结果进行对比，以此来验证本章提出的 SIFT-LTP 算法、用来做对比的 SIFT 算法和 SURF 算法在旋转、尺度以及不同亮度情况下的性能。用来做对比的 SIFT 算法和 SURF 算法和 3.5.1 节所用算法相同，分别是 Mahesh 等人在本章参考文献[14]中的 SIFT 配准算法和本章参考文献[15]中的 SURF 配准算法。

(a) Robot1　　(b) Robot2

(c) Bobot1　　(d) Bobot2

(e) Bobot5　　(f) Bobot6

图 3-11　Robot 和 Boat 图像数据集

图 3-12、图 3-13 以及图 3-14 是本章提出的 SIFT-LTP 算法分别在 Robot 图像和 Boat 图像上得到的配准结果。图 3-12(a)显示的是粗匹配后得到的匹配点集；图 3-12(b)显示的是精匹配后得到的匹配点集；图 3-12(c)为参考图像和待配准图像的拼接融合结果。为了直观地看出匹配点对之间的联系，在图 3-12(a)和(b)中，用直线将匹配的点对连接起来。从图 3-12(a)图中可以看出，通过相对距离的最邻近和次邻近距离之比进行粗匹配，有效地去除了特征点中大部分明显不匹配的点和格外点，但是其中仍然存在一些误匹配点对。通过粗匹配步骤可以大幅减少不匹配点，得到的匹配点对中绝大部分都是正确的匹配对。从图 3-12(b)中可以看出，在精匹配过程中进一步去除了粗匹配后存在的误匹配点对，得到了准确的匹配点对。从最后拼接融合的结果图 3-12(c)来看，配准结果是准确的。图 3-13 和图 3-14 给出的结果和图 3-12 类似。

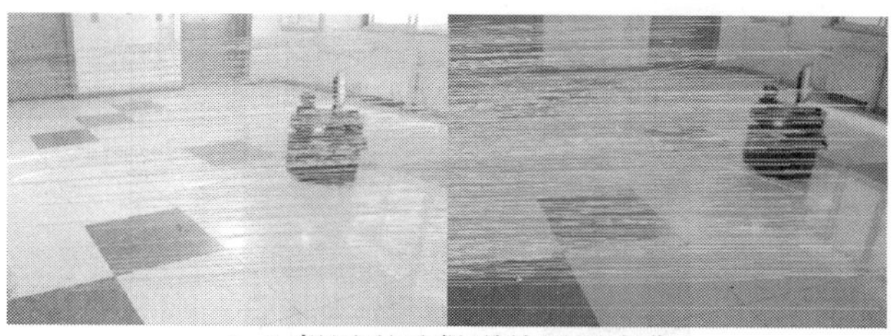

(a) 粗匹配后得到的匹配点集

(b) 精匹配后得到的匹配点集

(c) 配准结果

图 3-12　机器人图像的配准结果

在该组实验中统计了两幅输入图像中提取的 SIFT 特征点个数、匹配的特征点对数、匹配特征点中正确匹配的数量、配准后重叠区域像素位置的均方根误差(RMSE)、重叠部分的相关系数以及配准算法运行时间，用这些定量的指标评价不同算法的性能。对比结果如表 3-5～表 3-7 所示。

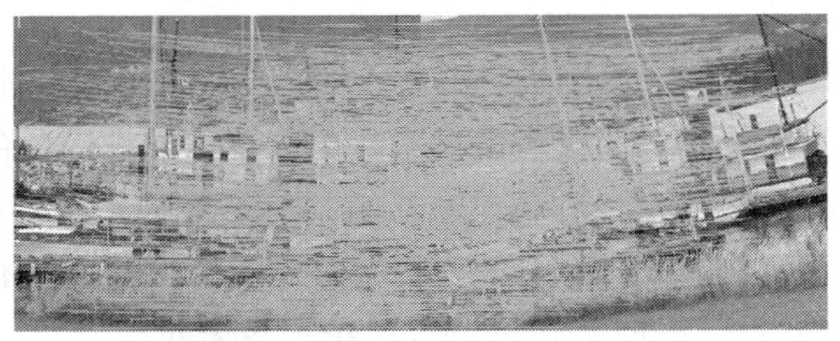

（a）粗匹配后得到的匹配点集

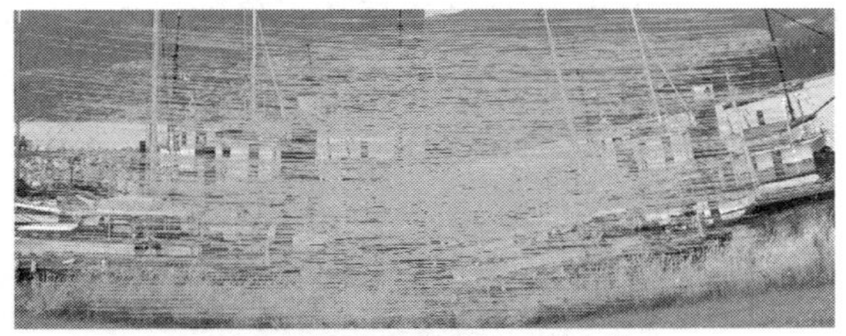

（b）精匹配后得到的匹配点集

（c）配准结果

图 3-13　Boat1 和 Boat2 的配准结果

表 3-5　不同亮度下机器人图像的配准结果

配准算法	图像	特征点个数	匹配点对数	正确匹配数	RMSE	相关系数	匹配时间
SIFT	Robot1	587	274	253	79.194 7	0.987 4	1.76
	Robot2	548					
SURF	Robot1	253	154	137	81.431 6	0.980 3	1.05
	Robot2	185					
SIFT-LTP	Robot1	587	318	298	80.638 8	0.982 8	1.33
	Robot2	548					

表 3-6　Boat1 和 Boat2 图像的配准结果

配准算法	图像	特征点个数	匹配点对数	正确匹配数	RMSE	相关系数	匹配时间
SIFT	Boat1	2 248	879	829	24.196 7	0.911 4	24.51
	Boat2	2 108					
SURF	Boat1	2 647	998	903	21.377 6	0.924 3	10.30
	Boat2	2 564					
SIFT-LTP	Boat1	2 248	931	877	20.498 1	0.935 8	15.24
	Boat2	2 108					

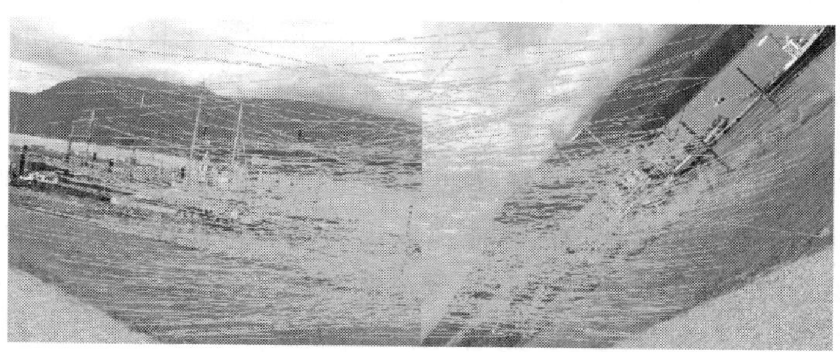

(a) 粗匹配后得到的匹配点集

(b) 精匹配后得到的匹配点集

(c) 配准结果

图 3-14　Boat5 和 Boat6 的配准结果

表 3-7　Boat5 和 Boat6 图像的配准结果

配准算法	图像	特征点个数	匹配点对数	正确匹配数	RMSE	相关系数	匹配时间
SIFT	Boat5	2 002	438	391	32.625 0	0.907 6	12.04
	Boat6	1 903					
SURF	Boat5	1 595	配准失败				4.56
	Boat6	1 414					
SIFT-LTP	Boat5	2 002	399	374	26.309 6	0.917 3	9.24
	Boat6	1 903					

从表 3-5 中可以看出，在亮度不同的情况下，与 SURF 算法相比，SIFT 算法可以提取更多的特征点；但是在匹配阶段，本章提出的 SIFT-LTP 和 SIFT 算法具有相近的匹配准确度，略高于 SURF 算法；在 RMSE 和相关系数方面，本章提出的 SIFT-LTP 算法和对比的 SIFT 算

法、SURF 算法得到的配准结果中，重叠部分的 RMSE 和相关系数值基本相当，说明这三种算法在亮度不同的情况下所得配准结果都比较准确，对亮度的变化具有较好的鲁棒性；从运行时间来看，SURF 算法速度最快，SIFT 算法最慢，本章的 SIFT-LTP 算法运行效率介于两者之间，在时间消耗上比 SIFT 减少 24.4%。

从表 3-6 中可以看出，在两幅图像旋转幅度和缩放尺度都较小，且无明显亮度变化时，SIFT-LTP、SIFT 和 SURF 这三种算法都能提取出大量的特征点，SURF 算法提取的特征点数最多，在特征点匹配时，三种算法也都具有较高的匹配准确度，其中本章提出的 SIFT-LTP 的匹配准确度略高于 SIFT 和 SURF 算法，比这两种算法分别提高 1.5%和 5.4%；RMSE 和相关系数指标也同样显示 SIFT-LTP 算法与这两种对比算法相比具有更好的配准性能。

表 3-7 是两幅旋转程度较大，同时存在较大缩放尺度的图像配准结果。从 3-7 表中可以看出，SURF 算法由于图像旋转和缩放尺度较大，直接导致配准失败，和实验一中仿真旋转图像的结果类似。而 SIFT-LTP 算法虽然匹配的点对数比 SIFT 较少，但是其中正确匹配的点对较多，具有更高的匹配准确度，比 SIFT 算法提升 4.9%；RMSE 和相关系数说明 SIFT-LTP 算法具有更好的配准效果，RMSE 指标方面 SIFT-LTP 算法比 SIFT 算法减少 19.3%，在相关系数指标方面提高了 1.1%；这是因为 SIFT-LTP 算法在对特征进行描述时使用的 LTP 算子具有很好的旋转不变特性，且对图像尺度的变化也有很好的鲁棒性。

SIFT-LTP 算法和对比用的 SIFT 算法在图像发生旋转、尺度以及亮度变化时，都能稳定精确地完成配准任务。在图像发生大幅度旋转、尺度以及亮度变化时，也都能较好地提取其中的特征点，并完成正确的配准。而 SURF 算法在图像旋转、尺度变化幅度较小时，不但具有良好的配准性能，而且该算法对亮度的变化也具有较好的稳定性。

为了更直观地对配准算法性能进行对比，我们将实验二中不同算法在 RMSE、相关系数、特征点匹配正确率和运行效率方面的评价值分别以柱状图的形式进行展示，从实验二中的三组实验结果的整体评价上分析不同配准算法的表现，如图 3-15 所示。除了在配准 Boat5 和 Boat6 时由于旋转幅度较大，导致 SURF 算法配准失败以外，本章提出的 SIFT-LTP 算法和 SIFT 算法都能很好地完成配准，在配准准确率、RMSE 和相关系数等客观评价方面表现相近，其中本章提出的 SIFT-LTP 算法表现略好于 SIFT 和 SURF 算法。但是在算法运行效率方面，SIFT-LTP 算法比 SIFT 算法有了很大的提升，在 Robot 和两组 Boat 图像上配准所消耗的时间分别减少了 24.4%、37.8%和 23.2%。

综合考虑待配准图像上的尺度、旋转、亮度、噪声等变化以及算法运行的效率这些因素，SIFT 算法具有很好的稳定性，然而其运行速度较慢；SURF 算法运行速度最快，但是它对图像的旋转和尺度变化较为敏感，在发生较大尺度的旋转和尺度变化时，会发生配准失败的情况；而我们提出的 SIFT-LTP 算法运行良好，不但保留了 SIFT 特征提取的优势，而且由于 LTP 特征描述算法的使用，在特征描述时没有采用梯度直方图统计，而是仅进行减法运算，所以不但具有良好的特征配准精确度，而且使得其具有比 SIFT 算法更好的运行速度。

3.6 本章小结

本章提出了一种在局部三值模式特征描述算子的基础上，利用 SIFT 特征进行匹配的运动图像配准算法（SIFT-LTP），在保留了 SIFT 提取特征的优良性能的同时，由于使用局部三

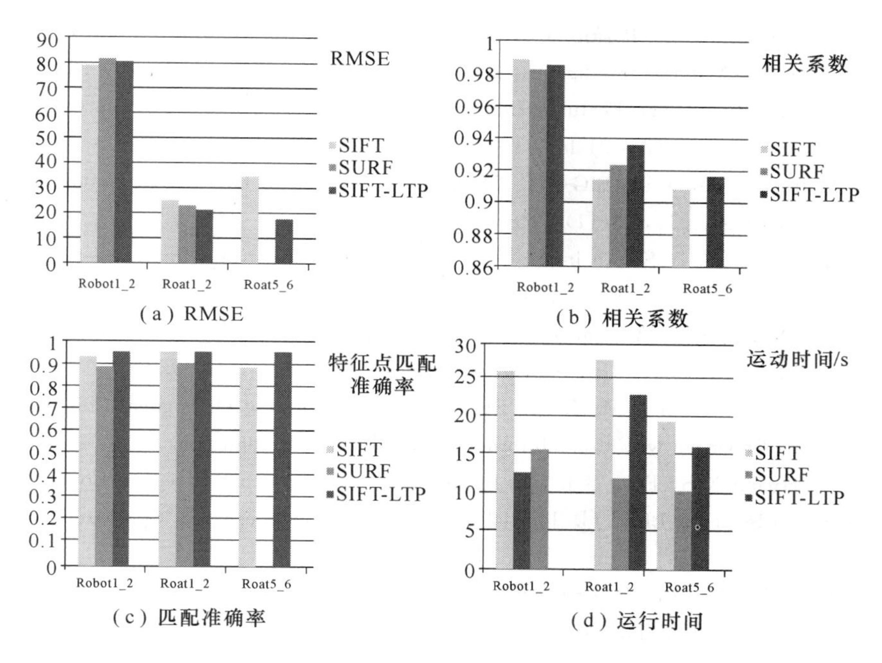

(a) RMSE　(b) 相关系数　(c) 匹配准确率　(d) 运行时间

图 3-15　在 Robot 和 Boat 图像集上配准结果的客观评价

值模式描述特征点，提高了传统 SIFT 算法的配准速度。SIFT-LTP 算法采用 SIFT 提取图像中的特征点，并对所提取的特征点使用改进的 LTP 描述算子进行描述。采用相对距离的最邻近与次邻近点距离之比对描述后的特征点进行初始匹配，去除明显不匹配点和格外点。采用随机抽样一致(RANSAC)方法进行精细匹配，求出最佳参数得到变换矩阵。用双线性插值方法融合待配准图像得到配准后的图像。SIFT-LTP 算法综合了 SIFT 特征提取方法和 LTP 特征描述算子具有的优势，对提取的特征点使用 LTP 这种计算简便、维数低的描述方法进行描述，在保证了匹配性能的前提下，也提高了算法的运行效率。与 SIFT 算法相比，时间消耗平均减少了 25%，实验中其他的评价结果也说明了本章提出的 SIFT-LTP 算法的有效性以及与对比算法相比的优越性。

本章参考文献

[1] Brown L G. A Survey of Image Registration Techniques [J]. ACM Computing Surveys, 1992, 24(4): 325-376.

[2] Sun Q, Na Y, Liu B. Image Fusion Algorithm Based on Mamdani Type Intuitionistic Fuzzy Inference System [J]. Electronic Sci. & Tech, 2014, 27(5): 193-196.

[3] Wang A L, Jiang J N, Zhang H Y. Multi-sensor Image Decision Level Fusion Detection Algorithm Based on D-S Evidence Theory [C]. Proceedings of 4th International Conference on Instrumentation and Measurement, Computer, Communication and Control, Harbin, 2014, 620-623.

[4] Dufournaud Y, Schmid C, Horaud R. Image Matching with Scale Adjustment [J]. Computer Vision and Image Understanding, 2004, 93(2):175-194.

[5] Mikolajczyk K, Schmid C. Scale and Affine Invariant Interest Point Detectors[J]. International Journal of Computer Vision, 2004, 60(1): 63-86.

[6] Mikolajczyk K, Schmid C. A Performance Evaluation of Local Descriptors [J]. IEEE Transactions on Pattern Analysis and Machine Intelligence, 2005, 27(10): 1615-1630.

[7] Lowe D G. Distinctive Image Features from Scale-invariant Key-points [J]. international Journal of Computer Vision, 2004, 60(2): 91-101.

[8] Junaid B, Matthew N D, et al. BIG-OH: BInarization of Gradient Orientation Histograms[J]. Image and Vision Computing, 2014, 32(11): 940-953.

[9] Liao K Y, Liu G Z, Hui Y S. An Improvement to The SIFT Descriptor for Image Representation and Matching[J]. Pattern Recognition Letters, 2013, 34(11): 1211-1220.

[10] Davarzani R, Mozaffari S, Yaghmaie K. Scale-rotation-invariant Texture Description with Improved Local Binary Pattern Features [J]. Signal Processing, 2015, 111: 274-293.

[11] Zhu C, Bichot C E, Chen L M. Image Region Description Using Orthogonal Combination of Local Binary Patterns Enhanced with Color Information[J]. Pattern Recognition, 2013, 46(7): 1949-1963.

[12] Zheng Y B, Huang X S, Feng S J. An Image Matching Algorithm Based on Combination of SIFT andthe Rotation Invariant LBP [J]. Journal of Computer Aided Design & Computer Graphics, 2010, 22(2):286-292.

[13] Ojala T, Pietik M. Multiresolution Gray-scale and Rotation Invariant Texture Classification with Local Binary Patterns [J]. IEEE Transactions on Pattern Analysis and Machine Intelligence, 2002, 24(7): 971-987.

[14] Mahesh, Subramanyam M V. Automatic Feature Based Image Registration Using SIFT Algorithm [C]. Proceedings of IEEE ICCCNT'12, Coimbatore, India, 2012,

[15] Zhao Y L, Xu D, Pan Z G. Image Registration System Based on SURF Feature Points [J]. Journal of Computer Applications, 2011, 31(1): 73-76.

第4章　基于特征相似性的多传感器运动图像序列融合方法研究

4.1 引　言

由单个传感器捕获的运动图像序列常常不能表示场景的全部信息。为了得到场景的完整信息，可以采用多传感器同时捕获相同场景的多个图像序列。为了充分利用来自多个运动图像序列的信息，需要将这些运动图像序列内容组合成一个单一序列。运动图像融合方法可以有效地解决这个问题，可以将来自多个传感器的运动图像序列的互补信息组合成一个融合图像序列，融合图像序列包含了比任何单个序列都丰富的场景细节内容。图像融合方法可应用于许多重要的领域中，如国防监控[1,2]、医学成像[3,4]、遥感[5,6]和计算机视觉[7-9]。然而，大多数已经存在的融合方法处理的是静态图像，有效的运动图像序列融合方法还很少。

对于运动图像序列融合，融合过程应该保持尽可能多的有用信息到合成图像序列中，并且不应该引入任何的干扰或不一致性。运动图像序列融合的一个特定条件是融合序列和输入序列之间应该保持时间稳定和一致[10]，避免导致序列间出现抖动现象。静态图像的融合与动态序列图像的融合有区别，也有关联。一些传统的针对静态图像的融合方法可以进行扩展，用于动态图像序列融合领域。平移不变小波变换已经用于实现逐帧的图像序列融合[10]，这种方法是按照传统的静态图像的融合框架融合视频帧，仅利用了单帧图像的几何变换信息，没有充分利用图像序列的时间运动信息，以至于容易引起时间不稳定和不一致。

研究人员提出了一些针对图像序列的融合方法[11-13]，在一定程度上利用了时间轴上的关联信息，改善了视频融合的性能。Wielgus 等人[14]采用自适应二元经验模态分解实现了实时的视频融合。Zeng 等人[15]采用多视角融合的方法，改善了视频降噪算法的性能。基于三维 Surfacelet 变换，Zhang 等人[16]提出了一种视频融合框架，一次融合输入图像序列的多帧图像。采用三维一致离散 Curvelet 变换(3D-UDCT)和结构张量，Zhang 等人构建了一种基于时空显著性检测的视频融合算法[17]。然而，这些方法仍然存在许多缺陷，它们对计算负载和内存需求非常高，很难满足运动图像序列融合的实际需要。已有的图像融合方法没有充分考虑运动图像序列融合时对图像帧之间连续性的要求，没有同时考虑时间和空间尺度，不能有效保持融合图像序列的时间连续性和稳定性，容易出现图像帧之间的抖动现象，不适合于运动目标在高速运转情况下的场景。本章研究不同模态的多传感器运动图像融合问题，针对不同模态传感器运动图像具有的跨尺度特征以及连续运动特征，提出了基于特征相似性的多传感器运动图像序列融合算法，获取高质量融合运动图像序列。

4.2 基于特征相似性的多传感器运动图像序列融合算法的提出

本章提出了基于特征相似性的多传感器运动图像序列融合算法(FSIMF),目的是尽可能多地从不同模态类型的传感器运动图像中抽取互补信息,保持尽可能多的有用时空信息到融合图像序列中,有效提高目标场景的融合质量,同时避免融合运动图像序列出现大的波动,保持融合序列的时间稳定性和一致性。

4.2.1 FSIMF 算法研究动机

通过融合不同模态的多传感器获取的同一场景的运动图像序列,可以获取到比单一传感器更加完整清晰连续的目标场景图像序列。在融合不同模态的多传感器运动图像序列过程中,涉及两个需要考虑的问题。一是运动图像序列具有运动特征和连续性特征,需要融合运动图像序列满足时间稳定性和一致性的要求。为了解决这个问题,出现了基于三维多尺度变换的图像序列融合算法,利用时间对应的系数在一定程度上提高了融合图像的质量。但是由于三维多尺度分析方法在刻画运动特征方面能力有限,不能完全解决运动不一致性问题,融合目标场景序列仍可能出现帧之间的抖动现象。二是由于不同模态传感器成像机理不同,捕获的运动图像序列之间呈现出不同的尺度信息,需要融合运动图像能够充分抽取不同模态传感器图像中的互补信息,但是目前还没有有效的机制,准确区分不同模态多传感器运动图像间的互补和冗余关系,从而不能保证融合运动图像序列的质量。

为了解决上述在融合不同模态的多传感器运动图像序列,以获取清晰、完整和连贯的目标场景运动图像序列中存在的问题,本章结合运动图像跨尺度分析技术和特征相似性理论,提出了一种基于特征相似性的多传感器运动图像序列融合算法,该算法对不同模态的传感器捕获的静态背景和动态背景的运动图像序列都有很好的融合效果。

4.2.2 FSIMF 算法描述

FSIMF 算法的主要目的是充分利用运动图像序列的时空信息,获取完整清晰连贯的融合图像序列,同时有效区分不同模态多传感器图像之间的互补与冗余特征,保留尽可能多的目标场景细节特征。FSIMF 算法首先采用跨尺度分析算法(MCTA),将图像序列分解为不同尺度、不同频率的时空系数,相邻帧的对应系数之间具有很强的时空相关性,便于更好地描述图像结构特征、纹理细节特征和运动特征。为了利用分解后得到的时空系数向量,实现运动图像的准确融合,综合考虑原图像之间的互补与冗余特征,建立基于特征相似性的时空系数融合策略。FSIMF 算法框架如图 4-1 所示。

在执行系数融合时,最粗糙的低频子带包含了图像中的丰富的结构信息,不同传感器的图像之间包含了很强的互补和冗余结构特征,我们提出了基于时空特征相似性(SFSIM)的低频系数融合策略,合成低频子带系数。高频子带系数包含了图像中丰富的细节信息,为了更有效地区分多传感器图像间高频系数的特性,构建了基于时空复系数特征相似性(SCFSIM)的高频系数融合策略,合成高频子带系数。SFSIM 和 SCFSIM 能够有效区分图像信息之间的互补与冗余特征，在此基础上得到的融合图像场景内容更加丰富完整，结合相邻帧信息的时空融合，可以确保运动图像序列的时间稳定性和一致性，避免运动图像序列出现抖动现象。

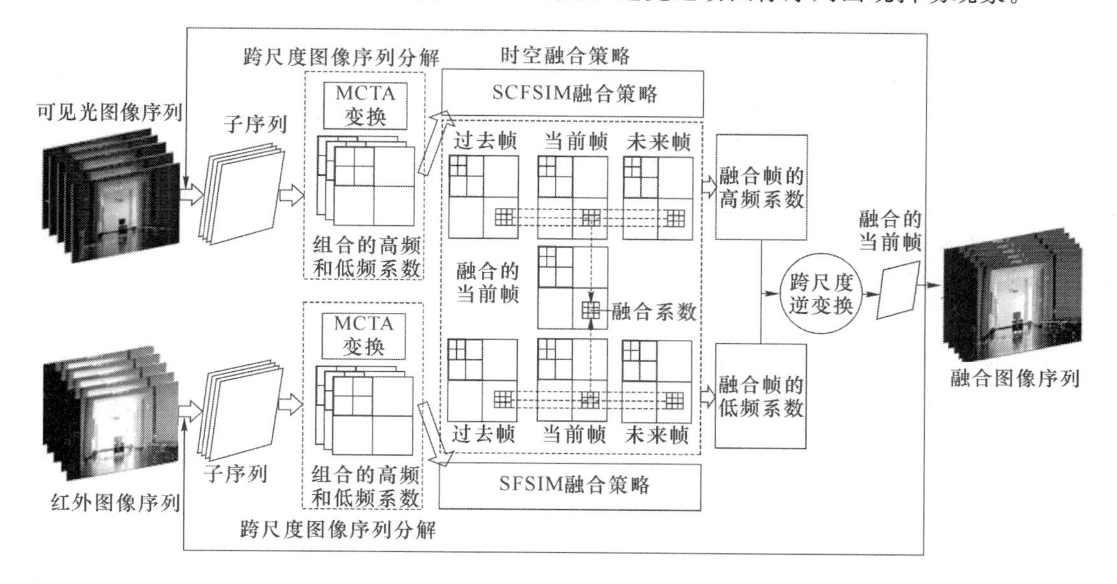

图 4-1　基于特征相似性的多传感器运动图像序列融合算法框架图

1. 跨尺度图像序列分解

采用本书第 2 章提出的运动图像跨尺度分析算法，实现运动图像序列的跨尺度分解，构建可以从空间、时间、频率角度分析运动图像序列的框架。首先在时间尺度上执行运动补偿对齐运动图像序列，对补偿后的图像序列进行多尺度分析，建立运动图像的时空分析框架，在时空跨尺度变换系数上，实现多传感器运动图像的精细尺度与粗糙尺度的准确融合。

设两组将要被融合的运动图像序列为 V_a 和 V_b，为了融合当前帧 $\boldsymbol{Y}^{(k)}$，从 V_a 和 V_b 取出相邻帧 $\boldsymbol{Y}^{(k\pm t)}$，$t=1,\cdots,T/2$，形成两个组合帧序列 A 和 B，其中 T 是组合帧序列 A 和 B 的长度，具体方法如下：

$$A/B=\{\boldsymbol{Y}^{(k-T/2)},\cdots,\boldsymbol{Y}^{(k-1)},\boldsymbol{Y}^{(k)},\boldsymbol{Y}^{(k+1)},\cdots,\boldsymbol{Y}^{(k+T/2)}\} \tag{4-1}$$

将 A 和 B 分解成跨尺度系数向量，获得组合子带系数 $\{C_{j,0}^{A}(x,y,t),C_{j,l}^{A}(x,y,t)\}$ 和 $\{C_{j,0}^{B}(x,y,t),C_{j,l}^{B}(x,y,t)\}$，其中 $C_{j,0}(x,y,t)$ 表示在最粗的尺度的组合低频子带系数，$C_{j,l}(x,y,t)$ 表示第 t 帧，第 j 尺度和 l 方向的组合高频子带系数，具体方法如下：

$$\{C_{j,0}^{A/B}(x,y,t),C_{j,l}^{A/B}(x,y,t)\}=\mathrm{MCTA}\{\boldsymbol{Y}^{(k-T/2)},\cdots,\boldsymbol{Y}^{(k-1)},\boldsymbol{Y}^{(k)},\boldsymbol{Y}^{(k+1)},\cdots,\boldsymbol{Y}^{(k+T/2)}\} \tag{4-2}$$

在组合系数的基础上，可以对运动图像序列进行各种时空分析，完成运动图像融合处理，得到融合后的系数 $\{F_{j,0}^{\boldsymbol{Y}^{(k)}}(x,y),\ F_{j,l}^{\boldsymbol{Y}^{(k)}}(x,y)\}$，通过多尺度逆变换可以重构出经过融合处理后的预期融合运动图像，具体方法如下：

$$\boldsymbol{Y}_f^{(k)}=\mathrm{IMST}\{F_{j,0}^{\boldsymbol{Y}^{(k)}}(x,y),\ F_{j,l}^{\boldsymbol{Y}^{(k)}}(x,y)\} \tag{4-3}$$

2. 基于时空特征相似性的低频系数融合策略的提出

采用跨尺度分析方法，将运动图像序列分解为不同尺度、不同频率的系数组合后，依据系数的特性设计融合策略就成为图像融合方案中的关键。已有的融合策略在其他文献中已有详细的描述[18]。考虑到 MCTA 分解后低频子带系数的特征，本章提出了 SFSIM 的低频系数融合策略，有效融合多传感器图像间的互补结构信息，消除冗余信息。通过使用时空体，融合算法的性能从根本上得到了改善，成功地保持了融合视频的时间稳定性和一致性。

(1) SFSIM

特征相似性(FSIM)[19]是一种图像之间特征相似性的度量方法,可以用于区分原图像之间的互补和冗余区域。FSIM 由相位一致性(PC)和图像梯度能量(GM)两部分组成,PC 和 GM 作为两个互补因素,分别描述了图像的结构特征和对比度特征,反映了人类视觉系统对环境感知的不同方面。SFSIM 从时间和空间结合的角度,度量多传感器运动图像之间的互补与冗余特征。

对于输入图像序列中的图像帧 $f(x,y,t)$,其中(x,y)表示位置,t 表示帧数。采用二维 log-Gabor 滤波器与 $f(x,y,t)$卷积,生成一组尺度为 n,方向为 o 的正交向量$[e_{n,o}(x,y,t), o_{n,o}(x,y,t)]$。局部振幅定义为

$$A_{n,o} = \sqrt{e_{n,o}(x,y,t)^2 + o_{n,o}(x,y,t)^2} \tag{4-4}$$

在位置(x, y,t)的相位一致性 PC 定义为

$$\mathrm{PC}(x,y,t) = \frac{\sum_o \sqrt{\left(\sum_n e_{n,o}(x,y,t)\right)^2 + \left(\sum_n o_{n,o}(x,y,t)\right)^2}}{\varepsilon + \sum_o \sum_n A_{n,o}(x,y,t)} \tag{4-5}$$

其中,ε 是小的正常数,PC 取值在 0～1 之间。PC 越接近 1,结构特征越显著。

图像梯度采用卷积掩模来计算,Sobel 算子[20]、Prewitt 算子[21]和 Scharr 算子[21]是通常采用的梯度算子。Scharr 算子可以用于获取水平和垂直梯度。通过同时考虑水平、垂直和两个对角方向来获取 GM。相比于只考虑水平和垂直梯度,可以更好地表示图像的局部特征。水平、垂直和对角方向的 Sobel 算子被用于获取四个方向的梯度(G_x、G_y、G_{d1}和 G_{d2})。水平、垂直和对角 Sobel 算子定义如下:

$$\begin{pmatrix} -1 & -2 & -1 \\ 0 & 0 & 0 \\ 1 & 2 & 1 \end{pmatrix} \quad \begin{pmatrix} -1 & 0 & 1 \\ -2 & 0 & 2 \\ -1 & 0 & 1 \end{pmatrix} \quad \begin{pmatrix} 0 & 1 & 2 \\ -1 & 0 & 1 \\ -2 & -1 & 0 \end{pmatrix} \quad \begin{pmatrix} -2 & -1 & 0 \\ -1 & 0 & 1 \\ 0 & 1 & 2 \end{pmatrix} \tag{4-6}$$

输入图像帧 $f(x, y,t)$的梯度能量定义如下:

$$\mathrm{GM} = \frac{1}{4}\sqrt{G_x^2 + G_y^2 + G_{d1}^2 + G_{d2}^2} \tag{4-7}$$

两个输入序列中的对应图像信号 $f_1(x,y,t)$和 $f_2(x,y,t)$的相似性 $S_L(x,y,t)$定义如下:

$$S_L(x,y,t) = \frac{\sum_t [2\mathrm{PC}_1(x,y,t)\mathrm{PC}_2(x,y,t)] + T_1}{\sum_t [\mathrm{PC}_1^2(x,y,t) + \mathrm{PC}_2^2(x,y,t)] + T_1} \cdot \frac{\sum_t [2G_1(x,y,t)G_2(x,y,t)] + T_2}{\sum_t [G_1^2(x,y,t) + G_2^2(x,y,t)] + T_2} \tag{4-8}$$

其中,T_1 和 T_2 是正常量,$S_L(x,y,t)$是 0～1 之间的实数。$f_1(x,y,t)$和 $f_2(x,y,t)$之间的时空特征相似性 SFSIM 定义为

$$\mathrm{SFSIM} = \frac{\sum_{x,y\in\Omega} S_L(x,y,t)\mathrm{PC}_m(x,y,t)}{\sum_{x,y\in\Omega} \mathrm{PC}_m(x,y,t)} \tag{4-9}$$

其中,$\mathrm{PC}_m(x,y,t)=\max(\mathrm{PC}_1(x,y,t), \mathrm{PC}_2(x,y,t))$用于加权 $S_L(x,y,t)$在总的相似性度量中的重要性,Ω 表示图像区域。

(2) 基于 SFSIM 的低频系数融合策略

低频子带系数表示原图像的主要能量,提供了丰富的结构信息。SFSIM 用于低频系数融合,区分互补和冗余区域。根据 SFSIM 值,将加权或选择的策略用于低频系数的融合。

在围绕中心点 (x,y,t) 的局部区域上构建低频子带系数的融合策略。通过并列的方式在相邻的过去、当前和未来帧实现对应尺度和方向的系数的组合，形成大小为 $M\times N\times T$ 的时空系数体，如 $3\times3\times3$ 或 $5\times5\times5$。使用式(4-5)和式(4-7)，在整个低频子带上采用滑动窗口可以得到 PC 和 GM 图。局部时空区域的系数 $C_{j,0}^{A}(x,y,t)$ 和 $C_{j,0}^{B}(x,y,t)$ 之间的 SFSIM 根据式(4-9)进行计算。SFSIM 能够很好地反映原图像之间的低频子带系数的相似性，根据不同的 SFSIM，可以区分原图像之间的带有冗余或互补信息的区域。

如图 4-2 所示是一对红外和可见光图像帧，计算时同时使用了其前后相邻图像帧，采用 UDCT 变换进行了一个尺度、六个方向的分解，对应的低频子带系数如图 4-3(a)和(b)所示。图 4-3(a)和(b)之间的 SFSIM 值如图 4-3(c)所示，其中更亮的区域显示更大的指标值，SFSIM 的数据范围在[0,1]之间。

(a) 红外图像帧

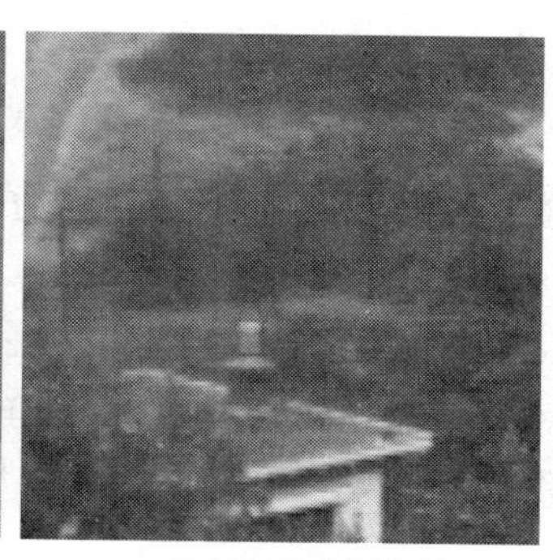

(b) 可见光图像帧

图 4-2　评价 SFSIM 性能的测试图像帧

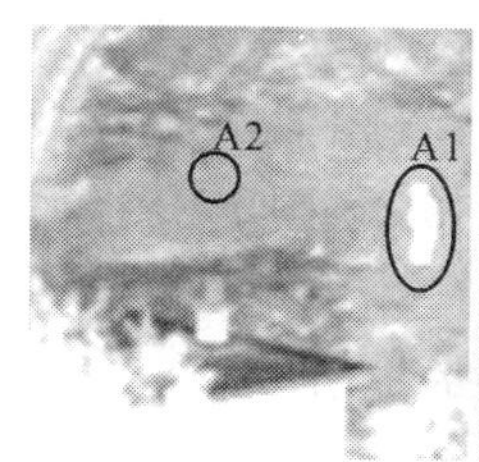

(a) 图4-2(a)的低频子带系数

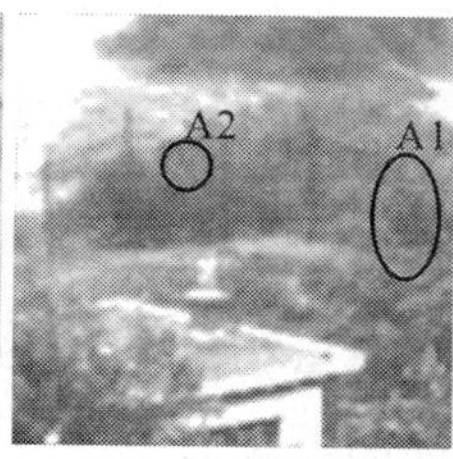

(b) 图4-2(b)的低频子带系数

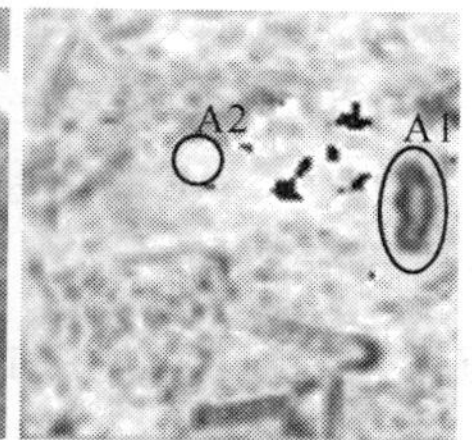

(c) 图4-2(a)和(b)之间的SFSIM指标值

图 4-3　低频子带的 SFSIM 指标值

如图 4-3(c)所示，采用 SFSIM 指标可以获得原图像之间的两种类型的区域。第一种类型的区域具有相反的特征和灰度值，如图 4-3 中采用椭圆标记的区域 A1。图 4-3(a)中的区域 A1 具有高的灰度值以及运动目标的轮廓特征，而图 4-3(b)中的对应区域具有低的灰度值以及背景纹理特征，这种区域的 SFSIM 指标值是低的，接近于 0，表示了互补的关系。第二种类型的区域在图 4-3 中用圆形标记为 A2，这样的区域之间有更多的相似性，灰度值及细节特征都更相似，这种区域的 SFSIM 指标值更高，接近于 1，表示冗余的关系。

SFSIM 指标有效地反映了输入图像帧之间低频子带系数的相似性，能够用于区分冗余和互补的区域。在 0～1 之间定义阈值 δ，这里取 $\delta=0.7$。满足 SFSIM$\geqslant\delta$ 的区域具有高度相似性，因此系数 $C_{j,0}^{A}(x,y,t)$ 和 $C_{j,0}^{B}(x,y,t)$ 之间存在冗余信息。采用加权的方法可以保留输入图像的重要信息，降低噪声和冗余信息。融合图像的低频子带系数由式(4-10)得到：

$$F_{j,0}(x,y,t)=\omega_{\mathrm{A}}(x,y,t)\cdot C_{j,0}^{\mathrm{A}}(x,y,t)+\omega_{\mathrm{B}}(x,y,t)\cdot C_{j,0}^{\mathrm{B}}(x,y,t) \tag{4-10}$$

其中,权重 $\omega_{\mathrm{A}}(x,y,t)$ 和 $\omega_{\mathrm{B}}(x,y,t)$ 依靠系数 $C_{j,0}^{\mathrm{A}}(x,y,t)$ 和 $C_{j,0}^{\mathrm{B}}(x,y,t)$ 的时空局部能量来计算。低频系数包含了主要的能量,提供了丰富的结构信息。时空局部能量能够有效表达低通系数的重要性。当前帧的权重 $\omega_{\mathrm{A}}(x,y,t)$ 和 $\omega_{\mathrm{B}}(x,y,t)$ 定义如下:

$$\left.\begin{aligned}\omega_{\mathrm{A}}(x,y,t)&=\frac{E_{\mathrm{A}}(x,y,t)+\varepsilon}{E_{\mathrm{A}}(x,y,t)+E_{\mathrm{B}}(x,y,t)+\varepsilon}\\ \omega_{\mathrm{B}}(x,y,t)&=1-\omega_{\mathrm{A}}(x,y,t)\end{aligned}\right\} \tag{4-11}$$

其中,ε 是小的正常量。为了使用相邻帧的时空信息,当前帧低频系数的局部时空能量从相邻的过去、当前和未来帧计算得到。在时间方向使用运动补偿有效地增强了相邻帧系数的相关性。依靠过去和未来帧,当前帧的时空能量将会变得更准确、更可靠。低频系数的时空局部能量定义为

$$E(x,y,t)=\sum_{t}\sum_{x,y\in\Omega}w(x,y)\mid C_{j,0}(x,y,t)\mid^{2} \tag{4-12}$$

其中,t 表示图像帧数,$w(x,y)$ 是一个大小为 $M\times N$,标准差为 0.5 的高斯模板。高斯模板中系数和为 1,用来增强算法的鲁棒性。

满足 SFSIM$<\delta$ 的区域,其低频系数 $C_{j,0}^{\mathrm{A}}(x,y,t)$ 和 $C_{j,0}^{\mathrm{B}}(x,y,t)$ 之间存在很大差异,表现出互补性。将选择性的策略用于系数融合,这样获取的融合图像的系数带有原图像的更多显著信息。显著度标准使用式(4-12)定义的时空局部能量 $E(x,y,t)$。融合当前图像帧的低频子带系数计算如下:

$$F_{j,0}(x,y,t)=\begin{cases}C_{j,0}^{\mathrm{A}}(x,y,t), & E_{A(x,y,t)}\geqslant E_{B(x,y,t)}\\ C_{j,0}^{\mathrm{B}}(x,y,t), & E_{A(x,y,t)}<E_{B(x,y,t)}\end{cases} \tag{4-13}$$

在大多数研究文献中图像区域之间的相似性阈值 δ 设置为 0.7,实验结果也验证这个阈值产生了最佳的性能。我们采用了一种自适应的方法设置相似性阈值 $\delta=k\cdot\max_{(x,y,t)}(|\mathrm{SFSIM}(x,y,t)|)$,其中,$|\cdot|$ 表示绝对值,常量 $k=0.7$。实验表明在图像融合中这个自适应阈值的效果不如固定阈值 $\delta=0.7$ 好。

3. 基于时空复系数特征相似性的高频系数融合策略的提出

本章描述我们提出的基于 SCFSIM 的高频方向子带系数 $C_{j,l}^{\mathrm{A}}(x,y,t)$ 和 $C_{j,l}^{\mathrm{B}}(x,y,t)$ 的融合策略。高频方向子带系数提供了丰富的细节信息,可以有效地表示图像的显著特征,如边缘、线条和轮廓。围绕中心点 (x,y,t) 定义大小为 $M\times N\times T$ 的时空局部区域。受到 CW-SSIM 方法[22]的启发,考虑了复数系数的相位变化对图像特征产生的影响,基于时空特征相似性 SFSIM 构建了 SCFSIM,图像特征主要由复数系数的相对相位模式反映。SCFSIM 指标定义如下:

$$\mathrm{SCFSIM}=\frac{\sum_{x,y\in\Omega}S_{L}(x,y,t)PC_{m}(x,y,t)}{\sum_{x,y\in\Omega}PC_{m}(x,y,t)}\cdot\frac{\left|\sum_{x,y\in\Omega}C_{j,l}^{\mathrm{A}}(x,y,t)C_{j,l}^{\mathrm{B}\,*}(x,y,t)\right|+k}{\sum_{x,y\in\Omega}\left|C_{j,l}^{\mathrm{A}}(x,y,t)C_{j,l}^{\mathrm{B}\,*}(x,y,t)\right|+k} \tag{4-14}$$

其中,Ω 表示大小为 $M\times N$ 的局部区域,k 是小的正常量,被用于增强 SCFSIM 的鲁棒性,$C_{j,l}^{\mathrm{B}\,*}(x,y,t)$ 是 $C_{j,l}^{\mathrm{B}}(x,y,t)$ 的复共轭。SCFSIM 索引的值在 0~1 之间,越接近 1 表示 $C_{j,l}^{\mathrm{A}}(x,y,t)$ 和 $C_{j,l}^{\mathrm{B}}(x,y,t)$ 越相似。图 4-4(a)展示了图 4-2(a)中图像的高频方向子带系数能量,图 4-4(b)展示了图 4-2(b)中图像的对应的高频方向子带系数能量。两组系数之间的

SCFSIM 指标值如图 4-4(c)所示，可以看出 SCFSIM 指标提供了关于原图像之间相似性的准确信息。

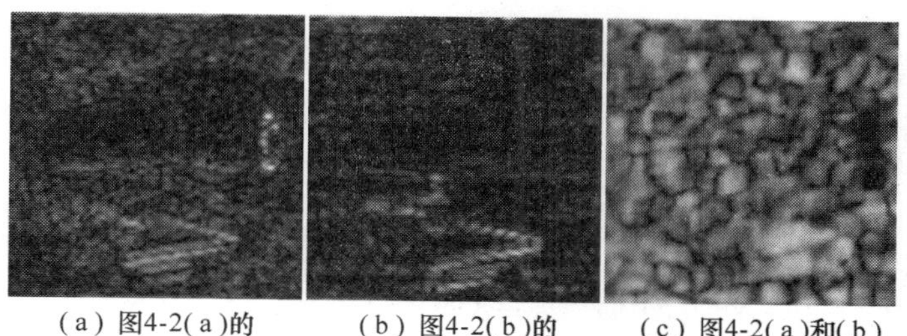

(a) 图4-2(a)的高频子带系数　(b) 图4-2(b)的高频子带系数　(c) 图4-2(a)和(b)之间的SCFSIM指标

图 4-4　高频子带的 SCFSIM 指标值

当第 t 帧的第 j 尺度，第 l 方向的高频系数融合的时候，定义阈值 $\delta=0.7$。对于满足 SCFSIM$\geqslant\delta$ 的区域，表明原图像帧之间有更多共享信息，存在更多冗余，采用加权的方法进行融合。对于满足 SCFSIM$<\delta$ 的区域，原图像帧之间很少有共享信息，它们之间是互补的关系，这种情况下采用选择性的融合方法用于保留原图像的细节信息。基于 SCFSIM 的高频系数融合策略如下：

$$F_{j,l}(x,y,t)=\begin{cases} C_{j,l}^{\mathrm{A}}(x,y,t)\text{for SCFSIM}<\delta \quad \text{and} \quad \mathrm{FM_A}(x,y,t)\geqslant \mathrm{FM_B}(x,y,t) \\ C_{j,l}^{\mathrm{B}}(x,y,t)\text{for SCFSIM}<\delta \quad \text{and} \quad \mathrm{FM_A}(x,y,t)< \mathrm{FM_B}(x,y,t) \\ \omega_{j,l}^{\mathrm{A}}(x,y,t)\cdot C_{j,l}^{\mathrm{A}}(x,y,t)+\omega_{j,l}^{\mathrm{B}}(x,y,t)\cdot C_{j,l}^{\mathrm{B}}(x,y,t)\text{for SCFSIM}\geqslant\delta \end{cases} \tag{4-15}$$

其中，$\mathrm{FM}(x,y,t)$是时空区域的特征能量，定义如下：

$$\mathrm{FM}(x,y,t)=\sum\nolimits_t\left\{[(\mathrm{PC}(x,y,t))^\alpha\cdot(G(x,y,t))^\beta+\varepsilon]\sum_{x,y\in\Omega}w(x,y)\mid C_{j,l}(x,y,t)\mid^2\right\} \tag{4-16}$$

$\mathrm{PC}(x,y,t)$和 $G(x,y,t)$ 可以从 PC 和 GM 图中得到，其中 PC 和 GM 图是在计算 SCFSIM 时得到的。$w(x,y)$是一个 $M\times N$ 的高斯模板，标准差为 0.5，高斯模板中系数和为 1。ε 是小的正常量，为了增强算法的可靠性，设置 $\varepsilon=1$。参数 α 和 β 用于调节 PC 和 GM 的相对重要性，通常设置为 1、2 或 4，设 $\alpha=1$ 和 $\beta=2$。FM 表示局部特征和包含在图像中的信息量。FM 可以有效表示原图像的高频子带的显著特征。

权重 $\omega_{j,l}^{\mathrm{A}}(x,y,t)$ 和 $\omega_{j,l}^{\mathrm{B}}(x,y,t)$ 依赖 $\mathrm{FM_A}(x,y,t)$和 $\mathrm{FM_B}(x,y,t)$，定义如下：

$$\omega_{j,l}^{\mathrm{A}}(x,y,t)=\frac{\mathrm{FM_A}(x,y,t)}{\mathrm{FM_A}(x,y,t)+\mathrm{FM_B}(x,y,t)},\quad \omega_{j,l}^{\mathrm{B}}(x,y,t)=1-\omega_{j,l}^{\mathrm{A}}(x,y,t) \tag{4-17}$$

第 t 帧的系数被融合，在融合系数上执行多尺度逆变换重构得到融合图像：

$$\boldsymbol{Y}_f^{(t)}=\mathrm{IMST}\{F_{j,0}(x,y,t),\ F_{j,l}(x,y,t)\} \tag{4-18}$$

在图像序列 V_{a} 和 V_{b} 上，重复前面的分解、融合、重构过程，生成融合图像序列 V_{f}。

4. FSIMF 算法实现步骤

基于特征相似性的 FSIMF 如表 4-1 所示。当融合图像序列中的开始的帧的时候，仅使用了可以利用的过去帧。例如，当融合第二帧的时候，仅使用了过去的一帧和 $T/2$ 个未来图像帧。序列中处于最后位置的帧融合时也采用相同的策略。

表 4-1 基于特征相似性的多传感器运动图像序列融合算法步骤

算法：基于特征相似性的多传感器运动图像序列融合算法(FSIMF)

输入：运动图像序列 V_a 和 V_b 中的图像帧 $\boldsymbol{Y}_a^{(k)}$ 和 $\boldsymbol{Y}_b^{(k)}$ $(k=1,\cdots,N)$

输出：融合图像序列 $V_f\{1,\cdots,N\}$

(1) 对于将要融合的当前图像帧 $\boldsymbol{Y}^{(k)}$，抽取其前后相邻图像帧，组合成两组图像序列 A 和 B；

IF $k<T/2$

$A/B \leftarrow \{\boldsymbol{Y}^{(1)},\cdots,\boldsymbol{Y}^{(k-1)},\boldsymbol{Y}^{(k)},\boldsymbol{Y}^{(k+1)},\cdots,\boldsymbol{Y}^{(k+T/2)}\}$

ELSE IF $k>(N-T/2)$

$A/B \leftarrow \{\boldsymbol{Y}^{(k-T/2)},\cdots,\boldsymbol{Y}^{(k-1)},\boldsymbol{Y}^{(k)},\boldsymbol{Y}^{(k+1)},\cdots,\boldsymbol{Y}^{(N)}\}$

ELSE

$A/B \leftarrow \{\boldsymbol{Y}^{(k-T/2)},\cdots,\boldsymbol{Y}^{(k-1)},\boldsymbol{Y}^{(k)},\boldsymbol{Y}^{(k+1)},\cdots,\boldsymbol{Y}^{(k+T/2)}\}$

END IF

(2) 按照式(4-2)采用 MCTA 将序列 A 和 B 分解成多帧时空对应的不同尺度、不同频率的高频和低频系数向量 $\{C_{j,0}^{A}(x,y,t),C_{j,l}^{A}(x,y,t)\}$ 和 $\{C_{j,0}^{B}(x,y,t),C_{j,l}^{B}(x,y,t)\}$；

(3) 按照式(4-10)～式(4-13)进行低频子带系数的融合计算，获取融合当前图像帧的低频子带系数 $F_{j,0}(x,y,t)$；

(4) 按照式(4-14)～式(4-17)进行高频子带系数的融合计算，获取融合当前图像帧的高频子带系数 $F_{j,l}(x,y,t)$；

(5) 对得到的融合系数按照式(4-18)执行多尺度逆变换，得到融合的第 t 帧当前图像帧；

(6) 向前滑动当前图像帧的位置，重复步骤(1)～步骤(5)，直至融合完所有图像帧；

(7) 合并所有图像帧，得到融合图像序列 V_f。

4.3 FSIMF 算法的实验结果与分析

4.3.1 客观评价指标及对比算法

为了全面评价融合算法的性能，采用主观视觉评价和客观评价来评价融合图像序列的质量。采用五种度量方法对实验结果进行评价：信息熵(IE)、互信息(MI)[23]、梯度保持度($Q_{AB/F}$)[24]、时空梯度保持度($DQ_{AB/F}$)[25]和帧间差图像的互信息(IFD_MI)[26]。

IE 量化图像的平均信息量，融合图像中包含的信息越丰富，IE 值越大，说明融合效果越好。MI 量化了融合图像中所包含的输入图像的信息量，融合图像保持的原图像的重要信息越多，MI 值越大。$Q_{AB/F}$采用从原图像中转换到融合图像中的边缘信息量作为度量准则，反映了输入图像的边缘信息在融合图像中的保持度，$Q_{AB/F}$值越大，说明融合效果越好。$DQ_{AB/F}$表示有多少时空信息被从原图像序列抽取并转移到融合图像序列中，$DQ_{AB/F}$值越高，表明从输入视频中抽取了更多的时空信息，转移到了融合视频中。IFD_MI 反映了图像序列融合方法在保持时间稳定性和一致性方面的性能，IFD_MI 的值越高表示对应的图像序列融合方法性能越好。

为了验证 FSIMF 算法的性能，将融合结果与多个图像序列融合算法的融合结果进行对比。采用的对比算法包括离散小波变换(DWT)、三维离散小波变换(3D-DWT)、双树复小波变换(DT-CWT)、三维双树复小波变换(3D-DTCWT)四种融合算法。DWT 算法采用"db4"小波。3D-DWT、DT-CWT 和 3D-DTCWT 算法采用已有的实现。此外，3D-UDCT-salience 算法[27](一种基于 3D-UDCT 变换和时空结构张量的视频融合算法)也用于对比。所有算法都采用四层分解。DWT 和 DT-CWT 是二维多尺度变换方法，使用平均和绝对值最大选取的方案合成低频和高频子带系数。3D-DWT 和 3D-DTCWT 使用与本章提出的 FSIMF 算法相同的融合策略融合低频和高频子带系数。3D-DWT 和 3D-DTCWT 是三维变换方法，能够从输入图像序列抽取时间信息，因此可以在一定程度上保持融合图像序列的时间稳定性和一致性。

4.3.2　FSIMF 算法实验结果与分析

(1) 实验一：FSIMF 算法在“校园十字路口”标准运动图像序列上的融合性能对比实验

图像序列融合的主要目标是在保证单帧图像融合质量的同时，获得时间稳定和一致的融合图像序列，确保融合图像序列完整、清晰、连贯，避免出现帧之间的抖动现象。本实验采用“校园十字路口”标准多传感器运动图像序列，数据集来源于“OTCBVS”标准数据集(http://www.vcipl.okstate.edu/otcbvs/bench/)，该序列具有静态背景。对比本章提出的 FSIMF 算法与 DWT、DT-CWT、3D-DWT、3D-DTCWT、3D-UDCT-salience 算法的融合结果。采用主观视觉评价和客观评价指标两方面综合评价融合结果的质量。客观度量指标包括 IE、MI、$Q_{AB/F}$、$DQ_{AB/F}$ 和 IFD_MI。

实验结果如图 4-5 所示，图 4-5(a)是可见光图像序列的第 233 帧原图像，图 4-5(b)是对应的

(a) 可见光序列中的第233帧

(b) 红外序列中的第233帧

(c) DWT融合图像

(d) DT-CWT融合图像

(e) 3D-DWT融合图像

(f) 3D-DTCWT融合图像

(g) 3D-UDCT-salience融合图像

(h) FSIMF融合图像

图 4-5　FSIMF 算法与五种算法在“校园十字路口”序列的融合结果对比

红外序列的第 233 帧原图像。图 4-5(c)～(h)是 DWT、DT-CWT、3D-DWT、3D-DTCWT、3D-UDCT-salience 和 FSIMF 算法的融合结果图像帧。对比输入帧和融合帧，发现如图 4-5(c)～(e)所示的采用 DWT、DT-CWT 和 3D-DWT 算法生成的融合帧不够清晰，对比度较低，还引入了人为干扰，人的周围出现虚影，房屋的边缘出现弯曲现象。相比 DWT、DT-CWT 和 3D-DWT 算法的结果，如图 4-5(f)～(h)所示的采用 3D-DTCWT、3D-UDCT-salience 和 FSIMF 算法生成的融合图像帧更清晰，也有更强的对比度。但是图 4-5(f)～(g)中的房屋边缘仍然出现弯曲变形。如图 4-5(h)所示，FSIMF 算法得到的融合图像帧房屋边缘没有出现畸变，纹理平滑清晰。为了对图像质量有更清楚的对比，图 4-5 中的融合图像帧的矩形框标记区域被放大，如图 4-6 所示。

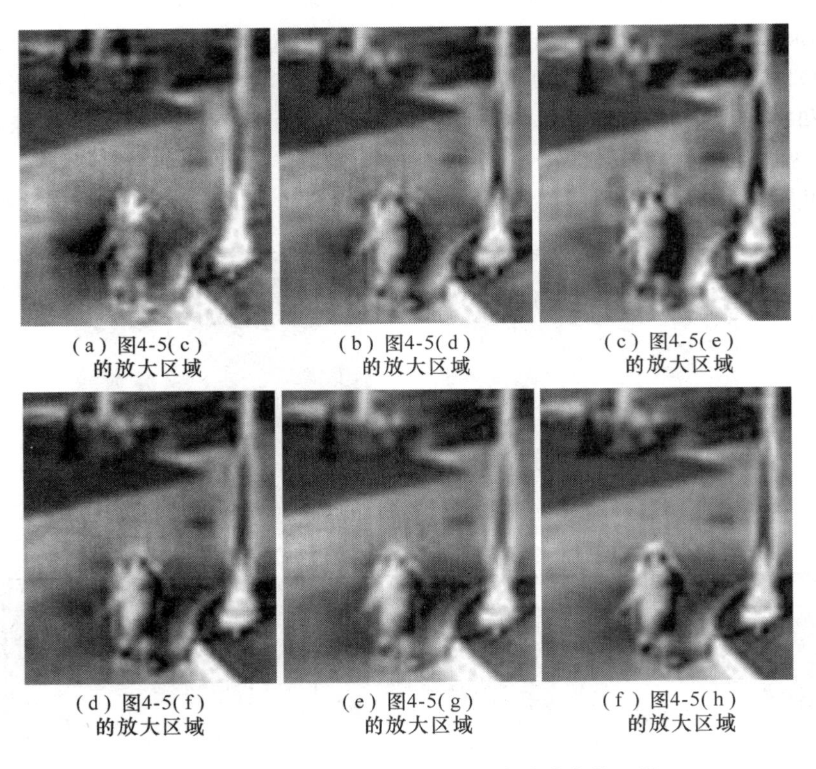

图 4-6　图 4-5(c)～(h)的矩形框中被放大的区域

图 4-6 显示了图 4-5(c)～(h)中矩形框标记的图像区域被放大后的图像。从图 4-6 放大的图像中可以观察到不同的融合算法的性能。如图 4-6(a)～(c)所示，DWT、DT-CWT 和 3D-DWT 的融合帧在人的周围有虚影和严重的畸变。DWT 和 DT-CWT 是二维变换，仅仅利用了输入图像帧的空间几何信息，而没有考虑时间轴上的信息，导致融合图像序列时间不稳定和不一致。另外，DWT 和 3D-DWT 算法使用一维滤波器沿着每个维度设计构造的，因此容易引起混叠，导致图像帧的畸变。

如图 4-6(d)～(f)所示，采用 3D-DTCWT、3D-UDCT-salience 和 FSIMF 算法的融合图像帧的质量更好，目标轮廓更加清晰。但是在图 4-6(d)和(e)中仍然存在轻微的失真。3D-DTCWT 和 3D-UDCT 算法是两种更准确的三维变换，可以为图像序列提供基于运动的多尺度分解。因此，图 4-6(d)～(e)所示的融合帧要比图 4-6(a)～(c)的融合帧有更好的视觉质量。但是，当视频中的目标正在运动的时候，3D-DTCWT 和 3D-UDCT-salience 算法仍然不能实现原图像帧的完美组合。与其他的融合图像帧相比，如图 4-6(f)所示的 FSIMF 算法生成的融合帧显示了最佳的质量。因此 FSIMF 算法有效地判定了原图像帧之间的互补或冗余信息，融合结果包含了原图像序列中的所有重要信息，展示了丰富的细节内容，同时避免了人为干扰。

为了从时间稳定性和一致性方面评价多传感器运动图像序列融合算法的性能，对比了当前帧和前一帧之间的帧间差(IFD)[26]。图 4-5 中的原图像帧以及融合图像帧的 IFD 图像如图 4-7 所示，表示的是图 4-5 中的图像帧和它们对应的前一帧图像的 IFD。图 4-7(c)和(d)的 IFD 图像引入了许多干扰，这些干扰信息既不存在于图 4-7(a)中，也不存在于图 4-7(b)中。在图 4-7(e)中，干扰的数量极大减少。在图 4-7(f)～(h)中，几乎看不到干扰，这些对比结果表明 3D-DTCWT、3D-UDCT-salience 和 FSIMF 算法生成的融合图像帧，比 DWT、DT-CWT 和 3D-DWT算法生成的结果具有更好的时间稳定性和一致性。

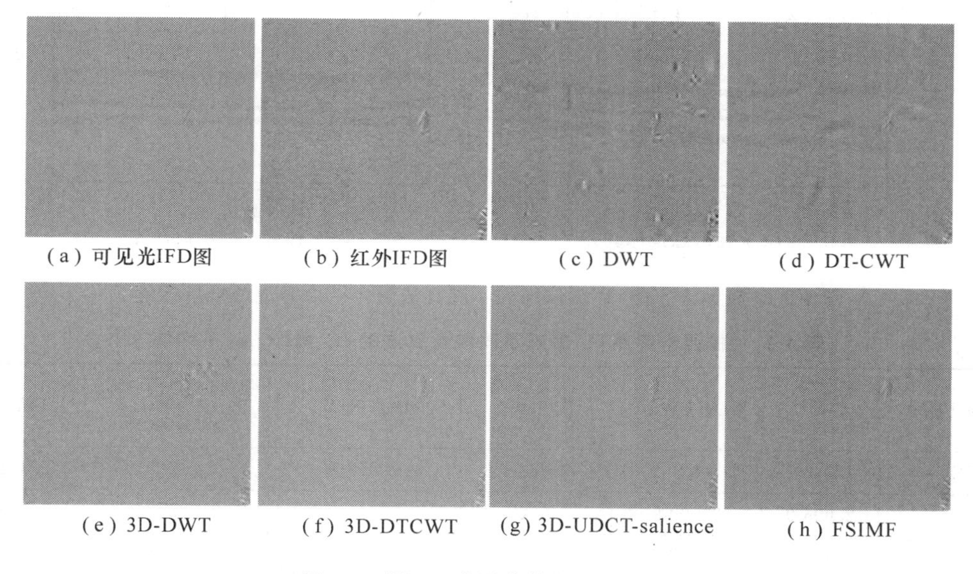

图 4-7　图 4-5 中图像帧的 IFD 图像

除了视觉分析，融合算法的性能需要进一步通过客观量化分析工具进行评价。图 4-8 展示了图 4-5 中“校园十字路口”运动图像序列连续 100 帧的融合结果在 IE、MI 和 $Q_{AB/F}$ 指标的客观评价指标值。如图 4-8 所示，可以看到对连续的运动图像序列进行融合，FSIMF 算法相比于其他对比算法取得了最高的 IE 值、MI 值和 $Q_{AB/F}$ 值，说明 FSIMF 算法获取的融合序列在客观评价指标方面也取得了很好的性能，与图 4-5 所示的视觉分析结果相一致，这是因为 FSIMF 算法不仅采用 MCTA 跨尺度分析算法实现图像序列的时空跨尺度分析，同时 FSIMF 算法中采用的基于特征相似性的融合策略，能够有效区分图像信号的互补与冗余特征，提升了融合图像序列的质量。

表 4-2 归纳了图 4-5 展示的“校园十字路口”运动图像序列使用不同融合算法得到的融合结果在 IE、MI、$Q_{AB/F}$ 下的客观指标平均值。与 DWT、DT-CWT、3D-DWT、3D-DTCWT、3D-UDCT-salience 算法相比，FSIMF 算法客观度量指标值都有所提升，表明 FSIMF 算法在静态背景的运动图像融合中取得了令人满意的效果。IE、MI、$Q_{AB/F}$ 指标值的提升，是因为 FSIMF 算法采用了跨尺度分析算法 MCTA 对运动图像执行跨尺度分解，并且特征相似性度量可以准确判别图像间的互补与冗余信息，达到了提升融合运动图像质量的目的。

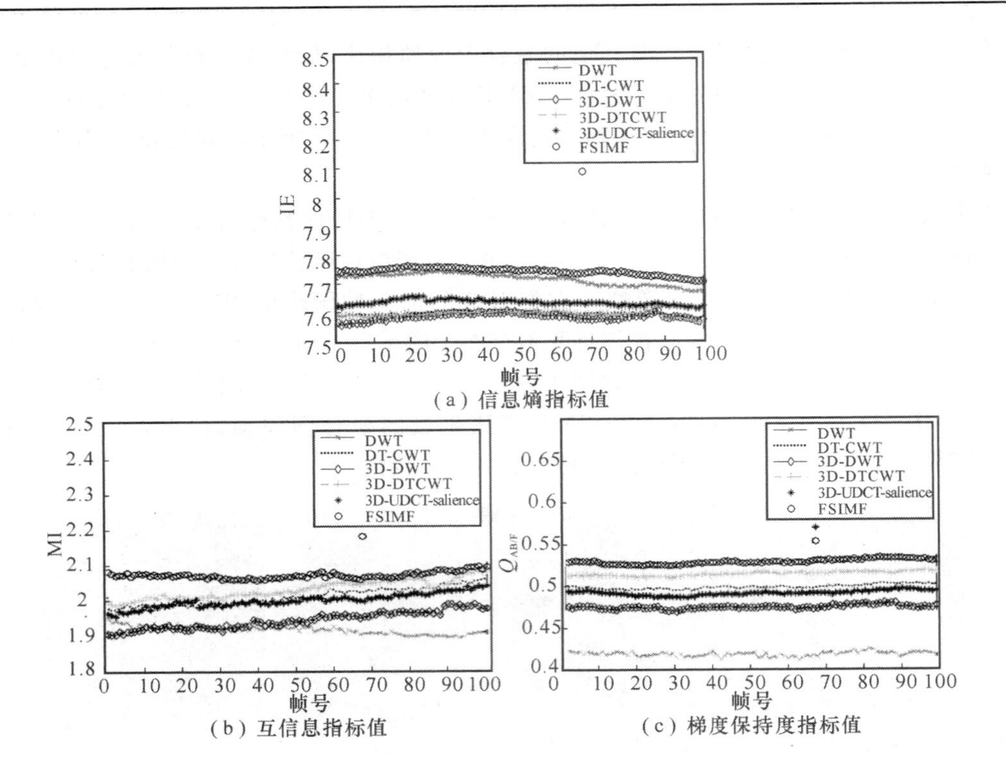

(a) 信息熵指标值

(b) 互信息指标值

(c) 梯度保持度指标值

图 4-8 "校园十字路口"图像序列不同算法融合结果客观评价指标值

表 4-2 "校园十字路口"序列不同融合算法的 IE、MI、$Q_{AB/F}$ 平均值

度量方法	DWT	DT-CWT	3D-DWT	3D-DTCWT	3D-UDCT-salience	FSIMF
IE	7.798 2	7.681 2	7.668 1	7.678 1	7.717 5	7.824 6
MI	2.006 9	2.099 9	2.032 9	2.119 5	2.088 9	2.159 9
$Q_{AB/F}$	0.467 1	0.547 3	0.523 2	0.563 2	0.539 9	0.577 6

表 4-3 显示了图 4-5 中的"校园十字路口"标准运动图像序列在 $DQ_{AB/F}$ 和 IFD_MI 指标上的度量结果。从表 4-3 中对比可以观察到 FSIMF 算法取得了最高的 $DQ_{AB/F}$ 和 IFD_MI 指标值，表明 FSIMF 算法在保证每帧图像融合质量的同时，仍然保持了运动图像序列的时间稳定性和一致性，生成了高质量的融合运动图像序列。由于 FSIMF 算法考虑了相邻帧系数之间的相关性，实现了系数的时空融合，从而保证了融合序列的质量，提升了 $DQ_{AB/F}$ 和 IFD_MI 指标值。

表 4-3 "校园十字路口"序列不同融合算法的 $DQ_{AB/F}$、IFD_MI 客观评价指标值

度量方法	DWT	DT-CWT	3D-DWT	3D-DTCWT	3D-UDCT-salience	FSIMF
$DQ_{AB/F}$	0.227 4	0.264 3	0.289 4	0.301 2	0.310 5	0.318 5
IFD_MI	0.572 9	0.798 6	1.059 8	1.204 5	1.206 4	1.278 5

(2) 实验二：FSIMF 算法在"Soldier"标准运动图像序列上的融合性能对比实验

实验二采用具有动态变化背景的"Soldier"标准运动图像序列，该数据来源于布里斯托尔伊甸园项目多传感器数据集中的"Soldier"运动图像序列（http://www.cis.rit.edu/pelz/

scanpaths/data/bristol-eden. htm)。在具有动态变化背景的序列上，对比本章提出的 FSIMF 算法与 DWT、DT-CWT、3D-DWT、3D-DTCWT、3D-UDCT-salience 算法的融合结果。

图 4-9 显示了一对来自“Soldier”运动图像序列的图像帧以及对应的六个融合结果，“Soldier”序列是一组具有动态背景的视频序列。观察图 4-9(c)～(h)中的融合图像帧，图 4-9(c)和图 4-9(f)出现模糊现象，对比度也较低。图 4-9(d)～(g)中的管道出现了轻微的变形，背景树叶不够锐化。图 4-9(h)中的人物目标轮廓更加完整清晰，背景中树叶等细节更加清晰，边缘锐化且平滑。

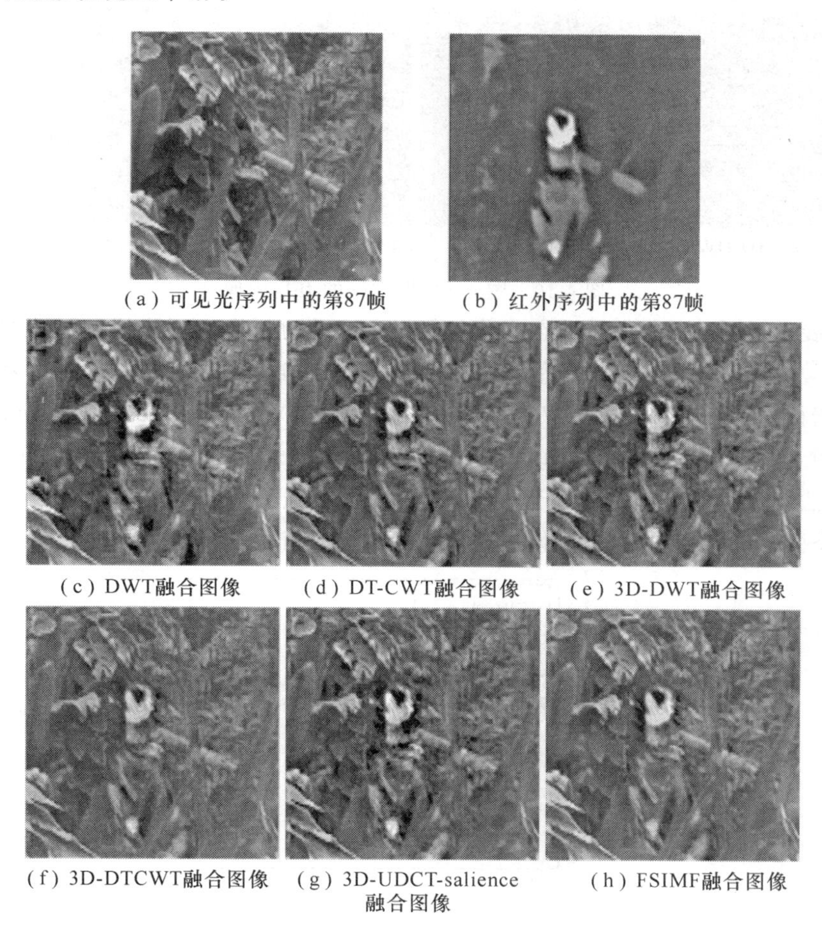
(a) 可见光序列中的第87帧　(b) 红外序列中的第87帧
(c) DWT融合图像　(d) DT-CWT融合图像　(e) 3D-DWT融合图像
(f) 3D-DTCWT融合图像　(g) 3D-UDCT-salience 融合图像　(h) FSIMF融合图像

图 4-9　FSIMF 算法与五种算法在“Soldier”序列的融合结果对比

图 4-10 显示了图 4-9 中图像帧的 IFD 图像。可以看到图 4-10(c)～(g)的 IFD 图像中都或多或少地引入了一些干扰，这些信息在图 4-10(a)和图 4-10(b)中都不存在。图 4-10(h)的 IFD 图像更加清晰完整，包含了图 4-10(a)和图 4-10(b)中的重要信息，同时未引入不一致信息。从图 4-9 中的融合图像和图 4-10 中的 IFD 图像对比结果来看，FSIMF 算法产生了最好的结果。如图 4-9(h)所示，这是因为 FSIMF 算法采用了运动补偿，对动态场景具有更好的适应能力。采用基于特征相似性的融合策略，可以有效区分不同模态图像帧之间的互补或冗余信息，确保了重要信息的充分保持。由于同时考虑了时空信息，保证了融合视频是时间稳定和一致的，而在其他的融合方法生成的融合图像帧中，则存在明显的信息损失和畸变。因此，可以看出 FSIMF 算法产生了更好的性能。

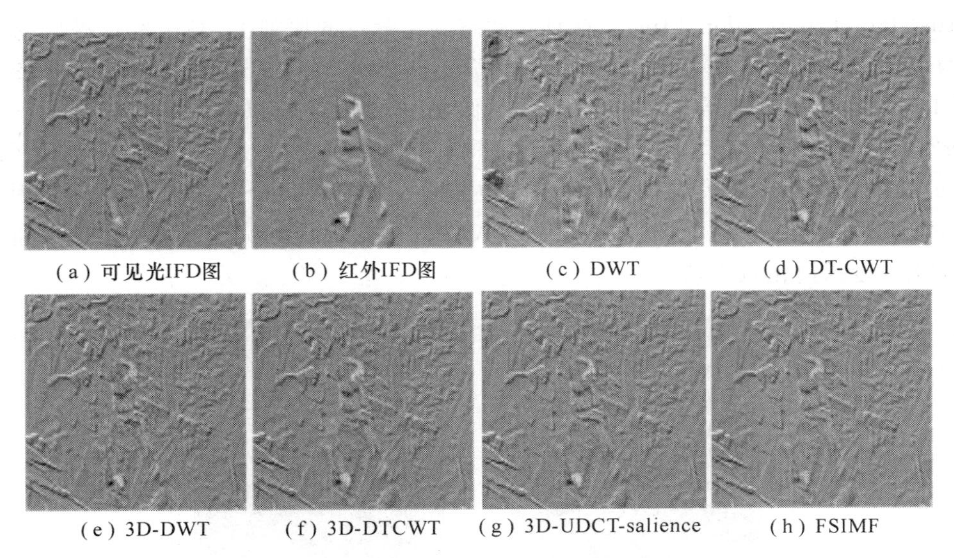

(a) 可见光IFD图　(b) 红外IFD图　(c) DWT　(d) DT-CWT

(e) 3D-DWT　(f) 3D-DTCWT　(g) 3D-UDCT-salience　(h) FSIMF

图 4-10　图 4-9 中图像帧的 IFD 图像

图 4-11 展示了图 4-9 中背景动态变化的“Soldier”运动图像序列连续 100 帧的融合结果在 IE、MI 和 $Q_{AB/F}$ 指标的客观评价指标值。从图 4-11 可以看到，带圆圈的黑色曲线表示了 FSIMF 算法的客观指标值，与 DWT、DT-CWT、3D-DWT、3D-DTCWT 和 3D-UDCT-salience 算法相比，FSIMF 算法在连续图像帧上的 IE、MI 和 $Q_{AB/F}$ 指标值都比较高，曲线一直处于最上层的位置，说明 FSIMF 算法相比其他对比算法由于采用了运动补偿增强了相邻帧之间的相关性，能够更好地适应背景动态变化的图像序列的融合，提高了融合算法的精度，取得了更好的融合结果。

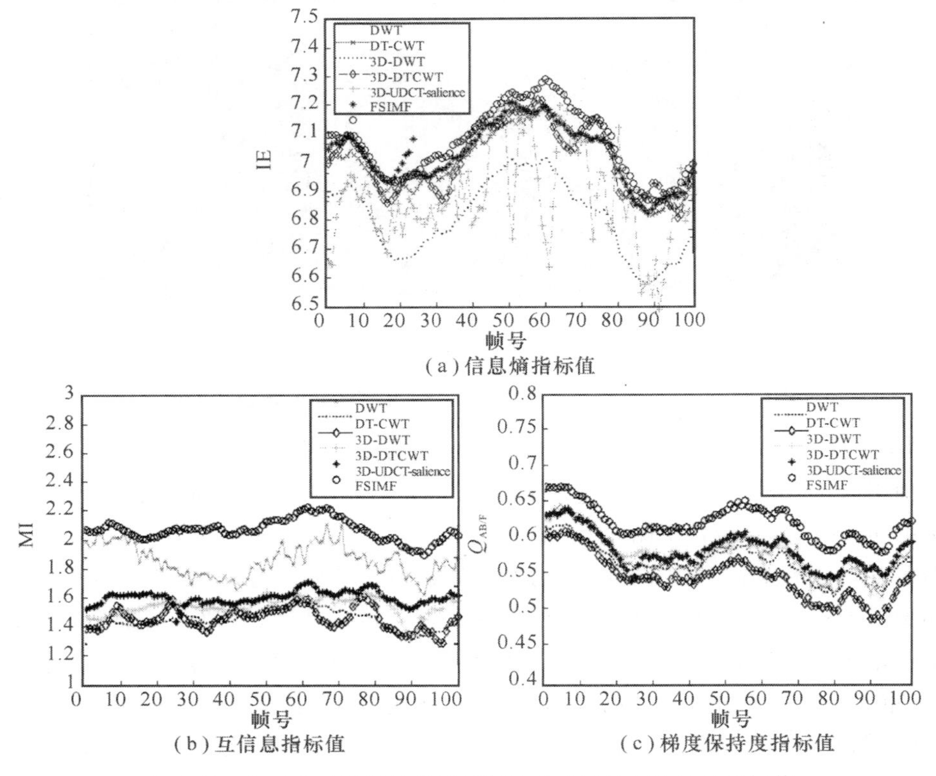

(a) 信息熵指标值

(b) 互信息指标值　(c) 梯度保持度指标值

图 4-11　“Soldier”图像序列不同算法融合结果客观评价指标值

表 4-4 显示了“Soldier”运动图像序列使用不同融合算法得到的融合结果在 IE、MI、$Q_{AB/F}$ 下的客观指标平均值。从表 4-4 中可以看到，与 DWT、DT-CWT、3D-DWT、3D-DTCWT 和 3D-UDCT-salience 算法相比，FSIMF 算法在具有动态背景的运动图像序列上的融合结果，仍然具有非常好的性能指标，说明 FSIMF 算法能够适应不同环境下的多模态传感器运动图像融合。

表 4-4　“Soldier”序列不同融合算法的 IE、MI、$Q_{AB/F}$ 平均值

度量方法	DWT	DT-CWT	3D-DWT	3D-DTCWT	3D-UDCT-salience	FSIMF
IE	7.038 3	6.842 3	7.049 2	6.910 4	7.067 4	7.104 7
MI	1.778 8	1.371 4	1.374 3	1.461 4	1.521 2	1.990 9
$Q_{AB/F}$	0.560 2	0.550 8	0.529 2	0.564 2	0.567 1	0.606 0

表 4-5 显示了图 4-9 中的“Soldier”标准运动图像序列在 $DQ_{AB/F}$ 和 IFD_MI 指标上的度量结果。从表 4-5 中对比可以看到，FSIMF 算法的 $DQ_{AB/F}$ 和 IFD_MI 指标都取得了最高的值，表明 FSIMF 算法在具有动态背景的运动图像序列融合中，仍然能够保持运动图像序列的时间稳定性和一致性，生成了无抖动的表观一致的融合运动图像序列。

表 4-5　“Soldier”序列不同融合算法的 $DQ_{AB/F}$、IFD_MI 客观评价指标值

度量方法	DWT	DT-CWT	3D-DWT	3D-DTCWT	3D-UDCT-salience	FSIMF
$DQ_{AB/F}$	0.402 7	0.385 0	0.400 4	0.331 3	0.437 3	0.441 3
IFD_MI	2.775 4	2.894 2	3.035 3	3.466 2	3.351 4	3.535 6

(3) 实验三：FSIMF 算法在“Robot”运动图像序列上的融合性能对比实验

实验数据采用我们用红外与可见光传感器拍摄的机器人运动图像序列进行实验，比较 FSIMF 算法与 DWT、DT-CWT、3D-DWT、3D-DTCWT、3D-UDCT-salience 算法的融合性能，并对结果进行视觉评价和客观度量。

图 4-12 是我们采用可见光传感器和红外传感器拍摄的机器人运动视频序列中的一对原图像帧及其对应的融合图像。图 4-12(a)是可见光原图像第 498 帧，图 4-12(b)是红外图像第 498 帧，图 4-12(c)～(h)是 DWT、DT-CWT、3D-DWT、3D-DTCWT、3D-UDCT-salience 和 FSIMF 算法生成的融合图像帧。从图 4-12 中可以看到，图 4-12(c)过多地融合了来自图 4-12(b)所示的红外图像的信息，导致图像过亮，没有很好地融合图 4-12(a)所示的可见光图像的背景信息，造成了重要信息的丢失。图 4-12(d)～(g)中的运动的机器人都有不同程度的虚影和模糊。图 4-12(h)成功地融合了可见光图像中丰富的背景信息和红外图像中清晰的前景信息，融合图像边缘清晰平滑，有较强的对比度。

图 4-13 显示了图 4-12 中图像帧的 IFD 图像。图 4-13(c)～(e)的 IFD 图像中引入了一些干扰，这些信息在图 4-13(a)和(b)中都不存在。图 4-13(f)～(h)的 IFD 图像更加纯净，包含了图 4-13(a)和(b)中的重要信息，未引入不一致信息。从图 4-12 中的融合图像和图 4-13 中的 IFD 图像对比结果来看，FSIMF 算法产生了最好的结果。

(a) 可见光序列中的第498帧　(b) 红外序列中的第498帧
(c) DWT融合图像　(d) DT-CWT融合图像　(e) 3D-DWT融合图像
(f) 3D-DTCWT融合图像　(f) 3D-UDCT-salience融合图像　(g) FSIMF融合图像

图 4-12　FSIMF 算法与五种算法在"Robot"序列的融合结果对比

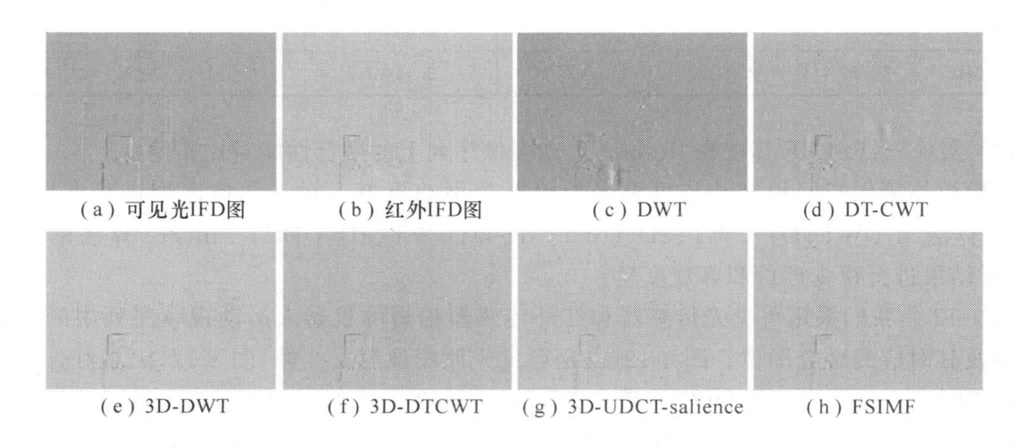

(a) 可见光IFD图　(b) 红外IFD图　(c) DWT　(d) DT-CWT
(e) 3D-DWT　(f) 3D-DTCWT　(g) 3D-UDCT-salience　(h) FSIMF

图 4-13　图 4-12 中图像帧的 IFD 图像

图 4-14 展示了图 4-12 中我们用红外和可见光传感器拍摄的"Robot"运动图像序列连续 100 帧的融合结果在 IE、MI 和 $Q_{AB/F}$ 指标的客观评价指标值。FSIMF 算法与 DWT、DT-CWT、3D-DWT、3D-DTCWT 和 3D-UDCT-salience 算法相比，在连续 100 帧上的 IE 和 $Q_{AB/F}$ 都取得了最高的值，MI 指标上 FSIMF 算法和 3D-UDCT-salience 算法取得了相同的值，说明 FSIMF 算法相比其他对比算法突出了显著细节内容，融合图像包含了更丰富的信息，保留了原图像中所有的重要内容，更多的纹理细节内容被保留，融合图像对比度更好，细节更清晰，视觉效果更加自然。

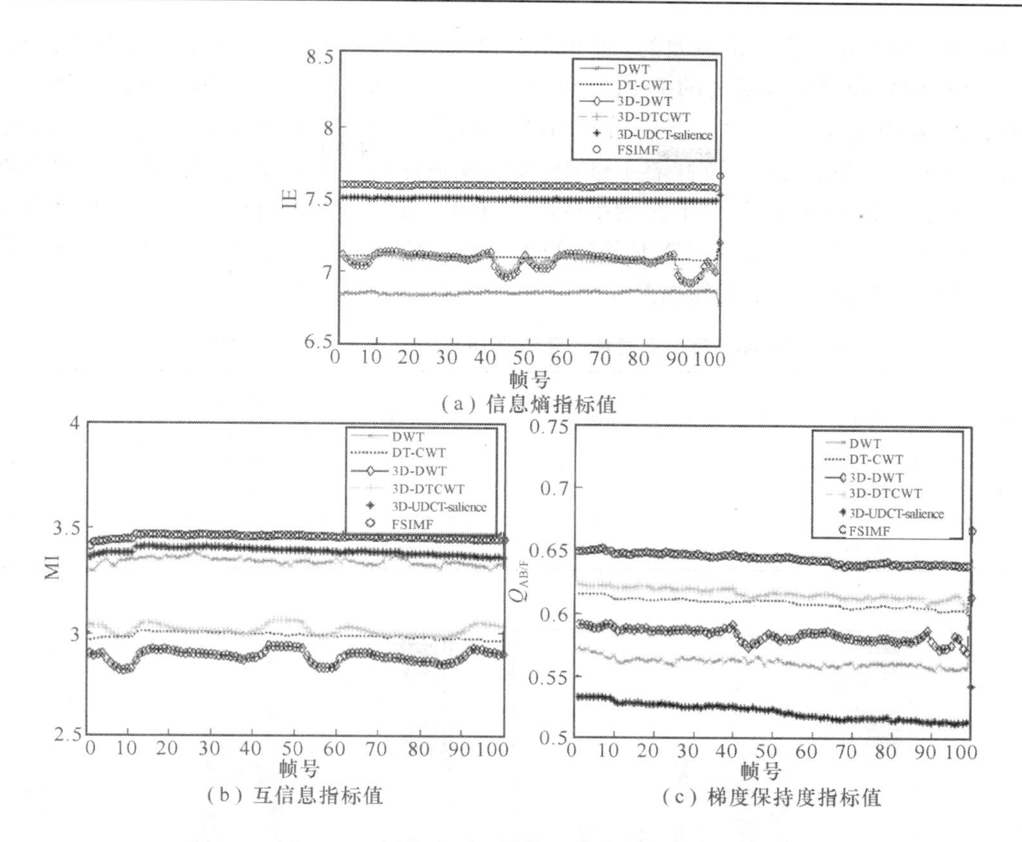

(a) 信息熵指标值

(b) 互信息指标值

(c) 梯度保持度指标值

图 4-14　“Soldier”图像序列不同算法融合结果客观评价指标值

表 4-6 显示了图 4-12 中展示的“Robot”运动图像序列连续 100 帧图像使用不同融合算法得到的融合结果在 IE、MI、$Q_{AB/F}$ 下的客观指标平均值。与 DWT、DT-CWT、3D-DWT、3D-DTCWT 和 3D-UDCT-salience 算法相比，FSIMF 算法在室内环境下的运动图像融合上取得了很好的效果，三个客观指标值都有显著提升。

表 4-6　“Robot”序列不同融合算法的 IE、MI、$Q_{AB/F}$ 平均值

度量方法	DWT	DT-CWT	3D-DWT	3D-DTCWT	3D-UDCT-salience	FSIMF
IE	6.859 5	7.100 0	7.079 4	7.079 4	7.499 4	7.590 9
MI	3.337 7	2.981 8	2.885 7	3.011 6	3.386 8	3.455 2
$Q_{AB/F}$	0.561 4	0.608 7	0.583 1	0.616 5	0.522 0	0.644 1

表 4-7 显示了图 4-12 中的“Robot”运动图像序列在 $DQ_{AB/F}$ 和 IFD_MI 指标上的度量结果。从表 4-7 中对比可以看出，FSIMF 算法的 $DQ_{AB/F}$ 和 IFD_MI 指标都取得了最高的值，表明 FSIMF 算法对不同环境下运动图像融合具有很强的适应能力，能对运动图像序列实现高质量的融合处理。FSIMF 算法性能的提高，依赖于跨尺度分析算法和基于时空特征相似性和时空复系数特征相似性的融合策略的运用。

图 4-15 综合显示了表 4-3、表 4-5 和表 4-7 中的结果，表示图 4-5、图 4-9 和图 4-12 的图像序列在不同融合算法下生成的图像帧的 $DQ_{AB/F}$ 和 IFD_MI 度量结果。结果表明 DWT、

DT-CWT和3D-DWT算法是最差的，而FSIMF算法在这些融合算法中表现了最好的性能。FSIMF算法的融合结果有更高的$DQ_{AB/F}$和IFD_MI度量值，这和主观视觉分析结果是一致的。$DQ_{AB/F}$和IFD_MI度量进一步表明，FSIMF融合算法比其他融合算法在时空信息抽取和一致性方面有更高的性能，这意味着FSIMF算法从原序列中转移了更多潜在的信息到融合序列中，并降低了冗余，避免了干扰的引入。与DWT、DT-CWT、3D-DWT、3D-DTCWT和3D-UDCT-salience算法相比，FSIMF算法$DQ_{AB/F}$指标值分别平均提升26%、20%、22%、19%和5%，IFD_MI指标值分别平均提升65%、38%、16%、3%和8%。

表4-7 "Robot"序列不同融合算法的$DQ_{AB/F}$、IFD_MI客观评价指标值

度量方法	DWT	DT-CWT	3D-DWT	3D-DTCWT	3D-UDCT-salience	FSIMF
$DQ_{AB/F}$	0.257 4	0.265 4	0.226 2	0.274 7	0.294 4	0.327 1
IFD_MI	0.518 2	0.571 9	0.681 9	0.748 0	0.675 3	0.759 0

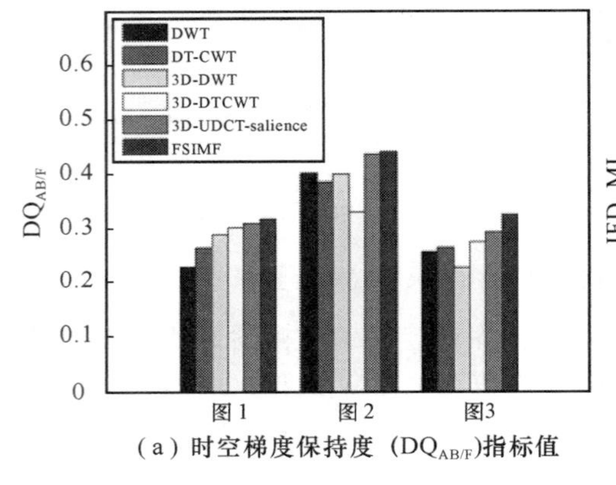

(a) 时空梯度保持度 ($DQ_{AB/F}$)指标值

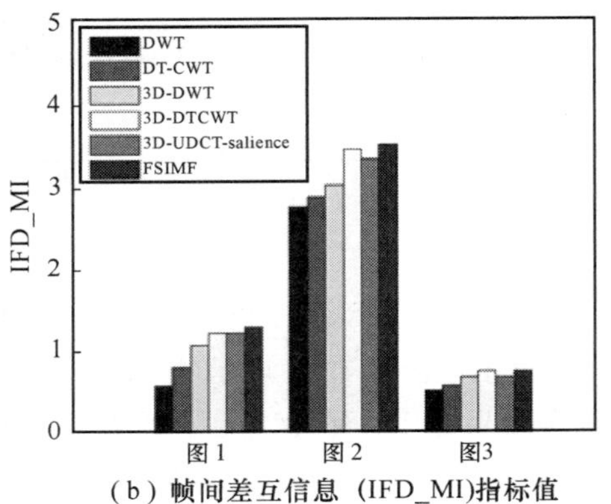

(b) 帧间差互信息 (IFD_MI)指标值

图4-15 不同融合算法在三组测试图像序列上的$DQ^{AB/F}$和IFD_MI客观指标值

综合表4-2、表4-4和表4-6中的结果，与DWT、DT-CWT、3D-DWT、3D-DTCWT和3D-UDCT-salience算法相比，FSIMF算法在不同环境下的运动图像融合上取得了很好的效果，IE、MI、$Q_{AB/F}$三个客观指标值都有很大提升。信息熵IE指标值分别平均提升4%、4%、3%、4%和1%，互信息MI指标值分别平均提升8%、21%、19%、18%和12%，梯度保持度$Q_{AB/F}$指标值分别平均提升16%、7%、12%、5%和12%。

实验结果表明，与DWT、DT-CWT、3D-DWT、3D-DTCWT和3D-UDCT-salience算法相比，FSIMF算法在不同模态的具有静态和动态背景的多传感器运动图像序列的融合上，都取得了更好的视觉效果和更高的客观评价指标值，包括信息熵IE、互信息MI、梯度保持度$Q_{AB/F}$、时空梯度保持度$DQ_{AB/F}$、帧间差互信息IFD_MI指标值。另外特征相似性指标能够有效判断不同模态传感器图像之间的互补和冗余信息，从而使得FSIMF算法提高了融合精度。实验结果表明，FSIMF算法的融合结果不仅确保了单帧图像的融合质量，有效地融合了原图像中的重要信息，消除了冗余，同时也保持了图像序列的时间稳定性和一致性，避免了序列间的抖动现象。

4.4 本章小结

本章研究了不同模态的多传感器运动图像序列融合方法，提出了基于特征相似性的多传感器运动图像序列融合算法(FSIMF)，获得了高质量的多传感器运动图像序列融合结果。采用运动图像跨尺度分析算法(MCTA)，将待融合原图像分解成组合的高频和低频子带系数，充分利用从前一帧到下一帧的时间运动信息和空间几何信息，确保融合图像序列的时间稳定性和一致性。提出的时空融合策略可以准确抽取相邻帧对应子带的时空相关信息，区分互补与冗余信息，保留丰富的场景细节到融合图像中，消除冗余信息，保证目标场景的完整性和一致性。实验结果表明，FSIMF 算法不仅确保了单帧图像的融合质量，有效地融合了原图像中的重要信息，同时也保持了图像序列的时间稳定性和一致性，避免了序列间的抖动现象。与 DWT、DT-CWT、3D-DWT、3D-DTCWT 和 3D-UDCT-salience 算法相比，本章提出的 FSIMF 算法信息熵 IE 指标值分别提升 4%、4%、3%、4%和 1%，互信息 MI 指标值分别提升 8%、21%、19%、18%和 12%，梯度保持度 $Q_{AB/F}$ 指标值分别提升 16%、7%、12%、5%和 12%，时空梯度保持度 $DQ_{AB/F}$ 指标值分别提升 26%、20%、22%、19%和 5%，帧间差互信息 IFD_MI 指标值分别提升 65%、38%、16%、3%和 8%。

本章参考文献

[1] Muller A C, Narayanan S. Cognitively-engineered Multisensor Image Fusion for Military Applications [J]. Information Fusion, 2009, 10(2): 137-149.

[2] Torabi A, Massé G, Bilodeau G A. An Iterative Integrated Framework for Thermal-visible Image Registration, Sensor Fusion, and People Tracking for Video Surveillance Applications [J]. Computer Vision and Image Understanding, 2012, 116(2): 210-221.

[3] James A P, Dasarathy B V. Medical Image Fusion: A Survey of the State of the Art [J]. Information Fusion, 2014, 19: 4-19.

[4] Xu Z. Medical Image Fusion Using Multi-level Local Extrema [J]. Information Fusion, 2014, 19: 38-48.

[5] Cheng S, Qiguang M, Pengfei X. A Novel Algorithm of Remote Sensing Image Fusion Based on Shearlets and PCNN [J]. Neurocomputing, 2013, 117: 47-53.

[6] Du P, Liu S, Xia J, et al. Information Fusion Techniques for Change Detection from Multi-Temporal Remote Sensing Images [J]. Information Fusion, 2013, 14(2): 19-27.

[7] Leykin A, Ran Y, Hammoud R. Thermal-visible Video Fusion for Moving Target Tracking and Pedestrian Classification [C]. Proceedings of IEEE Conference on Computer Vision and Pattern Recognition (CVPR), 2007: 1-8.

[8] Ancuti C, Ancuti C O, Haber T, et al. Enhancing Underwater Images and Videos by Fusion [C]. Proceedings of IEEE Conference on Computer Vision and Pattern Recognition (CVPR), 2012: 81-88.

[9] Schnelle S R, Chan A L. Enhanced Target Tracking Through Infrared-visible Image Fusion [C]. Proceedings

of the 14th International Conference on Information Fusion, 2011: 1-8.

[10] Rockinger O. Image Sequence Fusion Using a Shift-invariant Wavelet Transform [C]. Proceedings of IEEE International Conference on Image Processing, 1997, 3: 288-291.

[11] Liu C, Jing Z, Xiao G, et al. Feature-based Fusion of Infrared and Visible Dynamic Images Using Target Detection [J]. Chinese Optics Letters, 2007, 5(5): 274-277.

[12] Hill P R, Achim A, Bull D R. Scalable Video Fusion [C]. Proceedings of 20th IEEE International Conference on Image Processing (ICIP), 2013: 1277-1281.

[13] Dixon T D, Nikolov S G, Lewis J J, et al. Task-Based Scanpath Assessment of Multi-Sensor Video Fusion in Complex Scenarios [J]. Information Fusion, 2010, 11(1): 51-65.

[14] Wielgus M, Antoniewicz A, Bartys M, et al. Fast and Adaptive Bidimensional Empirical Mode Decomposition for the Real-time Video Fusion [C]. Proceedings of 15th IEEE International Conference on Information Fusion, 2012: 649-654.

[15] Zeng K, Wang Z. Polyview Fusion: A Strategy to Enhance Video-denoising Algorithms [J]. IEEE Transactions on Image Processing, 2012, 21(4): 2324-2328.

[16] Zhang Q, Wang L, Ma Z, et al. A Novel Video Fusion Framework Using Surfacelet Transform [J]. Optics Communications, 2012, 285(5): 3032-3041.

[17] Zhang Q, Chen Y, Wang L. Multisensor Video Fusion Based on Spatial-temporal Salience Detection [J]. Signal Processing, 2013, 93(9): 2485-2499.

[18] Liu Z, Blasch E, Xue Z, et al. Objective Assessment of Multiresolution Image Fusion Algorithms for Context Enhancement in Night Vision: A Comparative Study [J]. IEEE Transactions on Pattern Analysis and Machine Intelligence, 2012, 34(1): 94-109.

[19] Zhang L, Zhang L, Mou X Q, Zhang D. FSIM: A Feature Similarity Index for Image Quality Assessment [J]. IEEE Transactions on Image Process. 2011, 20(8): 2378-2386.

[20] Sonka M, Hlavac V, Boyle R. Image Processing, Analysis, and Machine Vision [M]. Cengage Learning, 2014.

[21] Jähne B, Haubecker H, Geibler P. Handbook of Computer Vision and Applications [M]. London: Academic Press, 1999: 125-151.

[22] Sampat M P, Wang Z, Gupta S, et al. Complex Wavelet Structural Similarity: A New Image Similarity Index [J]. IEEE Transactions on Image Processing, 2009, 18(11): 2385-2401.

[23] Qu G, Zhang D, Yan P. Information Measure for Performance of Image Fusion [J]. Electronics Letters, 2002, 38(7): 313-315.

[24] Xydeas C S, Petrov'i V. Objective Image Fusion Performance Measure [J]. Electronics Letters, 2000, 36(4): 308-309.

[25] Petrovic V, Cootes T, Pavlovic R. Dynamic Image Fusion Performance Evaluation [C]. Proceedings of IEEE International Conference on Information Fusion, 2007: 1-7.

[26] Rockinger O. Image Sequence Fusion Using a Shift-invariant Wavelet Transform [C]. Proceedings of IEEE International Conference on Image Processing, 1997, 3: 288-291.

[27] Zhang Q, Chen Y, Wang L. Multisensor Video Fusion Based on Spatial-temporal Salience Detection [J]. Signal Processing, 2013, 93(9): 2485-2499.

第5章 基于离散小波框架变换图像融合研究

5.1 引 言

随着传感器技术的迅速发展，各类传感器被大量应用。由此面临的一个重要的问题是如何将来自不同传感器的信息有效融合[1]。融合得到的图像更适合于人类和机器的视觉特性，有助于进一步的分析、目标识别和理解[2]。运动图像融合可分为两类：在空间域进行的融合算法和在变换域进行的融合算法。在空间域进行的融合直接在图像的灰度空间上进行融合，虽然可以保留更为原始的细节信息，但是对于背景灰度差异较大的待融合图像，融合后的图像在融合边界处反差较大，难以得到满意的结果；而在变换域进行的融合先采用多尺度变换方法对待融合的多源图像进行分解，设计相应的融合规则融合分解后的系数结构，虽然会损失少量的信息，但是融合后的图像比较均匀，更加适合于人类视觉的系统和模式识别。

基于变换域的算法对每幅源图像的多尺度分解，将这些分解系数整合起来形成一个复合的表示，通过执行一个反多尺度变换重构出融合图像[3]。这类算法中常用的多尺度变换方法包括典型的拉普拉斯金字塔(LP)[4]和离散小波变换(DWT)[5]。相比金字塔变换的方法离散小波变换方法有许多优点，如局部特性和方向性，因此基于离散小波变换的方法通常优于基于金字塔变换的方法。对于一维分段平滑信号，小波方法能提供一个优化的信号表示，因此被作为一种很好的图像分析工具[6]。然而，这种方法不适用于二维及以上的情况，因为它们不能有效地表示直线型和曲线型的间断点。小波方法在分解过程中采用了下采样操作，其分解系数结构对平移变化比较敏感[7]。

研究人员提出了离散小波框架变换(DWFT)方法以及基于离散小波框架变换的图像融合算法[8]。DWFT方法使用了过完备的小波分解，在分解过程中避免了下采样过程，因而避免了因下采样过程产生的混叠效应，具备了平移不变性，是一种适合用来进行图像融合的变换方法。Yang、Cunha和Nguyen等人相继提出了双树复小波变换(DT-CWT)[9]、非下采样轮廓波变换(NSCT)[10]以及统一离散曲波变换(UDCT)[11]等。这些方法具有小波变换所具有的各种特性。当它们被应用到图像融合中时，能从多源图像中提取更多的有效信息融合到融合图像中。然而，DT-CWT仅具有近似的平移不变性；NSCT在分解时使用了非下采样策略，也具有平移不变性，但是由此带来的计算复杂度很高，不适合用于需要快速反应的运动图像融合领域；在UDCT过程中，不同尺度和方向的分解系数也存在着下采样的过程。

除了变换方法，在融合中更为关键的是融合规则的设计。最简单的融合规则是逐像素地平均或加权平均所有源图像的各子带系数，这种方法会导致对比度的降低。一些传统的融合规则都以图像的区域能量[12]、空间频率[13]、平均梯度[14]等特征信息作为系数融合的指标，用它们决定系数结构的融合，而没有或仅仅是考虑了图像中受光照、尺度变化等影响较小的纹理和清晰度信息。纹理特征是图像很重要的一个特征，尤其是在表示图像中的细节信息时。传统的融合算法对其考虑不足，不能完整地将待融合图像中有效的纹理细节信息转移到融合图像。

5.2 基于局部分形维数和离散小波框架变换的运动图像融合研究

5.2.1 分形维数

分形维数(FD)可以从图像灰度表面不规则的变化中提取纹理结构的复杂度，从而指示灰度表面细节信息随尺度变化的状态，是一种有效的纹理特征描述方法。通常采用分形维数来指示图像灰度表面的纹理复杂度，根据不同的复杂度识别具有不同纹理特征的目标信息[15]。在数字图像处理中，我们经常会处理到图像的低频信息，其中包含着丰富的纹理细节信息，可以很好地结合分形方法来对其进行处理。分形维数对图像的旋转、尺度、仿射变化等因素的影响具有很好的鲁棒性，同时对噪声的影响也不敏感[16]，分形维数是一种有效且稳定的纹理特征表示测度。

对分形维数的定义是由 Housdorff 维数引申而来，记作 FD。对一个给定的 n 维空间中的集合，用大小为 ε 的 n 维对象元来填充，尺度数 ε 和对象元数量成反比。若这个集合中包含的对象元数是 $N(\varepsilon)$，则

$$N(\varepsilon)=(1/\varepsilon)^{\mathrm{FD}} \tag{5-1}$$

$$\mathrm{FD}=\lim_{\varepsilon\to 0}\frac{\ln N(\varepsilon)}{\ln(1/\varepsilon)} \tag{5-2}$$

$$H=3-\mathrm{FD} \tag{5-3}$$

其中，H 为 $n=3$ 时的分形指数。研究人员提出了便于计算机实现的分形维数计算方法，Peleg 提出的毯子法能给出更精确的分形维数计算结果。

在毯子方法中，图像被认为是一个起伏的表面，表面的高度和灰度级别成比例[17]。在图像的三维空间中距离图像表面 ε 距离的所有点(包括表面上方和下方两面)可以组成一个厚度为 2ε 的毯子，这个毯子覆盖着图像的表面。图像的表面积可以通过该毯子的体积除以 2ε 得到。覆盖的毯子通过其上表面 u_ε 和下表面 b_ε 来定义。对于不同 ε 值的毯子表面积分别可以计算出来。首先，像素 (i,j) 被赋予值 $g(i,j)$，并设 $u_0(i,j)=b_0(i,j)=g(i,j)$。$\varepsilon=1,2,3,\cdots$，毯子的表面积定义如下：

$$u_\varepsilon(i,j)=\max\{u_{\varepsilon-1}(i,j)+1,\max_{|d\{(m,n),(i,j)\}|\leqslant 1}u_{\varepsilon-1}(m,n)\} \tag{5-4}$$

$$b_\varepsilon(i,j)=\min\{b_{\varepsilon-1}(i,j)-1,\min_{|d\{(m,n),(i,j)\}|\leqslant 1}b_{\varepsilon-1}(m,n)\} \tag{5-5}$$

其中，$d\{(i,j),(m,n)\}$ 是像素 (i,j) 和 (m,n) 间的距离。

毯子的体积可以通过 u_ε 和 b_ε 计算如下：

$$v_\varepsilon=\sum_{i,j}[u_\varepsilon(i,j)-b_\varepsilon(i,j)] \tag{5-6}$$

从而得到图像表面的表面积为

$$A(\varepsilon) = \frac{v_{\varepsilon} - v_{\varepsilon-1}}{2} \tag{5-7}$$

Mandelbrot 在本章参考文献[18]中定义的分形表面积为

$$A(\varepsilon) = F\varepsilon^{2-D} \tag{5-8}$$

其中，F 是一个常量，D 是图像的分形维数。当毯子的尺度 ε 从 1 到 ε 变化时，可以得到一系列相应的 $A(\varepsilon)$，在双对数坐标下对这两组数据进行线性拟合得到一条直线，直线的斜率等于 $2-D$，就可以估算出分形维数的值。在本章中我们采用毯子方法来计算图像的分形维数。

5.2.2　分形维数特征分析

在运动图像中，如果一个目标所在位置的分形维数值较大，则它的灰度表面比较粗糙，看起来也比较清晰。相反，如果一个目标所在位置处的分形维数较小，它的灰度表面比较平滑，看起来也会比较模糊。因此分形维数可以用来测量图像的清晰程度。

图 5-1 是一个机器人图像和几个用不同大小的窗口模糊过的版本。随着模糊窗口大小的增加，图像的模糊程度也逐渐加强。图像的灰度表面也变得越来越平滑，如图 5-2 所示。这些图像的分形维数如表 5-1 所示，图像的分形维数随着清晰度（图像灰度表面的粗糙程度）的降低而降低。在飞行器图像上的实验也给出了相似的结果，随着图像模糊程度加强，图像灰度表面会变得越来越平滑，其分形维数值也相应地随之下降变小，如图 5-3、图 5-4 和表 5-2 所示。

表 5-1　图 5-1 中各图像的分形维数

	原图	ω=3	ω=7	ω=11	ω=17	ω=23
分形维数	2.297 4	2.241 6	2.191 6	2.162 0	2.129 5	2.110 1

(a) 原图　(b) ω=3　(c) ω=7

(d) ω=11　(e) ω=17　(f) ω=23

图 5-1　机器人原图及用不同大小窗口 ω 模糊过的图像

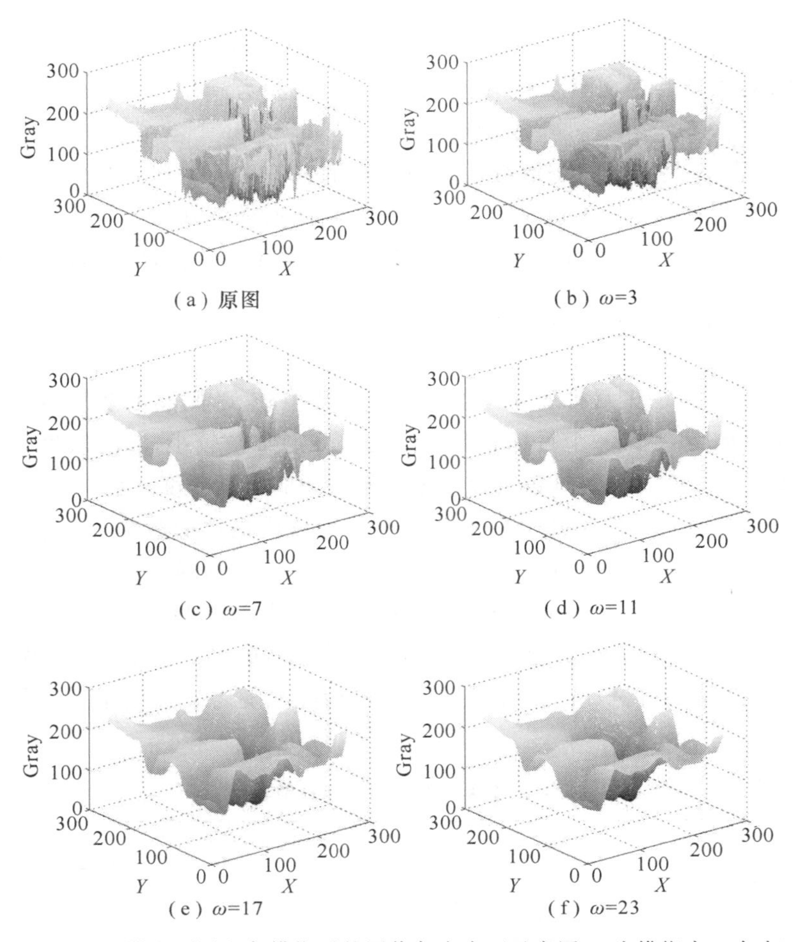

(a) 原图　(b) ω=3

(c) ω=7　(d) ω=11

(e) ω=17　(f) ω=23

图 5-2　机器人原图和各模糊后的图像灰度表面示意图(ω 为模糊窗口大小)

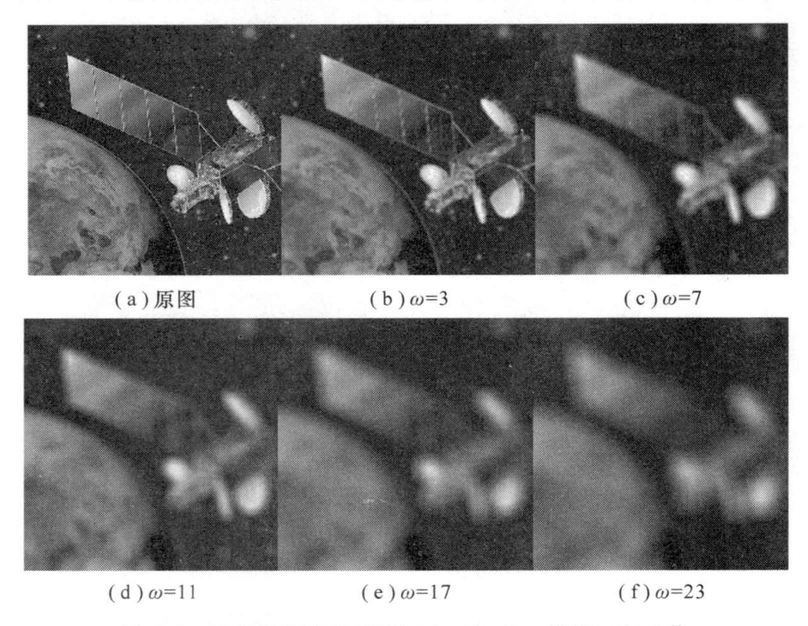

(a)原图　(b)ω=3　(c)ω=7

(d)ω=11　(e)ω=17　(f)ω=23

图 5-3　飞行器原图及用不同大小窗口 ω 模糊过的图像

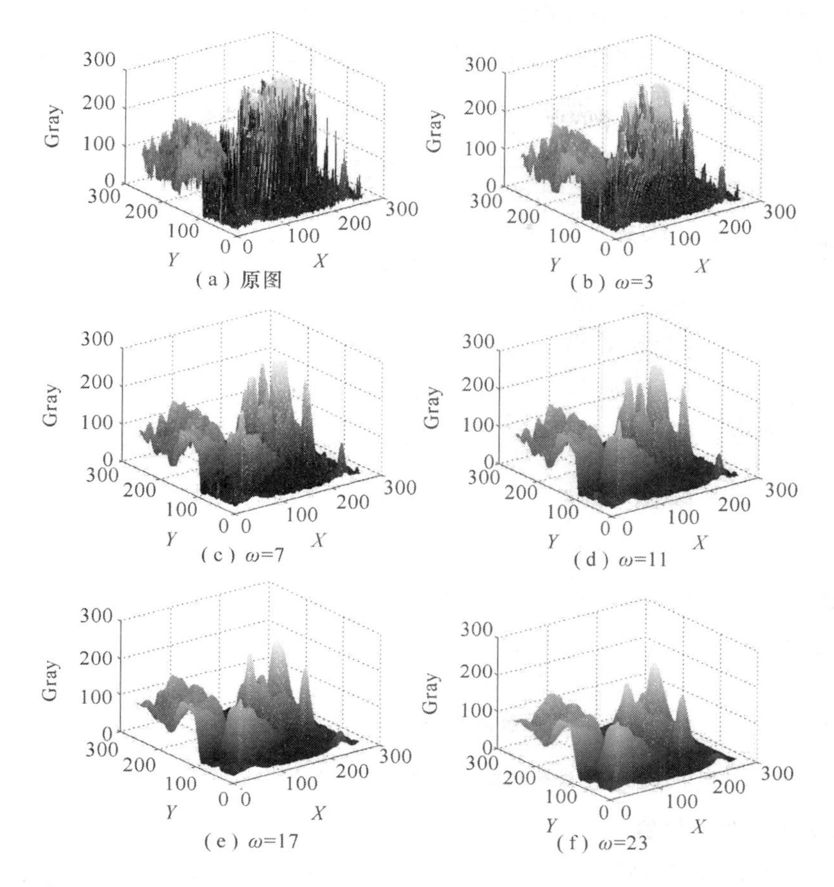

图 5-4　飞行器原图和各模糊后的图像灰度表面示意图(ω 为模糊窗口大小)

表 5-2　图 5-3 中各图像的分形维数

	原图	$\omega=3$	$\omega=7$	$\omega=11$	$\omega=17$	$\omega=23$
分形维数	2.486 8	2.342 5	2.235 2	2.191 7	2.149 8	2.131 2

可以看出,分形维数能够很好地描述图像的纹理特征以及相应的清晰程度。因此在全局分形维数的基础上,设计出局部分形维数计算方法,为图像的描述提供更为精细的表示方式;将其作为判断某一区域或某一像素清晰程度的度量指标,用来指导融合过程中系数的选择。

5.2.3　基于局部分形维数和离散小波框架变换的运动图像融合算法的提出

本章提出了一种基于局部分形维数和离散小波框架变换的运动图像融合算法(LFD-DWFT)。采用毯子方法逐像素地计算每个源图像的局部分形维数,并生成每幅源图像相应的分形维数图;同时对待融合原图像进行 DWFT 分解,得到分解后的系数结构。待融合系数结构设计基于 LFD 的融合规则,分别在低频系数和不同方向的高频系数上进行融合,得到融合后的系数结构。采用 DWFT 反变换从融合后的系数结构中重构出融合图像。由于分形维数对光照、尺度等变化不敏感,DWFT 具有平移不变性,因此它们可以很好地提取图像中重要的纹理信息进入融合图像,从而获得细节更为丰富的高质量融合图像。图 5-5 是我们提出的基于局部分形维数和离散小波框架变换的运动图像融合算法结构图。这里我们仅考虑两个源图像的情况,也可以扩展到两个图像以上的情况。源图像 LFD 估计、图像的 DWFT 分解和融合规则设计是算法中最重要的三个部分。

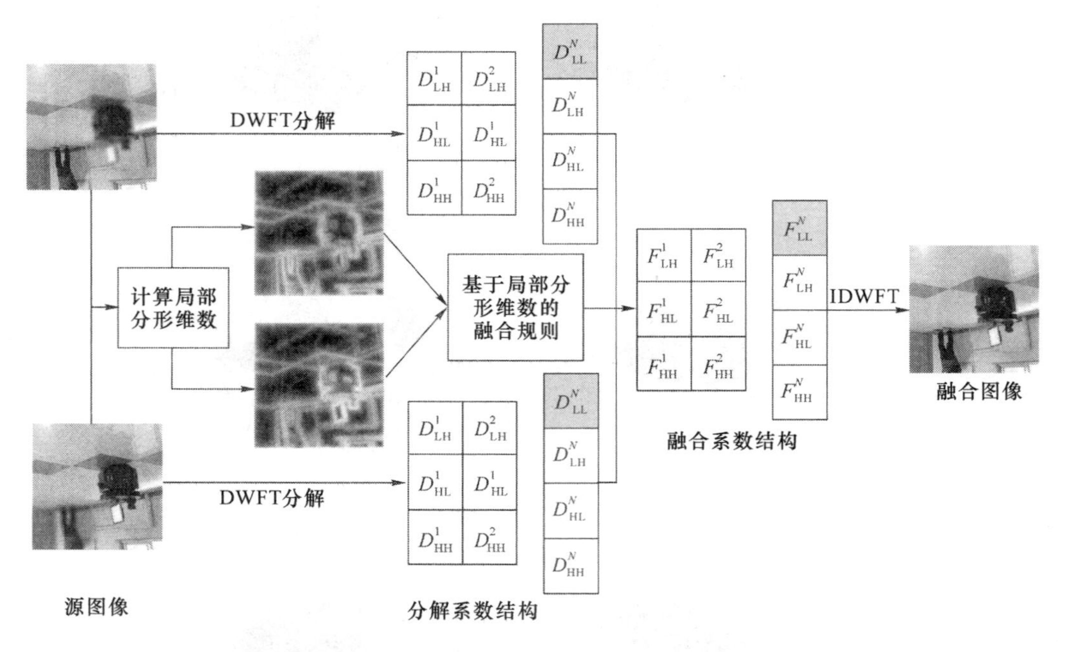

图 5-5　基于局部分形维数和离散小波框架变换的运动图像融合算法结构图

1. 局部分形维数的计算

全局分形维数的计算方法中,其中 GFD 是整幅图像的分形维数。在融合算法当中,我们需要的是每个像素的局部分形维数,而不是整个图像的分形维数。与 GFD 计算需要考虑整个图像不同,LFD 的计算仅考虑以当前像素为中心的一个局部窗口内的邻域像素,两者的计算方法略有不同。得到像素(i,j)的灰度值 $g(i,j)$ 并设 $u_0(i,j)=b_0(i,j)=g(i,j)$,毯子的表面积定义如下:

$$u_\varepsilon(i,j)=\max\{u_{\varepsilon-1}(i,j)+1,\max_{|d\{(m,n),(i,j)\}|\leqslant 1}u_{\varepsilon-1}(m,n)\}\tag{5-9}$$

$$b_\varepsilon(i,j)=\min\{b_{\varepsilon-1}(i,j)-1,\min_{|d\{(m,n),(i,j)\}|\leqslant 1}b_{\varepsilon-1}(m,n)\}\tag{5-10}$$

其中,$d\{(i,j),(m,n)\}$是像素(i,j)和(m,n)之间的距离,u 和 b 分别是覆盖图像灰度表面的上、下毯子。图像中距离(i,j)的距离小于 1 的点(m,n)被作为该点的 4 个最邻近的点;当需要 8 邻域的邻近点时,也可用式(5-9)和式(5-10)计算。对于确定的距离 ε,当 $b_\varepsilon(x,y)<f\leqslant u_\varepsilon(x,y)$时,点$(x,y,f)$将被包含在毯子中。毯子的定义依据是:图像表面半径为 ε 的毯子包含所有半径为 ε-1 的毯子中的点,连同所有的半径在 1 之内的毯子表面的点。例如,对于式(5-9),需要保证新的上表面 u_ε 至少比 $u_{\varepsilon-1}$ 高 1 个单位。

对于像素(i,j),其毯子的体积可以通过式(5-11)计算:

$$v_\varepsilon(i,j)=\sum_{(m,n)\in N(i,j)}[u_\varepsilon(m,n)-b_\varepsilon(m,n)]\tag{5-11}$$

其中,$N(i,j)$表示以当前像素(i,j)为中心的局部邻域窗口。当计算半径为 ε 情况下的表面积时,将半径为 ε-1 情况下的体积和半径为 ε 情况下的体积相加,除以 2,表明上表面和下表面层在表面积计算时的作用,则像素(i,j)相关的表面积计算如下:

$$A_\varepsilon(i,j)=\frac{v_\varepsilon(i,j)}{2\varepsilon} \tag{5-12}$$

这个定义是从计算曲线长度的原始方法中推导而来，表面积使用 $v_\varepsilon/2\varepsilon$ 来计算，因为 v_ε 取决于所有更小尺度的特征。减去 $v_{\varepsilon-1}$ 可以隔离那些从尺度 ε-1 到尺度 ε 过程中变化的特征。当分析一个纯分形目标时，因为特征的变化独立于尺度变化，任意两个不同尺度所得到的测量结果都将会产生相同的分形维数。然而，对于非分形目标，隔离更小尺度所产生的影响是必要的。式(5-12)给出了测量分形和非分形表面的定义。一个物体分形表面的表面积计算公式如下：

$$A_\varepsilon(i,j)=F\varepsilon^{2-D} \tag{5-13}$$

其中，F 是一个常量，D 是像素(i,j)的分形维数值。当毯子的尺度从 1 到 ε 变化时，可以得到相应的一系列 $A\varepsilon(i,j)$，在双对数坐标下对这一系列的 ε 和 $A\varepsilon(i,j)$进行线性拟合，得到一条直线，可以通过直线的斜率得到分形维数值，斜率等于 $2-D$。

在双对数坐标中一系列毯子面积 $A_\varepsilon(i,j)$和 ε 组成的点是一条非线性曲线，尤其当所用窗口比较小时。$A_\varepsilon(i,j)$在双对数尺度下的斜率是一个重要的参数，对每个灰度级表面，都可以计算出一个 ε 尺度的“分形标签”$S(\varepsilon)$，这个标签是通过找到穿过三个点$(\lg(\varepsilon-1),\lg A_{\varepsilon-1}(i,j))$，$(\lg\varepsilon,\lg A_\varepsilon(i,j))$和$(\lg(\varepsilon+1),\lg A_{\varepsilon+1}(i,j))$的最佳拟合直线的斜率确定的。在分形目标中，对于所有的 ε，$S(\varepsilon)$等于 $2-D$。当图像中每个像素的分形维数值都计算出来后，就得到了一幅图像的局部分形维数。

LFD 的值很大程度上取决于 ε 的大小，因此为了得到更精确的 LFD，需要对 ε 的值进行优化。在局部分形维数的计算过程中，局部窗口的大小和毯子尺度的大小是最为重要的两个参数，它们的选取决定着局部分形维数的精确度。3×3 大小的窗口很适合于从图像中提取局部特征。因此，直接使用 3×3 大小的窗口，只需要优化毯子尺度 ε 的大小。计算 LFD 的方法是从计算 GFD 的方法扩展而来，用计算 GFD 的 ε 值来计算 LFD，需要研究 GFD 随 ε 变化的情况来优化 ε。将 GFD 的值归一化到 0～1 的范围里。

图 5-6 展示了多聚焦飞行器图像，如图 5-7(a)和(b)所示是 GFD 在 ε=80－160 范围内变化的情况。对于两个飞行器图，GFD 的值变化趋势相同，都在 ε=120 时达到最大。为了得到更加精确的融合结果，在进行图像融合时对不同的源图像使用相同的 ε 计算它们的 LFD 值。计算图 5-7(a)和(b)时使用 ε=120，即图 5-6 中两条曲线的交点处；由于图 5-7(a)和(b)的

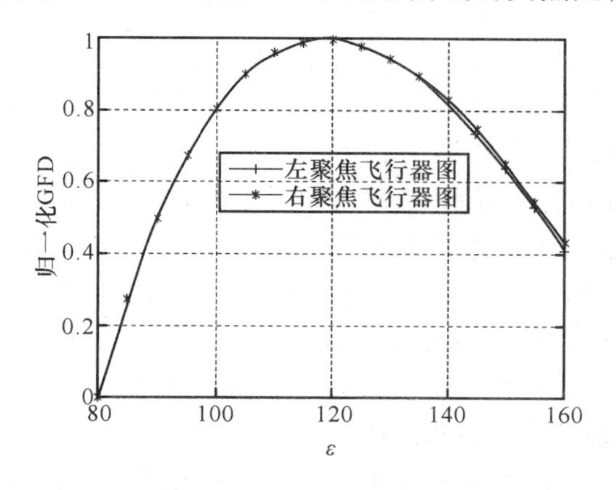

图 5-6　多聚焦飞行器图像的 GFD 随 ε 的变化趋势

GFD 变化趋势类似，交点较多，因此取它们交点中 GFD 值最大的交点处的 ε 值。

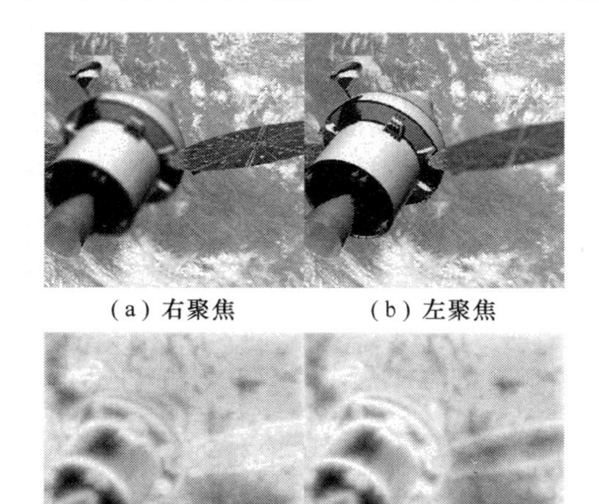

(a) 右聚焦　　(b) 左聚焦

(c) 右聚焦LFD图　　(d) 左聚焦LFD图

图 5-7　多聚焦飞行器图和它们的 LFD 图

在 LFD 图中，每个位置(i,j)的值是从以该位置为中心的 3×3 邻域窗口中估计出来，将 LFD 图中的值从原来的 2.0～3.0 变换到 0～255。图 5-7(a)和(b)是两幅 256×256 大小 256 灰度级的多聚焦源图像，相应的 LFD 图分别如图 5-7(c)和(d)所示。从 LFD 图可以看出，LFD 的值越大，相应的位置亮度越大。图 5-7(a)中飞行器的太阳能电池板处于聚焦位置，比图 5-7(b)图中电池板清晰，因此在图 5-7(c)中电池板处的 LFD 较大，在 LFD 图像可以看出它比图 5-7(d)图中相应位置处亮，说明了局部分形维数对图像清晰度的描述是正确的。

2. DWFT 分解

在计算待融合图像局部分形维数时，需要对待融合多源图像进行基于 DWFT 的分解。DWFT 使用两个不同的小波基来执行分解和重构任务。一个 2 维的 DWFT 由一组一维的低通分解滤波器 $h(x)$和高通分解滤波器 $g(x)$组成。重构过程可以通过一维的综合滤波器 $h'(x)$和 $g'(x)$实现。为了得到精确的重构，这些滤波器组需要满足：

$$H(\omega)H'(\omega)+G(\omega)G'(\omega)=1 \tag{5-14}$$

$$g(\omega)=(-1)^{x-1}h'(1-x) \tag{5-15}$$

$$g'(x)=(-1)^{x-1}h(-1-x) \tag{5-16}$$

在 2 维 DWFT 分解阶段，图像的每一行都分别采用 H 和 G 滤波。在图像行滤波结果的基础上，在列方向执行滤波，最终在第一个分解层$(j=1)$生成 4 个子带系数。三个细节子带系数 D_{LH}^{j}、D_{HL}^{j} 和 D_{HH}^{j}，分别包含着水平、垂直和对角方向的高频信息，同时该层近似的低频子带系数 D_{LL}^{j} 是对原图像进行低通滤波的结果。这个低频子带系数随后被传送到下一层，并在其上进行进一步的分解。因此，一个 N 层的 DWFT 变换将得到总共 $3N+1$ 个子带系数，每一层的分解系数记作$\{D_{\mathrm{LL}}^{j},D_{\mathrm{LH}}^{j},D_{\mathrm{HL}}^{j},D_{\mathrm{HH}}^{j}\}$，$j=1,\cdots,N$，所有的子带系数都具有和原图同样的大小，不同于 DWT 在不同的分解层系数大小不同，如图 5-8 所示。

3. 基于局部分形维数的融合规则设计

将源图像 A 和 B 的局部分形维数分别记作 $\mathrm{LFD}_A(x,y)$ 和 $\mathrm{LFD}_B(x,y)$。采用$\{D_{\mathrm{LL}}^{A}(x,y),D_{j,l}^{A}(x,y)\}$、$\{D_{\mathrm{LL}}^{B}(x,y),D_{j,l}^{B}(x,y)\}$ 和 $\{D_{\mathrm{LL}}^{F}(x,y),D_{j,l}^{F}(x,y)\}$ 表示输入运动图

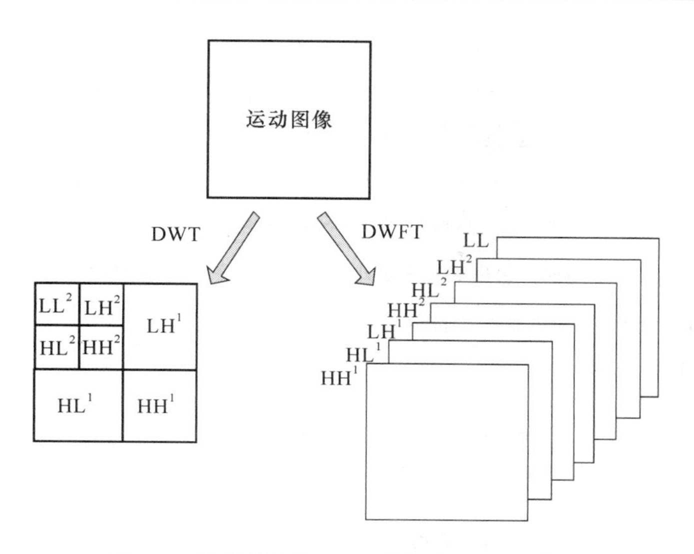

图 5-8　运动图像的 DWT 分解和 DWFT 分解

像 A、B 和融合图像 F 的各子带系数，其中 $C_{\mathrm{LL}}^{A/B/F}(x,y)$ 表示粗糙尺度，也就是低通子带系数，$C_{j,l}^{A/B/F}(x,y,t)$ 表示第 j 尺度和 l 方向的带通子带系数，$l\in\{\mathrm{HH},\ \mathrm{HL},\ \mathrm{LH}\}$，$(x,y)$是图像中当前像素的位置坐标。低通子带系数包含着粗糙尺度上丰富的纹理信息，采用基于局部分形维数区域能量的"加权平均"策略，输入当前图像的分解系数 $D_{\mathrm{LL}}^{A}(x,y)$ 和 $D_{\mathrm{LL}}^{B}(x,y)$，设计低通子带上的融合规则，如下：

$$D_{\mathrm{LL}}^{F}(x,y)=\omega^{A}(x,y)D_{\mathrm{LL}}^{A}(x,y)+\omega^{B}(x,y)D_{\mathrm{LL}}^{B}(x,y) \tag{5-17}$$

局部权重 $\omega_{\mathrm{LL}}^{A}(x,y)$ 和 $\omega_{\mathrm{LL}}^{B}(x,y)$ 定义如下：

$$\omega^{A}(x,y)=\frac{\Re_{A}(x,y)}{\Re_{A}(x,y)+\Re_{B}(x,y)} \tag{5-18}$$

$$\omega^{B}(x,y)=\frac{\Re_{B}(x,y)}{\Re_{A}(x,y)+\Re_{B}(x,y)} \tag{5-19}$$

其中，$\Re_{A/B}(x,y)$ 表示围绕当前像素(x,y)的邻域窗口内的局部分形维数的区域能量，如下：

$$\Re_{A/B}(x,y)=\sum_{m=-(M-1)/2}^{(M-1)/2}\ \sum_{n=-(N-1)/2}^{(N-1)/2}\left|\mathrm{LFD}_{A/B}(x+m,y+n)\right|^{2} \tag{5-20}$$

$M\times N$ 是局部区域的尺寸大小，该尺寸设为 3×3。

高通子带系数包含着精细层的细节信息，如边缘、轮廓、形状等，需要选择其中更具显著性的像素或特征来进行融合。本章设计了局部分形维数区域能量取最大的融合规则，融合规则根据相应的高通子带系数 $D_{j,l}^{A}(x,y)$ 和 $D_{j,l}^{B}(x,y)$ 在局部分形维数 3×3 区域上的区域能量，决定当前位置处的系数来自哪个源图像，最后根据相应的融合规则生成融合后的系数 $D_{j,l}^{F}(x,y)$ 。当相应位置处有较为明显的差异时，选择分形维数的区域能量最大策略可以保留重要的细节信息。

采用选择策略来融合高通子带系数，如式(5-21)所示。若当前位置处图像 A 的局部分形维数区域能量较大，则该处的融合系数选择图像 A 的系数，否则选择图像 B 中当前位置处的系数。为了使得融合结果具有更好的一致性，当某一位置处 A 图像的局部分形维数区域能量较大时，将系数结构中所有尺度和方向上的高频融合系数都选择来自图像 A 的系数。

$$D_{j,l}^{F}(x,y)=\begin{cases}D_{j,l}^{A}(x,y), & \Re_{A}(x,y)>\Re_{B}(x,y)\\ D_{j,l}^{B}(x,y), & \Re_{A}(x,y)\leqslant\Re_{B}(x,y)\end{cases} \tag{5-21}$$

最后，将融合后的低频子带系数和高频子带系数合成，得到融合后的系数结构 $\{D_{\mathrm{LL}}^{F}(x,y), D_{j,l}^{F}(x,y)\}$，并采用 DWFT 反变换从中重构出融合后的图像 F。本章提出的基于局部分形维数和离散小波框架变换的运动图像融合算法的步骤如表 5-3 所示。

表 5-3 基于局部分形维数和离散小波框架变换的运动图像融合算法步骤

基于局部分形维数和离散小波框架变换的运动图像融合算法
输入：待融合运动图像 A 和 B 输出：融合图像 F (1) 选择待计算融合图像局部分形维数时毯子尺度 ε 的大小； (2) 在毯子尺度 ε 下，分别计算待融合多聚焦图像的局部分形维数值，生成各自的局部分形维数图 LFD_A 和 LFD_B： FOR 毯子尺度从 1 到 ε 根据图像像素的灰度值，计算出每个像素局部的上、下毯子表面积 $u_\varepsilon(i,j)$ 和 $b_\varepsilon(x,y)$； 计算该像素处毯子的体积 $v_\varepsilon(i,j)$； 计算该像素处的表面积 $A_\varepsilon(i,j)$ END FOR 在双对数坐标下对这一系列的 ε 和 $A_\varepsilon(i,j)$ 进行线性拟合，得到一条直线； 通过直线的斜率得到该像素处的局部分形维数值； (3) 采用 DWFT 变换分解待融合图像 A 和 B，得到不同尺度、不同方向的子带系数 $\{D_{\mathrm{LL}}^{A}(x,y), D_{j,l}^{A}(x,y)\}$ $\{D_{\mathrm{LL}}^{B}(x,y), D_{j,l}^{B}(x,y)\}$ (4) FOR 待融合源图像的第 i 行 FOR 待融合源图像的第 j 列 计算当前像素上 $\mathrm{LFD}_{A/B}(i,j)$ 的局部能量 $\Re_{A/B}(i,j)$； 采用加权平均策略融合低频子带系数 $D_{\mathrm{LL}}^{A}(i,j)$ 和 $D_{\mathrm{LL}}^{B}(i,j)$； 采用 $\Re_{A/B}(i,j)$ 选最大策略融合各尺度和方向上的高频子带系数 $D_{j,l}^{A}(x,y)$ 和 $D_{j,l}^{B}(x,y)$； END FOR END FOR 得到融合后的系数结构 $\{D_{\mathrm{LL}}^{F}(x,y), D_{j,l}^{F}(x,y)\}$； (5) 采用 DWFT 反变换从融合后的系数结构中重构融合图像； (6) 输出融合后的图像 F。

5.2.4 LFD-DWFT 算法的实验结果与分析

为了说明我们提出的 LFD-DWFT 算法的优势，分三组实验进行验证。实验一、实验二和实验三分别在多聚焦图像、多曝光图像和红外-可见光运动图像上进行测试，验证本章提出的基于局部分形维数和 LFD-DWFT 在不同待融合数据上的有效性。在实验中将我们提出的 LFD-DWFT 算法与经典的基于离散小波变换的融合算法(DWT-F)、基于离散小波框架变换的融合算法(DWFT-F)以及基于非下采样轮廓波变换的融合算法(NSCT-F)进行对比。

在这些用来做对比的基于多尺度变换的融合算法中，低频子带系数采用传统的平均融合规则，高频部分的融合规则设为系数的局部区域能量选最大规则。对于 DWT-F 和 DWFT-F 算法，在对原图像进行多尺度分解时，分解层数选为 4 层；在 DWT-F 方法中我们采用dbss(2,2)小波。对于NSCT-F算法,分解层数也为4层,从粗糙到精细层次上的方向数分别选为2、4、8、16。实验中用到的DWT和NSCT代码均来自Matlab Central下的File Exchange,并在此代码基础上设计了融合模块。三种客观评价标准被用来评价融合算法的表现。第一个标准是空间频率(SF),它源自人类视觉系统,并能测量图像的整体活跃程度,SF给出了一个有效的图像质量评价方法,可以用来评价融合图像质量[19],如下:

$$\mathrm{RF} = \sqrt{\frac{1}{MN}\sum_{m=0}^{M-1}\sum_{n=1}^{N-1}[I(i,j)-I(i,j-1)]^2} \tag{5-22}$$

$$\mathrm{CF} = \sqrt{\frac{1}{MN}\sum_{n=0}^{N-1}\sum_{m=1}^{M-1}[I(i,j)-I(i-1,j)]^2} \tag{5-23}$$

$$\mathrm{SF} = \sqrt{\mathrm{RF}^2+\mathrm{CF}^2} \tag{5-24}$$

其中,RF是在行方向的空间频率,CF为列方向的空间频率,$I(i,j)$为图像在(i,j)位置处的灰度值,$M\times N$为计算区域的尺寸大小,SF为该区域的空间频率值。

第二个标准是$Q_{\mathrm{AB/F}}$测度,它对每个像素在原图像和融合图中用Sobel边缘算子计算强度和方向信息,并且能测量出从原图像转换到融合图中的边缘信息的量[20],如式(5-26)所示。在理想的情况下$Q_{\mathrm{AB/F}}=1$。

$$Q^{\mathrm{AF}} = \Gamma\,(1+\mathrm{e}^{k_g(G^{\mathrm{AF}}-\sigma_g)})^{-1}\,(1+\mathrm{e}^{k_a(A^{\mathrm{AF}}-\sigma_a)})^{-1} \tag{5-25}$$

$$Q_{\mathrm{AB/F}} = (Q^{\mathrm{AF}}+Q^{\mathrm{BF}})/2 \tag{5-26}$$

其中,G^{AF}和A^{AF}都是由Sobel算子计算得到,其他参数都是相应的一些常数,G^{BF}的计算类似于式(5-26)。

第三个标准是互信息(Mutual Information,MI),这个度量标准表示融合图像包含的来自源图像A和B的信息总量[21]。通过每个原图像与融合图像互信息之和来定义,如下:

$$I(A,B) = H(A)+H(B)-H(A,B) \tag{5-27}$$

其中,$H(A)$和$H(B)$为图像块A和B的熵,$H(A,B)$为A和B的联合熵。

对于上述三个标准,它们的测量值越大,融合算法表现越好。

1. 实验一:LFD-DWFT算法在多聚焦图像上的融合性能对比

一组多聚焦图像被用来对比本章提出的LFD-DWFT算法和经典的融合算法,如图5-9所示。我们从实验室的机器人在楼梯间运动的视频中抽取其中一帧作为参考图像,并对参考图像上的不同目标分别进行模糊化处理,得到聚焦不同的测试图像。实验中所用的图像是256灰度级的灰度图像,待融合原图像大小都为256×256。对于LFD-DWFT,根据图5-10所示的实验结果,对图5-9中的待融合原图像使用$\varepsilon=130$计算它们的LFD。

融合算法及对比算法的第一组实验结果如图5-9所示。图5-9(a)和(b)分别显示聚焦在机器人和行人上的待融合多聚焦图像。图5-9(c)和(d)分别是图5-9(a)和(b)的局部分形维数图。图5-9(e)~(h)分别为采用DWT-F、DWFT-F、NSCT-F融合算法和本章提出的LFD-DWFT融合算法所得的融合结果。

为了使融合结果的对比更明显,各融合结果和原图像之间的差异图由图5-9(i)~(p)给出。对于聚焦区域,融合图像和原图像之间的差异理论上应该为零。例如,在图5-9(a)中机器人是清晰的,所以在图5-9(l)中机器人所在区域的差异是非常小的;在图5-9(b)中路人所在区域是清晰的,因此在图5-9(p)中路人所在区域的差异非常小。这说明了聚焦区域的图像包含在了融合图像中。但是,如图5-9(i)~(k)所示,融合结果图5-9(e)~(g)和原图像5-9(a)之间

图 5-9　多聚焦机器人图及实验结果

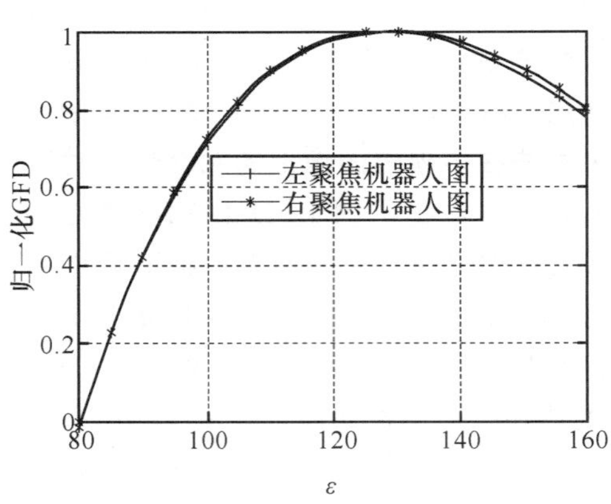

图 5-10　多聚焦机器人图的 GFD 随 ε 的变化趋势

在机器人所在区域的差异比较大，在图中能很明显地看出差异痕迹；图 5-9(m)～(o)显示了融合结果，图 5-9(e)～(g)和原图像(b)之间在路人所在区域的差异同样比较大。从这些差异图的对比中可以看出，DWT-F 算法融合得到的结果误差最大，DWFT-F 算法的结果次之，LFD-DWFT算法的结果最好。这是因为 LFD-DWFT 算法由于引入了局部分形维数，使得待融合图像中更多的细节信息转移到了融合图像中，从而使融合结果有更好的视觉效果。

图 5-9 的客观评价如表 5-4 所示。对于 LFD-DWFT 算法和对比算法，空间频率的值差别

不大，LFD-DWFT 算法和 NSCT-F 算法所得的结果略好于 DWFT-F 算法的结果，提升了 0.9%；比 DWT-F 所得结果提升了 2.3%。在 $Q_{AB/F}$ 指标方面和空间频率表现类似，LFD-DWFT算法和 NSCT-F 算法性能类似，都高于 DWFT-F 和 DWT-F 算法，分别有 2.1% 和 4%的提升。在 MI 指标上，LFD-DWFT 算法明显胜过 DWT-F、DWFT-F 和 NSCT-F 算法，比这三种对比方法分别提升 21%、12%和 9.7%。LFD-DWFT 算法要比其他三种算法有更好的表现，该结果与图 5-9 所示的主观结果一致。尤其是在未引入 LFD 之前，DWFT-F 算法的融合效果普通，但是当使用了 LFD 指标指导融合过程后，其融合效果有了很好的提高，在 SF、$Q_{AB/F}$和 MI 三个指标方面分别提升了 8.8%、2.1%、12%。

表 5-4　在多聚焦机器人图上各融合算法的客观评价

融合方法	SF	$Q_{AB/F}$	MI
DWT-F	15.763 6	0.796 1	3.354 9
DWFT-F	15.987 1	0.811 2	3.627 0
NSCT-F	16.109 3	0.828 2	3.711 8
LFD-DWFT	16.128 1	0.828 4	4.072 5

在多聚焦运动图像上，LFD-DWFT 算法和 NSCT-F 算法表现最好，LFD-DWFT 算法略好于 NSCT-F 算法；LFD-DWFT 算法和 NSCT-F 算法都比 DWFT-F 算法和 DWT-F 算法具有更好的融合性能，其中 DWFT-F 算法的性能高于 DWT-F 算法。DWFT-F 算法比 DWT-F 算法性能更好的原因是在多尺度分解和重构中采用了离散小波框架；LFD-DWFT 算法比 DWFT-F 算法好的原因是融合过程中采用了基于 LFD 的融合规则。

2. 实验二：LFD-DWFT 算法在多曝光图像上的融合性能对比

在实验二中，一组多曝光图像被用来对比 LFD-DWFT 算法和经典的融合算法，如图 5-11 所示。用两个摄像机同时拍摄实验室的机器人在楼梯间运动的视频，其中一台摄像机设置正常曝光，另一台摄像机设置欠曝光，并将拍摄得到的视频配准，得到待融合多曝光运动图像序列。实验二中将所用的待融合运动图像转为 256 灰度级的灰度图像进行处理，待融合原图像大小都为 424×424。对于本章提出的 LFD-DWFT 算法，根据图 5-11 所示的实验结果，对图 5-12 中的待融合多源图像，采用 $\varepsilon=145$ 计算它们的局部分形维数。对比算法和实验一相同，分别为 DWT-F、DWFT-F 和 NSCT-F 算法。

LFD-DWFT 算法及对比算法在其中一帧上的实验结果如图 5-11 所示。图 5-11(a)和(b)分别显示正常曝光和欠曝光的待融合多曝光运动图像。图 5-11(c)和(d)分别是多曝光原图[图 5-11(a)和(b)]的局部分形维数(LFD)图。图 5-11(e)～(h)分别为采用 DWT-F、DWFT-F、NSCT-F 融合算法和本章提出的 LFD-DWFT 融合算法所得的融合结果。

对比图 5-11(c)和(d)可以发现，局部分形维数可以很好地识别多曝光图像中过曝光和欠曝光的地方，如图 5-11(c)中颜色最深的部分，对应了图 5-11(a)中因过曝光而看不清楚的地方；图 5-11(d)中机器人和两扇门所在的地方颜色较暗，对应了图 5-11(b)中因欠曝光而产生的黑色区域；这些颜色较暗的地方局部分形维数较低，而在其对应的另一幅分形维数图中这些区域颜色较为明亮，正好形成互补描述。因此用局部分形维数较大的像素或系数来构建多曝光融合图像是合适的。从图 5-11(h)中可以看出，LFD-DWFT 算法得到的结果准确地融合了待融合多源图像中的有效信息，与对比算法生成的融合结果类似，都有着较好的视觉效果。

由于多曝光图像无法用差异图来直观地展示融合结果的视觉差异，因此采用客观评价来评估图 5-12(e)～(h)所示的融合结果，如表 5-5 所示。

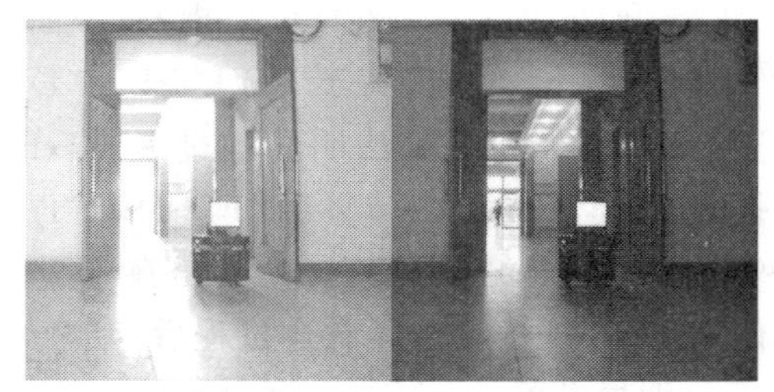

(a) 正常曝光　　(b) 欠曝光

(c) 正常曝光LFD图　　(d) 欠曝光LFD图

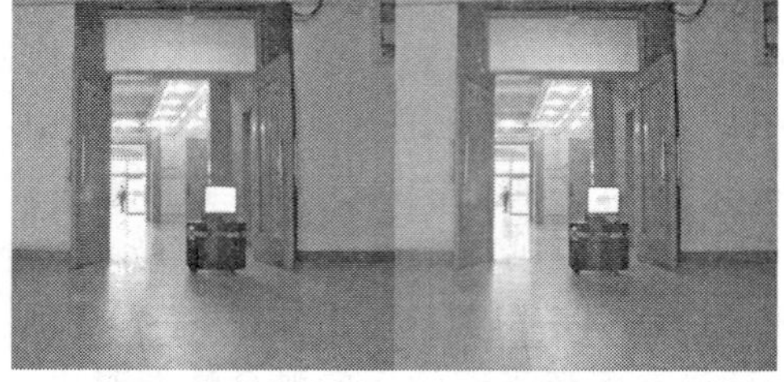

(e) DWT-F的融合结果　(f) DWFT-F的融合结果

(g) NSCT-F的融合结果　(h) LFD-DWFT的融合结果

图 5-11　多曝光机器人图像及实验结果：

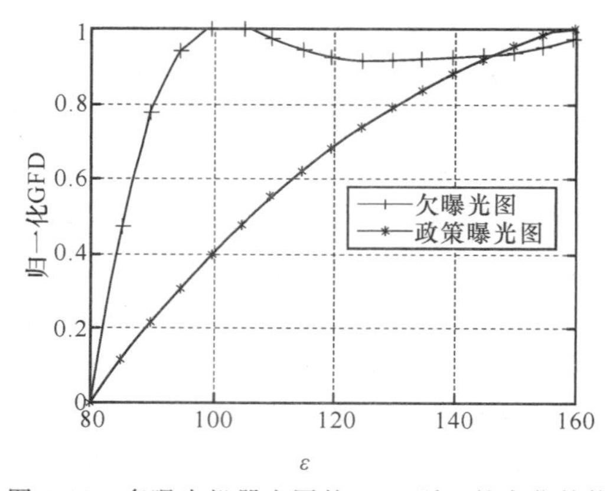

图 5-12　多曝光机器人图的 GFD 随 ε 的变化趋势

表 5-5　在多曝光机器人图上各融合算法的客观评价

融合方法	SF	$Q_{AB/F}$	MI
DWT-F	15.044 0	0.731 9	2.389 0
DWFT-F	15.059 4	0.739 9	2.326 0
NSCT-F	15.118 3	0.743 7	2.496 9
LFD-DWFT	15.116 5	0.752 9	2.555 0

对比表 5-5 中融合结果的客观评价指标，可以看出 LFD-DWFT 算法所得的结果在空间频率方面与对比算法相近，在 $Q_{AB/F}$ 和互信息方面有最好的表现。在 $Q_{AB/F}$ 指标方面，LFD-DWFT 算法比对比的 DWT-F、DWFT-F 和 NSCT-F 算法分别提升 2.8%、1.7%、1.2%。在互信息 MI 指标方面，LFD-DWFT 算法比 DWT-F、DWFT-F 和 NSCT-F 算法分别提升 6.9%、9.8%、2.3%。

DWFT-F 算法的表现介于 DWT-F 和 NSCT-F 之间，但是在引入 LFD 后，DWFT 的性能有了很好的提高。此外，NSCT-F 算法的表现和 LFD-DWFT 类似，但是计算复杂度太高，影响了运动图像融合效率，而 LFD-DWFT 算法不但因 LFD 的引入而有很好的融合表现，而且因为 DWFT 的原因运行速度也较快，更适合用于运动图像的融合。

3. 实验三：LFD-DWFT 算法在可见光-红外图像上的融合性能对比

在实验三中，一组可见光-红外运动图像被用来对比本章提出的 LFD-DWFT 算法和经典的融合算法，如图 5-13 所示。实验三中所用到的可见光-红外运动图像序列是已配准好的 256 灰度级别图像序列，大小都为 240×240，这些可见光-红外原视频由俄亥俄州立大学计算机科学与工程系的 Dixon 提供，从网站 www. imagefusion. org 上获得。对于 LFD-DWFT 算法，根据图 5-14 所示的实验结果，对图 5-13 中的待融合多源图像使用 $\varepsilon=145$ 计算局部分形维数。对比算法分别为 DWT-F、DWFT-F 和 NSCT-F 算法。

LFD-DWFT 算法及对比算法在其中一帧上的实验结果如图 5-11 所示。图 5-11(a)和(b)分别显示正常曝光和欠曝光的待融合多曝光运动图像。图 5-11(c)和(d)分别是多曝光原图(a)和(b)的局部分形维数(LFD)图。图 5-11 中(e)～(h)分别为采用 DWT-F、DWFT-F、NSCT-F 融合算法和 LFD-DWFT 融合算法所得的融合结果。

对比图 5-13(c)和(d)可以发现，局部分形维数能很好地识别可见光和红外图像中信息更为丰富的地方，如图 5-13(c)中颜色比较亮的部分，对应(a)花园的边缘、右边的运动目标以及右上角远处的房屋等地方，这些地方在(b)中显示的比较模糊或者没有显示；图 5-13(d)正中间的运动目标与其附近的门窗所在的地方颜色比较亮，准确地对应了(b)中红外相机检测到的运动目标，而这些地方在(a)中处于阴影里面而难以辨识。这些颜色较亮的地方局部分形维数较高，而在其对应的另一幅分形维数图中这些区域颜色较暗，形成互补的描述，因此用局部分形维数较大的像素或系数来构建可见光-红外融合图像是合适的。从图 5-13(h)中可以看出，LFD-DWFT 算法得到的结果融合了待融合可见光图像中比较清晰的场景和红外图像中检测到的阴影中的目标，有着较好的视觉效果。用客观评价指标来评价图 5-13(e)～(h)所示的融合结果，如表 5-6 所示。

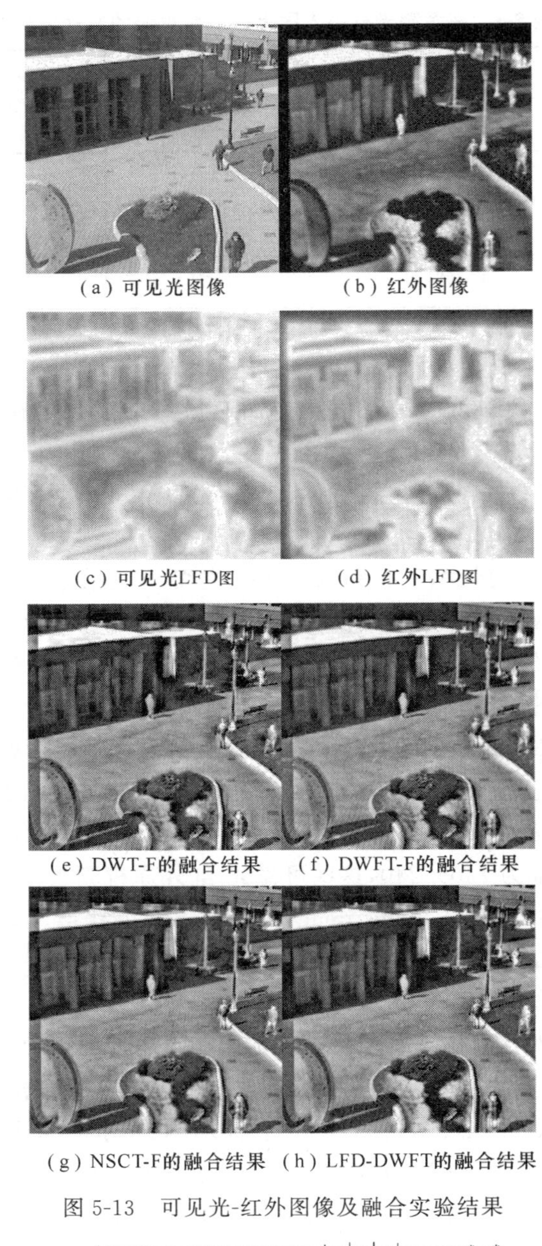

图 5-13　可见光-红外图像及融合实验结果

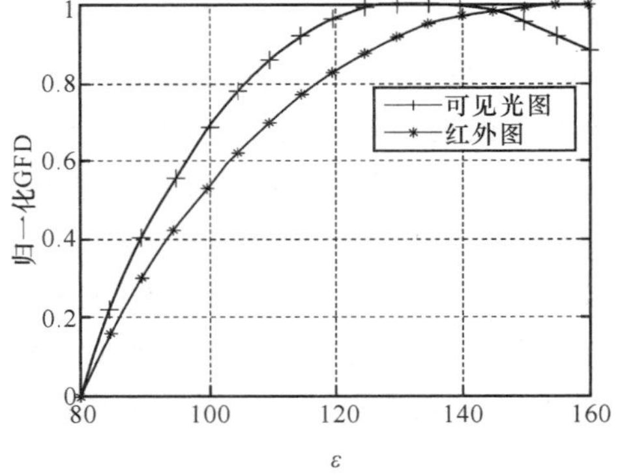

图 5-14　可见光-红外图像的 GFD 随 ε 的变化趋势

表 5-6　在可见光-红外图像上各融合算法的客观评价

融合方法	SF	$Q_{AB/F}$	MI
DWT-F	34.526 5	0.532 2	1.008 6
DWFT-F	34.988 6	0.561 2	1.075 9
NSCT-F	35.506 8	0.578 9	1.127 0
LFD-DWFT	35.368 2	0.609 6	1.213 9

对比表 5-6 中融合结果的客观评价指标，可以看出 LFD-DWFT 算法的结果在空间频率方面，表现稍低于 NSCT-F 算法所得结果，略好于 DWT-F 算法和 DWFT-F 算法，分别提升 2.4%和 1.1%。但是在 $Q_{AB/F}$ 和互信息方面有最好的表现，在 $Q_{AB/F}$ 指标方面比 DWT-F、DWFT-F、NSCT-F 算法分别提升 7.7%、8.6%、5.3%；在互信息 MI 指标方面比这三种对比算法分别提升了 20.3%、12.8%、7.7%。说明了 LFD-DWFT 算法可以从待融合源图像中转移更多的有效信息到融合后的图像。DWFT-F 算法的表现介于 DWT-F 和 NSCT-F 之间，但在引入 LFD 后，DWFT 的性能有了提高，LFD-DWFT 算法不但因 LFD 的引入有很好的融合表现，而且因为 DWFT 的原因运行速度也较快，更适合用于运动图像的融合。

为了进一步对比实验一、实验二和实验三中不同融合算法的性能，我们将三组实验中的客观评价数据放在同一个图中来比较。由于在空间频率指标方面，用到的几种融合算法表现相近，因此这里只就 $Q_{AB/F}$ 和互信息 MI 两个指标方面进行比较。针对同一个指标，将不同实验图像上不同的融合算法所得的结果生成一个总体的柱状图，结果如图 5-15 所示。

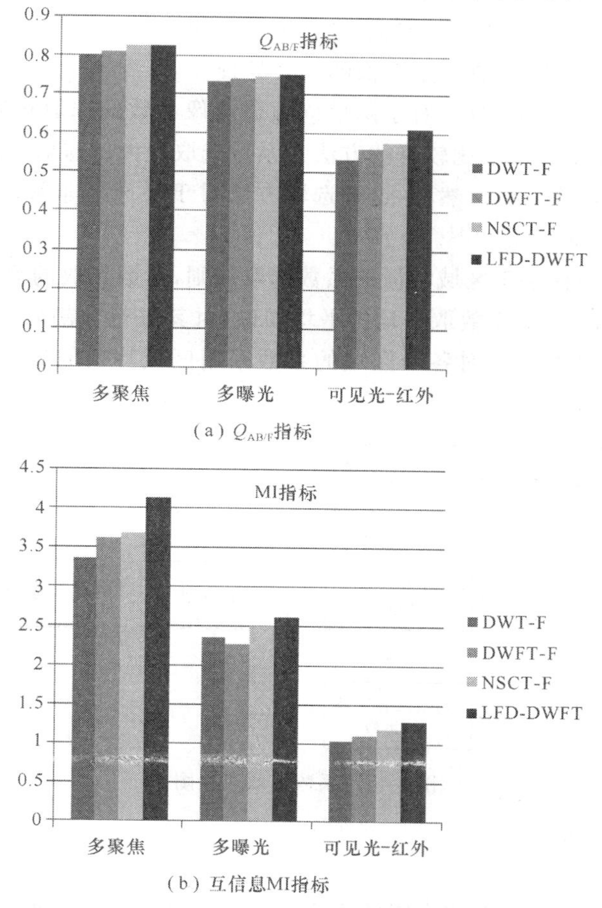

(a) $Q_{AB/F}$指标

(b) 互信息MI指标

图 5-15　各融合算法在不同图像集上的融合性能表现

从上述三组实验中可以看出，在多聚焦、多曝光以及可见光-红外运动图像上，本章提出的LFD-DWFT算法和NSCT-F算法表现最好，LFD-DWFT算法略好于NSCT-F算法；LFD-DWFT和NSCT-F算法都比DWFT-F和DWT-F算法具有更好的融合性能，其中DWFT-F算法的性能高于DWT-F算法。DWFT-F由于离散小波框架的引入，省略了下采样步骤，因此避免了可能产生的混叠效应。LFD-DWFT算法在DWFT的基础上引入LFD来指导融合过程，可以使得更多的纹理细节信息从输入图像转移到融合图像，从而得到更高质量的融合结果。NSCT-F算法和LFD-DWFT算法得到的融合结果类似，但NSCT-F算法获得好的融合结果是以计算复杂度为代价，在其分解和重构过程中，计算量较大，效率远低于LFD-DWFT算法。

5.3 基于区域特征和离散小波框架变换的多聚焦图像融合算法

5.3.1 基于区域特征和离散小波框架变换的多聚焦图像融合框架

本章采用了离散小波框架变换(DWFT)对原图像进行变换得到变换系数。与傅里叶变换相比，小波变换由于在时域和频域同时具有良好的局部性而在信号处理中得到了日益广泛的应用。离散小波框架变换与离散小波变换(DWT)相似，它们的区别在于在进行小波变换时，由于采用行列降采样使图像的大小发生了变化，每层图像的大小均为其上一层图像大小的1/4，使得变换后的信号大小发生了变化。然而，离散小波框架变换未进行降采样处理[22]，使得变换后的信号大小未发生变化，这有利于图像的融合处理。

在对图像进行分解得到系数后，对于两幅待融合图像系数的选取规则上有很多种可供选择的规则。一个比较简单且效果比较好的方法是系数选取最大。这对于保留两幅图像的突出特点效果比较好，比如边缘信息。然而，这种选取方法对于噪声是非常敏感的，且不能很好地考虑到待融合图像的局部特征[23,24]。

因此，本章提出了一种基于区域特征的系数选取规则，系数选取的流程图如图5-16所示，其中，I_A 是源图像 I_1 和 I_2 的系数取平均的平均图像，对其进行分割后，获得分割坐标分别映射到 I_1 和 I_2 的分解系数当中。对各个区域的系数采用区域特征的选取规则，对系数进行组合，获得融合图像 I_F 的系数。

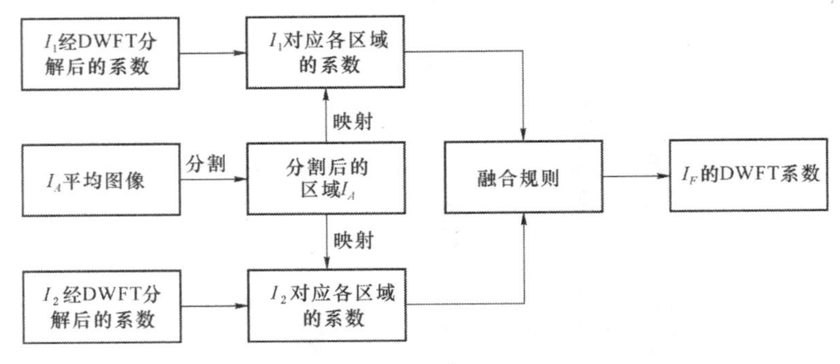

图5-16 系数选取流程图

5.3.2 系数选取规则

对于低频系数，由于低频系数包含图像的轮廓信息，而不是一些突出的细节信息，因此，我们对两幅源图像的低频系数采用取平均的方法来得到融合图像 I_F 的低频系数。计算方法如下：

$$F(x,y)=\frac{f_1(x,y)+f_2(x,y)}{2} \tag{5-28}$$

其中，$F(x,y)$ 是融合图像 I_F 的低频系数，$f_1(x,y)$ 和 $f_2(x,y)$ 是两幅源图像的低频系数。

对于高频系数，由于高频系数包含图像的一些细节信息，如边缘信息、纹理信息，为了更好地保留这些信息，更突出地显示区域特征[25-27]，通常基于区域特征进行系数选择，选取方法是基于区域能量和区域相似性的。

区域能量的定义如下：

$$S_n^I(r)=\frac{1}{\text{num}(r)}\sum_{(x,y)\in r} w_n^I(x,y)^2 \tag{5-29}$$

其中，$S_n^I(r)$ 表示图像 I 的第 n 层高频系数在 r 区域的能量值，$\text{num}(r)$ 表示在区域 r 中的像素个数，$w_n^I(x,y)$ 表示图像 I 在像素 (x,y) 位置处对应的高频系数值，$I=1,2$，$n=1,2,3,\cdots,N$。区域相似性定义如下：

$$M_n^{12}(r)=\frac{2\cdot\sum_{(x,y)\in r} w_n^1(x,y)\cdot w_n^2(x,y)}{S_n^1(r)+S_n^2(r)} \tag{5-30}$$

对于高频系数的选取，有两种方式：

当 $M_n^{12}(r)<\alpha$ 时，α 是一个域值，$\alpha=0.85$。

$$w_n(x,y)=\begin{cases} w_n^1(x,y), S_n^1(r)\geqslant S_n^2(r) \\ w_n^2(x,y), S_n^1(r)<S_n^2(r) \end{cases} \quad (x,y)\in r \tag{5-31}$$

当 $M_n^{12}(r)\geqslant\alpha$ 时，

$$w_n(x,y)=\tilde{\omega}_1(r)\cdot w_n^1(x,y)+\tilde{\omega}_2(r)\cdot w_n^2(x,y) \quad (x,y)\in r \tag{5-32}$$

其中，权重 $\tilde{\omega}_I(r)$ 定义如下：

$$\tilde{\omega}_1(r)=\begin{cases} \frac{1}{2}\left(1+\frac{1-M_n^{12}(r)}{1-\alpha}\right), & S_n^1(r)\geqslant S_n^2(r) \\ \frac{1}{2}\left(1-\frac{1-M_n^{12}(r)}{1-\alpha}\right), & S_n^1(r)<S_n^2(r) \end{cases} \tag{5-33}$$

$$\tilde{\omega}_2(r)=1-\tilde{\omega}_1(r) \tag{5-34}$$

通过以上步骤即可获得融合图像的离散小波框架变换系数，然后通过离散小波框架变换的逆运算，即可获得融合图像。

5.3.3　基于区域特征和离散小波框架变换的多聚焦图像融合算法步骤

表 5-7　基于局部分形维数和离散小波框架变换的运动图像融合算法步骤

算法：基于 SIDWT-flow 的运动图像融合算法
输入：$m\times n$ 分辨率多聚焦图像 A、$m\times n$ 分辨率多聚焦图像 B 输出：融合后的 $m\times n$ 分辨率融合图像 (1) 首先，对待融合的图像进行离散小波框架变换，得到变换后的高频系数与低频系数； (2) 对得到的图像 A 与图像 B 的系数，进行求平均值，经离散小波框架逆变换得到平均图像 C； (3) 对得到的平均图像 C 根据其每部分特征进行区域分割，得到分割后每部分对应的坐标映射表； (4) 系数选取阶段，对图像 A 和图像 B 进行离散小波变换后得到的低频系数与高频系数进行系数选取，各个区域低频系数进行求平均值，得到融合图像低频系数，高频部分使用基于区域特征的系数选取规则进行选取，得到融合图像高频系数； (5) 在重构阶段，对得到的融合系数采用离散小波框架逆转换就得到融合后的图像。

5.3.4 实验结果及分析

两组经配准后的图像作为实验的数据，图像皆为灰度图像，大小为 256×256。将基于梯度金字塔变换的融合算法和基于平移不变离散小波变换的融合算法作为对比算法，对图像的分解层数皆为四层。

本章所提出方法和对比方法所做实验获得的实验结果如图 5-17 和图 5-18 所示。在图 5-17和图 5-18 中(a)和(b)分别是两幅源图像，(c)～(e)分别显示基于平移不变离散小波变换的算法的融合结果、基于梯度金字塔算法的融合结果和本章提出的算法的融合结果，可以看出(e)的融合效果要优于(c)和(d)的融合效果。本章提出的算法的图像融合效果无论在图像的清晰度，还是在融合过程中细节处理上都有更好的效果，在主观视觉方面具有更好的视觉效果，而且能够提供更加完整的信息。

(a) 源图像1　　(b) 源图像2

(c) 平移不变离散小波变换算法　(d) 梯度金字塔变换算法　(e) 本章提出的算法

图 5-17　实验一源图像与融合结果

(a) 源图像1　　(b) 源图像2

(c) 平移不变离散小波变换算法　(d) 梯度金字塔变换算法　(e) 本章提出的算法

图 5-18　实验二源图像与融合结果

在客观性能指标方面，我们用四个客观指标来评价所提出算法。第一个指标是平均梯度，图像质量的改进可以用平均梯度表示，它反映了图像的清晰程度，同时还反映出图像中微小细节反差和纹理变换特征。第二个指标是图像的边缘强度，图像的边缘包含了图像的重要纹理信息，边缘强度是图像边缘的客观描述。第三个指标是图像的空间频率，反映了一幅图像空间域的总体活跃度。第四个指标是互信息，表示融合后图像从源图像中继承的信息量的多少。这些指标的数值越大，图像的融合结果越好。

表 5-8 和表 5-9 列出的数据分别是对两组实验结果进行客观评价的结果。从两个表中的数据可以看出，本章提出的算法的融合效果在平均梯度、边缘强度、空间频率、互信息方面均要优于两种对比算法的融合结果。说明基于本章提出算法的图像融合结果在图像的清晰度方面、边缘信息的处理方面、图像空间域的总体活跃度方面以及融合图像从源图像中继承的信息量方面，相较于对比方法的融合结果均具有更好的表现。

表 5-8　实验一客观评价结果

融合方法	平均梯度	边缘强度	空间频率	互信息
基于平移不变离散小波变换算法	6.013 7	62.996 6	17.599 6	2.325 1
基于梯度金字塔算法	5.001 3	51.696 8	15.571 5	2.075 5
本章提出的算法	6.097 4	63.986 7	18.313 6	2.433 7

表 5-9　实验二客观评价结果

融合方法	平均梯度	边缘强度	空间频率	互信息
基于平移不变离散小波变换算法	4.269 2	44.617 7	15.182 6	3.410 5
基于梯度金字塔算法	3.607 2	36.794 3	13.448 9	2.134 8
本章提出的算法	4.331 1	45.167 9	15.813 8	3.700 3

5.4　本章小结

本章提出了基于局部分形维数与离散小波框架变换的运动图像融合算法和基于区域特征和小波框架变换的图像融合方法。基于局部分形维数与离散小波框架变换的运动图像融合算法从原图像中每个像素周围的一个固定窗口中，计算该像素的分形维数，并为待融合多聚焦原图像生成分形维数图，对待融合运动图像进行 DWFT 分解。在分解得到的系数结构上，设计了基于 LFD 的融合规则对源图像分解系数进行融合。采用 DWFT 逆变换从融合后的系数中重构出融合图像。LFD-DWFT 算法采用 DWFT 作为分解方法，省略了下采样步骤，使得在分解图像时避免了由下采样导致的平移变化和混叠效应，保持了较高的计算效率。本章设计了三组实验，分别在多聚焦图像、多曝光图像以及可见光-红外图像上验证了本章提出的 LFD-DWFT算法的有效性。

实验结果表明，引入局部分形维数，能够更好地提取图像中的重要信息，提高了传统的 DWFT 融合算法的性能，使得原图像中的信息更多地转移到融合图像中。与用来作对比的 DWT-F、DWFT-F 和 NSCT-F 算法相比，在 $Q_{AB/F}$ 指标方面分别平均提升了 5％、4％、2.5％；在互信息 MI 指标方面比这三种对比算法分别平均提升了 15％、11％、7％。因此，本章提出的

LFD-DWFT 融合算法是一种有效的多源运动图像融合算法。本章提出的基于区域特征和小波框架变换的图像融合方法能很好地保留源图像的区域特征，除此之外，它在保留图像边缘信息方面也有很好的效果。

本章参考文献

[1] Kim Y G, An J, Lee KD. Localization of Mobile Robot Based on Fusion of Artificial Landmark and RF TDOA Distance under Indoor Sensor Network [J]. International Journal of Advanced Robotic Systems, 2011, 8(4): 203-211.

[2] Deelertpalboon C, Parnichkun M. Fusion of GPS Compass and Camera for Localization of an Intelligent Vehicle [J]. International Journal of Advanced Robotic Systems, 2011, 5(4): 315-326.

[3] Shutao Li, Bin Yang, Jianwen Hu. Performance Comparison of Different Multi-resolution Transforms for Image Fusion [J]. Information Fusion, 2011, 12(2): 74-84.

[4] Shen J B, Zhao Y, Yan S C, et al. Exposure Fusion Using Boosting Laplacian Pyramid [J]. IEEE Transactions on Cybernetics, 2014, 44(9): 1579-1590.

[5] Li H, Manjunath B S, Mitra S. Multisensor Image Fusion Usingthe Wavelet Transform [J]. Graphical Models and Image Process, 1995, 57(3): 235-245.

[6] Artur Loza, David Bull, Nishan Canagarajah, Alin Achim. Non-gaussian Model-based Fusion of Noisy Images in The Wavelet Domain [J]. Computer Vision and Image Understanding, January 2010, 114(1): 54-65.

[7] Yang Y, Tong S, Huang S Y. Multifocus Image Fusion Based on NSCT and Focused Area Detection [J]. IEEE Sensors Journal, 2015, 15(5): 2824-2838.

[8] Nasr M E, Elkaffas S M, El-tobely T A, et al. An Integrated Image Fusion Technique for Boosting the Quality of Noisy Remote Sensing Images [C]. National Radio Science Conference, 2007: 1-10.

[9] Yang Y, Tong S, Huang S, Lin P. Dual-tree Complex Wavelet Transform and Image Block Residual-Based Multi-focus Image Fusion in Visual Sensor Networks [J]. Sensors(Basel), 2014, 14(12): 22408-22430.

[10] Da Cunha A L, Zhou J P, Do M N. Nonsubsampled Contourlet Transform: Theory, Design, and Applications [J]. IEEE Transactions on Image Processing, 2006, 15(10): 3089-3101.

[11] Nguyen T T, Chauris H. Uniform Discrete Curvelet Transform [J]. IEEE Transactions on Signal Process, 2010, 58(7): 3618-3634.

[12] Gong M G, Zhou Z Q, Ma J J. Change Detection in Synthetic Aperture Radar Images based on Image Fusion and Fuzzy Clustering [J]. IEEE Transactions on Image Processing, 2012, 21(4): 2141-2151.

[13] Li S, Yang B. Multi-focus Image Fusion Using Region Segmentation and Spatial Frequency [J]. Image Vision Computing, 2008, 26(7): 971-979.

[14] Liu X, Zhou Y, Wang J J. Image Fusion Based on Shearlet Transform and Regional Features [J]. AEU-International Journal of Electronics and Communications, 2014, 68(6): 471-477.

[15] Pentland A P. Fractal Based Description of Natural Scenes [J]. IEEE Transactions on Pattern Analysis Machine Intelligence, 1984, 6(6): 661-674.

[16] Keller J, Crownover R, Chen S. Texture Description and Segmentation Through Fractal Geometry [J]. Computer Vision Graphics Image Process, 1989, 45(2): 150-160.

[17] Peleg S, Naor J, Hartly R, Avnir D. Multiple Resolution Texture Analysis and Classification [J], IEEE Transactions on Pattern Analysis Machine Intelligence, 1984, 6(4): 518-523.

[18] Mandelbrot B B. Fractal Geometry of Nature [M]. Freeman Press, San Francisco, 1982.

[19] Xydeas C, Petrovic V. Objective Image Fusion Performance Measure [J]. Electronic Letters, 2000, 36 (4): 308-309.

[20] Hossny M, Nahavandi S, Creighton D. Comments on Information Measure for Performance of Image Fusion [J]. Electron. Letters, 2008, 44(18): 1066-1067.

[21] Cover T M, Thomas J A. Elements of Information Theory [M]. 2nd Edition. New York: Wiley, 2006.

[22] Zhongliang Jing, Gang Xiao, and Zhenhua Li, Image Fusion: Theory and Applications [M]. Beijing: Higher Education Press (2007).

[23] Shutao Li, James T. Kwok, and Yaonan Wang, Multi-focus Image Fusion Using Artificial Neural Networks[J]. Pattern Recognition Letters, 2002, 23(8): 985-997.

[24] Min Li, Wei Cai, and Zheng Tan, ARegion-based Multi-sensor Image Fusion Scheme Using Pulse-coupled Neural Network[J]. Pattern Recognition Letters. 2006, 27(16): 1948-1956.

[25] De, Ishita, and Bhabatosh Chanda, ASimple and Efficient Algorithm for Multifocus Image Fusion Using Morphological Wavelets[J]. Signal Processing, 2006, 86(5): 924-936.

[26] Qiang Zhang, and Bao-long Guo, Multi-focus Image Fusion Using the Nonsubsampled Contourlet Transform[J]. Signal Processing, 2009, 89(7): 1334-1346.

[27] Redondo, Rafael, et al, Multi-focus Image Fusion Using the Log-gabor Transform and A Multisize Windows Technique[J]. Information Fusion, 2009, 10(2): 163-171.

第 6 章　基于统一离散曲波变换和时空信息的运动图像融合研究

传统融合方法仅使用了当前帧中的空间信息，利用静态融合方法逐帧融合图像序列，而没有考虑运动目标在时间维度的信息，时间维度的有效信息不能被完全利用到融合过程当中。本章提出了基于统一离散曲波变换和时空信息的运动图像融合算法(UDCT-ST)，采用统一离散曲波变换方法将待融合原图像序列进行多尺度分解，得到不同尺度、不同方向的子带系数，为分解后的子带系数设计一组基于局部时空区域能量的融合规则。在所设计的融合规则中，不仅考虑了当前帧的系数，同时也考虑了在时间维度的系数，即与当前帧相邻的帧的系数。

6.1 引　言

多传感器融合是信息融合领域的一个重要分支，它能够将多源运动图像或视频进行综合[1,2]。由于其在许多监控应用中的优越表现，可见光-红外视频(运动图像序列)的融合被广泛地用在视频融合领域。通过组合可见光(显示监控场景的背景信息)和红外(显示可见光摄像头中模糊或捕获不出来的目标信息)摄像头的特征，构建出的融合后的视频，能够提高感兴趣目标的检测和定位精确度[3,4]。研究人员已经提出了大量地视频融合方法。其中，多尺度变换的技术逐渐被大量地应用于视频融合[5,6]，成为视频融合中的主流方法。这些方法由两个重要的独立部分组成，分别是多尺度变换技术(包括多尺度分解和多尺度重构)和融合规则。

金字塔和小波变换方法在图像融合中被广泛应用，其中小波系列变换方法由于其较好的局部特征表示性能和方向特性，受到了更多的关注[7,8]。然而小波变换方法不是一种真正二维的图像表示方法，而在实际应用中图像和视频帧都是二维信号，因此难以达到最好的表示效果。Do 和 Vetterli 提出了二维图像表示方法，称为轮廓波变换(CT)[9]。与小波变换相比，轮廓波变换方法有更好的特性，如多方向性和各向异性(anisotropy)，但是它缺乏移动不变性。Cunha 和 Do 提出了一种称为非下采样轮廓波变换(NSCT)的过完备变换方法[10]。非下采样轮廓波变换方法不仅保留了轮廓波变换所具有的优良属性，还具有其所缺乏的移动不变性。然而，对于非下采样轮廓波变换来说，其图像表示性能的提高是以计算复杂度和存储复杂度的增加为代价的，难以达到实时性要求。

Ivan、Richard 和 Nick 等人提出了一种新的基于小波的变换方法，称为双树复小波变换(DT-CWT)方法[11]。双树复小波变换完成了对传统上的实小波变换在更高维度、方向选择性和计算效率等方面的有效增强，但是 DT-CWT 方法仍然不是完全平移不变的。Truong 和 Chauris 提出了统一离散曲波变换(UDCT)，该变换方法前向和反向的变换形成一个紧致的 Self-dual 框架[12]。作为一种新颖的多尺度表示工具，统一离散小波变换具有低冗余率、分层的数据结构、移动不变性以及计算高效性[12]。因此，对于多源运动图像序列融合 UDCT 是一种很好的变换方法。

对于融合规则，研究人员提出了两种类型的运动图像序列融合方法。最简单的一种就是直接使用静态图像的融合方法，一帧一帧地融合运动图像序列（将视频/图像序列当成单独的帧来处理），这种融合方法在融合过程中没有考虑图像序列中的运动信息。刘从义、刘坤、王蒙等人提出了一些特征级运动图像序列融合方法，这些方法在图像序列上使用目标检测技术，得到运动目标区域和背景区域，然后在不同的区域上使用不同的融合规则来融合图像序列[13-15]。A. L. Chan，P. Bennett Eric 和 T. D. Dixon 等人也提出了许多视频融合方法，并将它们应用到监控系统中，提高运动目标的检测和跟踪性能[16-18]。这些方法仅仅在运动目标检测时考虑了图像序列中的运动信息，在融合阶段仍然使用基于单独帧处理的融合规则，这使得时间维度的运动信息仍然没有被完全利用到融合过程当中，因此很难保持融合结果的时间稳定性和一致性。

针对以上问题，本章提出了基于统一离散曲波变换和时空信息的运动图像融合算法（UDCT-ST）。当采用 UDCT 方法来分解图像，并在系数融合后从中重构出融合图像时，UDCT-ST 算法能提取更多重要的信息，并将它们转移到融合结果中，从而能抑制多源运动图像中的噪声所造成的影响。此外，不同于传统的仅考虑单独帧的融合方法，UDCT-ST 算法同时考虑了当前帧和其前后相邻帧，采用局部时空信息来指导融合过程，从传统的 2 维空间扩展到了 3 维，充分利用了时间维度的运动信息，从而生成具有更好时间稳定性和一致性的融合结果。

6.2　基于统一离散曲波变换和时空信息的运动图像融合算法的提出

假设融合过程是从一组原图像序列 A 和 B 中生成一个整合的运动图像序列 F。原运动图像在融合之前必须在时间和空间上都完成配准，尤其对像素级的融合，图 6-1 为 UDCT-ST 算法的结构图。采用 UDCT 将输入的待融合运动图像分解成不同尺度和方向的子带系数，为不同的子带系数设计了一种新的基于时空信息的融合规则，分别融合高频和低频子带系数，得到融合后的分层系数结构，采用 UDCT 反变换从融合系数中重构出融合后的运动图像。

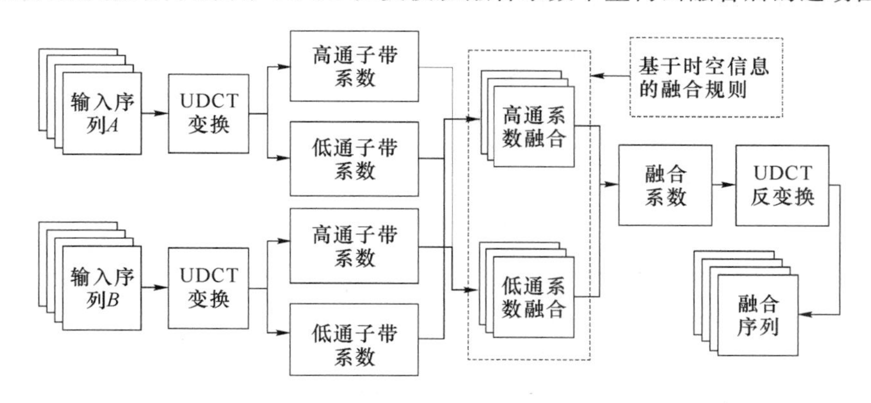

图 6-1　基于统一离散曲波变换和时空信息的运动图像融合算法结构图

6.2.1 图像序列的 UDCT 分解

1. 曲波窗的构造

UDCT 在分割频域时使用 $2N+1$ 个光滑的窗，$u_l(\boldsymbol{\omega})$，$l=0,1,\cdots,2N$，N 满足：$N=k\times 2^n$，$n\geqslant 0$，$k\geqslant 3$。

$u_0(\boldsymbol{\omega})$为方形区域，范围为$[-\pi/2,\pi/2]^2$，其中$\boldsymbol{\omega}$表示(ω_1,ω_2)。窗口在 ω_1 和 ω_2 方向的周期为 2π，得到单元分解如下：

$$u_0^2(\omega)+\sum_{l=1}^{2N}u_l^2(\omega)+u_l^2(-\omega)=1 \tag{6-1}$$

$u_1(\boldsymbol{\omega})$的构造需要定义一维投影函数 $\beta(t)$，如下：

$$\begin{cases}\beta(t)=0, & t\leqslant -1\\ \beta(t)=1, & t\geqslant 1\\ \beta^2(t)+\beta^2(-t)=1, & -1\leqslant t\leqslant 1\end{cases} \tag{6-2}$$

定义低通函数和带通函数：

$$\omega_0(\omega)=\widetilde{\omega}_0(\omega_1)\,\widetilde{\omega}_0(\omega_2) \tag{6-3}$$

$$\omega_1(\omega)=(1-\omega_0^2(\omega))^{\frac{1}{2}}\,\widetilde{\omega}_1(\omega_1)\,\widetilde{\omega}_1(\omega_2) \tag{6-4}$$

其中，$\widetilde{\omega}_0$ 和 $\widetilde{\omega}_1$ 如图 6-2(b)所示，$\widetilde{\omega}_1$ 以 η_a 为参数，其表达式为

$$\widetilde{\omega}_1=\beta\left(\frac{\pi-|t|}{\pi\eta_a}\right) \tag{6-5}$$

$\widetilde{\omega}_0$ 通过缩放 $\widetilde{\omega}_1$ 得到

$$\widetilde{\omega}_0=\widetilde{\omega}_1(2t(1+\eta_a)) \tag{6-6}$$

同样利用 $\beta(t)$定义角度函数 $v_1(\theta)$：

$$v_l(\theta)=\widetilde{v}_l(T(\theta)),\quad l=1,\cdots,N \tag{6-7}$$

其中，$T(\theta)$为一角度映射函数；$\widetilde{v}_l$ 为一维函数，定义如下：

$$\widetilde{v}_l=\beta\left(\frac{2/N-l-t}{2\eta_b/N}\right)\beta\left(\frac{t+l}{2\eta_b/N}\right) \tag{6-8}$$

$$\widetilde{v}_l=\widetilde{v}_l\left(t-\frac{2(l-1)}{N}\right),\quad l=2,\cdots,N \tag{6-9}$$

如图 6-2(c)所示为 $\widetilde{v}_l$ 的示意图，由周期化的低通窗函数 $\omega_0(\omega)$ 得到曲波窗口。

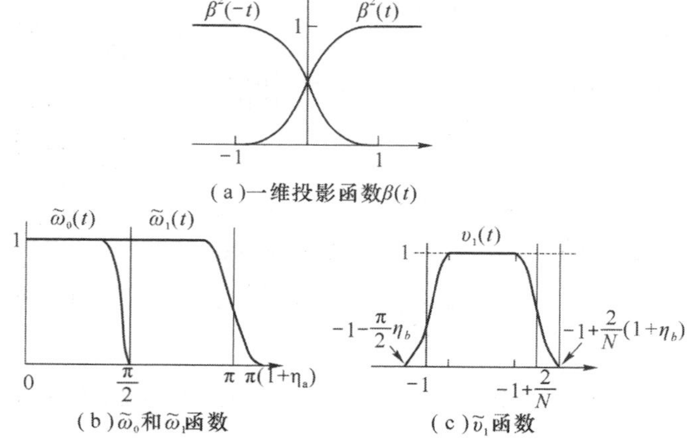

图 6-2 低通和带通函数

$$u_0(\omega) = \sum_{n \in Z^2} \omega_0(\omega + 2n\pi) \tag{6-10}$$

$$u_l(\omega) = \sum_{n \in \mathbf{Z}^2} v_l(\omega + 2n\pi)\omega_l(\omega + 2n\pi), \quad l = 1, \cdots, 2N \tag{6-11}$$

2. 滤波器组的结构

统一离散曲波变换中，采用曲波窗函数来构造滤波器组，在不同的尺度上使用滤波器组分析信号。通常设 $N=k\times 2^n$，建立 $2N+1$ 个滤波器如下：

$$\begin{cases} F_0(\omega) = 2u_0(\omega) \\ F_l(\omega) = 2^{(n+3)/2} u_l(\omega), \quad l = 1, \cdots, 2N \\ G_l(\omega) = F_l(\omega) \end{cases} \tag{6-12}$$

$F_0(\boldsymbol{\omega})$ 是低通滤波器，负责对信号进行高低频分解。$F_l(\boldsymbol{\omega})$，$l=0,1,\cdots,2N$ 是方向滤波器，负责对高频信号进行不同方向的分解。$G_l(\boldsymbol{\omega})$ 是综合滤波器，其形式类似于滤波器 $F(\boldsymbol{\omega})$。它们的采样矩阵定义如下：

$$\begin{cases} D_0 = \mathrm{diag}\{2,2\}, & l = 0 \\ D_1 = \mathrm{diag}\{2,2^{n+1}\}, & l = 1, \cdots, N \\ D_2 = \mathrm{diag}\{2^{n+1},2\}, & l = N+1, \cdots, 2N \end{cases} \tag{6-13}$$

图 6-3 显示了滤波器组的基本结构。UDCT 在傅里叶域基于多速率滤波器组理论构建，被设计成多分辨率滤波器组(FB)的形式，包括一组离散滤波器、下采样和上采样块，利用了基于快速傅里叶变换(FFT)的离散 Curvelet 变换和基于 FB 的 Contourlet 变换的优点。UDCT 变换中正向和逆向变换形成了一种紧致和自对偶的框架，使得输入图像经过 UDCT 变换同样可以精确重构。

在不同的层上采用低通滤波器对低频系数进行分解，得到下一尺度的高频和低频系数。对高频系数进行方向滤波，生成不同方向的系数。图 6-4(a)展示了一个二尺度的分解过程，其中 $J=2$ $(1\leqslant j\leqslant J)$。在第 j 个尺度有 $2N_j=3\times 2^n (n\geqslant 0)$ 个方向子带，方向子带的数量满足抛物线尺度规则。分解过程中第 2 个尺度有 12 个方向，第 1 个尺度有 6 个方向。将不同频带上的方向滤波统一放到最后，形成如图 6-4(b)所示的等效结构。等效滤波器 $\hat{F}_{j,l}(\omega)$ 定义如下：

$$\hat{F}_{j,l}(\omega) = F_l^{(j)}(2^{J-j}\omega) \prod_{i=0}^{J-j-1} F_0^{(J-j)}(2^i \omega) \tag{6-14}$$

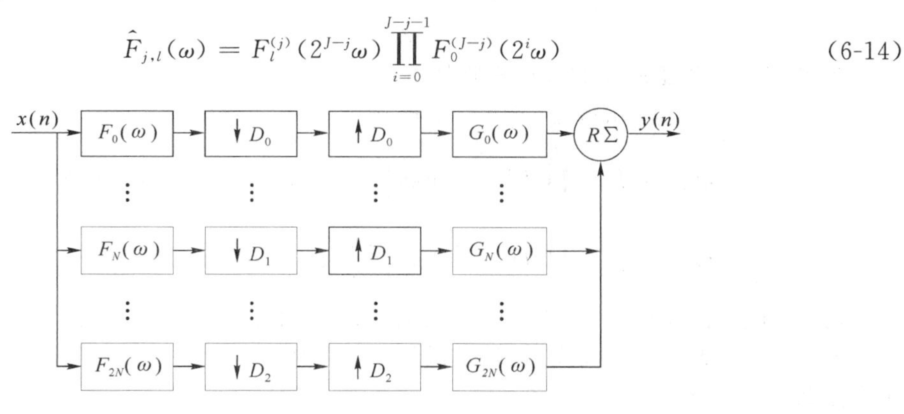

图 6-3　UDCT 滤波器组

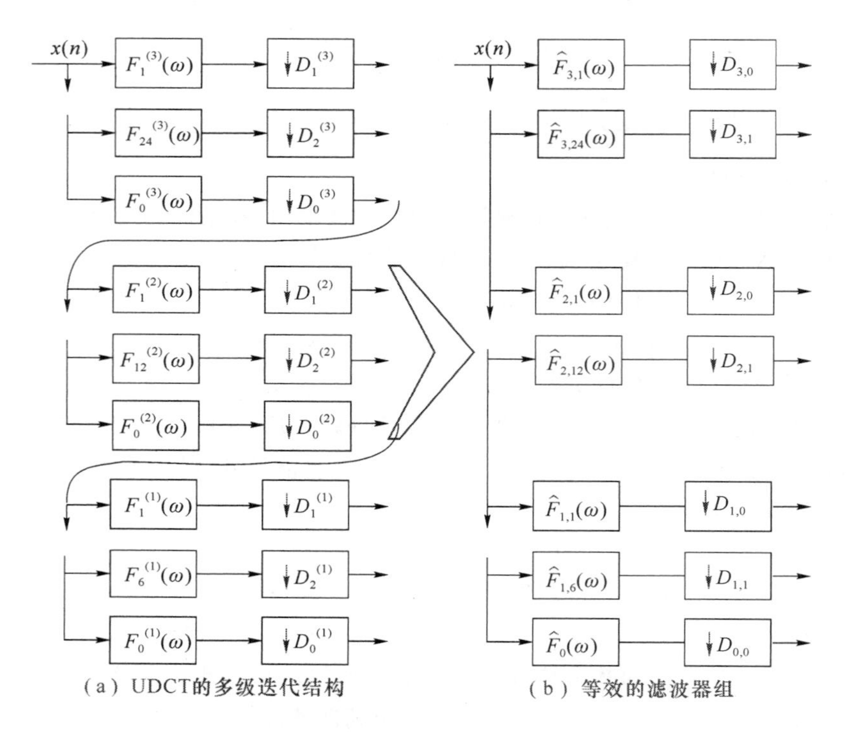

（a）UDCT的多级迭代结构　　（b）等效的滤波器组

图 6-4　滤波器组执行结构

由于 $\hat{F}_0^i(\omega)$ 的支撑区域完全包含在 $\hat{F}_0^{(i+1)}(\omega)$ 的主支撑域中，因此如下：

$$\prod_{i=0}^{j} F_0^{(J-j)}(2^i\omega) = \begin{cases} 2^j F_0^{(J-j)}(2^j\omega), & |\omega_1|,|\omega_2| < \pi/2^{j+1} \\ 0, & \pi/2^{j+1} \leqslant |\omega_1|,|\omega_2| < \pi \end{cases} \tag{6-15}$$

因此，在区间$[-\pi,\ \pi]^2$上，等效方向滤波器 $\hat{F}_{j,l}(\omega)$，$j < J$，如下：

$$\hat{F}_{j,l}(\omega) = \begin{cases} 2^{J-j-1} F_l^{(j)}(2^{J-j}\omega) F_0^{(j+1)}(2^{J-j-1}\omega), & |\omega_1|,|\omega_2| < \pi/2^{J-j} \\ 0, & \pi/2^{J-j} \leqslant |\omega_1|,|\omega_2| < \pi \end{cases} \tag{6-16}$$

等效的低通滤波器如下：

$$\hat{F}_0(\omega) = \begin{cases} 2^{J-1} F_0(2^{J-1}\omega), & |\omega_1|,|\omega_2| < \pi/2^J \\ 0, & \pi/2^J \leqslant |\omega_1|,|\omega_2| < \pi \end{cases} \tag{6-17}$$

各频带上等效滤波器的采样矩阵如下：

$$\begin{cases} D_{0,0} = \operatorname{diag}\{2^J, 2^J\}, & l = 0 \\ D_{j,0} = D_1^{(j)} \prod_{i=j+1}^{J} D_0^{(i)} = \operatorname{diag}\left\{2, \dfrac{2N_j}{k}\right\} 2^{J-j}, & l = 1, \cdots, N_j \\ D_{j,1} = D_2^{(j)} \prod_{i=j+1}^{J} D_0^{(i)} = \operatorname{diag}\left\{\dfrac{2N_j}{k}, 2\right\} 2^{J-j}, & l = N_j + 1, \cdots, 2N_j \end{cases} \tag{6-18}$$

对于一幅图像，UDCT 分解后可以得到其分解后的各子带系数，记作 $\{C_{j,0}(x,y), C_{j,l}(x,y)\}$。其中 $C_{j,0}(x,y)$ 表示粗糙尺度，也就是低频子带系数；$C_{j,l}(x,y)$ 表示第 j 尺度和 l 方向的高频子带系数。

6.2.2　基于时空信息的融合规则设计

将基于空间信息的局部区域能量从空间域扩展到了时空域，为运动图像序列融合设计了基于局部时空区域能量的融合规则。

采用 $\{C_{j,0}^{A}(x,y,t),C_{j,l}^{A}(x,y,t)\}$，$\{C_{j,0}^{B}(x,y,t),C_{j,l}^{B}(x,y,t)\}$ 和 $\{C_{j,0}^{F}(x,y,t),C_{j,l}^{F}(x,y,t)\}$ 表示输入运动图像序列 A、B 和融合序列 F 的各子带系数。其中 $C_{j,0}^{A/B/F}(x,y,t)$ 表示粗糙尺度，也就是低通子带系数，$C_{j,l}^{A/B/F}(x,y,t)$ 表示第 j 尺度和 l 方向的带通子带系数，(x,y,t)是第 t 帧图像的当前像素位置坐标。

低通子带系数包含着粗糙尺度上丰富的纹理信息，通过采用基于局部时空区域能量的"加权平均"策略，在输入序列当前帧系数 $C_{j,0}^{A}(x,y,t)$ 和 $C_{j,0}^{B}(x,y,t)$ 上设计低通子带上的融合规则，如式(6-19)所示：

$$C_{j,0}^{F}(x,y,t)=\omega_{j,0}^{A}(x,y,t)C_{j,0}^{A}(x,y,t)+\omega_{j,0}^{B}(x,y,t)C_{j,0}^{B}(x,y,t) \tag{6-19}$$

局部时空权重 $\omega_{j,0}^{A}(x,y,t)$ 和 $\omega_{j,0}^{B}(x,y,t)$ 定义如下：

$$\omega_{j,0}^{A}(x,y,t)=\frac{\Re_{j,0}^{A}(x,y,t)}{\Re_{j,0}^{A}(x,y,t)+\Re_{j,0}^{B}(x,y,t)} \tag{6-20}$$

$$\omega_{j,0}^{B}(x,y,t)=\frac{\Re_{j,0}^{B}(x,y,t)}{\Re_{j,0}^{A}(x,y,t)+\Re_{j,0}^{B}(x,y,t)} \tag{6-21}$$

其中，$\Re_{j,0}^{A/B}(x,y,t)$ 表示在粗糙尺度上围绕当前像素(x,y,t)的时空邻域窗口内的局部时空区域能量，时间维度的信息被用来计算该局部区域内的时空显著性，定义如式(6-22)所示：

$$\Re_{j,0}^{A/B}(x,y,t)=\sum_{m=-(M-1)/2}^{(M-1)/2}\sum_{n=-(N-1)/2}^{(N-1)/2}\sum_{\tau=-(T-1)/2}^{(T-1)/2}\left|C_{j,0}^{A/B}(x+m,y+n,t+\tau)\right|^{2} \tag{6-22}$$

$M\times N\times T$ 是局部时空区域的尺寸大小，该尺寸设为 $3\times3\times3$。

高通子带系数包含着精细层的细节信息，如边缘、轮廓、形状等，需要选择其中更具显著性的像素或特征来进行融合。设计了一种选择策略和加权平均策略相结合的融合规则，该融合规则根据相应的高通子带系数 $C_{j,l}^{A}(x,y,t)$ 和 $C_{j,l}^{B}(x,y,t)$ 在局部时空区域上的相似度来决定选择哪种策略进行融合，根据相应的融合规则生成融合后的系数 $C_{j,l}^{F}(x,y,t)$ 。当待融合多源运动图像帧之间相应位置处相似时，加权平均策略可以减少噪声的影响，提高融合的稳定性；当相应位置处有较为明显的差异时，选择策略可以保留重要的细节信息。

在每个尺度和方向上计算高通子带系数的局部时空区域能量 $\Re_{j,l}^{A/B}(x,y,t)$ 。

$$\Re_{j,l}^{A/B}(x,y,t)=\sum_{m=-(M-1)/2}^{(M-1)/2}\sum_{n=-(N-1)/2}^{(N-1)/2}\sum_{\tau=-(T-1)/2}^{(T-1)/2}\left|C_{j,l}^{A/B}(x+m,y+n,t+\tau)\right|^{2} \tag{6-23}$$

通过局部时空区域能量匹配方法，计算带通系数 $C_{j,l}^{A}(x,y,t)$ 和 $C_{j,l}^{B}(x,y,t)$ 之间的相似度。

$$M_{j,l}^{AB}(x,y,t)=\frac{2\times\sum_{m=-\frac{(M-1)}{2}}^{\frac{(M-1)}{2}}\sum_{n=-\frac{(N-1)}{2}}^{\frac{(N-1)}{2}}\sum_{\tau=-\frac{(T-1)}{2}}^{\frac{(T-1)}{2}}\left|C_{j,l}^{A}(x+m,y+n,t+\tau)\ C_{j,l}^{B}(x+m,y+n,t+\tau)\right|}{\Re_{j,l}^{A}(x,y,t)+\Re_{j,l}^{B}(x,y,t)} \tag{6-24}$$

如果计算出的两个相应位置处的相似度 $M_{j,l}^{AB}(x,y,t)$ 小于一个匹配阈值 α，说明待融合原图像中相应位置处有较大的差异，因此采用选择策略来融合高通子带系数，如下：

$$C_{j,l}^{F}(x,y,t)=\begin{cases}C_{j,l}^{A}(x,y,t),\Re_{j,l}^{A}(x,y,t)>\Re_{j,l}^{B}(x,y,t)\\C_{j,l}^{B}(x,y,t),\Re_{j,l}^{A}(x,y,t)\leqslant\Re_{j,l}^{B}(x,y,t)\end{cases} \tag{6-25}$$

当相似度大于该阈值，说明待融合多源图像中相应位置处信息的相似度较大，根据下式所示采用加权平均策略进行融合：

$$C_{j,l}^{F}(x,y,t)=\begin{cases}\widetilde{\omega}_{\max}^{(j,l)}(x,y,t)\ C_{j,l}^{A}(x,y,t)+\widetilde{\omega}_{\min}^{(j,l)}(x,y,t)\ C_{j,l}^{B}(x,y,t),\\ \text{if}\quad \Re_{j,l}^{A}(x,y,t)>\Re_{j,l}^{B}(x,y,t)\\ \widetilde{\omega}_{\min}^{(j,l)}(x,y,t)\ C_{j,l}^{A}(x,y,t)+\widetilde{\omega}_{\max}^{(j,l)}(x,y,t)\ C_{j,l}^{B}(x,y,t),\\ \text{if}\quad \Re_{j,l}^{A}(x,y,t)\leqslant \Re_{j,l}^{B}(x,y,t)\end{cases} \tag{6-26}$$

其中，局部权重值的定义如下：

$$\begin{cases}\widetilde{\omega}_{\min}^{(j,l)}(x,y,t)=\dfrac{1}{2}\left(1-\dfrac{1-M_{j,l}^{AB}(x,y,t)}{1-\alpha}\right)\\ \widetilde{\omega}_{\max}^{(j,l)}(x,y,t)=1-\widetilde{\omega}_{\min}^{(j,l)}(x,y,t)\end{cases} \tag{6-27}$$

对于相似度匹配阈值 α，对比了不同阈值的情况以及自适应阈值情况下的融合结果，取 $\alpha=0.85$。

采用 UDCT 反变换从融合系数 $\{C_{j,0}^{F}(x,y,t),C_{j,l}^{F}(x,y,t)\}$ 中重构出融合后的运动图像序列。

基于统一离散曲波变换和时空信息的运动图像融合算法（UDCT-ST）的具体步骤如表 6-1 所示。

表 6-1　基于统一离散曲波变换和时空信息的运动图像融合算法步骤

基于统一离散曲波变换和时空信息的运动图像融合算法（UDCT-ST）

输入：待融合运动图像序列 A 和 B
输出：融合后的运动图像序列 F
(1) 使用 UDCT 对图像序列 A 和 B 在多个方向上进行多尺度分解，得到低频子带系数 $C_{j,0}^{A/B}(x,y,t)$ 和不同尺度、不同方向的高频子带系数 $C_{j,l}^{A/B}(x,y,t)$；
(2) 在时间序列[1，T]上使用基于时空信息的融合规则，分别对分解后的低频系数和高频系数进行融合：
FOR 帧数 t 从 1 到 T
获取 t-1 帧和 $t+1$ 帧的分解系数；
① 融合低频子带系数：
计算当前待融合帧低频子带系数的局部时空区域能量 $\Re_{j,0}^{A/B}(x,y,t)$；
根据局部时空区域能量计算不同帧上低频子带系数的局部权重 $\omega_{j,0}^{A}(x,y,t)$ 和 $\omega_{j,0}^{B}(x,y,t)$；
如式(6-19)所示，采用加权融合策略融合低频子带系数；
② 融合不同尺度、不同方向的高频子带系数：
计算每一尺度和方向上高频子带系数的局部时空区域能量 $\Re_{j,l}^{A/B}(x,y,t)$；
计算待融合帧相同位置处系数的相似度 $M_{j,l}^{AB}(x,y,t)$；
IF 该相似度低于给定的匹配阈值 α
如式(6-25)所示，采用选最大策略融合该位置处高频子带系数；
ELSE
计算来自不同图像序列系数的局部权重 $\widetilde{\omega}_{\min}^{j,l}(x,y,t)$ 和 $\widetilde{\omega}_{\max}^{j,l}(x,y,t)$；
如式(6-26)所示，采用加权平均策略融合该位置处的高频子带系数；
END IF
得到当前帧的融合系数 $\{C_{j,0}^{F}(x,y,t),C_{j,l}^{F}(x,y,t)\}$
END FOR
(3) 采用 UDCT 反变换从融合系数中重构出融合图像；
(4) 输出融合后的运动图像序列 F。

6.3　UDCT-ST 算法的实验结果及分析

采用三组实验来评估本章提出的 UDCT-ST 融合算法的表现。实验一对比了我们提出的 UDCT-ST 算法和经典的基于多尺度变换的融合方法。在实验二中，在经典的基于多尺度变换的融合方法中引入时空信息，并将它们与 UDCT-ST 算法做了对比。实验三在一组带噪声的可见光-红外运动图像序列上对 UDCT-ST 做验证。实验中所用到的可见光-红外运动图像序列都是已配准好的 256 灰度级别图像序列，大小都为 320×240。对于融合后的图像序列结果，采用帧间差互信息（IFD_MI）、动态融合性能（$DQ_{AB/F}$）以及每帧消耗的时间（CTPF）这三个客观指标，定量评估本章用到的每种运动图像融合算法的性能。

IFD_MI 反映了图像序列融合方法在保持时间稳定性和一致性方面的性能。IFD_MI 指标的值越高，表示相应的融合方法所得的融合结果具有更好的时间稳定性和一致性，即表示对应的图像序列融合方法性能越好。IFD_MI 度量是一种基于互信息的信息理论质量度量，其定义如下：

$$I((S_1, S_2); F) = H(S_1, S_2) + H(F) - H(S_1, S_2, F) \tag{6-28}$$

其中，$H(\cdot)$表示微分熵，联合变量依靠输入图像 S_1 和 S_2 以及融合图像 F 的 IFD 来构造。微分熵的计算使用 Parzen 估计和数据的随机下采样，从 IFD 构建的联合概率密度得到。

$DQ_{AB/F}$表示有多少时空信息被从原图像序列抽取，并转移到融合图像序列中。输入图像与融合图像以及它们的前后帧之间的 $DQ_{AB/F}$指标的值越高，表明从输入视频中抽取的时空信息越多，并转移到融合视频中。为了处理在多传感器序列中出现的额外场景和目标运动信息，$DQ_{AB/F}$通过考虑输入和融合序列之间的时空梯度信息保持度来构建。空间信息保持度的获取采用传统的基于梯度的 $DQ_{AB/F}$ 方法，评价哪些输入梯度信息被转移到了融合图像中。时空梯度保持度可以通过集成时间信息和空间梯度保持度来评价。每帧消耗的时间给出了融合算法的计算效率，CTPF 值越低，表示融合算法有越高的计算效率。

6.3.1　实验一：UDCT-ST 算法与基于多尺度变换的融合算法的性能对比

在实验一中，将提出的基于统一离散曲波变换和时空信息的融合算法（UDCT-ST）与基于轮廓波变换（Contourlet Transform，CT）的融合算法、基于双树复小波变换（Dual-Tree Complex Wavelet Transform，DT-CWT）的融合算法、基于统一离散曲波变换和简单融合规则的融合算法（UDCT-simple）进行对比实验，这些对比算法都采用基于单帧的融合规则，在融合过程中没有考虑图像序列上的时空信息。实验中采用的多尺度变换方法都设分解层数为 3 层，UDCT 变换方法从粗糙尺度到精细尺度的方向数分别为 3×2，3×4，3×8。待融合多源运动图像序列是由俄亥俄州立大学计算机科学与工程系的 Dixon 提供，从网站 www.imagefusion.org 上获得。

为了从融合质量方面对比不同融合算法的融合表现，图 6-5 中给出了一对待融合帧图像以及采用 4 种不同融合算法得到的相应融合结果。如图 6-5(c)～(f)所示，从这些融合后的图像中可以看出，图 6-5(f)所示的融合结果中道路、建筑物的门以及行人更加明亮和清晰，比图 6-5(c)～(e)所示的结果具有更好的对比度。与其他融合方法相比，UDCT-ST 算法得到的融合结果具有更好的表现，说明采用基于 UDCT 的算法可以从运动图像中提取更多的细节信息，并将它们转移到融合图像当中。

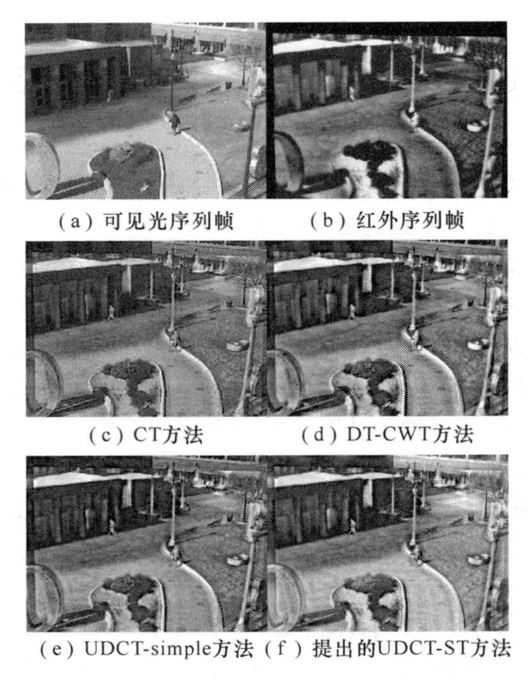

(a) 可见光序列帧　(b) 红外序列帧

(c) CT方法　(d) DT-CWT方法

(e) UDCT-simple方法　(f) 提出的UDCT-ST方法

图 6-5　实验一中的可见光-红外运动图像原图及融合结果

不同融合算法所得融合结果在时间稳定性和一致性方面的表现可以通过帧间差异图(Inter-frame-difference,IFD)来评估。IFD 图通过计算当前帧图像和该帧的前一帧之间的差异生成出来,可以有效监测融合后的运动图像在时间稳定性和一致性方面的性能。图 6-5 所示的各图和它们相应的前一帧之间的 IFD 图在图 6-6 中给出。从图 6-6(c)和(d)中可以看到许多瑕疵,那些瑕疵表示时间稳定性和一致性比较差的地方,而这些瑕疵在图 6-6(a)和(b)中都没有出现,因为它们是原图,具有较好的时间稳定性和一致性。在图 6-6(e)和(f)中,瑕疵大量减少,说明基于 UDCT 的融合方法在时间稳定性和一致性方面具有更好的表现,这是因为在融合过程中采用了 UDCT 变换方法。图 6-6(f)中所含的瑕疵最少,说明 UDCT-ST 算法比传统的 UDCT-simple 方法有更好的表现,这是因为在融合过程中引入了基于时空信息的融合规则。

表 6-2 给出了运动图像序列其中一帧的定量评价结果。从表 6-2 所示的客观评价结果可以看出,DT-CWT 算法和 UDCT-simple 算法所得结果相近,它们在各指标上的表现均好于基于 CT 的融合算法,而本章提出的 UDCT-ST 算法的表现最好。在 IFD_MI 指标方面,所提出的 UDCT-ST 算法比 CT,DT-CWT 和 UDCT-simple 算法分别提升了 9.2%,8.4%,3.4%;在 $DQ_{AB/F}$指标方面,比这三个对比算法分别提升了 10.9%,4.1%,3.0%;在表示运行效率的 CTPF 指标上,比基于 CT 的融合算法提升了 28.7%,比基于 DT-CWT 和 UDCT-Simple 的融合算法分别降低了 23%和 13%。这是因为 UDCT-ST 算法在融合过程中考虑了时间维度信息的缘故,与没有考虑时间维度信息的融合算法相比,增加了算法的计算量。

不同融合算法的客观评价表现如表 6-2 和图 6-7 所示。为了保证在运动图像序列上对融合结果评价的一致性和完整性,除了单独帧的实验外,我们也对这些算法在融合后的图像序列上的结果进行了评估。图 6-7 对前两个评价指标,分别生成了不同融合算法在融合后的运动图像序列上的评价结果。

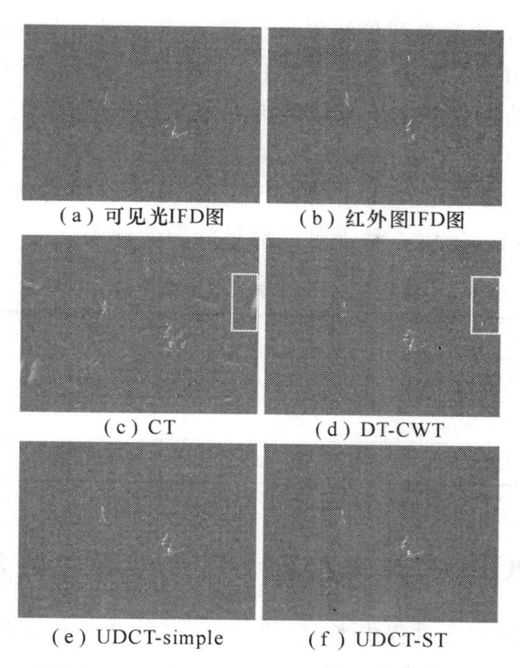

图 6-6　根据图 6-5 中原图和融合图像得到的一组帧间差异图

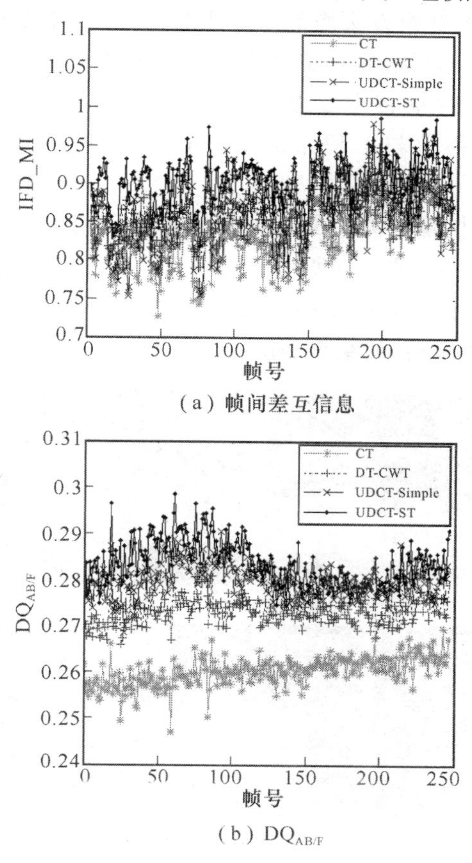

图 6-7　实验一中不同融合方法在运动图像序列上的客观评价表现

从表 6-2 和图 6-7 所示的客观评价结果可以看出，定量的评价与图 6-6 中所示的可视化评价结果是一致的。基于 UDCT 的融合算法在 IFD_MI 和 $DQ_{AB/F}$ 两个方面的表现优于其他做对比的基于多尺度变换的融合算法，这是因为在融合过程中采用 UDCT 变换方法。对比 UDCT-ST 算法与传统的 UDCT-simple 算法，可以看出虽然 UDCT-ST 算法比 UDCT-simple 算法在计算效率上略低，但是它在 IFD_MI 和 $DQ_{AB/F}$ 方面有更好的表现，这是因为在融合过程中引入了时间维度的信息，采用了基于时空信息的融合规则。

表 6-2 实验一中不同算法融合结果的客观评价

指标	CT	DT-CWT	UDCT-simple	UDCT-ST
IFD_MI	0.748 3	0.754 3	0.790 5	0.817 8
$DQ_{AB/F}$	0.259 9	0.276 9	0.279 9	0.288 3
CTPF	1.733 5	0.938 9	1.069 1	1.235 2

6.3.2 实验二：UDCT-ST 算法与基于时空信息的融合算法的性能对比

在实验二中，对比了在融合过程中考虑了时空信息的基于轮廓波变换的融合算法和基于双树复小波变换的融合算法。将这两种算法记为 CT-T 算法和 DT-CWT-T 算法。在实验二中，所有的融合算法中使用的变换方法均采用 3 级分层分解；本章提出的 UDCT-ST 算法中，UDCT 在各层的方向数从粗糙尺度到精细尺度分别设为 3×2，3×4，3×8。实验中使用另一组可见光-红外运动图像序列来验证本章提出的融合算法和对比算法。所用的运动图像序列由俄亥俄州立大学计算机科学与工程系的 Dixon 提供，从网站 www.imagefusion.org 上获得。

图 6-8 给出了一组运动图像序列中的单独帧原图及采用不同融合算法得到的融合结果。相应的融合结果的帧间差异图如图 6-9 所示。采用 IFD_MI、$DQ_{AB/F}$ 和 CTPF 这三个客观评价指标的评价结果如表 6-3 所示。在输入的可见光-红外运动图像序列及融合后的图像序列上测量 IFD_MI 和 $DQ_{AB/F}$ 这两个指标，结果如图 6-10 所示。

(a) 可见光运动图像

(b) 红外运动图像

(c) CT-T

(d) DT-CWT-T

(e) UDCT-ST

图 6-8 实验二中的可见光-红外运动图像原图及融合结果

从图 6-8 中可以看出，融合结果在图 6-8(e)中有更好的对比度，其中地面、行人以及建筑物的墙体比图 6-8(c)和(d)中的更加清晰，更好地保留了输入帧图 6-8(a)和(b)中各自所特有的重要细节信息。从图 6-9 中可以看出，图 6-9(e)中的瑕疵最少，而图 6-9(c)中的瑕疵最多，这也和表 6-3 中给出的客观评价结果一致；从表 6-3 中可以看出，图 6-9(e)的 IFD_MI 值最高，图 6-9(c)的值最低，这说明 UDCT-ST 算法在时间稳定性和一致性方面表现最好。UDCT-ST 算法在 $DQ_{AB/F}$ 指标上也具有最高的评价值，这是因为 UDCT-ST 算法可以从多源运动图像序列中提取更多时空信息，并传递到了融合图像序列中。

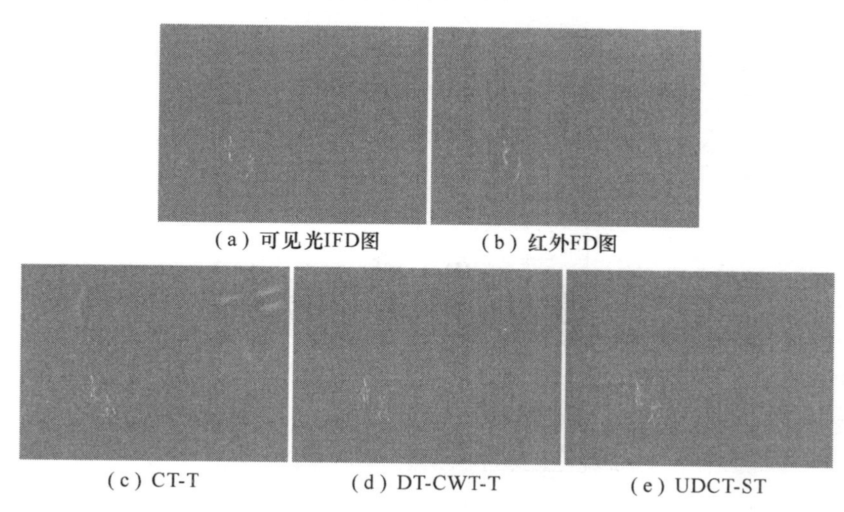

(a) 可见光IFD图　(b) 红外FD图

(c) CT-T　(d) DT-CWT-T　(e) UDCT-ST

图 6-9　根据图 6-8 中原图和融合图像得到的一组帧间差异图

从表 6-3 中的客观评价指标可以看出，当对比算法中也考虑了时空信息后，所得的融合结果都有所改善。在 IFD_MI 指标方面，UDCT-ST 算法比 CT-T 算法和 DT-CWT-T 算法分别提升了 12.4%、1.1%；在 $DQ_{AB/F}$ 指标方面，UDCT-ST 算法相对这两种考虑了时空信息的算法提升 8.8%、2.4%；在运行效率方面比 CT-T 算法提升了 43%，低于 DT-CWT-T 算法 1.5%。

表 6-3　实验二中不同算法融合结果的客观评价

指标	CT-T	DT-CWT-T	UDCT-ST
IFD_MI	0.776 1	0.862 7	0.872 5
$DQ_{AB/F}$	0.212 0	0.225 3	0.230 8
CTPF	1.632 3	0.910 8	0.924 7

此外，不同融合算法在序列图像上更完整评价在图 6-10 中给出，其中图 6-10(a)和(b)分别表示 IFD_MI 和 $DQ_{AB/F}$ 指标在序列上的评价表现，其中点状实线表示 UDCT-ST 融合算法，可以看出它在整个序列上都具有最高的评价值，这说明 UDCT-ST 算法在时间稳定性和一致性以及时空信息的提取方面都具有最好的表现，这是因为融合过程中采用了 UDCT 变换和基于时空信息的融合规则。

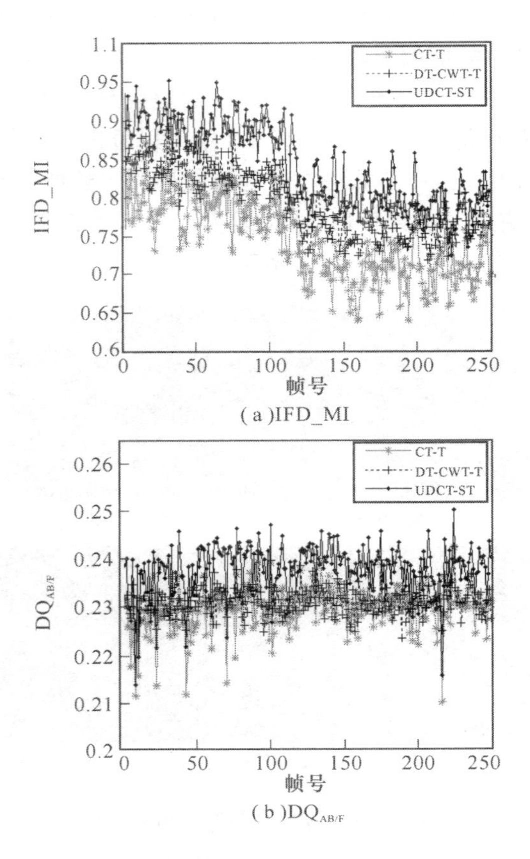

图 6-10 实验二中不同融合方法在运动图像序列上的客观评价表现

6.3.3 实验三:UDCT-ST 算法在带噪声运动图像上的融合性能对比

在实验三中,使用一组带噪声并且低对比度的可见光-红外运动图像序列来验证本章提出的 UDCT-ST 算法,以及实验二中使用的对比算法 CT-T 和 DT-CWT-T,这些算法都在融合过程中考虑了时空信息。实验三中用到的带噪声运动可见光-红外运动图像序列由波士顿大学的 Nikolov 提供,从网站 www. imagefusion. org 上获得。

输入的多源运动图像序列其中一帧的融合结果及相应的帧间差异图分别如图 6-11 和图 6-12所示。客观评价结果在表 6-4 和图 6-13 中给出,其中图 6-13 是 IFD_MI 和 $Q_{AB/F}$ 指标的评价结果在运动图像序列上的展示。

UDCT-ST 融合算法在带噪声运动图像上表现较好,不但可以很好地提取待融合图像中的时空信息,将更多的时空细节信息转移到融合结果,保持了很好的时间稳定性和一致性,而且可以很好地抑制噪声,这是因为采用了 UDCT 变换与基于时空信息的融合规则。

从图 6-11 和图 6-12 可以看出,UDCT-ST 算法在时间稳定性和一致性以及时空信息提取方面有最好的表现。从图 6-11 中可以看出,UDCT-ST 算法所得的融合结果图 6-11(e)的对比度最高,不但保留了可见光图像中灯光照到的背景,而且也很好地融入了红外图像中的运动目标,融合结果中建筑物的窗户以及行人都比对比算法得到的结果更加清晰。从图 6-12 中可以看出,虽然红外图像中有大量的噪声,但 UDCT-ST 算法的融合结果很大地抑制了其中的噪

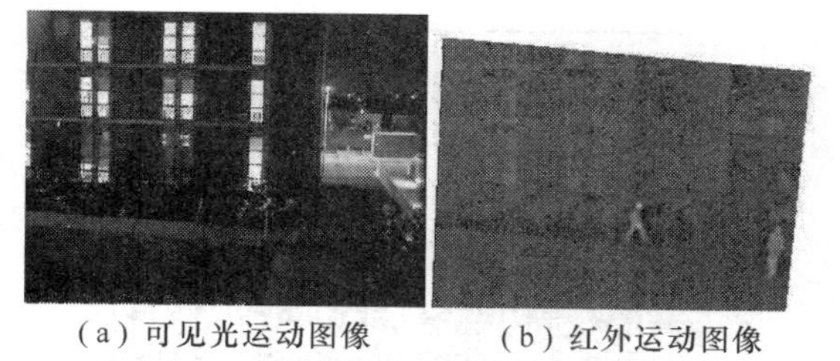

(a) 可见光运动图像　　(b) 红外运动图像

(c) CT-T　　(d) DT-CWT-T　　(e) UDCT-ST

图 6-11　实验三中带噪声的可见光-红外运动图像原图及融合结果

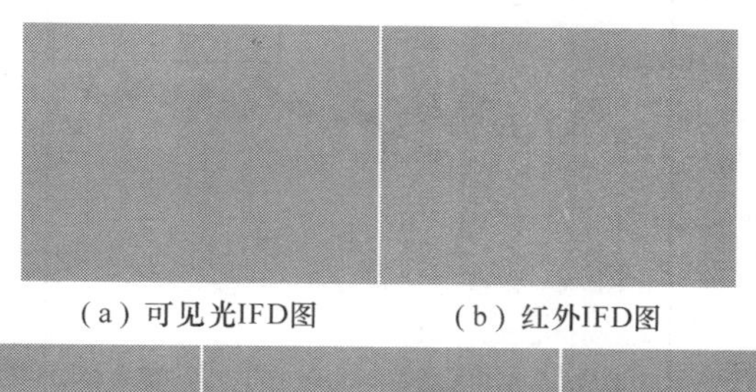

(a) 可见光IFD图　　(b) 红外IFD图

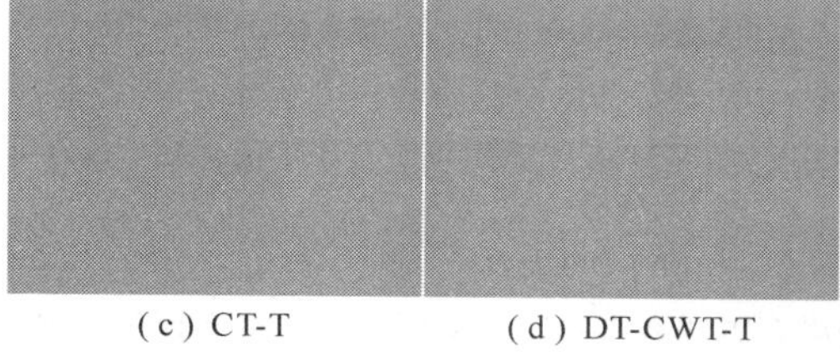

(c) CT-T　　(d) DT-CWT-T　　(e) UDCT-ST

图 6-12　根据图 6-11 中带噪声的原图像和融合图像得到的帧间差异图

声，比 CT-T 和 DT-CWT-T 算法有更强的降噪能力。从图 6-12(c)～(e)中看出，UDCT-ST 所得结果的帧间差异图中瑕疵最少，说明 UDCT-ST 算法在时间稳定性和一致性方面有较好的表现。

如表 6-4 及图 6-13 所示，UDCT-ST 算法在时间稳定性和一致性以及时空信息提取方面有最好的表现。如图 6-13(b)所示，UDCT-ST 算法在 $DQ_{AB/F}$ 指标上比对比算法有显著的提高。在 IFD_MI 指标方面，UDCT-ST 算法比 CT-T 算法和 DT-CWT-T 算法分别提升了 8.1%，4.1%；在 $DQ_{AB/F}$ 指标方面，UDCT-ST 算法比对比的两种融合算法分别提升了 17.9%、8.2%；在运行效率指标 CTPF 方面，UDCT-ST 比 CT-T 算法提升了 48%，比 DT-CWT-T 算法提升了 7.2%。

表 6-4　不同融合方法在带噪声运动图像序列上融合结果的客观评价

指标	CT-T	DT-CWT-T	Proposed
IFD_MI	1.907 5	1.981 7	2.062 9
$DQ_{AB/F}$	0.296 9	0.323 6	0.350 1
CTPF	2.183 2	1.215 3	1.126 9

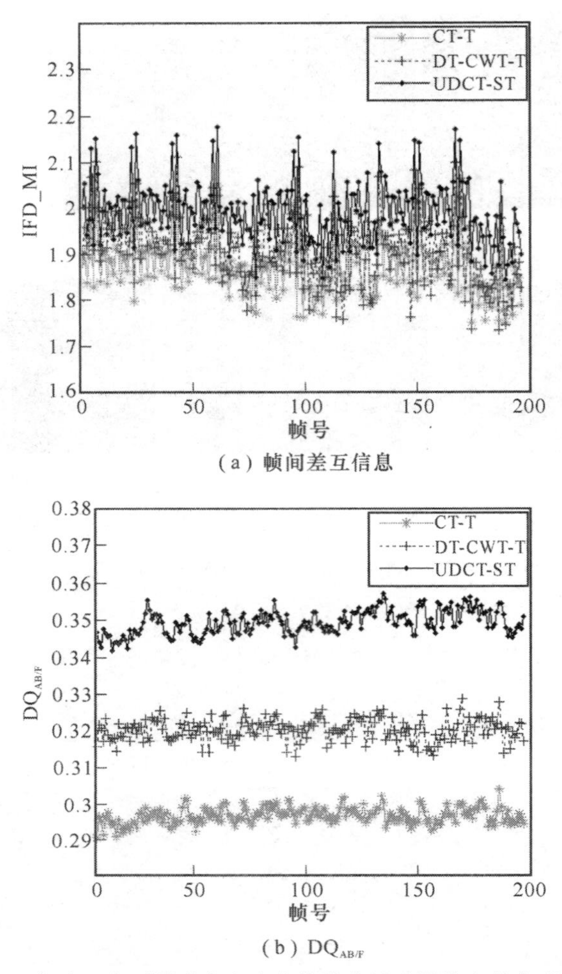

(a) 帧间差互信息

(b) $DQ_{AB/F}$

图 6-13　实验三中不同融合方法在带噪声运动图像上的客观评价表现

综上所述，可以看出在采用了基于时空信息的融合规则后，UDCT-ST 算法虽然在运行效率上略有降低，但是在时空信息的提取与转换、时间稳定性与一致性方面都有全面的提升。尤其在融合带噪声运动图像时，不但保持良好的融合性能，同时也有较好的抑制噪声能力。

6.4　本章小结

本章提出了一种基于统一离散曲波变换和时空信息的运动图像融合算法（UDCT-ST）。在 UDCT-ST 算法中，多源运动图像序列中的连续多帧图像被当成 3 维信号进行融合，而不是仅仅逐帧地融合序列中每一帧。通过采用 UDCT 方法分解和重构图像，可以从输入图像序列中提取出更多显著时空信息，并转移到融合图像，并且可以大大减少带入融合图像的瑕疵噪声。此外，在融合过程中应用基于时空信息的融合规则，UDCT-ST 算法可以得到更高质量的融合结果。与没有考虑时空信息的基于 CT，DT-CWT 和 UDCT-Simple 的算法相比，在 IFD_MI 指标方面分别提升了 9.2%、8.3% 和 3.4%；在 $DQ_{AB/F}$ 在指标方面分别提升了 10.9%、4.1% 和 3.0%；与考虑了时空信息的 CT-T 和 DT-CWT-T 算法相比，在 IFD_MI 指标方面分别平均提升了 10%和 2.5%；在 $DQ_{AB/F}$在指标方面分别平均提升了 13%和 5%。从主观视觉评价所用的帧间差异图和客观评价指标 IFD_MI、$DQ_{AB/F}$来看，UDCT-ST 算法在时间稳定性和一致性以及时空信息提取方面比传统融合算法具有更好的表现。

本章参考文献

[1] Dong J, Zhuang D F, Huang Y H, et al. Advances in Multi-sensor Data Fusion: Algorithm and Applications [J]. Sensors, 2009, 9(10): 7771-7784.

[2] Xu X B, Feng H S, Wang Z, et al. An Information Fusion Method of Fault Diagnosis Based on Interval Basic Probability Assignment [J]. Chinese Journal of Electronics, 2011, 20(2): 255-260.

[3] Zhang X W, Zhang Y N, Guo Z. Advances and Perspective on Motion Detection Fusion in Visual and Thermal Framework [J]. Journal of Infrared and Millimeter Waves, 2011, 30(4): 354-360.

[4] Denman S, Lamb T, Fookes C, et al. Multi-spectral Fusion for Surveillance Systems [J]. Computers & Electrical Engineering, 2010, 36(4): 643-663.

[5] Piella G. A General Framework for Multiresolution Image Fusion: From Pixels to Regions [J]. Information Fusion, 2003, 4(4): 259-280.

[6] Jing X J, Zhang B, Zhang J, Zhong M L. A Fusion Scheme of Region of Interest Extraction in Incomplete Fingerprint [J]. Chinese Journal of Electronics, 2012, 21(4): 663-666.

[7] Pajares G, Cruz J M. A Wavelet-Based Image Fusion Tutorial [J]. Pattern Recognition, 2004, 37(9): 1855-1872.

[8] De I, Chanda B. A Simple and Efficient Algorithm for Multifocus Image Fusion Using Morphological Wavelets [J]. Signal Processing, 2006, 86(5): 924-936.

[9] Do M N, Vetterli M. The Contourlet Transform: An Efficient Directional Multiresolution Image Representation [J]. IEEE Transactions onImage Processing, 2005, 14(12): 2091-2106.

[10] Da Cunha A L, Zhou J P, Do M N. Nonsubsampled Contourlet Transform: Theory, Design, and Applications [J]. IEEE Transactions on Image Processing, 2006, 15(10): 3089-3101.

[11] Selesnick I W, Baraniuk Richard G, Kingsbury Nick G. The Dual-Tree Complex Wavelet Transform [J]. IEEE Signal Processing Magazine, 2005: 123-151.

[12] Nguyen T T, Chauris H. Uniform Discrete Curvelet Transform [J]. IEEE Transactions on Signal Process, 2010, 58(7): 3618-3634.

[13] Liu C Y, Jing Z L, Xiao G, Yang B. Feature-based Fusion of Infrared and Visible Dynamic Image Using Target Detection [J]. Chinese Optics Letters, 2007, 5(5): 274-277.

[14] Liu K, Guo L, Chen J S. Sequence Infrared Image Fusion Algorithm Using Region Segmentation [J]. Infrared and Laser Engineering, 2009, 38(3): 553-558.

[15] Wang M, Dai Y P, Liu Y, Tian Y B. Feature Level Image Sequence Fusion Based on Histograms of Oriented Gradients [C]. Proceedings of IEEE International Conference on Computer Science and Information Technology, Chengdu, China, 2010, 265-269.

[16] Chan A L, Schnelle S R. Fusing Concurrent Visible and Infrared Videos for Improved Tracking Performance [J]. Optical Engineering, 2013, 52(1): 177-182.

[17] Dixon T D, Nikolov S G, Lewis J J, et al. Task-based Scanpath Assessment of Multi-sensor Video Fusion in Complex Scenarios [J]. Information Fusion, 2010, 11(1): 51-65.

[18] Bennett E P, John L M, Leonard M. Multispectral Bilateral Video Fusion [J]. IEEE Transactionson Image Processing, 2007, 16(5): 1185-1194.

第7章　基于多尺度变换的多传感器运动图像序列融合与降噪方法研究

7.1 引　　言

在实际应用中,因为目标运动、遮挡及光照变化等因素的影响,单个视频传感器不能充分捕获完整的场景信息,不能满足实际应用的需求[1]。为了获取场景的完整信息,需要同时使用多个不同的传感器捕获同一场景的内容[2]。为了充分高效地利用这些从多个传感器捕获的视频内容,需要将多个不同的视频内容组合成为一个视频序列,可以使用图像序列融合方法实现。图像序列融合能够合成多个来自不同传感器的图像序列成为单个图像序列,并且合成的图像序列包含了原图像中所有重要信息,消除了冗余,改善了信息的可用性。此外,运动目标所处的外界环境复杂多变,传感器捕获图像的过程中,常常受到噪声等干扰因素的影响,并且在采集图像的同时也引入了干扰信息,降低了传感器捕获的图像的质量,导致图像视觉质量下降。因此在融合的过程中需要同时消除噪声等干扰信息。

在过去几十年间,针对不同的应用开发了各种图像融合方法[3-5]。最简单的融合方法是原图像的直接加权融合。然而,这种方法是脆弱的,容易导致对比度降低,并引入干扰。研究者提出了具有更好鲁棒性和可靠性的融合方法。例如在变换域实现的基于多尺度分解的融合方法[6-8]、基于高阶奇异值分解的图像融合[9]、基于马尔可夫随机场的图像融合[10,11]。

但是大多数现存的方法都是为静态图像融合设计的,专门为图像序列和视频设计的融合方法较少。把为静态图像设计的融合方法直接用到图像序列融合上,即使能够通过逐帧融合的方式确保单帧图像的质量[12-14],但很难保持图像序列的时间一致性和稳定性。Xiao 等人[15]提出了一种视频融合框架,融合多帧输入图像作为一个整体过程。由于没有充分地表示运动信息的能力,这种方案仍然不能获得令人满意的结果。研究者提出了适用于动态场景中多聚焦图像的融合方法[16],但是这种方法只适用于多聚焦动态图像的融合。

大多数现存的图像融合方法仍然只关注原图像中有用的像素组合,很少考虑噪声等干扰信息的处理。如果没有对消除噪声等干扰信息进行进一步处理,噪声易与有用的像素一同引入到融合图像中。有些融合方法考虑了在执行融合时实现了增强与降噪。Gemma Piella[17]介绍了一种基于变分模型执行输入图像的融合方法,该方法能够保持显著信息,增强图像对比度。Yang 等人[18]提出了一种基于稀疏表示的多聚焦图像融合方法,能够同时实现噪声和原图像的降噪与融合。Jang 等人[19]在子带分解 Retinex 框架上实现了多传感器图像的融合,同时在每个融合的子带分解 Retinex 上执行空间变化的子带增益,实现融合图像增强。Wang 等人[20]采用变分方法,实现了多聚焦图像融合与降噪,但是该方法只适用于多聚焦图像。以上方法都是针对静态图像在融合的同时增强或降噪，没有针对图像序列或视频的方法，在提高图像质量的同时不能确保图像序列的时间稳定性和一致性。

本章主要针对的问题是在多传感器图像序列融合的过程中，应该重点保证目标区域的质量，同时消除噪声，避免将其引入到融合图像序列中。根据视觉显著性理论[21,22]，人类视觉系统往往只关注场景中的重点目标区域，视觉显著性检测技术可以模拟人的视觉感知过程，实现视觉选择[23-25]。因此在融合的过程中应该遵循人类视觉系统的要求，融合应该保证运动目标区域的质量，确保运动目标清晰、完整和连贯，避免目标边缘出现变形等干扰，保持目标边缘完整平滑，防止图像序列出现抖动现象。在图像捕获的过程中，易引入外界的干扰噪声，因此在融合过程中需要考虑消除噪声，避免噪声与有用的像素一起引入到融合图像中，从而生成无噪声的满足人类视觉需要的高质量融合图像。

7.2 基于三维 Shearlet 变换的多传感器运动图像序列融合与降噪算法

本章提出基于三维剪切波(Shearlet)变换的多传感器运动图像序列融合与降噪算法(SIFD)，利用运动图像序列的时空特征，三维 Shearlet 能够有效地捕获和描述运动图像的边缘和纹理等细节特征，结合高效的融合与降噪策略，生成清晰、完整的融合图像序列。

7.2.1 SIFD 算法研究动机

图像融合目的是合成多传感器图像中的互补信息，消除冗余，获取目标场景的完整场景细节。图像降噪目的是消除传感器在采集图像的过程中由于环境干扰等因素引入的噪声，获取到清晰的目标图像。研究者已经提出了许多解决方法[26-28]，也取得了一定的成果，但是传统的方法都是将融合和降噪分开考虑，没有从整体上考虑，从而增加了计算的复杂度。

外界环境复杂多变，在目标监控及视觉导航系统中，为了采集到完整清晰的目标场景信息，可以采用多个不同类型的传感器同时捕获目标场景的信息。这就存在两个需要重点解决的问题，一是在融合运动目标场景的过程中，根据视觉感知机制的原理，融合运动图像应该重点改善场景中目标区域的质量。现有的运动图像融合方法没有重点关注场景的局部目标区域，引起融合图像目标边缘扭曲等现象，不能保证目标区域边缘的完整性和一致性。二是传感器在采集图像过程中如果引入了噪声等干扰信息，如何消除噪声，避免将噪声组合到融合图像中，以提高融合图像的清晰度。

鉴于多尺度几何分析方法对图像信号准确的描述能力，已经出现了很多在多尺度分析框架下的融合方法与降噪方法，如基于小波变换的图像融合方法[29]、基于 Curvelet 变换的图像融合方法[30]、基于小波变换的图像降噪方法[31]、基于双树复小波变换的图像降噪方法[32]等。但是这些方法都没有将融合与降噪进行集成处理，没有充分发挥多尺度分析的潜能。

三维 Shearlet 在三维空间上对图像序列进行描述，能准确地刻画图像的边缘，纹理等细节信息，也能刻画图像序列的运动特征，提高了处理图像序列的能力。在系数上执行降噪和融合，减少了多次分解与重构的计算复杂性，也降低了多次分解与重构引入的误差量，有效提高了算法的性能。基于3D PCNN的高频系数融合策略和基于显著性3D PCNN的低频系数融合策略，突出了显著目标区域的融合质量，保证了融合性能，最终使得降噪与融合后的图像能更加真实准确清晰的表达目标场景的细节，满足视觉系统的要求。

7.2.2 SIFD算法描述

SIFD算法的主要思想是在三维Shearlet变换域，同时实现图像序列的融合与降噪，获取完整清晰连贯的融合图像序列，同时突出目标区域的细节特征。首先采用三维Shearlet变换，将多传感器运动图像序列分解为不同尺度、不同频率的时空系数，相邻帧的对应系数之间具有很强的时空相关性，便于更好地描述图像结构特征、纹理细节特征和运动特征。利用分解后得到的时空系数向量，实现运动图像的降噪和准确融合。利用高频系数的特性，在高频系数上实现降噪，综合考虑目标区域的显著性特征，提出了基于3D PCNN的高频系数融合策略和基于显著性3D PCNN的低频系数融合策略。SIFD算法的框架如图7-1所示。

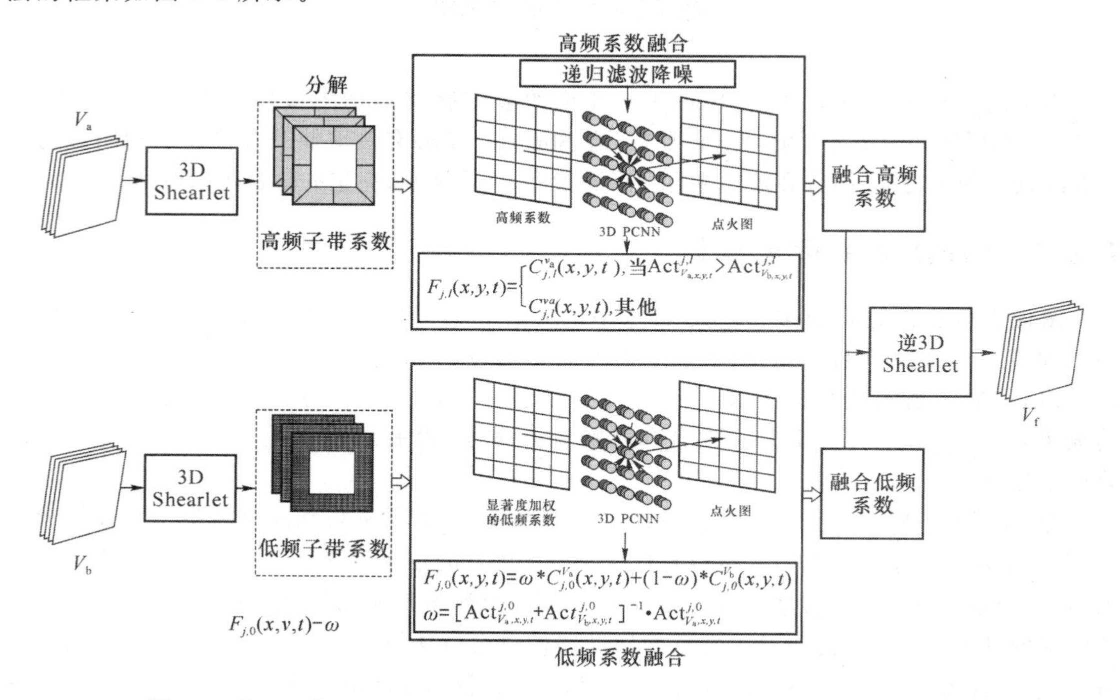

图7-1 基于三维Shearlet变换的多传感器运动图像序列融合与降噪算法框架图

在系数融合过程中，噪声信号一般出现在高频系数中，因此在高频系数上采用递归滤波实现降噪。高频子带系数包含了图像中丰富的细节信息，3D Shearlet分解的高频方向子带系数描述了图像中的边缘、纹理等细节显著信息，提出了基于3D PCNN的高频系数融合策略，选取融合系数，可以有效保留图像中显著细节信息。低频子带包含了图像的主要能量，展示了丰富的结构信息，提出了基于显著性3D PCNN的低频融合策略，合成低频子带系数。采用视觉关注度模型从低频子带系数抽取视觉显著图，与原低频系数组合作为PCNN的输入数据激发PCNN点火，具有较大点火次数的系数作为低频子带的融合系数。

SIFD算法首先采用三维Shearlet变换，将输入图像序列V_a和V_b转换到频率域，生成低频和高频子带系数$\{C_{j,0}^{V_a}(x,y,t),C_{j,l}^{V_a}(x,y,t)\}$和$\{C_{j,0}^{V_b}(x,y,t),C_{j,l}^{V_b}(x,y,t)\}$，其中$C_{j,0}(x,y,t)$表示

第 t 帧的最粗尺度的子带系数，$C_{j,l}(x,y,t)$ 表示第 t 帧，第 j 尺度和 l 方向的高频子带系数。对于高频子带系数，在每一帧系数上执行递归滤波(RF)消除噪声，采用基于 3D PCNN 的高频系数融合策略融合降噪后的高频系数。采用基于显著性 3D PCNN 的低频系数融合策略融合低频子带系数。对于所有图像帧，在融合系数 $\{F_{j,0}(x,y,t),\ F_{j,l}(x,y,t)\}$ 上执行三维 Shearlet 逆变换，获得融合图像序列 V_f。

1. 基于三维 Shearlet 变换的运动图像序列分解

采用三维 Shearlet 变换将输入图像序列 V_a 和 V_b 转换到频率域，分别生成低频和高频子带系数 $\{C_{j,0}^{V_a}(x,y,t), C_{j,l}^{V_a}(x,y,t)\}$ 和 $\{C_{j,0}^{V_b}(x,y,t), C_{j,l}^{V_b}(x,y,t)\}$，其中 $C_{j,0}(x,y,t)$ 表示第 t 帧的最粗尺度的子带系数，$C_{j,l}(x,y,t)$ 表示第 t 帧，第 j 尺度和 l 方向的高频子带系数。

三维 Shearlet 变换[33]通过与金字塔区域相关联的 Shearlet 系统构造。通过划分傅里叶空间 $\hat{\mathbf{R}}^3$，获得三个金字塔区域 P_1，P_2 和 P_3，定义如下：

$$P_1 = \left\{(\xi_1,\xi_2,\xi_3) \in \mathbf{R}^3 : \left|\frac{\xi_2}{\xi_1}\right| \leqslant 1, \left|\frac{\xi_3}{\xi_1}\right| \leqslant 1\right\} \tag{7-1}$$

$$P_2 = \left\{(\xi_1,\xi_2,\xi_3) \in \mathbf{R}^3 : \left|\frac{\xi_1}{\xi_2}\right| < 1, \left|\frac{\xi_3}{\xi_2}\right| \leqslant 1\right\} \tag{7-2}$$

$$P_3 = \left\{(\xi_1,\xi_2,\xi_3) \in \mathbf{R}^3 : \left|\frac{\xi_1}{\xi_3}\right| < 1, \left|\frac{\xi_2}{\xi_3}\right| < 1\right\} \tag{7-3}$$

Shearlet 系统的方向性通过使用剪切矩阵来控制，而不是通过旋转实现。保持了离散化整数网格，可以实现从连续到离散的自然过渡。三维 Shearlet 系统通过适当的组合 Shearlet 系统和相关的金字塔区域 $P_d(d=1,2,3,\ l=(l_1,l_2)\in\mathbf{Z}^2)$ 来获得，其定义为集合的形式，包括粗尺度 Shearlet、内部 Shearlet 和边缘 Shearlet。

$$\begin{aligned}&\{\tilde{\psi}_{-1,k} : k \in \mathbf{Z}^3\} \cup \{\tilde{\psi}_{j,l,k} : j \geqslant 0, l_1, l_2 = \pm 2^j, k \in \mathbf{Z}^3\}\\&\{\tilde{\psi}_{j,l,k,d} : j \geqslant 0, |l_1| < 2^j, |l_2| \leqslant 2^j, k \in \mathbf{Z}^3, d = 1,2,3\}\end{aligned} \tag{7-4}$$

其中，Shearlet 参数 l_1 和 l_2 控制三维 Shearlet 系统中支持区域的方向，随着 j 的增加，支持区域会变得越来越细长。

三维离散 Shearlet 变换的数字实现利用了对应的连续 Shearlet 表示的稀疏特性。三维数字 Shearlet 变换可以保持离散整数网格，由于使用了剪切矩阵代替旋转，因此能够从连续设置自然过渡到离散设置。三维数字 Shearlet 变换算法通过级联多尺度分解和方向滤波来进行构建，首先采用拉普拉斯金字塔变换实现了多尺度分解，采用剪切矩阵控制在伪球面域的方向，获取了方向分量。

2. 基于 3D PCNN 的高频系数融合策略的提出

三维 Shearlet 分解得到的高频子带充分刻画了图像的线条、边缘和纹理等显著细节，高频系数的融合包括递归滤波降噪和系数融合过程。

(1) 递归滤波降噪

当输入图像包含噪声时，如果直接合成系数，融合图像就可能引入噪声。所以首先采用递归滤波器(RF)[34]对高频系数降噪，递归滤波器是一种实时的边缘保持的平滑滤波器。由于减少了分解和重构的次数，因此同时在三维 Shearlet 变换系数上进行融合与降噪，将会减少由于分解和重构引起的误差。降噪滤波器运行在不同尺度和方向的系数上可以增强降噪算法的性能。

高频子带包含丰富的细节，如线条、边缘和轮廓。通常，噪声出现在高频子带，所以递归滤波器仅仅执行在高频子带系数上获取降噪系数 $\tilde{C}_{j,l}$，定义如下：

$$\widetilde{C}_{j,l} = \mathrm{RF}(C_{j,l}) \tag{7-5}$$

其中,RF 指递归滤波器。当移除噪声的时候,细节信息需要保留在高频子带中。具有边缘保持特性的递归滤波器可以很容易满足这种要求。

$$J[n] = (1 - a^d)I[n] + a^d J[n-1] \tag{7-6}$$

其中,$a \in [0,1]$ 是反馈系数,$I[n]$是输入高频子带的第 n 个系数值,$J[n]$是滤波后的高频子带的第 n 个系数,d 是高频子带相邻系数的距离。随着 d 的增加,a^d 趋向于 0,停止了传播链,保持了高频子带的细节。

递归滤波器在所有 N 帧图像上执行,获取降噪后的高频系数,之后通过合成降噪后的系数得到融合系数。

(2) 系数融合

三维 Shearlet 分解得到的高频子带充分刻画了图像的线条、边缘和纹理等显著细节,直接采用 3D PCNN 可有效抽取高频系数的显著特征。Eckhorn 建立了一种新的称为 PCNN 的生物神经网络[35]。PCNN 是一种视觉皮层激发的反馈网络,通过神经元的全局耦合与脉冲同步来表示,它不需要训练,直接使用相邻的神经元作为彼此的输入数据,每个 PCNN 神经元包括三部分:接受域、调制域和脉冲产生器[36]。PCNN 是一种单层的二维局部连通神经网络[37,38],考虑二维图像平面的空间特征,二维 PCNN 利用空间邻域像素的输出作为下一次迭代的内部输入。PCNN 中相似的神经元同时产生脉冲,有效地补偿了空间不连贯和轻微的振幅变化,这样 PCNN 完全可以度量显著目标区域。

为了使 PCNN 可以处理运动图像序列,利用相邻帧之间的相关性将二维 PCNN 扩展到 3D PCNN[39]。3D PCNN 被用于度量来自 3D Shearlet 变换生成的系数的活动能量。$C_{j,l}(x, y,t)$ 表示位于第 t 帧,第 j 尺度和 l 方向的(x, y)位置处的系数。子带系数 $C_{j,l}(x,y,t)$ 输入 3D PCNN 作为外部反馈输入,激发神经元,产生神经元脉冲。前一次空间局部区域相邻像素的输入以及对应的相邻帧的输出用作内部链接输入,3D PCNN 能够充分抽取图像序列的时空信息,3D PCNN 定义如下:

$$\begin{cases} F_{xyt}^{j,l}[n] = C_{j,l}(x,y,t) \\ L_{xyt}^{j,l}[n] = \exp(-\alpha_L)L_{xyt}^{j,l}[n-1] + V_L \sum_{pqr} W_{xyt,pqr}^{j,l} Y_{xyt,pqr}^{j,l}[n-1] \\ U_{xyt}^{j,l}[n] = F_{xyt}^{j,l}[n] * (1 + \beta L_{xyt}^{j,l}[n]) \\ \theta_{xyt}^{j,l}[n] = \exp(-\alpha_\theta)\theta_{xyt}^{j,l}[n-1] + V_\theta Y_{xyt}^{j,l}[n-1] \\ Y_{xyt}^{j,l}[n] = \begin{cases} 1, & U_{xyt}^{j,l}[n] > \theta_{xyt}^{j,l}[n] \\ 0, & \text{其他} \end{cases} \end{cases} \tag{7-7}$$

其中,系数 $C_{j,l}(x,y,t)$ 作为外部数据输入反馈输入 $F_{xyt}^{j,l}$;链接输入 $L_{xyt}^{j,l}$ 等于在链接范围内神经元点火次数的总和;α_L 表示衰退常数;V_L 是振幅增益;$W_{xyt,pqr}^{j,l}$ 是加权系数(p,q,r 指出在 3D PCNN 中链接范围的大小);$Y_{xyt}^{j,l}[n-1]$ 是前一次迭代神经元的输出。通过调制 $F_{xyt}^{j,l}$ 和 $L_{xyt}^{j,l}$,获取内部状态信号 $U_{xyt}^{j,l}$,其中 β 是链接强度。$\theta_{xyt}^{j,l}$ 是阈值,其中 α_θ 是衰退常量,V_θ 是振幅增益。n 表示迭代次数。如果 $Y_{xyt}^{j,l}=1$,则神经元产生一次脉冲,称为一次点火。如果 $Y_{xyt}^{j,l}=0$,则神经元不产生脉冲。

3D PCNN 用于度量高频系数的时空显著性。通过组合来自相邻帧的对应尺度和方向的系数,构造一个大小为 $M \times N \times T$ 的三维体,以此建立一个 3D PCNN 的神经元模型,每个系数都是 3D PCNN 的外部输入。具有最大系数值的神经元首先点火，通过脉冲传播，来自三维空间的相似神经元被激发生成同步脉冲，其中的三维空间由内部链接矩阵 W 构造。产生的脉冲序列 $Y[n]$ 形成了一个三维二值序列，该二值序列包含了图像的显著信息，如区域、边缘和纹理等。

在实际应用中，通常采用点火次数表示图像信息。点火次数通过累积得到，定义如下：

$$\mathrm{Act}_{xyt}^{j,l}[n]=\mathrm{Act}_{xyt}^{j,l}[n-1]+Y_{xyt}^{j,l}[n] \tag{7-8}$$

其中，$\mathrm{Act}_{xyt}^{j,l}[n]$ 经常用于表示在 n 次迭代中总的点火次数。这里点火次数表示系数的活动能量。

高频子带系数的活动图可以作为选择系数的判断标准，活动能量由 3D PCNN 产生的点火图来表示。活动级指示了系数的能量级别，具有较大能量的系数携带了更多重要的信息，所以选择具有更大活动级的系数作为融合系数。依据式(7-7)和式(7-8)，第 t 帧，第 j 尺度和 l 方向的位置在 (x,y) 的融合高频子带系数 $F_{j,l}(x,y,t)$ 定义如下：

$$F_{j,l}(x,y,t)=\begin{cases}C_{j,l}^{V_a}(x,y,t), & \mathrm{Act}_{V_{a,xyt}}^{j,l}>\mathrm{Act}_{V_{b,xyt}}^{j,l}\\ C_{j,l}^{V_b}(x,y,t), & \text{其他}\end{cases} \tag{7-9}$$

3. 基于显著性 3D PCNN 的低频系数融合策略的提出

由三维 Shearlet 变换分解得到的在最粗糙尺度的低频子带包含了原图像主要的能量，表示了丰富的结构信息。为了有效抽取低频系数的显著结构信息，低频系数采用基于显著性 3D PCNN 的低频系数融合策略。在原图像上执行显著性检测产生显著图，可以指示原图像中每个像素的重要级别。在低频子带上执行显著性检测生成显著图，给出图像的显著性结构。采用显著图对低频系数加权后作为 3D PCNN 的外部输入数据，点火次数用于计算系数的权重。

三维 Shearlet 的低频子带包含了丰富的结构信息，为了进一步提高在低频子带系数上度量显著性结构区域的能力，代替直接输入原始系数，采用显著图对系数加权后的值作为 3D PCNN 的外部输入数据，能够有效提升显著目标轮廓结构特征的检测能力。在低频子带系数 $C_{j,0}(x,y,t)$ 上采用显著性度量模型，计算得到显著图 $S_{j,0}(x,y,t)$，它是表示第 t 帧，第 j 尺度的低频子带系数的显著图。得到的显著图用作低频系数的重要性指示器，有效保持原图像的重要信息。

采用低秩和稀疏分解[40]的方法进行时空显著性检测，生成显著图。将 T 帧低频子带系数 $C_{j,0}(x,y,t)$ 作为输入图像序列，沿着时间方向将其组合为 X-T 和 Y-T 时间片矩阵 $\boldsymbol{S}_{XT}$ 和 $\boldsymbol{S}_{YT}$，之后对时间片 $\boldsymbol{S}_{XT}$ 和 $\boldsymbol{S}_{YT}$ 进行分解：

$$\min\|\boldsymbol{A}\|_*+\lambda\|\boldsymbol{E}\|_1,\ \text{s.t.}\ \boldsymbol{S}=\boldsymbol{A}+\boldsymbol{E} \tag{7-10}$$

其中，λ 是控制稀疏矩阵的权重系数，$\|*\|_*$ 和 $\|*\|_1$ 分别表示矩阵的核范数和 l_1 范数。$\boldsymbol{S}$ 表示 $\boldsymbol{S}_{XT}$ 和 $\boldsymbol{S}_{YT}$，低秩分量 $\boldsymbol{A}$ 对应背景，稀疏分量 $\boldsymbol{E}$ 表示前景中的显著运动区域。将从稀疏分量 $\boldsymbol{E}$ 获取的 X-T 和 Y-T 的显著运动矩阵 $\boldsymbol{S}_{\mathrm{m}XT}$ 和 $\boldsymbol{S}_{\mathrm{m}YT}$ 组合得到显著图 $\boldsymbol{S}_{\mathrm{m}}$：

$$\boldsymbol{S}_{\mathrm{m}}=\sqrt{\boldsymbol{S}_{\mathrm{m}XT}^2+\boldsymbol{S}_{\mathrm{m}YT}^2} \tag{7-11}$$

执行归一化得到最终的时空显著图 $\boldsymbol{S}_{\mathrm{m}}$：

$$\boldsymbol{S}_{\mathrm{m}}=\mathrm{norm}(\boldsymbol{S}_{\mathrm{m}}) \tag{7-12}$$

低秩和稀疏分解的方法能够从时空角度进行显著性检测，尤其是对于灰度图像的检测，不需要利用图像的颜色特征，就可以有效地检测显著目标区域，这一特性非常适合用于系数图中

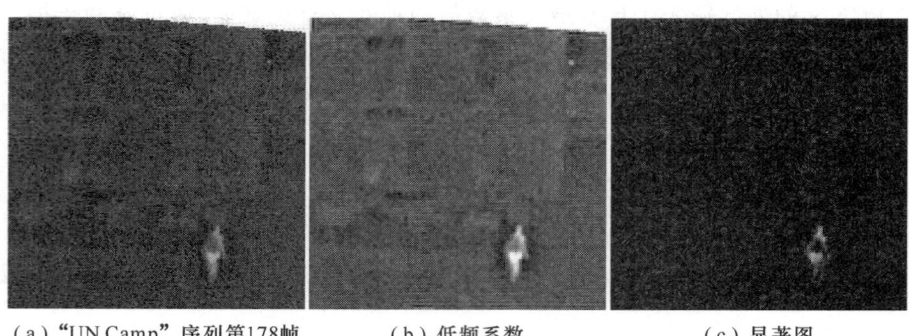

(a)"UN Camp"序列第178帧　　(b)低频系数　　(c)显著图

图 7-2　低频系数的显著性检测结果

显著信息的度量。图 7-2 展示了一个低频系数显著性检测的例子，图 7-2(a)是"UN Camp"序列第 178 帧原图像，图 7-2(b)是其对应的低频系数图，图 7-2(c)是低频系数的显著图，可以观察到显著图清晰地呈现了低频系数图中的显著区域。

低频子带系数 $S_{j,0}(x,y,t)$ 的显著值可以由式(7-12)计算得到。代替在低频系数上直接使用 3D PCNN，采用低频系数 $C_{j,0}(x,y,t)$ 和显著值 $S_{j,0}(x,y,t)$ 的乘积，得到显著度加权的低频系数 $SC_{j,0}(x,y,t)$，作为 3D PCNN 的输入。$SC_{j,0}(x,y,t)$ 计算如下：

$$SC_{j,0}(x,y,t) = S_{j,0}(x,y,t) \cdot C_{j,0}(x,y,t) \tag{7-13}$$

将 $SC_{j,0}(x,y,t)$ 归一化为 $SC\_Norm_{j,0}(x,y,t)$，输入 3D PCNN 激发神经元。显著性 3D PCNN 模型定义如下：

$$\begin{cases} F_{xyt}^{j,l}[n] = SC\_Norm_{j,0}(x,y,t) \\ L_{xyt}^{j,l}[n] = \exp(-\alpha L)L_{xyt}^{j,l}[n-1] + VL\sum_{pqr} W_{xyt,pqr}^{j,l} Y_{xyt,pqr}^{j,l}[n-1] \\ U_{xyt}^{j,l}[n] = F_{xyt}^{j,l}[n] \times (1+\beta L_{xyt}^{j,l}[n]) \\ \theta_{xyt}^{j,l}[n] = \exp(-\alpha_\theta)\theta_{xyt}^{j,l}[n-1] + V\theta Y_{xyt}^{j,l}[n-1] \\ Y_{xyt}^{j,l}[n] = \begin{cases} 1, & U_{xyt}^{j,l}[n] > \theta_{xyt}^{j,l}[n] \\ 0, & \text{其他} \end{cases} \end{cases} \tag{7-14}$$

点火次数定义如下：

$$\mathrm{Act}_{xyt}^{j,0}[n] = \mathrm{Act}_{xyt}^{j,0}[n-1] + Y_{xyt}^{j,0}[n] \tag{7-15}$$

其中，$\mathrm{Act}_{xyt}^{j,0}[n]$ 表示在 n 次迭代中低频系数总的点火次数。

因此，在系数 $C_{j,0}^{V_a}(x,y,t)$ 和 $C_{j,0}^{V_b}(x,y,t)$ 上，低频子带的融合系数 $F_{j,0}(x,y,t)$定义如下：

$$F_{j,0}(x,y,t) = \omega * C_{j,0}^{V_a}(x,y,t) + (1-\omega) * C_{j,0}^{V_b}(x,y,t) \tag{7-16}$$

$$\omega = [\mathrm{Act}_{V_a,xyt}^{j,0} + \mathrm{Act}_{V_b,xyt}^{j,0}]^{-1} \cdot \mathrm{Act}_{V_a,xyt}^{j,0} \tag{7-17}$$

其中，ω 是系数的权重，$\mathrm{Act}_{xyt}^{j,0}$ 由式(7-14)和式(7-15)计算得到。

获取融合系数后，在图像序列的融合系数 $\{F_{j,0}(x,y,t),\ F_{j,l}(x,y,t)\}$ 上执行三维 Shearlet 逆变换，重构得到融合图像序列 V_f。

4. SIFD 算法实现步骤

本章提出的基于三维 Shearlet 变换的多传感器运动图像序列融合与降噪算法(SIFD)的实现步骤如表 7-1 所示。

表 7-1　基于三维 Shearlet 变换的多传感器运动图像序列融合与降噪算法步骤

算法：基于三维 shearlet 变换的多传感器运动图像序列融合与降噪算法
输入：运动图像序列 V_a 和 V_b 输出：融合与降噪图像序列 V_f (1) 读取序列 V_a 和 V_b； (2) 采用三维 Shearlet 变换将 V_a 和 V_b 转换到频率域，生成低频和高频子带系数 $\{C_{j,0}^{V_a}(x,y,t), C_{j,l}^{V_a}(x,y,t)\}$ 和 $\{C_{j,0}^{V_b}(x,y,t), C_{j,l}^{V_b}(x,y,t)\}$； (3) 在每一帧的高频子带系数上按照式(7-5)和式(7-6)执行递归滤波消除噪声； (4) 按照式(7-7)和式(7-8)计算高频子带系数的点火图，作为高频子带系数的能量图； (5) 按照式(7-9)计算融合高频子带系数 $F_{j,l}(x,y,t)$； (6) 按照式(7-10)～式(7-12)计算低频子带系数的显著图； (7) 按照式(7-13)得到显著度加权的低频系数 $SC_{j,0}(x,y,t)$； (8) 对于低频子带系数的融合，按照式(7-14)和式(7-15)计算低频子带系数的点火图，作为低频子带系数的能量权重图； (9) 按照式(7-16)计算融合低频子带系数 $F_{j,0}(x,y,t)$； (10) 对于所有的图像帧，应用逆三维 Shearlet 变换到融合系数 $\{F_{j,0}(x,y,t), F_{j,l}(x,y,t)\}$ 上，获得融合图像序列 V_f。

7.2.3 SIFD 算法的实验结果与分析

1. 客观评价指标及对比算法

采用五种客观评价指标对实验结果的融合性能进行评价：信息熵（IE）、互信息（MI）[41]、梯度保持度（$Q_{AB/F}$）[42]、时空梯度保持度（$DQ_{AB/F}$）[43] 和帧间差图像的互信息（IFD_MI）[44]。度量指标值越高，融合结果越好。另外，为了客观地评价不同的融合与降噪方法对噪声的处理性能，加入了度量噪声的客观评价方法：峰值信噪比（PSNR）和均方根误差（RMSE）两个度量方法从不同的角度进行度量。PSNR 指标值越高，表明降噪效果越好。RMSE 指标值越低，说明误差越小，降噪效果更好。

为了对比算法对无噪声图像序列的融合性能，将本章提出的 SIFD 算法与另外三个融合算法进行对比，包括三维离散小波变换（3D-DWT）算法、三维双树复小波变换（3D-DTCWT）算法以及 3D-UDCT-salience 算法[45]。3D-DWT 算法和 3D-DTCWT 算法使用均值和绝对值最大选取的方案，分别融合低频及高频子带系数。所有变换的分解级数是三级，并假定原图像序列已经配准。

为了对比算法对噪声图像序列的降噪与融合性能，将 SIFD 算法与以下两个融合与降噪的组合算法进行对比，第一个算法是 3D-DTCWT 算法与 3D-DTCWT 降噪算法[32] 的组合，命名为 3DDTCWT-FD；第二个算法是 3D-UDCT-salience 算法[46] 与 3D-UDCT 降噪算法[47] 的组合，命名为 3DUDCT-FD。

2. SIFD 算法实验结果与分析

(1) 实验一：SIFD 算法在无噪声图像序列上的融合性能对比实验

在无噪声的“Campus”运动图像序列上，将本章的 SIFD 算法与 3D-DWT 算法、3D-DTCWT 算法、3D-UDCT-salience 算法进行对比实验。无噪声图像序列来源于“OTCBVS”标准数据集（http://www.vcipl.okstate.edu/otcbvs/bench/）。采用五种客观度量指标评价融合结果的性能，包括 IE、MI、$Q_{AB/F}$、$DQ_{AB/F}$ 和 IFD_MI。

图 7-3 展示了来自“Campus”图像序列中的第 348 帧的一对可见光和红外传感器图像以

及四个融合图像，四个融合图像由 3D-DWT 算法、3D-DTCWT 算法、3D-UDCT-salience 算法和 SIFD 算法生成。图 7-3(a)是输入图像序列中的一帧红外图像，图 7-3(b)是一个来自对应的可见光图像序列中的一帧可见光原图像。从图 7-3 中可以观察到，图 7-3(c)的结果最差，在窗户附近有一些畸变，窗户的边缘出现扭曲，窗户之间的墙体引入了一些暗的区域，并且运动目标也不清晰。图 7-3(d)中运动目标比较清晰，比图 7-3(c)有了很大改善，但是图 7-3(d)中的窗户和房屋边缘仍然存在变形，纹理不够清晰，在墙体上也引入了一些暗的区域。图 7-3(e)的整体融合效果较好，边缘纹理平滑清晰，但是对比度较低，导致运动目标不够清晰。如图 7-3(f)所示，SIFD 算法生成了最佳的融合结果，整体和局部效果都很好，从整体上看融合图像边缘纹理清晰平滑，有较强的视觉对比度，从局部看融合图像中运动目标清晰完整。这些对比揭示了提出的 SIFD 算法能有效地判别输入图像帧之间的显著性信息，保持运动融合图像帧整体质量的同时，确保了场景中显著的运动目标的完整性和清晰度。

(a) 可见光序列中的第348帧　(b) 红外序列中的的第348帧　(c) 3D-DWT融合图像

(d) 3D-DTCWT融合图像　(e) 3D-UDCT-salience融合图像　(f) SIFD融合图像

图 7-3　SIFD 算法与三种算法在“Campus”序列的融合结果对比

图 7-4 显示了图 7-3(c)～(f)中矩形框标记的图像区域被放大后的图像。从图 7-4 放大的图像中可以观察到不同的融合算法对于保持运动目标的完整性和清晰性的能力。图 7-4(a)所示的 3D-DWT 生成的融合帧在人的周围有虚影。图 7-4(c)中由于对比度较低，运动目标比较暗。图 7-4(b)和(d)融合算法的融合图像帧的质量更好，目标轮廓更加清晰。与其他的融合图像帧相比，提出的 SIFD 算法生成的融合帧显示了最佳的质量。这些比较显示了 SIFD 算法有效保持了目标区域的融合质量，展示了清晰完整的目标轮廓和丰富的细节内容，同时避免了运动干扰。

另外，为了评价图像序列融合算法在时间稳定性和一致性上的性能，检查当前帧和前一帧之间的帧间差(IFD)，图 7-5 显示了一个更加清楚的对比结果。图 7-5 显示的是图 7-3 中的原图像和融合图像以及它们对应的前一帧图像之间的 IFD 图像。可以观察到，图 7-5(c)的 IFD

图像在中间靠左的位置和右上角的位置引入了一些不一致的信息，这些信息既不存在于图 7-5(a)，也不存在于图 7-5(b)中。在图 7-5(d)～(f)中，干扰极大地减少，几乎看不到任何干扰信息，这个对比进一步说明了 SIFD 算法产生的融合结果具有很好的时间稳定性和一致性。

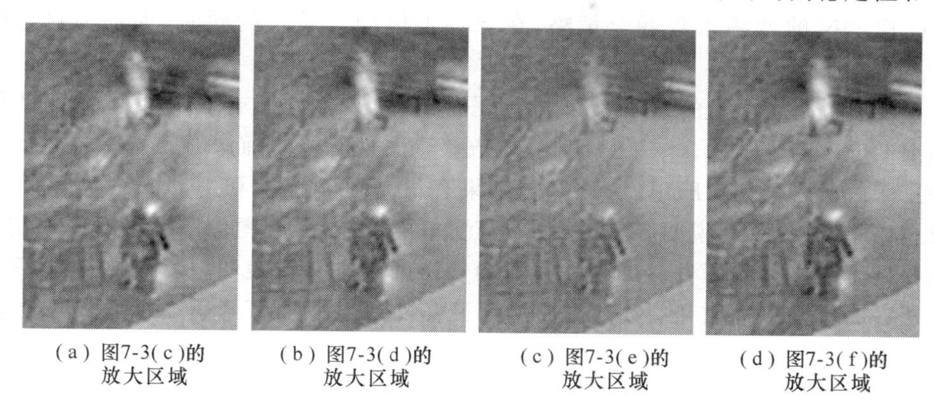

(a) 图7-3(c)的放大区域　(b) 图7-3(d)的放大区域　(c) 图7-3(e)的放大区域　(d) 图7-3(f)的放大区域

图 7-4　图 7-3(c)～(f)的矩形框中被放大的区域

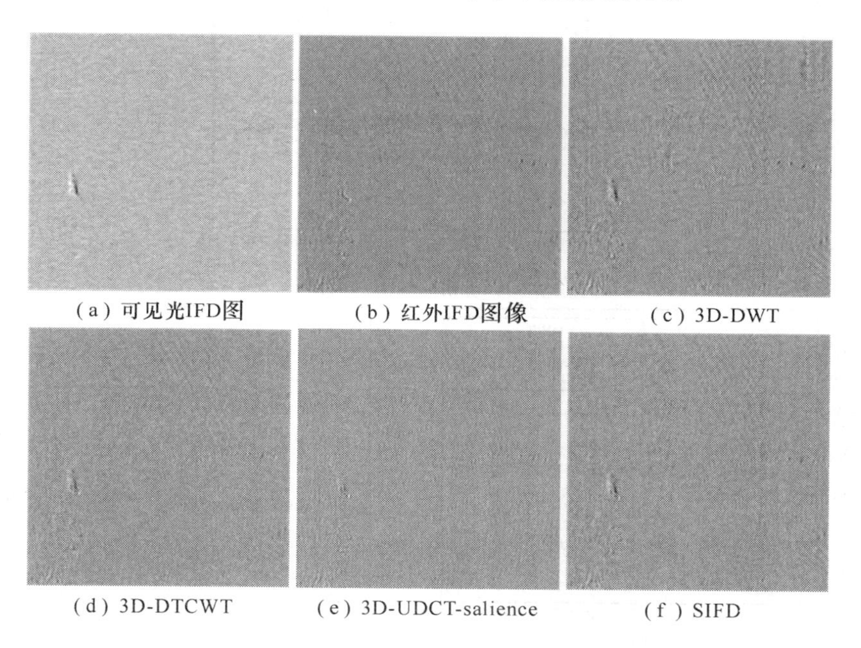

(a) 可见光IFD图　(b) 红外IFD图像　(c) 3D-DWT　(d) 3D-DTCWT　(e) 3D-UDCT-salience　(f) SIFD

图 7-5　图 7-3 中图像帧的 IFD 图像

融合算法的性能需要进一步通过客观量化分析工具度量。图 7-6 展示了图 7-3 中"Campus"运动图像序列连续 100 帧的融合结果在 IE、MI 和 $Q_{AB/F}$ 指标的客观评价指标值。从图 7-6 可以看出，对连续的运动图像序列进行融合时，SIFD 算法相比于其他对比算法取得了最高的 IE 值、MI 值和 $Q_{AB/F}$ 值，说明 SIFD 算法获取的融合序列在客观评价指标方面取得了很好的性能，与图 7-3 中的视觉分析结果相一致。这是因为 SIFD 算法采用三维 Shearlet 分析模型，实现了图像序列的时空多尺度分析，能够有效区分图像的显著信息，提升融合图像序列的整体质量，保持运动目标区域的融合质量。

表 7-2 归纳了图 7-3 表示的"Campus"运动图像序列连续 100 帧图像使用不同融合算法得到的融合结果在 IE、MI、$Q_{AB/F}$ 下的客观指标平均值。与 3D-DWT、3D-DTCWT 和 3D-UDCT-salience 算法相比，SIFD 算法在运动图像序列上的融合结果，三种评价指标都取得了最高的值，表明 SIFD 算法极大地提升了融合结果的性能。SIFD 算法指标性能的提升依赖于三维 shearlet 多尺度变换对运动图像的分析能力，以及基于 3D PCNN 的高频系数融合策略和基于显著性 3D PCNN 的低频系数融合策略，在保持整体融合质量的同时，保证了目标区域的质量。

表 7-3 显示了图 7-3 中的“Campus”运动图像序列在不同融合算法下生成的图像帧的 $DQ_{AB/F}$ 和 IFD_MI 度量结果。结果表明 3D-DWT 算法是最差的，而 SIFD 算法在这些融合算法中表现了最好的性能。SIFD 算法的融合结果有最高的 $DQ_{AB/F}$ 和 IFD_MI 度量值，这和主观视觉分析结果是一致的，说明 SIFD 算法具有更好的性能，融合图像序列在时间稳定性和一致性方面得到了相当大的提升。$DQ_{AB/F}$ 和 IFD_MI 度量进一步表明，提出的 SIFD 算法比其他融合算法在时空信息抽取和一致性方面得到了有效提升，确保了显著目标区域的质量，避免了干扰的引入。

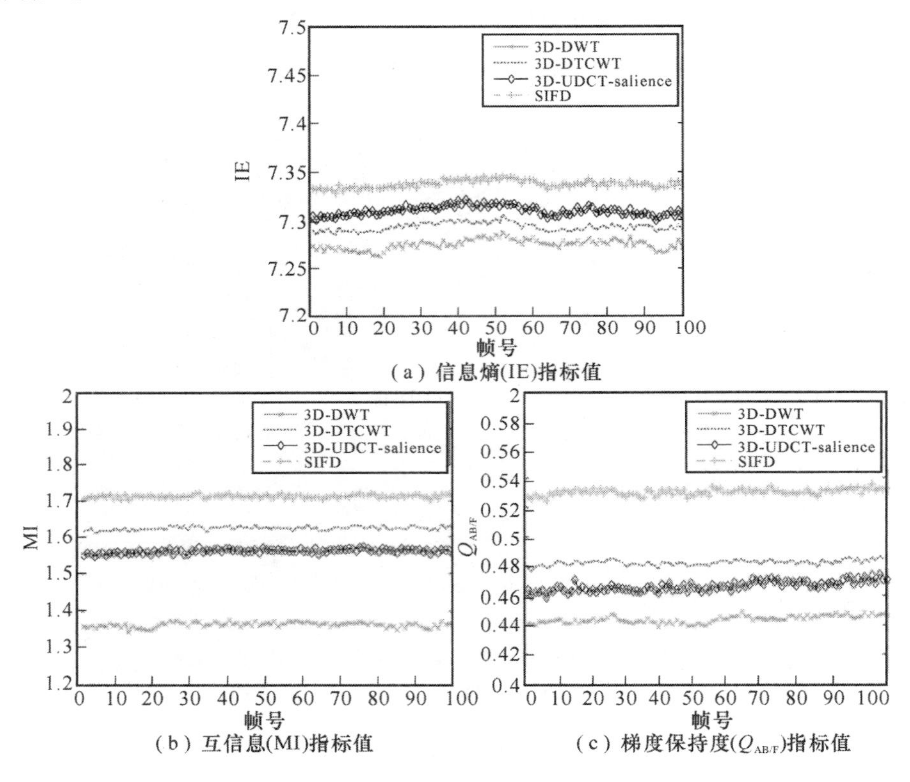

图 7-6 “Campus”图像序列不同算法融合结果客观评价指标值

表 7-2 “Campus”序列不同融合算法的 IE、MI、$Q_{AB/F}$ 平均值

度量方法	3D-DWT	3D-DTCWT	3D-UDCT-salience	SIFD
IE	7.274 9	7.293 2	7.309 9	7.337 3
MI	1.362 9	1.625 4	1.561 8	1.712 9
$Q_{AB/F}$	0.444 0	0.482 0	0.466 2	0.530 5

表 7-3　“Campus”序列不同融合算法的 $DQ_{AB/F}$、IFD_MI 客观评价指标值

度量方法	3D-DWT	3D-DTCWT	3D-UDCT-salience	SIFD
$DQ_{AB/F}$	0.257 4	0.283 7	0.247 8	0.300 6
IFD_MI	2.075 8	2.373 1	2.357 1	2.573 9

(2) 实验二：SIFD 算法在噪声图像序列上的降噪与融合性能对比实验

在有噪声的多传感器运动图像序列上，对比本章提出的 SIFD 算法与 3DDTCWT-FD、3DUDCT-FD 算法的降噪与融合性能。噪声图像序列采用都柏林大学的“Dublin”序列以及我们使用红外与可见光传感器拍摄的机器人运动图像序列，其中“Robot”可见光图像序列加入了高斯白噪声。采用七种客观度量指标评价降噪与融合结果的性能，包括：IE、MI、$Q_{AB/F}$、$DQ_{AB/F}$、IFD_MI、PSNR 和 RMSE。

图 7-7 展示了由 3DDTCWT-FD、3DUDCT-FD 和提出的 SIFD 算法从“Dublin”噪声图像序列生成的融合与降噪结果。观察图 7-7(a)和(b)所示的原图像帧，可见光图像帧是无噪声的，红外图像帧则被噪声污染。可以看到图 7-7(c)～(e)所示的融合图像帧已经消除了噪声。观察图 7-7(c)～(e)，可以看到图 7-7(c)仍然存在噪声，导致图像不够清晰；图 7-7(d)中降噪后的区域不平滑，看上去像有许多划痕；图 7-7(e)得到了高质量的融合降噪图像，图像边缘纹理清晰、目标轮廓完整，结果既无噪声又平滑。

(a) 可见光序列中的第990帧　(b) 红外序列中的第990帧

(c) 3DDTCWT-FD融合图像　(d) 3DUDCT-FD融合图像　(e) SIFD融合图像

图 7-7　SIFD 算法与两种融合与降噪算法在“Dublin”序列上的结果对比

图 7-8 是一组“Robot”运动图像序列的融合结果对比，图 7-8(a)是可见光原图像帧，其中的可见光图像序列加入了高斯白噪声，图 7-8(b)是红外图像帧，是无噪声的序列。图 7-8(c)～(e)是由 3DDTCWT-FD、3DUDCT-FD 和 SIFD 算法生成的融合与降噪结果。观察融合与降噪后的图像帧，如图 7-8(c)～(e)所示，融合图像帧不仅融合了原图像帧中包含的重要信息，同时也消除了噪声。观察图 7-8(c)～(e)，可以看到图 7-8(c)已经没有了噪声，但是降噪过度导致图像有点

模糊，机器人的显示器和后面的空间都存在模糊，并且墙壁的边缘出现了变形。图 7-8(d)也存在图像模糊以及墙壁边缘弯曲的问题。图 7-8(e)的融合与降噪图像表现了最佳的性能，不仅融合了原图像中的所有重要信息，而且消除了噪声，保持了清晰的纹理细节，运动目标和背景都保持了清晰完整的细节信息，墙壁边缘也未出现畸变现象，表明 SIFD 算法在有噪声的运动图像序列融合上具有优越的性能。

(a) 可见光序列中的第498帧

(b) 红外序列中的第498帧

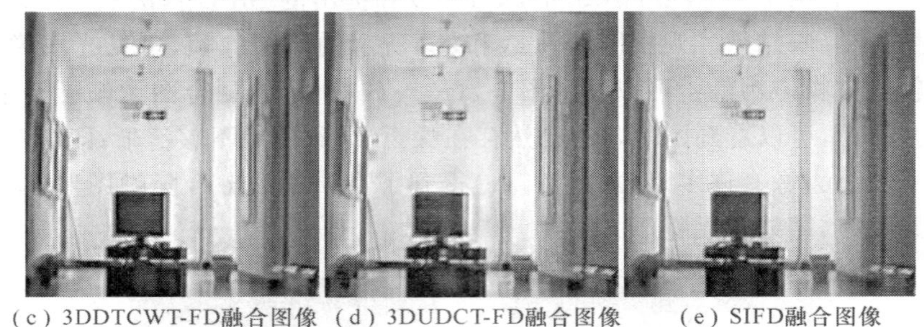
(c) 3DDTCWT-FD融合图像 (d) 3DUDCT-FD融合图像 (e) SIFD融合图像

图 7-8　SIFD 算法与两种融合与降噪算法在“Robot”序列上的结果对比

图 7-9 展示了图 7-7 中带有噪声的“Dublin”运动图像序列连续 100 帧的融合结果在 IE、MI 和 $Q_{AB/F}$ 指标的客观评价指标值。从图 7-9 可以看出，与 3DDTCWT-FD、3DUDCT-FD 算法相比，SIFD 算法在连续帧上的 IE 指标值较低，而 MI 和 $Q_{AB/F}$ 指标值都比较高。IE 指标值较低是由于 SIFD 算法消除了噪声，减少了信息量，而 3DDTCWT-FD 和 3DUDCT-FD 算法降噪效果不是很好，仍然残留了一些噪声，并且还出现了划痕状的信息。SIFD 算法的 MI 和 $Q_{AB/F}$ 指标值较高，说明 SIFD 算法有效地保留了原图像中的重要信息，保证了融合图像具有较强的对比度和锐化的纹理细节。

图 7-10 和图 7-11 分别是图 7-7 中带有噪声的“Dublin”运动图像序列连续 1 000 帧的融合结果，在 PSNR 和 RMSE 指标的客观评价指标值可以度量三种融合算法的降噪效果。为了计算 PSNR 和 RMSE 指标值，将无噪声的可见光原图像帧用作参考图像。从图 7-10 中可以看到，黑色的有间断的直线表示 SIFD 算法的 PSNR 指标值，相比于 3DDTCWT-FD 和 3DUDCT-FD 算法，SIFD 算法总体上有最高的 PSNR 值，这与视觉分析的结果是一致的。在图 7-7 中，3DDTCWT-FD 算法和 3DUDCT-FD 算法的结果都存在一定的噪声，而 SIFD 算法的结果消除了噪声，图像也比较平滑。另外，SIFD 算法在连续 1 000 帧图像上表现出了较好的性能，而 3DDTCWT-FD 算法的结果存在波动，具有很高的不确定性。从图 7-11 的 RMSE 评价指标值来看，SIFD 算法有较低的 RMSE 值，表明误差最小，降噪效果最好。DDTCWT-FD 算法的结果最不稳定，有些帧质量较好，有些帧质量较差，影响了序列的整体质量。

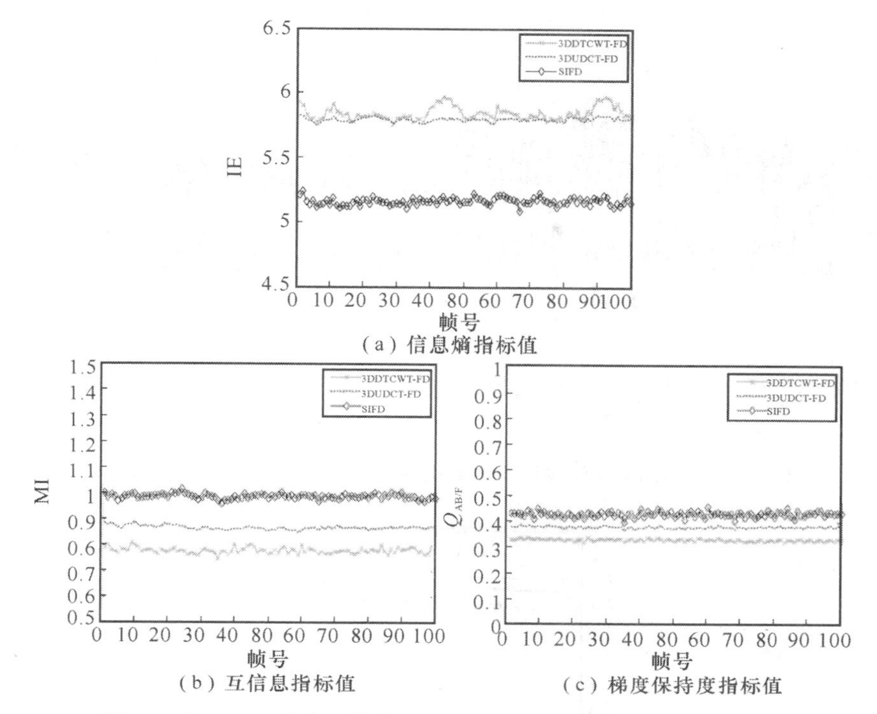

(a) 信息熵指标值

(b) 互信息指标值

(c) 梯度保持度指标值

图 7-9 "Dublin"噪声图像序列不同算法融合结果客观评价指标值

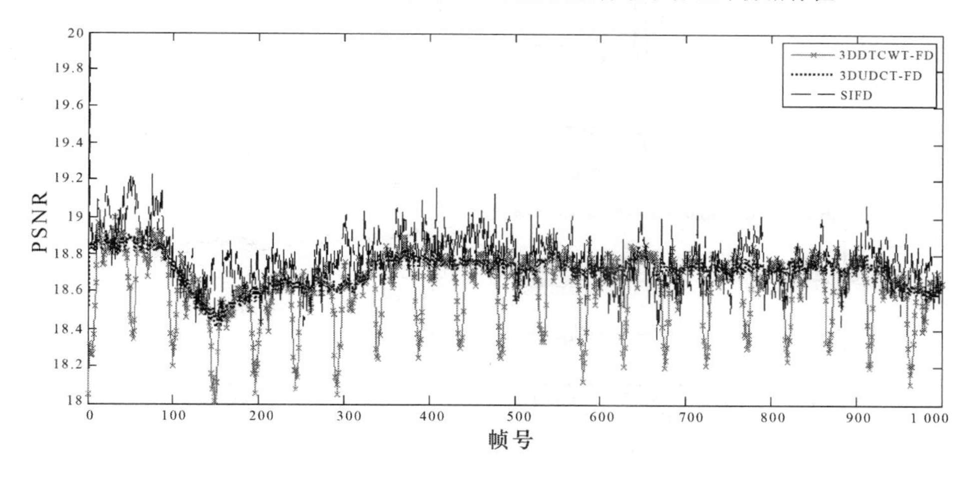

图 7-10 "Dublin"图像序列不同算法融合结果 PSNR 客观评价指标值

图 7-12 展示了图 7-8 中我们用红外和可见光传感器拍摄的"Robot"运动图像序列连续 100 帧的融合结果在 IE、MI 和 $Q_{AB/F}$ 指标的客观评价指标值。与图 7-9 中的结果类似，SIFD 算法的 IE 指标值比 3DDTCWT-FD 和 3DUDCT-FD 算法的 IE 值低。从图 7-8 中可以看到，因为 3DDTCWT-FD 和 3DUDCT-FD 算法的结果中存在没有清除的噪声，而且还引入了干扰信息，致使图中的线条、墙壁边缘出现畸变，提高了 IE 值。3DDTCWT-FD 和 3DUDCT-FD 算法的结果出现边缘细节的变形，直接表现为较低的 MI 和 $Q_{AB/F}$ 指标值。SIFD 算法在连续 100 帧的序列上都有最高的 MI 和 $Q_{AB/F}$ 指标值，说明 SIFD 算法相比其他对比算法在融合图像时保留了原图像中的重要内容，更丰富的纹理细节内容，融合图像对比度更好，细节更清晰，视觉效果更加自然。

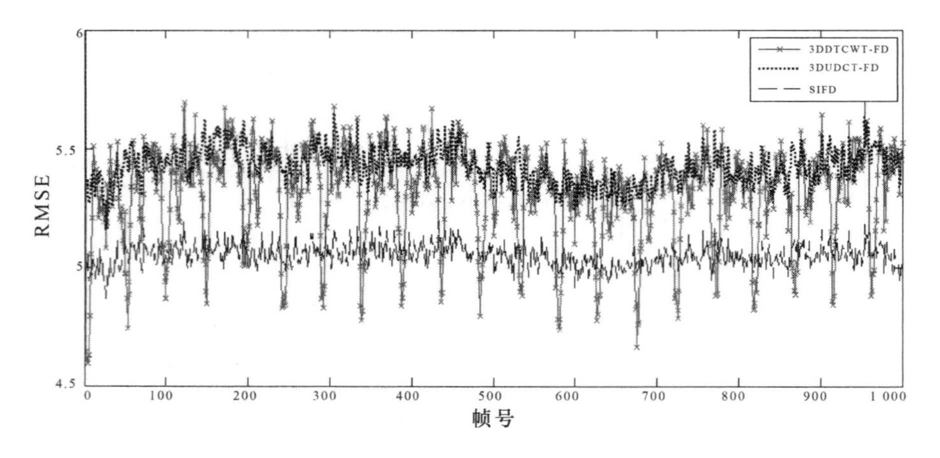

图 7-11 “Dublin”图像序列不同算法融合结果 RMSE 客观评价指标值

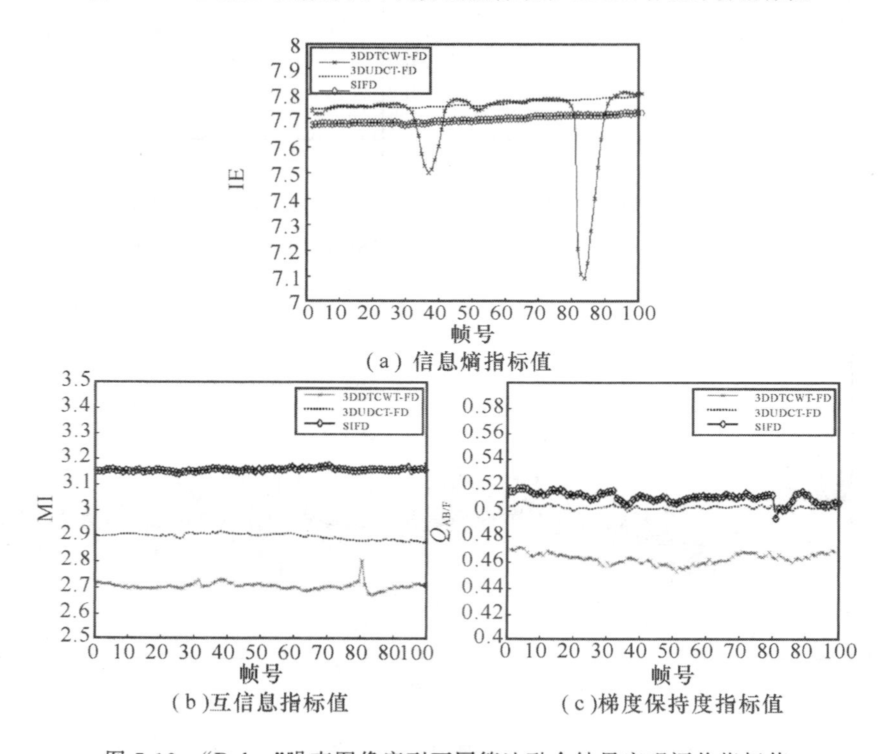

图 7-12 “Robot”噪声图像序列不同算法融合结果客观评价指标值

图 7-13 和图 7-14 分别是图 7-8 中带有噪声的“Robot”运动图像序列连续 500 帧的融合结果在 PSNR 和 RMSE 指标的客观评价指标值。为了计算 PSNR 和 RMSE 指标值，将无噪声的红外原图像帧用作参考图像。从图 7-13 中可以观察到，与 3DDTCWT-FD 和 3DUDCT-FD 算法相比，SIFD 算法的 PSNR 值总体上最高，3DDTCWT-FD 算法在某些帧上的 PSNR 值最高，但是总体效果较差。观察图 7-14，SIFD 在连续 500 帧上都有较低的 RMSE 指标值，只在某些帧上 3DDTCWT-FD 的 RMSE 值较低，总体上 SIFD 算法的性能最好。SIFD 算法在“Robot”图像序列上取得了较高的 PSNR 值，较低的 RMSE 值，说明 SIFD 算法取得了更好的降噪效果，获取到了满足视觉要求的无噪声融合图像序列。SIFD 算法的降噪效果是因为在高频系数执行的递归滤波降噪，有效地消除了图像中的噪声。

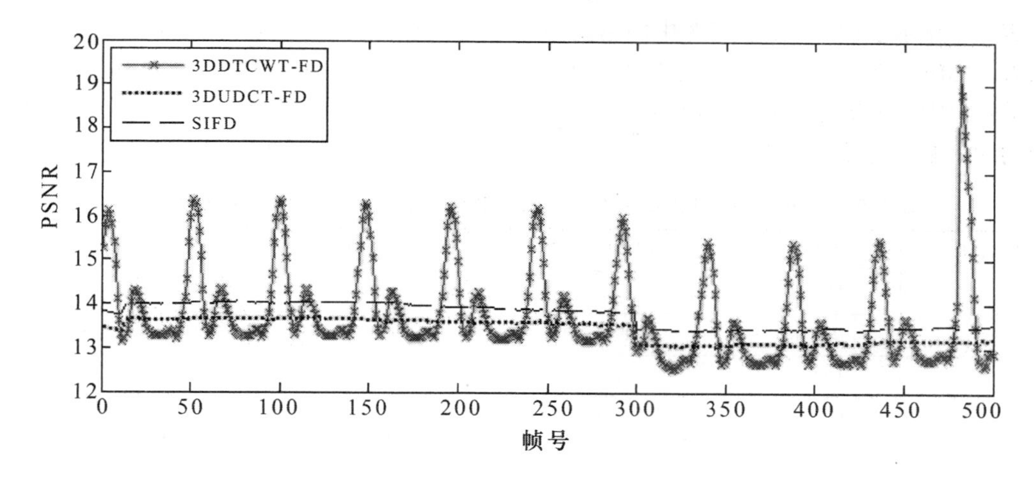

图 7-13　"Robot"噪声图像序列不同算法融合结果 PSNR 客观评价指标值

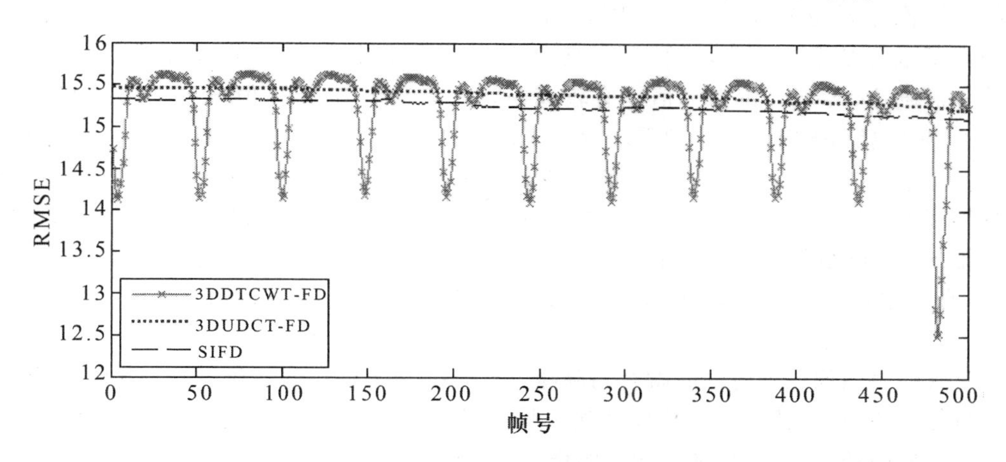

图 7-14　"Robot"噪声图像序列不同算法融合结果 RMSE 客观评价指标值

表 7-4 归纳了图 7-7 和图 7-8 的带有噪声的运动图像序列使用 3DDTCWT-FD、3DUDCT-FD 和 SIFD 算法得到的融合和降噪后的结果在 IE、MI、$Q_{AB/F}$、PSNR、RMSE 下的客观指标平均值。与 3DDTCWT-FD 和 3DUDCT-FD 算法相比，SIFD 算法在带有噪声的运动图像序列上的融合结果中，IE 指标降低，这是由于 SIFD 算法较好地消除了噪声，减少了图像中噪声产生的信息量，其他评价指标也都取得了最高的 MI、$Q_{AB/F}$、PSNR 指标值，最低的 RMSE 指标值，表明 SIFD 算法既保证了融合图像质量，同时也有效地消除了噪声。

表 7-4　"Dublin"和"Robot"序列不同融合算法的客观指标平均值

序列名称	算法	IE	MI	$Q_{AB/F}$	PSNR	RMSE
Dublin	3DDTCWT-FD	5.840 0	0.779 6	0.331 2	18.637 0	5.326 4
	3DUDCT-FD	5.791 6	0.868 0	0.380 4	18.713 0	5.429 6
	SIFD	5.156 7	0.987 9	0.430 2	18.780 5	5.050 9
Robot	3DDTCWT-FD	7.739 2	2.696 9	0.460 7	13.749 9	15.249 5
	3DUDCT-FD	7.791 0	2.890 9	0.501 3	13.403 7	15.377 9
	SIFD	7.730 8	3.153 8	0.509 1	13.752 3	15.247 6

表 7-5 显示了图 7-7 和图 7-8 中的运动图像序列在 $DQ_{AB/F}$ 和 IFD_MI 指标上的度量结果，可以看出 SIFD 算法取得了更高的 $DQ_{AB/F}$ 和 IFD_MI 值，这是因为 SIFD 算法考虑了时间和空间相关性，因此融合结果包含了原图像中所有有用的信息，消除了噪声，并且保持了运动图像序列的时间稳定性和一致性，生成了具有更高质量的无噪声图像序列。

表 7-5 "Dublin"和"Robot"序列不同融合算法的 $DQ_{AB/F}$、IFD_MI 客观指标值

序列名称	度量方法	3DDTCWT-FD	3DUDCT-FD	SIFD
Dublin	$DQ_{AB/F}$	0.236 5	0.266 5	0.324 9
	IFD_MI	1.277 0	0.998 5	1.340 6
Robot	$DQ_{AB/F}$	0.219 6	0.218 9	0.287 8
	IFD_MI	0.701 0	0.710 3	0.724 1

实验结果表明，SIFD 算法从视觉分析和客观评价两方面都取得了令人满意的性能。对于无噪声图像序列的融合，与 3D-DWT、3D-DTCWT 和 3D-UDCT-salience 算法相比，SIFD 算法提高了融合结果的性能，既保证了融合图像帧的整体质量，也保持了显著运动目标的完整性和清晰度，客观评价指标值也有较大提升。信息熵 IE 指标值分别平均提升 1%、1% 和 0.4%，互信息 MI 指标值分别平均提升 26%、5% 和 10%，梯度保持度 $Q_{AB/F}$ 指标值分别平均提升 19%、10% 和 14%，$DQ_{AB/F}$ 指标值分别平均提升 17%、6% 和 21%，IFD_MI 指标值分别平均提升 24%、8% 和 9%。无噪声图像序列融合结果质量的提升是由于 SIFD 算法采用了三维 Shearlet 变换对运动图像进行三维多尺度分解，在三维空间上对运动图像序列进行分析，有效地描述了图像的细节特征，实现了系数的准确融合，从而改善了融合结果的质量。

对于有噪声图像序列的同时融合与降噪，由于 SIFD 算法中在三维 shearlet 变换后的高频系数上执行了递归滤波降噪，有效地消除了噪声，因此 SIFD 算法表现出了最佳的性能，既消除了原图像帧中的噪声，又保证了融合图像包含原图像中尽可能多的重要信息，保持了融合图像序列边缘纹理清晰，目标轮廓完整，同时也保持了图像序列的时间稳定性和一致性。与 3DDTCWT-FD 和 3DUDCT-FD 算法相比，SIFD 算法信息熵 IE 指标值分别平均降低 7% 和 6%，互信息 MI 指标值分别平均提升 20% 和 12%，梯度保持度 $Q_{AB/F}$ 指标值分别平均提升 20% 和 8%，峰值信噪比 PSNR 指标值分别平均提升 1% 和 2%，均方根误差 RMSE 指标值分别平均降低 3% 和 5%，$DQ_{AB/F}$ 指标值分别平均提升 34% 和 26%，IFD_MI 指标值分别平均提升 4% 和 18%。

7.3 改进的基于双树复小波变换的运动图像融合算法

本章提出了一种基于双树复小波变换（DT-CWT for Dual-tree Complex Wavelet Transform）和图像块相关性的融合规则。小波变化被广泛应用于图像信息处理上，从图像去噪到图像增强再到图像融合，因为其高效的分解和重构速度得到研究者的深入研究[48]。融合规则的选择直接关系到融合后的图像质量。多源空间运动图像多为不同亮度下的图像序列。输入的源图像被分解成不同层次的系数表示，即跨尺度的数据结构。不同层次将反映图像不同的信息，根据对图像不同层次的研究，设计不同的融合规则对不同分解层、不同频带进行融合处理。改变已有的“依据权重”的融合规则，采用源图像的相关性选取不同的规则来进行图像融合，权重依据源图像的能量的强弱。对得到的融合结果进行重构得到融合结果。进行对比实验，对融合结果进行客观指标分析，最终得到最优的融合方法。

基于双树复小波变换的图像融合是将待融合的源图像，经过双树复小波变换得到小波金字塔图像序列，通过对分解转换得到图像的不同特征域部分选用不同的融合规则，进行系数选择，获得融合后的图像序列，通过双树复小波逆转换就能获得融合图像。

双树复小波变换(DT-CWT)是一种分散式离散小波变换(DDWT)的改进，克服了 DDWT 的平移不变性和不能很好地表现图像中方向特性的问题，同时保留了小波出色的时空局部化分析能力，能反映运动图像在不同分辨率上沿着多个方向变化的情况和重构时低冗余性的特点。DT-CWT 本质上是两个平行的 DDWT 过滤器树。与已有的离散小波变换方法相比较，DT-CWT 拥有平移不变性、方向选择性、有限数据冗余等优点[49]。

7.3.1　改进的基于双树复小波的区域相似度图像融合算法

1. 改进的 DT-CWT-area 算法思想

在采用“权重平均”融合规则中所有输入图像都要考虑，只不过一些图片携带的信息要多一点。通常，采用“权重平均”的融合图像在某些方面表现得要更好。但这种方法也有很多不能克服的严重缺陷。输入的图像代表着同一场景的不同视角，因此它们有很大的关联性。图像之间都有共同和独特特征。采用“权重平均”时，融合图像将由共同和独特特征的加权平均值构成。在融合图像中独特特征的权重比共同特征的比例低。因此独特特征在融合图像中表现得没有在源图像中明显。上述方法的好处在于概念简单，时间复杂度较低，可以进行实时处理。弊端是融合后的图像中会有明显的噪声，在融合区域的边界处有明显的边界，感觉像是拼接的，人眼的视觉效果很差。

2. DT-CWT-area 算法流程

使用基于双树复小波的图像融合方法首先要对输入图像进行小波转换。对每一个输入的图像进行分解得到它们的小波子图。一系列的融合规则将被运用到这些子图的系数融合上。通过系数融合得到的融合图像的对应系数再进行逆变换，最后获得融合后的图像。融合规则会充分比较系数的能量级，这属于像素级的方法。输入图像分解的每一层上的实部和虚部分别进行比较。分解的层数是可变的，这依赖于要融合的质量和图片的尺寸，层数越多分解过程越就越慢。上面的融合方法也有一些限制，例如，输入的图像尺寸必须相同，只适用于灰度图像。彩色图像要进行融合需要先对其进行转换。

下面给出基于 2D-DTCWT 变换的运动图像融合的步骤说明。首先将源图像 A、源图像 B 进行 DT-CWT 变换，分别得到高频和低频系数。对低频、高频系数进行融合，得到融合后的高/低频系数。对其进行 DT-CWT 逆变换，得到融合后的图像。融合流程如图 7-15 所示。

3. 基于图像区域相似度的融合规则的改进

基于图像区域相似度的融合规则将灰度值、标准差和活动程度运用到相似度计算，能有效地提高融合质量，同时降低融合图像的噪声。考虑相邻系数间的相关性，将系数的融合选择与其所在的局部区域联系起来。取一个 3×3(5×5)的图像块为一个滑动窗口区域，并以当前待融合运算的系数位置作为滑动窗口的中心点，也就是要融合系数的位置。对于不同的区域块将使用不同的融合规则。

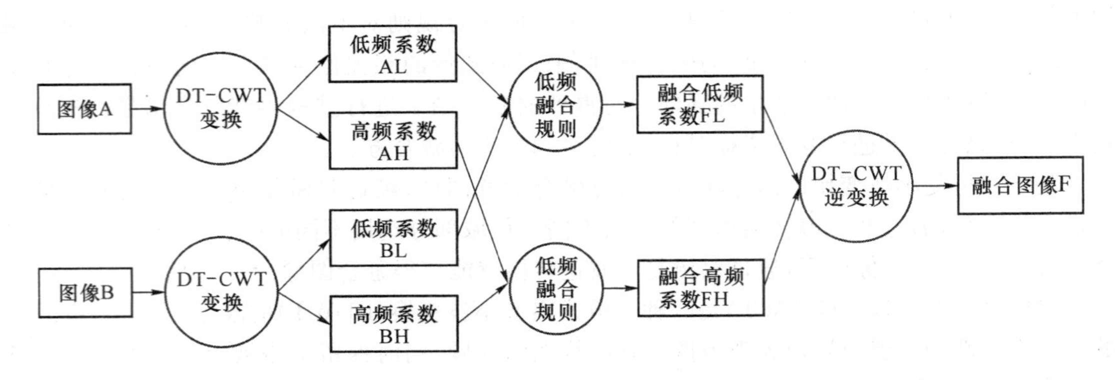

图 7-15　基于双树复小波的区域相似度图像融合过程

(1) 高频融合规则

图像的高频部分通常是反映图像的边缘和纹理等信息。对于红外和可见光图像,可见光图像在光照强的地方的高频系数模值大于光线较暗位置的高频模值。对于高频系数可以采用比较绝对值大小的融合规则,如下:

$$\alpha_{Fit} = \begin{cases} \tilde{\alpha}_{1it}, \|\tilde{\alpha}_{2it}\|_2 \leqslant \|\tilde{\alpha}_{1it}\|_2 \\ \tilde{\alpha}_{2it}, \|\tilde{\alpha}_{2it}\|_2 > \|\tilde{\alpha}_{1it}\|_2 \end{cases}, \tag{7-18}$$

其中,$i=1,2,\cdots,N$;$t=1,2,\cdots,T$。

(2) 低频融合规则

图像的低频部分通常是体现图像的细节信息。在高/低曝光图像的中每一个像素值都有不同的物理意义。如果能充分利用灰度值、标准差和活动程度到融合规则中,就能有效地提高融合质量。

计算两个 3×3(5×5)图像区域 A,B 的相似度,如下:

$$M = \frac{AB}{\sqrt{\sum_i \sum_j A(i,j)^2} \times \sqrt{\sum_i \sum_j B(i,j)^2}} \tag{7-19}$$

其中,i,j 两个系数分别代表图像块中系数的坐标。M 值的范围在 0～1 之间。设定相似度阈值 T,如果 M 大于 T,则当前图像系数块的中间值的计算采用加权运算方法。

$$\alpha_{Fij} = \omega_{1ij}\alpha_{1ij} + \omega_{2ij}\alpha_{2ij} \tag{7-20}$$

其中,α_F 、α_1 、α_2 分别代表融合后和融合前的系数,ω 代表权重。权重的计算如下:

$$\omega_1 = \frac{1}{1+\mathrm{e}^{-(\sigma_1-\sigma_2)}} \tag{7-21}$$

$$\omega_2 = 1-\omega_1 \tag{7-22}$$

权重的计算充分利用了标准差和灰度值。

$$\sigma = \frac{\mathrm{std}_d}{\mathrm{std}} \tag{7-23}$$

std 是整幅图像的标准差。它反映了图像的变化范围。std_d 是一个图像小块的标准差。采用用式(7-24)计算一个 $M \times N$ 的图像块的标准差。

$$\mathrm{std} = \sqrt{\sum_{i=1}^{M}\sum_{j=1}^{N}(y(i,j)-\mu)^2/(M\times N)} \tag{7-24}$$

μ 是图像的平均灰度值,灰度值通过式(7-25)得到

$$\mu = 1/(M\times N)\sum_{i=1}^{M}\sum_{j=1}^{N} y(i,j) \tag{7-25}$$

如果 M 小于 T 说明两个图像块相似度低，则选择能量系数绝对值大的系数：

$$\alpha_{Fit}=\begin{cases}\widetilde{\alpha}_{1it}, \|\widetilde{\alpha}_{2it}\|_2 \leqslant \|\widetilde{\alpha}_{1it}\|_2 \\ \widetilde{\alpha}_{2it}, \|\widetilde{\alpha}_{2it}\|_2 > \|\widetilde{\alpha}_{1it}\|_2\end{cases}, \infty i=1,2,\cdots,N \quad t=1,2,\cdots,T \tag{7-26}$$

4. 改进的基于双树复小波的区域相似度图像融合算法步骤

表 7-6　改进的基于双树复小波的区域相似度图像融合算法步骤

算法：改进的基于双树复小波的区域相似度图像融合算法
输入：$m\times n$ 分辨率运动红外图像序列 A、$m\times n$ 分辨率运动可见光图像序列 B、图像块尺寸 $K\times K$、阈值系数 T 输出：融合后的 $m\times n$ 分辨率运动图像 (1) 在图像转换阶段，在图像序列 A 选取第一帧待融合图像。用双树复小波变换对其进行转化，得到转换后的高频和低频系数。同理，可处理图像序列 B。 (2) 系数融合阶段： (a) 对于高频系数，采用绝对值最大的融合规则。 (b) 对于低频系数，先计算两个 $K\times K$ 图像块的相似度值，当相似度大于阈值 T 时采用改进的权重融合规则。通过灰度值和标准差计算出相应的权重。当相似度小于阈值 T 时，采用绝对值最大的融合规则。 (3) 对得到的融合系数采用双树复小波逆变换进行重构，得到融合后的图像。 (4) 当第一帧图像融合完成后，返回到第(1)步，对下一帧的图像进行融合，直至全部融合完成。

7.3.2　改进的基于双树复小波的区域相似度图像融合算法实验结果

选择 2D-DTCWT、3D-DTCWT 两种小波分解方法来进行融合规则的验证。对比方法采用 2D-DWT、3D-DWT 和 NuiBa 三种。一共有两组实验：多传感器图像的融合实验和多对焦图像的融合实验。多对焦图像融合实验涉及模糊或扭曲图像的融合，该实验为了验证一个图中模糊区域能否很好地被另一个图的非模糊区域所代替。实验中的多焦点图像的模糊区域采用高斯滤波器进行人为模糊。多传感器融合实验要对同一场景采用不同传感器得到的图像进行融合。实验中使用上面提到的小波分解方法的分解和重构层数都为 4 层。根据小波分解后的各个子带采用不同的融合规则，低频子带部分使用值平均的融合规则，高频子带部分使用绝对值最大的融合规则。

1. 实验一：多对焦图像实验

基于小波分解有效地移除输入图像的模糊区域。两个输入图像使用均值和方差都为 5 的高斯过滤器进行模糊化。参考图像(图 7-16(a))用来进行评价相应的融合算法。对输入图像左边进行高斯模糊化(图 7-16(b))，对输入图像右边进行高斯模糊化(图 7-16(c))。

(a) 参考图像

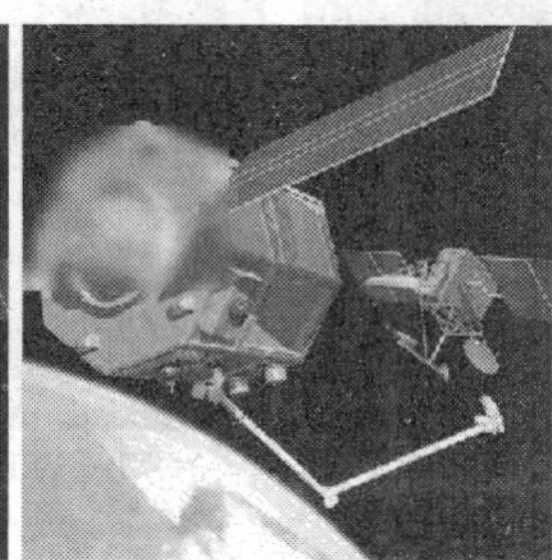
(b) 左对焦图像

(c) 右对焦图像

图 7-16　参考图像和源图像

图 7-17 中的第一列分别展示了采用 4 种不同融合方法的到的融合结果(图 7-17(a)、(g))。图 7-17 中的第二列展示了通过对应融合方法得到的融合结果的误差图像(图 7-17(b)(d)(f)(h))。它是通过参考图像和融合后的图像相减得到的,表示了对应像素点的不同,如式(7-27)。指定像素值之差大于 5 的为白色,其他的为黑色。

$$I_e(x,y) = I_r(x,y) - I_f(x,y) \tag{7-27}$$

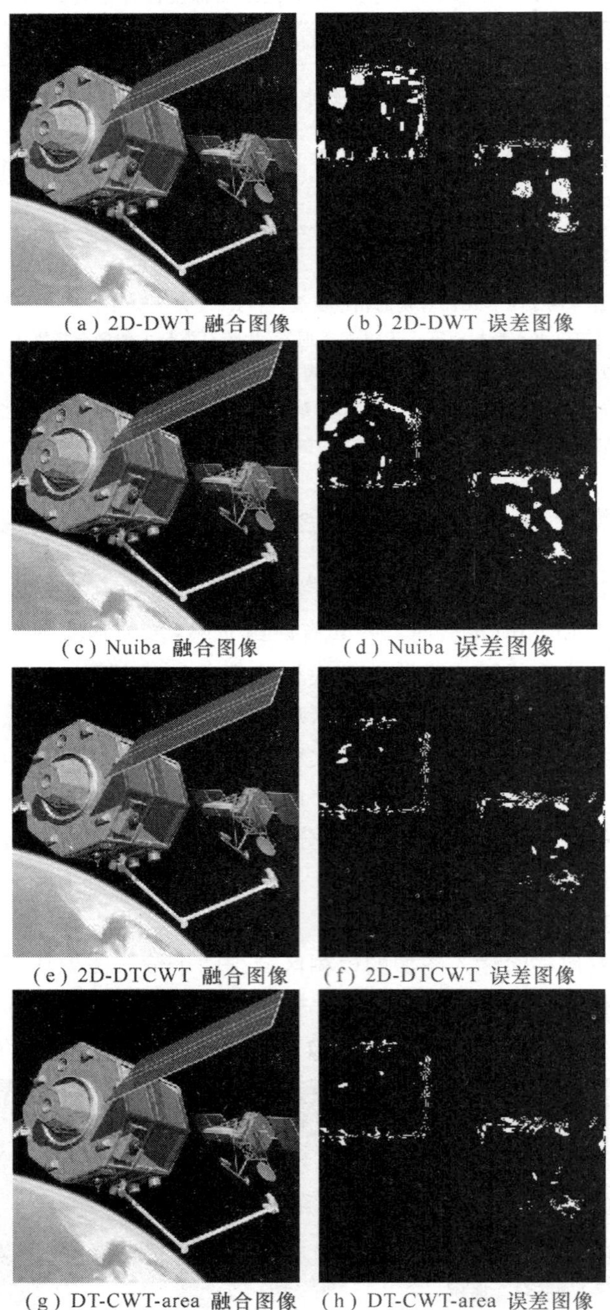

(a) 2D-DWT 融合图像　(b) 2D-DWT 误差图像

(c) Nuiba 融合图像　(d) Nuiba 误差图像

(e) 2D-DTCWT 融合图像　(f) 2D-DTCWT 误差图像

(g) DT-CWT-area 融合图像　(h) DT-CWT-area 误差图像

图 7-17　融合结果及其误差图像

从图 7-17(b)(d)(f)(h)中可以明显看到白色区域逐渐减少，这表明了融合的结果和参考图像越接近，也就说明了融合结果越好。如图 7-17 所示，对于本章提出的方法进行图像融合实验，融合后的图像在清晰度和细节等纹理信息上都有效地提高，融合效果优于对比的上述几种融合方法。

动态融合图像的评价主要的目的是评价融合的时间稳定性和一致性。两个对比的图像序列间的不同表示如下：

$$\mathrm{d}s_x(n_1,n_2,t)=s_x(n_1,n_2,t)-s_x(n_1,n_2,t-1) \tag{7-28}$$

得到输入图像和融合图像的不同 $\mathrm{d}s_A$，$\mathrm{d}s_B$，$\mathrm{d}s_F$，它们的互信息可以通过式(7-29)得到

$$\mathrm{MI}_{\mathrm{d}s_A/\mathrm{d}s_B}=E(\mathrm{d}s_A)+E(\mathrm{d}s_B)-E(\mathrm{d}s_A,\mathrm{d}s_B) \tag{7-29}$$

对应 N 帧输入的图像，平均的互信息如下：

$$\mathrm{MI}_{\mathrm{avg}}=\sum_{i=1}^{n}\mathrm{MI}^{i}_{\mathrm{d}s_A/\mathrm{d}s_B} \tag{7-30}$$

为了客观地评价融合运动图像序列，本章使用了信息熵、边缘强度、互信息和 $Q_{\mathrm{AB/F}}$ 等评价标准。其中信息熵直接反映了图像的平均信息内容，它对噪声和其他快速的波动很敏感。从表 7-7 可以看出，对于航天器交互过程中采集的运动图像信息，本章提出的基于双树复小波变换的区域相似度图像融合方法融合的图像相对于 2D-DWT、NuiBa、2D-DTCWT，在信息熵、评价梯度、边缘强度这三个指标上有较大提高，这是因为在进行低频融合时，根据图像块的相似度采用了不同的融合规则，充分考虑了图像的灰度值和标准差，在 $Q_{\mathrm{AB/F}}$ 上略有下降，而在互信息之一指标上下降地比较多。互信息可以作为两个变量直接相关性的度量，如果是红外和可见光的融合，这个值应该是越大越好，说明包含的信息比较多。但在本次实验中我们是模糊区域的融合，这样融合后的图像包含一个的信息会比较多，而另一个图像包含的信息就比较少，最后就导致互信息的降低，所以采用本方法的融合效果较好。

表 7-7　多对焦图像融合实验结果

实验	图像	信息熵	平均梯度	边缘强度	互信息	$Q_{\mathrm{AB/F}}$
2D-DWT	(a)	6.372 4	9.001 7	80.881 3	6.211 1	0.895 3
Nuiba	(b)	6.332 7	8.991 4	80.520 6	6.398 7	0.907 1
2D-DTCWT	(c)	6.349 0	9.021 6	80.922 1	6.256 7	0.906 7
DT-CWT-area(本章方法)	(d)	6.821 8	9.092 3	81.689 3	5.317 2	0.899 8

2. 实验二：多传感器图像融合

多传感器图像实验：基于小波变换的融合方法，对红外和可见光的图像进行融合，有效地提高了输入图像的视觉质量。图 7-18 显示了输入图像和融合后的结果，多传感器的融合结果表明了本章所提出的融合规则的有效性。

图 7-18(a)是可见光的图像，在室外的人物细节很清晰，但花台中的草地和花丛就混为一体。图 7-18(b)所示是红外图像，隐约可以看到室内的情况，同时对于花台中的草地和花丛区分较为明显，但人物的细节和阴影下的动植物看不清，光线对它显示的效果有很大影响。采用 2D-DWT 融合方法得到的结果如图 7-18(c)所示。因为本身 DWT 的移动可变性，使得融合后的图像会出现块状物，并且人物细节丢失了。没有采用本章融合规则的 DT-CWT 的融合结果如图 7-18(e)和(f)所示，其中路灯杆比较模糊，同时草皮颜色没有区分，路面的细节不是很清晰。而本章提出的融合方法的融合结果如图 7-18(g)和(h)所示，其中在路面细节、草皮渐

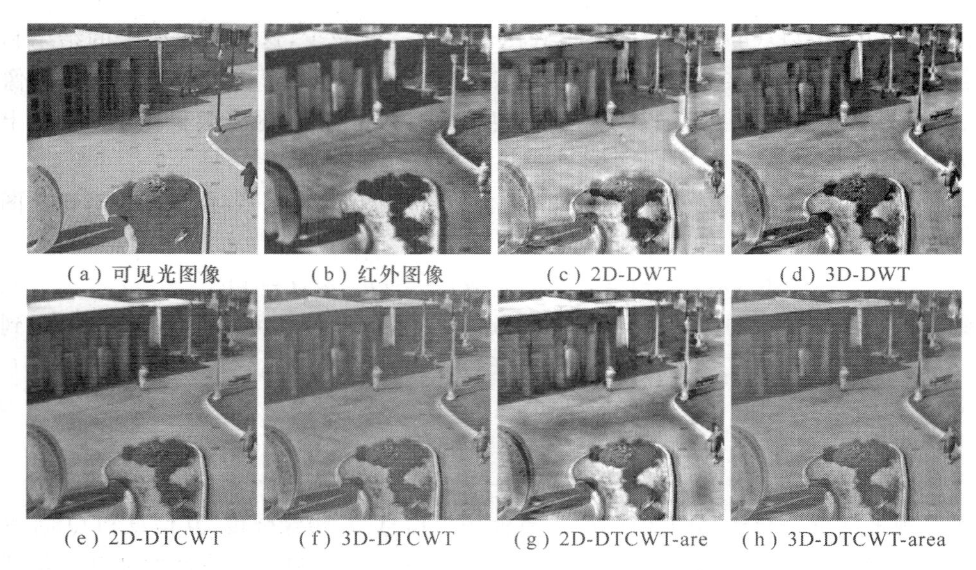

(a) 可见光图像　(b) 红外图像　(c) 2D-DWT　(d) 3D-DWT

(e) 2D-DTCWT　(f) 3D-DTCWT　(g) 2D-DTCWT-are　(h) 3D-DTCWT-area

图 7-18　源图像和融合结果

变上都很明显。因此采用本章提出的方法进行运动图像融合，融合后的图像在边缘细节、清晰度和细节效果都有较大提高。

计算融合后图像序列的平均梯度的计算方法如下：

$$\nabla G = \frac{1}{M \times N} \sum_{i=1}^{M} \sum_{j=1}^{N} \left[\Delta x F\ (i,j)^2 + \Delta y F\ (i,j)^2 \right]^{1/2} \tag{7-31}$$

其中，$\Delta x F\ (i,j)^2$ 、$\Delta y F\ (i,j)^2$ 分别为像元(i,j)在 x/y 方向上的一阶差分。这个指标主要表示融合后图像的清晰度、对比度等特征。

从图 7-19 可见，本章提出的融合方法在信息熵、平均梯度、边缘强度和 $Q_{AB/F}$ 上都有所提高。

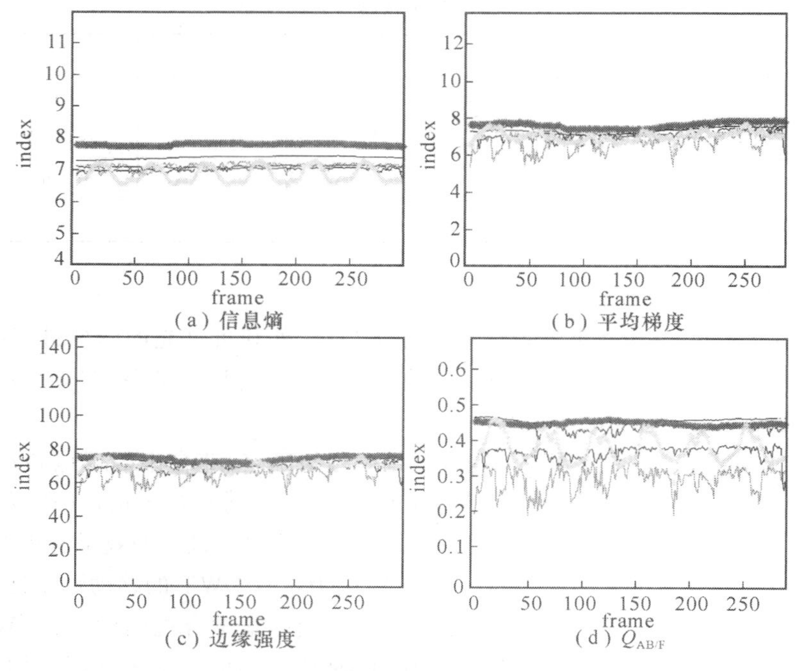

(a) 信息熵　(b) 平均梯度

(c) 边缘强度　(d) $Q_{AB/F}$

图 7-19　融合结果客观评价曲线图

实验结果表明，针对无噪声图像序列，与 3D-DWT、3D-DTCWT 和 3D-UDCT-salience 融合算法相比，SIFD 算法不仅保证了图像整体融合质量，也保持了显著目标区域的完整性，视觉效果及客观评价值都有明显改善。SIFD 算法 MI 指标分别提升 26%、5%和 10%，$Q_{AB/F}$ 指标分别提升 19%、10%和 14%，$DQ_{AB/F}$ 指标分别提升 17%、6%和 21%，IFD_MI 指标分别提升 24%、8%和 9%。针对有噪声图像序列，与 3DDTCWT-FD 和 3DUDCT-FD 算法相比，SIFD 算法 MI 指标分别提升 20%和 12%，$Q_{AB/F}$ 指标分别提升 20%和 8%，PSNR 指标值分别提升 1%和 2%，RMSE 指标值分别降低 3%和 5%，$DQ_{AB/F}$ 指标分别提升 34%和 26%，IFD_MI 指标分别提升 4%和 18%。

7.4 本章小结

本章研究了多传感器运动图像序列的同时融合与降噪方法，利用三维 Shearlet 变换的多尺度几何分析特性，结合显著性特征，有效地描述运动图像的边缘和纹理等特征，构建了一个综合的融合与降噪框架，提出了基于三维 Shearlet 变换的多传感器运动图像序列融合与降噪算法（SIFD），生成无噪声的满足人类视觉感知特性的高质量融合运动图像序列。给出了已有的双树复小波变换的图像融合方法，指出其存在的问题。改进了已有融合规则，提出了基于区域相似度的融合规则，充分利用了灰度值和标准差等属性，并把这种改进的融合规则应用到基于双树复小波变换的图像融合中。

本章参考文献

[1] Khaleghi B, Khamis A, Karray F O, et al. Multisensor Data Fusion: A Review of the State-of-the-Art [J]. Information Fusion, 2013, 14(1): 28-44.

[2] Pajares G, De La Cruz J M. A Wavelet-Based Image Fusion Tutorial [J]. Pattern Recognition, 2004, 37 (9): 1855-1872.

[3] Li T, Wang Y. Biological Image Fusion Using a NSCT Based Variable-Weight Method[J]. Information Fusion, 2011, 12(2): 85-92.

[4] Chen S, Guo Q, Leung H, et al. A Maximum Likelihood Approach to Joint Image Registration and Fusion [J]. IEEE Transactions on Image Processing, 2011, 20(5): 1363-1372.

[5] Saleem A, Beghdadi A, Boashash B. Image Fusion-Based Contrast Enhancement [J]. EURASIP Journal on Image and Video Processing, 2012, 2012(1): 1-17.

[6] 李勇. 基于多尺度分解的多源图像融合算法研究[D]. 吉林大学，2010.

[7] Li S, Yang B, Hu J. Performance Comparison of Different Multi-Resolution Transforms for Image Fusion [J]. Information Fusion, 2011, 12(2): 74-84.

[8] Ellmauthaler A, Pagliari C L, da Silva E A B. Multiscale Image Fusion Using the Undecimated Wavelet Transform with Spectral Factorization and Nonorthogonal Filter Banks [J]. IEEE Transactions on Image Processing, 2013, 22(3): 1005-1017.

[9] Liang J, He Y, Liu D, et al. Image Fusion Using Higher Order Singular Value Decomposition [J]. IEEE Transactions on Image Processing, 2012, 21(5): 2898-2909.

[10] Xu M, Chen H, Varshney P K. An Image Fusion Approach Based on Markov Random Fields [J].

IEEE Transactions on Geoscience and Remote Sensing, 2011, 49(12): 5116-5127.

[11] Wu W, Yang X, Pang Y, et al. A Multifocus Image Fusion Method by Using Hidden Markov Model [J]. Optics Communications, 2013, 287: 63-72.

[12] Cvejic N, Nikolov S G, Knowles H D, et al. The Effect of Pixel-Level Fusion on Object Tracking in Multi-Sensor Surveillance Video [C]. Proceedings of IEEE Conference on Computer Vision and Pattern Recognition (CVPR'07), 2007: 1-7.

[13] Gang X, Bo Y, Zhongliang J. Infrared and Visible Dynamic Image Sequence Fusion Based on Region Target Detection [C]. Proceedings of 10th IEEE International Conference on Information Fusion, 2007: 1-5.

[14] Beyan C, Yigit A, Temizel A. Fusion of Thermal-and Visible-Band Video for Abandoned Object Detection [J]. Journal of Electronic Imaging, 2011, 20(3): 033001-033001-12.

[15] Xiao G, Wei K, Jing Z L. Improved Dynamic Image Fusion Scheme for Infrared and Visible Sequence Based on Image Fusion System [C]. Proceedings of the 11th International Conference on Information Fusion, 2008, 891-895.

[16] Li S, Kang X, Hu J, et al. Image Matting for Fusion of Multi-Focus Images in Dynamic Scenes [J]. Information Fusion, 2013, 14(2): 147-162.

[17] Piella G. Image Fusion for Enhanced Visualization: A Variational Approach [J]. Internat. J. Comput. Vision, 2009, 83(1): 1-11.

[18] Yang B, Li S. Multifocus Image Fusion and Restoration with Sparse Representation [J]. IEEE Transactions on Instrumentation and Measurement, 2010, 59(4): 884-892.

[19] Jang J H, Bae Y, Ra J B. Contrast-Enhanced Fusion of Multisensor Images Using SubbanD-Decomposed Multiscale Retinex [J]. IEEE Transactions on Image Processing, 2012, 21(8): 3479-3490.

[20] Wang W W, Shui P L, Feng X C. Variational Models for Fusion and Denoising of Multifocus Images [J]. IEEE Signal Processing Letters, 2008, 15: 65-68.

[21] Zhao Q, Koch C. Learning Saliency-Based Visual Attention: A Review [J], Signal Processing, 2013, 93(6): 1401-1407.

[22] 敖欢欢.视觉显著性应用研究[D].合肥:中国科学技术大学,2013.

[23] Vig E, Dorr M, Martinetz T, et al. Intrinsic Dimensionality Predicts the Saliency of Natural Dynamic Scenes [J], IEEE Transactions on Pattern Analysis and Machine Intelligence, 2012, 34(6): 1080-1091.

[24] Yang W, Tang Y Y, Fang B, et al. Visual Saliency Detection with Center Shift [J], Neurocomputing, 2013, 103: 63-74.

[25] Qian X, Han J, Cheng G, et al. Optimal Contrast Based Saliency Detection[J]. Pattern Recognition Letters, 2013, 34(11): 1270-1278.

[26] Rabbani H, Gazor S. Video Denoising in Three-Dimensional Complex Wavelet Domain Using a Doubly Stochastic Modelling [J]. IET image processing, 2012, 6(9): 1262-1274.

[27] Maggioni M, Boracchi G, Foi A, et al. Video Denoising, Deblocking, and Enhancement Through Separable 4-D Nonlocal Spatiotemporal Transforms [J]. IEEE Transactions on Image Processing, 2012, 21(9): 3952-3966.

[28] Xin W, Gaolue L. Fusion Algorithm for Infrared-Visual Image Sequences [C]. Proceedings of Sixth International Conference on Image and Graphics (ICIG), 2011: 244-248.

[29] Kim Y, Lee C, Han D, et al. Improved Additive-Wavelet Image Fusion [J]. Geoscience and Remote Sensing Letters, 2011, 8(2): 263-267.

[30] Quan S, Qian W, Guo J, et al. Visible and Infrared Image Fusion Based on Curvelet Transform [C].

Proceedings of 2nd International Conference on Systems and Informatics (ICSAI), 2014: 828-832.

[31] Ruikar S D, Doye D D. Wavelet Based Image Denoising Technique [J]. International Journal of Advanced Computer Science and Applications, 2011, 2(3).

[32] Selesnick I W, Li K Y. Video Denoising Using 2D and 3D Dual-Tree Complex Wavelet Transforms [C]. Proceedings of SPIE's 48th Annual Meeting on Optical Science and Technology, International Society for Optics and Photonics, 2003: 607-618.

[33] Negi P S, Labate D. 3-D Discrete Shearlet Transform and Video Processing [J]. IEEE Transactions on Image Processing, 2012, 21(6): 2944-2954.

[34] Gastal E S L, Oliveira M M. Domain Transform for Edge-Aware Image and Video Processing [J]. ACM Transactions on Graphics (TOG), 2011, 30(4): 69.

[35] Eckhorn R, Reitboeck H J, Arndt M, et al. Feature Linking via Synchronization Among Distributed Assemblies: Simulations of Results from Cat Visual Cortex [J]. Neural Computation, 1990, 2(3): 293-307.

[36] Johnson J L, Padgett M L. PCNN Models and Applications [J]. IEEE Transactions on Neural Networks, 1999, 10(3): 480-498.

[37] Broussard R P, Rogers S K, Oxley M E, et al. Physiologically Motivated Image Fusion for Object Detection Using a Pulse Coupled Neural Network [J]. IEEE Transactions on Neural Networks, 1999, 10(3): 554-563.

[38] Xiao-Bo Q, Jing-Wen Y, Hong-Zhi X, et al. Image Fusion Algorithm Based on Spatial Frequency-Motivated Pulse Coupled Neural Networks in Nonsubsampled Contourlet Transform Domain [J]. Acta Automatica Sinica, 2008, 34(12): 1508-1514.

[39] Chou N, Wu J, Bai Bingren J, et al. Robust Automatic Rodent Brain Extraction Using 3-D Pulse-Coupled Neural Networks (PCNN) [J]. IEEE Transactions on Image Processing, 2011, 20(9): 2554-2564.

[40] Xue Y, Guo X, Cao X. Motion Saliency Detection Using Low-Rank and Sparse Decomposition [C]. Proceedings of IEEE International Conference on Acoustics, Speech and Signal Processing (ICASSP), 2012: 1485-1488.

[41] Qu G, Zhang D, Yan P. Information Measure for Performance of Image Fusion [J]. Electronics Letters, 2002, 38(7): 313-315.

[42] Xydeas C S, Petrovîc V. Objective Image Fusion Performance Measure [J]. Electronics Letters, 2000, 36(4): 308-309.

[43] Petrovic V, Cootes T, Pavlovic R. Dynamic Image Fusion Performance Evaluation [C]. Proceedings of IEEE International Conference on Information Fusion, 2007: 1-7.

[44] Rockinger O. Image Sequence Fusion Using a Shift-Invariant Wavelet Transform[C]. Proceedings of IEEE International Conference on Image Processing, 1997, 3: 288-291.

[45] Wu Z, Goshtasby A. Adaptive Image Registration via Hierarchical Voronoi Subdivision [J]. IEEE Transactions on Image Processing, 2012, 21(5): 2464-2473.

[46] Zhang Q, Chen Y, Wang L. Multisensor Video Fusion Based on Spatial-Temporal Salience Detection [J]. Signal Processing, 2013, 93(9): 2485-2499.

[47] Nguyen T T, Chauris H. Uniform Discrete Curvelet Transform [J]. IEEE Transactions on Signal Processing, 2010, 58(7): 3618-3634.

[48] Szeliski R. Computer Vision: Algorithms and Applications [M]. Springer Science & Business Media, 2010.

[49] Liu C. Beyond Pixels: Exploring New Representations and Applications for Motion Analysis [D]. Massachusetts Institute of Technology, 2009.

第8章　多曝光运动图像序列融合方法研究

8.1 引　言

外界环境复杂多变，可能会出现光照强度突然变化的情况，传感器捕获的图像可能包含欠曝光或过曝光的区域，严重影响采集的图像的质量，致使图像视觉效果较差，图像不能表示场景的完整信息，严重影响运动目标的准确识别和提取。由于图像传感器和摄像机只有有限的亮度动态范围捕获能力，捕获的图像往往不能描述真实世界场景的全部细节。

为了解决上述这些问题，图像序列可以在不同的曝光级别下进行捕获，合成高动态范围图像(HDR)[1-3]。一些研究者已经研发了高级摄像机可以针对场景的不同部分自动调整曝光度，直接生成和显示高动态范围图像[4,5]，但由于成本太高，这样的方法对于普通用户不适用。HDR 成像技术[6]和多曝光融合技术[7]已经被广泛应用于生成局部细节。

HDR 成像技术包含两个主要步骤：HDR 图像重构和色调映射。场景的 HDR 辐射度图可以从一组低动态范围(LDR)图像重构，为了在具有低动态范围的普通设备上显示 HDR 图像，HDR 辐射度图通过色调映射技术[8,9]被转换成适合于显示的图像。HDR 成像技术在本章参考文献[10]中进行了详细概括。研究者已经提出了许多有效的 HDR 重构方法[11,12]和色调映射方法[13,14]。Granados 等人[15]提出了一个最优加权函数，其中假定摄像机响应函数是线性的。但是，如果摄像机响应函数是非线性的就需要进行标定。Kuang 等人[16]提出了一种新的图像表观模型，并用于色调映射。这种两步骤的场景捕获与显示方法，需要复杂的人工交互，容易破坏场景的细节，并且最终色调映射后的 HDR 图像的质量很大程度上依赖于前一步 HDR 重构的结果。

HDR 成像方法通常不像图像融合方法那样简洁高效。与 HDR 成像方法不同，多曝光图像序列融合方法直接将捕获的多曝光图像序列，组合成为曝光良好的融合图像。该融合图像类似于已经色调映射后的 HDR 图像，不涉及 HDR 图像重构过程[17,18]。另外，如果函数不是线性的，在 HDR 成像方法中就需要进行摄像机响应函数的标定过程。但是，图像融合方法不需要做摄像机响应函数的标定过程[19,20]。Mertens 等人[21]提出了一种基于拉普拉斯金字塔的曝光融合(EF)算法，用于彩色图像的融合。Shen 等人[22]利用局部对比度和邻域颜色一致性度量，提出了一种概率融合方法。Song 等人[23]采用极大后验概率框架，构建概率模型推断融合像素。这些技术只适用于某些场景的图像序列，在有些曝光序列的融合中仍然存在曝光偏差、颜色畸变等现象。

为了捕获曝光良好的图像，研究人员已经通过合成具有不同曝光度的 LDR 图像序列，开发了大量多曝光图像融合技术[24,25]。但是，与典型的 HDR 技术类似，大多数融合方法假定捕获的 LDR 图像序列是针对静态场景的，没有考虑运动目标的影响。当捕获曝光序列时由于目标和摄像机的运动，造成序列中图像帧之间存在位移，如果不对 LDR 图像做任何预处理就直接合成，在结果图像中容易引起运动模糊和重影干扰。在大多数情况下，场景中从前一帧到下一帧都会存在一些目标的运动[26]。为了解决摄像机运动[27,28]或目标运动[29-31]引起的问题，各种解决方法已经被提出。有些方法采用滤波和去虚影等方法消除重影[32-34]，但是没有完全消除运动信息的干扰，还丢弃了一些有价值的信息。采用运动估计和运动对齐方法[35]可以消除运动对于融合的负面影响，但是不能获取精确的融合结果。

8.2 基于特征的多曝光运动图像序列融合算法的提出

针对已有的运动图像序列融合方法不能有效地应对光照变化对捕获目标场景的影响，不能展示完整、清晰的场景细节，本章提出了基于特征的多曝光运动图像序列融合算法，通过融合不同曝光度设置下采集的场景图像，确保获取光照良好的场景图像，展现场景的丰富细节内容。基于特征的权重估计方法准确地度量了像素的质量，获取了权重图；基于指导滤波的权重图优化方法提升了权重图的准确性，确保能够获得高质量的融合图像；采用图像对齐方法解决目标运动造成的融合图像运动模糊和虚影问题，最终得到了具有高动态范围的、光照良好的完整清晰的场景图像。

8.2.1 FMIF 算法研究动机

在视觉导航系统中，需要采集准确、清晰、完整的目标及场景信息。外界环境复杂多变，经常会出现光照变化的情况，严重影响了图像信息的采集。因此，需要提出一种图像融合算法，可以克服光照变化的干扰，高质量地合成完整清晰的目标场景图像。为了采集不同光照强度下的场景区域，采用不同的曝光度捕获场景信息，光照较强的区域在低曝光度图像中比较清晰，光照弱的区域在高曝光度图像中可以较好感知，从而能够得到互补的图像信息，合成这些具有互补特征的图像可以得到完整的场景图像。如图 8-1 所示，展示了正常曝光的场景图像与多曝光融合场景图像的对比。图 8-1(a)采用正常曝光捕获的图像，光线弱的楼内场景较暗，窗户外光线强的区域又太亮，导致不能完整显示场景细节。而图 8-1(b)中的多曝光融合图像，整个图像看上去亮度均衡，清晰地显示了场景中的细节信息，有效地消除了光照变化对捕获场景图像质量的影响。

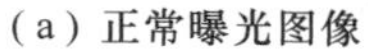

(a) 正常曝光图像

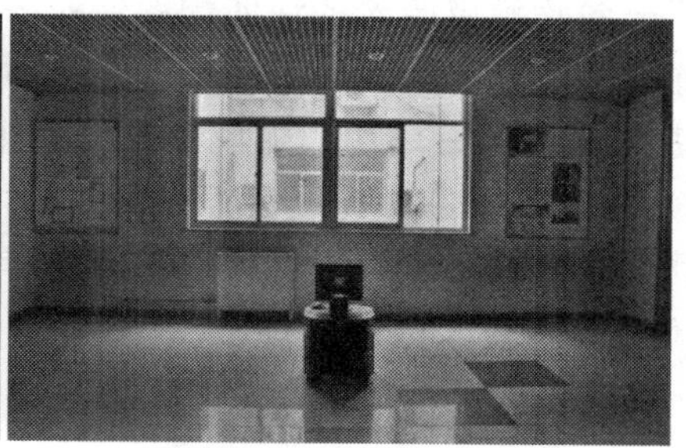

(b) 多曝光融合图像

图 8-1　正常曝光图像与多曝光融合图像对比

如果在采集的图像序列中存在运动目标，就可能致使融合结果出现虚影干扰。已经存在采用滤波和去虚影技术等方法消除运动干扰[36-38]，但是并没有完全消除运动信息的干扰。因此，本章提出基于特征的多曝光运动图像序列融合算法，其目的是确保在光照变化的情况下仍然能够获得完整清晰的目标场景细节。一方面从图像合成角度出发，提出基于特征的权重估计方法，结合基于指导滤波的权重优化实现精确的融合；另一方面从处理运动信息的角度出发，采用图像对齐方法将运动图像序列调整到相同的坐标系，消除目标运动引起的虚影，最终得到高质量的融合运动图像。

8.2.2 FMIF 算法描述

FMIF 算法利用基于特征的权重估计和图像对齐，能有效处理多曝光运动图像序列的融合。图 8-2 是 FMIF 算法框架图。FMIF 算法采用基于一致性敏感哈希的块匹配图像对齐方法，将输入图像对齐到参考图像，避免融合结果中由于目标运动引起虚影。依据基于特征的权重估计和基于指导滤波的权重优化，获取图像权重图，合成清晰的融合结果。序列中每个输入图像的初始像素权重通过集成三个不同的特征(相位一致性、局部对比度和颜色饱和度)估计，采用指导滤波器对每个权重图进一步优化，生成最终的精确的权重图，采用优化权重图对原图像进行加权求和，得到最终的融合结果。

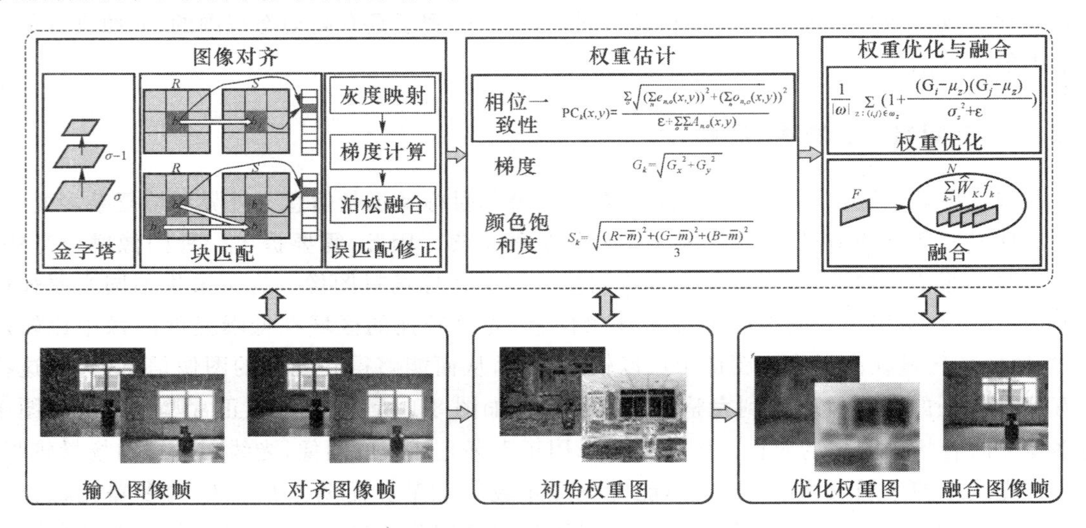

图 8-2 基于特征的多曝光运动图像序列融合算法框架图

1. 基于一致性敏感哈希的块匹配图像对齐

如果捕获的图像包含运动目标，在融合的时候有可能在融合结果中引入虚影。为了克服这个问题，基于近似最近邻块匹配算法[39,40]思想实现了基于一致性敏感哈希的块匹配图像对齐(CSHIA)，将输入图像对齐到参考图像，之后再执行融合过程。

两个相邻图像帧 I_n 和 I_{n+1} 实现对齐，选择具有最少过饱和或欠饱和像素的图像作为参考图像 R，待对齐图像定义为原图像 S，采用式(8-1)为图像 R 和 S 建立金字塔：

$$\begin{aligned} P(x,y,R,\sigma-1) &= P_{2\downarrow}(x,y,R,\sigma) \\ P(x,y,S,\sigma-1) &= P_{2\downarrow}(x,y,S,\sigma) \end{aligned} \tag{8-1}$$

其中，$\{P(x,y,\Delta,\sigma-1)\ \Delta=R,S\}$ 表示尺度函数，(x,y) 表示像素位置，σ 表示金字塔层级，$2\downarrow$ 表示下采样因子。

FMIF 算法在金字塔多尺度上实现由粗到精的求解，在每一层采用块匹配算法，在输入图像 S 与参考图像 R 之间执行块匹配操作，从而得到像素的运动向量，之后将输入图像对齐到参考图像得到 S_w 。

FMIF 算法的关键步骤是采用一致性敏感哈希(Coherency Sensitive Hashing，CSH)[41]近似最近邻域匹配方法，实现图像块的匹配，其核心思想是在相邻图像块中搜索与候选图像块最接近的匹配图像块，即：

$$d_y = \| x - y \| = \min\{ \| x' - y \| ; x' \in S\} \tag{8-2}$$

其中，x' 是来自候选块集合 S 的图像块，y 是待计算的图像块，x 是 y 的最近邻块，且 $x \in S$ 。d_y 是 x 和 y 之间的距离计算函数。

对于匹配不够准确的区域，进行误匹配修正。采用灰度映射函数(IMF)[42]进行初始空洞填充，改善匹配的精度，获取初始对齐图像。灰度映射函数 IMF 定义如下：

$$\tau_c = \underset{\tau}{\operatorname{argmin}} \sum_{x,y} \| \tau(R_c(x,y)) - S_c^w(x,y) \|_1 \tag{8-3}$$

其中，$\tau'_c(\cdot) \geqslant 0$ ，$\tau_c(\cdot) \in [0,1]$ 和 $c \in \{r,g,b\}$ 。R_c 和 S_c^w 分别表示参考图像 R 和变形原图像 S_w 的 c 颜色通道，(x,y)是像素坐标。灰度映射函数的初始值 τ 设置为图像的灰度直方图，为了消除异常引起的拟合偏差，采用迭代加权最小二乘(IRLS)实现优化求解。

对于存在匹配误差的区域继续优化，提取原图像或参考图像误匹配区域的梯度信息，采用泊松图像融合方法合成初始对齐图像与梯度图，优化误匹配区域。较粗尺度的对齐图像作为更精细尺度的初始值迭代优化，最后生成最优化的对齐结果。

2. 基于特征的权重估计的提出

曝光良好的图像应该包含丰富的结构特征、强对比度和明亮的颜色。为了度量图像中每个像素的重要性，得到图像的权重图，我们提出了基于特征的权重估计方法。当多曝光图像被对齐后，集成三个图像特征来估计像素的权重，三个特征包括：相位一致性、局部对比度和颜色饱和度。通过集成三种图像特征度量值，可以准确度量不同曝光尺度下对应像素的权重。

局部结构的重要性可以采用相位一致性进行度量[43]，在图像中相位一致性较高的点处能够抽取到非常丰富的结构特征。相位一致性特征可以从彩色图像的亮度成分中抽取。将原始的 RGB 彩色图像转换到 YIQ 颜色空间[44]，其中 Y 表示亮度信息，I 和 Q 表示色度信息。RGB 空间到 YIQ 空间的转换可以通过式(8-4)实现：

$$\begin{pmatrix} Y \\ I \\ Q \end{pmatrix} = \begin{pmatrix} 0.299 & 0.587 & 0.114 \\ 0.596 & -0.274 & -0.322 \\ 0.211 & -0.523 & 0.312 \end{pmatrix} \begin{pmatrix} R \\ G \\ B \end{pmatrix} \tag{8-4}$$

为了计算图像的相位一致性特征 PC，将多曝光序列中的第 k 个输入图像 $f_k(x,y)$的亮度分量 Y 与二维 log-Gabor 滤波器进行卷积，二维 log-Gabor 滤波器的变换函数定义如下：

$$LG(\omega,\theta_j) = \exp\left[-\frac{(\lg(\omega/\omega_0))^2}{2\sigma_r^2}\right] \cdot \exp\left[-\frac{(\theta-\theta_j)^2}{2\sigma_\theta^2}\right] \tag{8-5}$$

其中，ω_0 是滤波器的中心频率，$\theta_j = j\pi/J$ ，$j = \{0,1,\cdots,J-1\}$ 是滤波器的方向角，J 是方向数，σ_r 控制滤波器的带宽，σ_θ 决定滤波器的角度带宽，根据经验设置 $J=4$，四个尺度的 ω_0 分别为 1/6、1/12、1/24、1/48，$\sigma_r = 0.597\,8$，$\sigma_\theta = 0.654\,5$。卷积结果生成一组正交向量 $[e_{n,o}(x,y), o_{n,o}(x,y)]$(尺度 n，方向 o)，得到局部振幅定义如下：

$$A_{n,o} = \sqrt{e_{n,o}(x,y)^2 + o_{n,o}(x,y)^2} \tag{8-6}$$

在第 k 个输入图像的位置(x,y)处的相位一致性特征 PC_k 定义为

$$PC_k(x,y) = \frac{\sum\limits_o \sqrt{\left(\sum\limits_n e_{n,o}(x,y)\right)^2 + \left(\sum\limits_n o_{n,o}(x,y)\right)^2}}{\varepsilon + \sum\limits_o \sum\limits_n A_{n,o}(x,y)} \tag{8-7}$$

其中，ε 是一个小的正常量，相位一致性 PC 的值在 0 到 1 之间。PC 越接近 1，特征越显著。如图 8-3 所示，展示了相位一致性、局部对比度和颜色饱和度三个特征度量在原图像上的特征图。图 8-3(a)是原图，图 8-3(b)是相位一致性能量图，从图 8-3(b)中可以看到，相位一致性 PC 的能量显示了重要的结构特征。

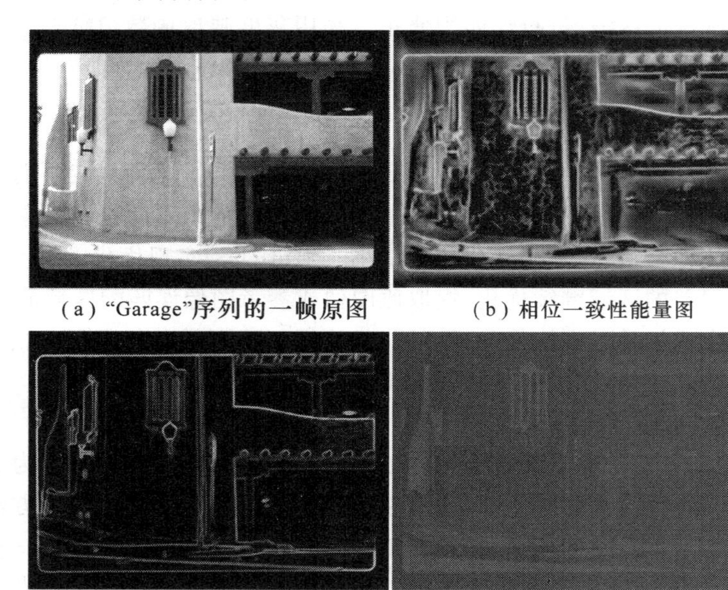

(a) “Garage”序列的一帧原图　(b) 相位一致性能量图

(c) 局部对比度图　(d) 颜色饱和度图

图 8-3　相位一致性、局部对比度和颜色饱和度对比图

因为相位一致性 PC 是对比度不变的，而对比度信息影响了人类视觉系统对图像质量的感知，所以采用局部对比度作为第二个度量，与 PC 互为补充。在 FMIF 算法中，对比度信息使用图像梯度能量进行度量，图像梯度度量为重要细节特征分配较高权重，例如边缘和纹理。如图 8-3(c)所示，局部对比度能量表明了图像对比度的变化情况。局部对比度的能量图准确地捕获了图 8-3(a)所示的原图像的边缘和纹理。图像梯度可以采用卷积掩模进行计算。在 FMIF 算法中采用 Sobel 算子作为梯度算子，Sobel 算子定义如下：

$$\frac{1}{4}\begin{pmatrix} 1 & 0 & -1 \\ 2 & 0 & -2 \\ 1 & 0 & -1 \end{pmatrix} \frac{1}{4}\begin{pmatrix} 1 & 2 & 1 \\ 0 & 0 & 0 \\ -1 & -2 & -1 \end{pmatrix} \tag{8-8}$$

沿着图像的水平和垂直方向，将输入图像 $f_k(x,y)$的亮度信道 Y 与 Sobel 算子执行卷积，得到两个方向梯度 G_x和 G_y。第 k 个输入图像 $f_k(x,y)$的对比度 G_k有如下定义：

$$G_k = \sqrt{G_x^2 + G_y^2} \tag{8-9}$$

相位一致性和局部对比度度量都只在亮度信道上进行度量，对于彩色图像，如果仅仅采用相位一致性和局部对比度作为度量指标，不能得到准确的权重图。如图 8-3(d)所示，

在原图像中墙壁左侧的黄色区域以及棕色的门框展示了更多的能量，因此采用颜色饱和度度量作为第三个特征。颜色饱和度 S_k 的计算定义为 R、G、B 信道内每个像素的标准差，定义如下：

$$S_k = \sqrt{\frac{(R-\overline{m})^2+(G-\overline{m})^2+(B-\overline{m})^2}{3}}, \quad \overline{m} = \frac{(R+G+B)}{3} \tag{8-10}$$

如图 8-3 所示，相位一致性、局部对比度和颜色饱和度三个度量之间是互补的关系，三个图像特征通过直接相乘进行组合来估计图像权重。通过这种方式，多曝光融合图像能够保持原图像序列的所有重要细节，初始权重图定义为

$$W_k = \mathrm{PC}_k \times G_k \times S_k \tag{8-11}$$

假定在多曝光序列中的图像数是 N，为了保持融合结果的一致性，对 N 个权重图进行归一化，保证在每个像素(x,y)处的权重和为 1，归一化的权重 $\widetilde{W}_k(x,y)$ 定义为

$$\widetilde{W}_k(x,y) = \frac{W_k(x,y)}{\sum_{k'=1}^{N} W_k{'}(x,y)} \tag{8-12}$$

3. 权重优化与融合

获得初始的权重图后，融合图像可以作为输入图像的加权和被构造。如图 8-2 所示，由于在初始权重图中存在许多洞和缝隙，结果导致融合图像包含了一些缝隙，这些情况可以在图 8-4(a)中看到。图 8-4 对比了基于初始权重图计算得到的融合结果与基于优化权重图得到的融合结果。采用指导滤波器[45]进行权重优化，获取优化权重图。优化后的权重图更加平滑，没有包含间断区域，能够更加准确地表示像素的重要性。利用优化权重图得到的融合结果显示在图 8-4(b)中，可以看到融合图像有效地消除了裂缝。

(a) 基于初始权重图的融合图像　(b) 基于优化权重图的融合图像

图 8-4　基于初始权重图计算得到的融合结果与基于优化权重图得到的融合结果对比

指导滤波器涉及一个指导图像 G，一个输入图像 p 和一个输出图像 q。在 FMIF 算法中，指导图像 G 和输入图像 p 都设置为初始权重图 $\widetilde{W}_k$，指导滤波器在像素 i 的输出以加权平均的方式定义如下：

$$q_i = \sum_j \overline{W}_{ij}(G)p_j \tag{8-13}$$

其中，i 和 j 是像素索引。滤波核 $\overline{W}_{ij}$ 是指导图像 G 的函数，$\overline{W}_{ij}$ 独立于 p。滤波器与 p 是线性关系。核权重 $\overline{W}_{ij}$ 定义如下：

$$\overline{W}_{ij}(G) = \frac{1}{|\omega|}\sum_{z:(i,j)\in\omega_z}\left(1+\frac{(G_i-\mu_z)(G_j-\mu_z)}{\sigma_z^2+\varepsilon}\right) \tag{8-14}$$

其中，ω_z 是长度为 r，中心为 z 的局部窗口。μ_z 和 σ_z^2 是在 ω_z 上的 G 的均值和方差，$|\omega|$ 是在 ω_z 中像素的数量。ε 是一个正则化参数，提供一个关于"平面块"或者"高方差/边缘"的判断标准。ε 的影响类似于双边滤波器中的范围方差 σ_r^2 。核权重 $\overline{W}_{ij}$ 满足：

$$\sum_j \overline{W}_{ij}(G) = 1 \tag{8-15}$$

经过指导滤波器优化后，对于多曝光序列的每个图像，可以得到一个优化的、精确的和平滑的权重图 $\hat{W}_k$ ：

$$\hat{W}_k(x,y) = q_i \tag{8-16}$$

得到优化权重图后，融合结果 F 可以直接从输入图像计算得到：

$$F = \sum_{k=1}^{N} \hat{W}_k f_k \tag{8-17}$$

优化权重图指出了图像中哪些像素是曝光良好的，以促使融合结果包含所有曝光良好的像素，生成具有生动视觉效果的融合图像。

4. FMIF 算法实现步骤

通过对基于一致性敏感哈希的块匹配图像对齐、基于特征的权重估计和权重优化与融合三个步骤的详细描述，本章提出的基于特征的多曝光运动图像序列融合算法（FMIF）的实现步骤如表 8-1 所示。

表 8-1　基于特征的多曝光运动图像序列融合算法步骤

算法：基于特征的多曝光运动图像序列融合算法（FMIF）
输入：多曝光图像序列 I_k 输出：融合图像 F (1) 读取多曝光序列 I_k； (2) 选择其中一帧作为参考帧 R，其他帧作为输入帧 S； (3) 在参考帧 R 和输入帧 S 之间执行图像对齐，首先按照式(8-1)建立图像金字塔 P，金字塔层级为 L FOR　$i = 1, \cdots, L$ 在金字塔的每一层执行一致性敏感哈希块匹配； 将输入帧 S 对齐到参考帧 R； 采用式(8-3)灰度映射函数进行初始空洞填充； 采用泊松图像融合方法融合梯度信息继续优化误匹配区域； END 重复执行步骤(3)，将其他帧全部对齐到参考帧； 按照式(8-4)～式(8-11)计算每个图像帧的初始权重图 W_k； 按照式(8-12)对初始权重图归一化，得到归一化初始权重图 $\widetilde{W}_k(x,y)$ ； 按照式(8-13)～式(8-16)对初始权重图进行优化，获取更精确的权重估计图 $\hat{W}_k$ ； 按照式(8-17)执行多曝光加权融合，得到融合图像 F。

8.2.3　FMIF 算法的实验结果与分析

1. 客观评价指标及对比算法

用于评价算法性能的客观度量包括三种，梯度保持度（$Q_{AB/F}$）[46]、视觉保真度（VIF）[47]和针对彩色图像的特征相似性指标(FSIMc)[43],用于量化地评价不同算法的性能。$Q_{AB/F}$反映了融合图像中边缘信息的保持度,VIF量化视觉质量的畸变和改善程度,FSIMc根据图像的低级特征评价图像质量。对于三种度量方法,评价指标值越高,图像质量越好。将FMIF算法与线性窗口(LW)算法[48]和Photomatix[49]作对比,LW算法采用CSHIA图像对齐方法作为预处理步骤,Photomatix包括对齐和去虚影处理功能。

2. FMIF算法实验结果与分析

(1) 实验一:FMIF算法在标准多曝光运动图像序列上的融合性能对比实验

在实验一中,将本章提出的基于特征的多曝光运动图像序列融合算法(FMIF)在三组标准多曝光图像序列上进行实验,包括"Horse""Park"和"Forest"(数据来自Sing Bing Kang、Jun Hu、Orazio Gallo)。将FMIF算法与LW算法、Photomatix的融合结果做对比,并采用$Q_{AB/F}$、VIF和FSIMc进行客观质量度量。在FMIF算法中,权重优化阶段的指导滤波器涉及两个自由参数:窗口半径r和正则化参数ε。r决定带宽,ε决定边缘保持度。通过$Q_{AB/F}$、VIF和FSIMc指标,评价FMIF算法在不同参数设置下的融合性能确定最优参数值,确定参数$r=24$和$\varepsilon=16$为最优的取值,在本章的实验中采用相同的r和ε的取值。

图8-5显示了一组FMIF算法与LW算法和Photomatix的对比结果,使用在动态场景中"Horse"图像序列。原始的"Horse"图像序列显示在图8-5(a),其中马移动了它的头部。图8-5(b)显示了执行CSHIA图像对齐后的图像序列。图8-5(c)~(e)显示了LW算法、Photomatix和FMIF算法的结果。带有图像对齐过程的LW算法结果降低了结果图像的对比度。带有对齐和去虚影过程的Photomatix结果消除了虚影,但其结果有一点过增强。FMIF算法具有令人满意的结果,图像具有良好的曝光、均衡的对比度和清晰的纹理细节。

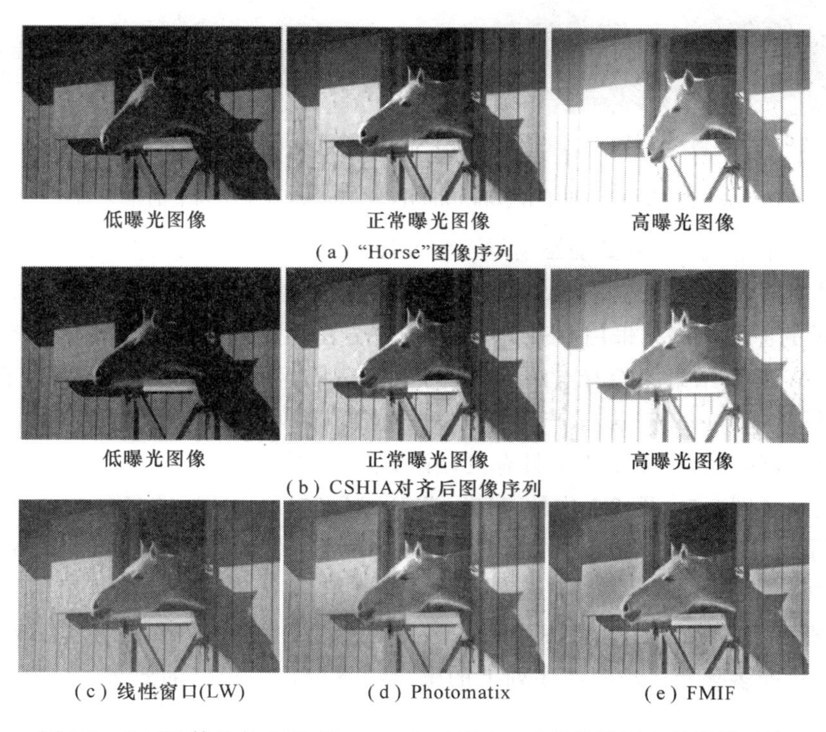

图8-5 FMIF算法与LW、Photomatix在"Horse"图像序列上的结果对比

图 8-6 描述了在“Park”多曝光运动图像序列的对比结果。如图 8-6(b)所示，使用 CSHIA 图像对齐方法生成了完美的对齐图像序列。如图 8-6(c)所示，带有对齐过程的 LW 算法结果降低了图像亮度，并在天空区域遭受了颜色畸变。图 8-6(d)所示的 Photomatix 的融合结果在建筑物和天空区域有模糊现象。图 8-6(e)所示的由 FMIF 算法生成的融合结果表现出了较强的对比度，生动的视觉效果以及丰富的场景细节。

图 8-6 FMIF 算法与 LW、Photomatix 在“Park”图像序列上的结果对比

图 8-7 显示了一组“Forest”动态场景多曝光序列，其中只有一张图像包含了运动的目标。FMIF 的结果与 LW 算法和 Photomatix 的融合结果显示在图 8-7 中。如图 8-7(b)所示，对图 8-7(a)所示的原图像序列采用 CSHIA 图像对齐方法生成对齐的图像序列。图 8-7(c)带有对齐过程的 LW 算法结果图像有点暗，这是因为运动目标仅仅出现在一个输入图像中，带有对齐和去虚影过程的 Photomatix 产生了很好的融合结果，但是有轻微的过曝光。如图 8-7(e)所示，FMIF 算法的融合结果生成了具有更好视觉效果的结果。

表 8-2 归纳了图 8-5～图 8-7 中的“Horse”“Park”和“Forest”标准多曝光运动图像序列，采用不同算法得到的融合结果在 $Q_{AB/F}$、VIF 和 FSIMc 度量下的客观指标值。Photomatix 在融合结果图像中引入虚影，所以有较低的 $Q_{AB/F}$、VIF 和 FSIMc 度量值。由于采用了图像对齐方法作为预处理步骤，所以 LW 算法产生了较好的结果。与 LW 算法和 Photomatix 相比，FMIF 算法在标准多曝光运动图像序列上的融合结果取得了很好的效果，客观评价指标性能有了很大提升。

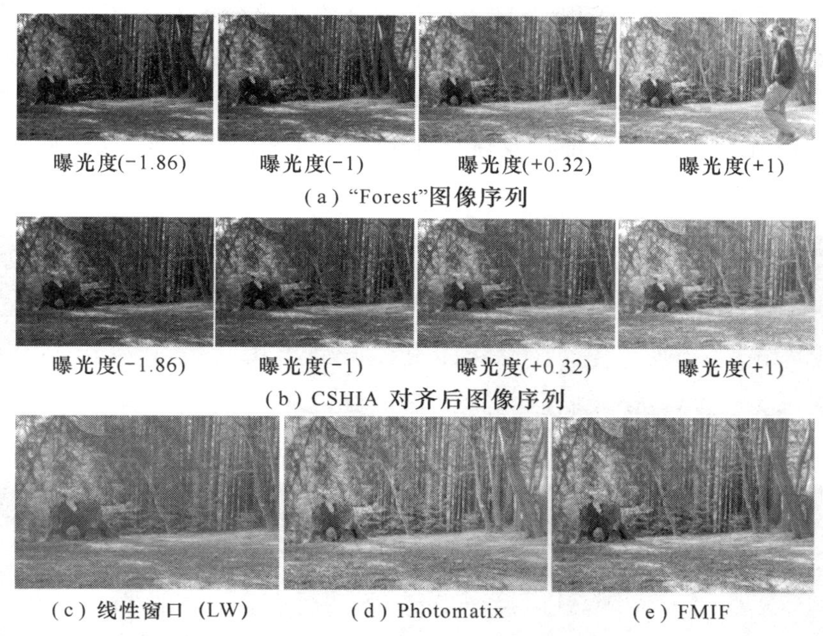

图 8-7　FMIF 算法与 LW、Photomatix 在"Forest"图像序列上的结果对比

表 8-2　不同算法在标准序列的客观评价指标值

序列名称	度量方法	LW 算法	Photomatix	FMIF 算法
Horse	$Q_{AB/F}$	0.372	0.362	0.480
	VIF	0.355	0.561	0.566
	FSIMc	0.760	0.713	0.780
Park	$Q_{AB/F}$	0.655	0.536	0.776
	VIF	0.709	0.539	0.791
	FSIMc	0.904	0.835	0.980
Forest	$Q_{AB/F}$	0.404	0.375	0.537
	VIF	0.480	0.515	0.583
	FSIMc	0.859	0.787	0.889

(2) 实验二:FMIF 算法在机器人多曝光运动图像序列上合性能对比实验

在实验二中,将本章提出的 FMIF 算法与 LW 算法、Photomatix 在我们拍摄的两组机器人多曝光运动图像序列上进行对比实验。两组序列分别为"Single-seq Robot"序列和"Dual-seq Robot"序列。"Single-seq Robot"是单序列多曝光运动图像,"Dual-seq Robot"序列是我们采用两台摄像机,分别设置不同的曝光度,同时拍摄的同一场景的两个机器人运动图像序列。

图 8-8 显示了"Single-seq Robot"机器人多曝光运动图像序列,其中的机器人转动了方向。FMIF 的结果与 LW 算法和 Photomatix 的融合结果显示在图 8-8(c)～(e)中。对

图 8-8(a)所示的原图像序列，采用 CSHIA 图像对齐方法生成的对齐图像序列如图 8-8(b)所示。带有对齐过程的 LW 算法的结果如图 8-8(c)所示，其窗户外部有些模糊。图 8-8(d)所示的 Photomatix 的融合结果窗户外部有点过曝光，细节显得不清楚。FMIF 算法的融合结果如图 8-8(e)所示，在楼的内部以及窗户外部都有良好的曝光度，目标及场景细节都更加清晰。

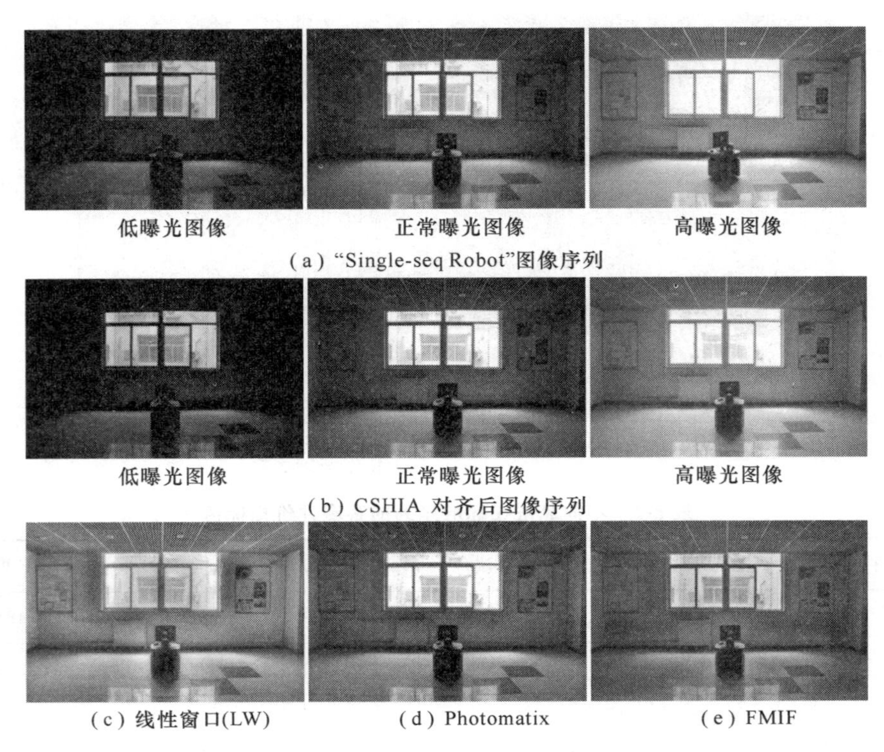

图 8-8　FMIF 算法与 LW、Photomatix 在“Single-seq Robot”序列上的结果对比

对第二组机器人序列“Dual-seq Robot”，通过融合两个序列不同曝光度的对应图像帧，获取到多曝光融合运动图像序列，如图 8-9 所示，分别显示了序列中第 5 帧、50 帧和 80 帧的原图像和融合图像帧。图 8-9(a)是高曝光原图像序列，图 8-9(b)是低曝光原图像序列，图 8-9(c)～(e)分别是 LW 算法、Photomatix 和 FMIF 产生的融合结果图像序列。从图 8-9 中可以观察到，高曝光图像序列如图 8-9(a)所示，捕获了清晰丰富的近处的前景场景信息，但是远处的背景区域只能看到一片白光。低曝光图像序列如图 8-9(b)所示，近处的前景区域较暗，看不到太多的细节信息，而远处的背景信息则比较清晰。对比 LW 算法、Photomatix 和 FMIF 算法的融合结果，图 8-9(c)中出现了颜色畸变，图 8-9(d)在运动的机器人显示器部分出现重影，图 8-9(e)则表现出了最佳的性能，展示了场景中丰富的细节信息。

表 8-3 展示了图 8-8 中的“Single-seq Robot”机器人多曝光运动图像序列，采用 FMIF 算法与 LW 算法、Photomatix 得到的融合结果在 $Q_{AB/F}$、VIF 和 FSIMc 度量下的客观指标值。与 LW 和 Photomatix 相比，FMIF 算法在“Single-seq Robot”多曝光图像序列上的融合结果取得了最好的效果，取得了最高的客观评价指标值。由于使用了 CSHIA 图像对齐方法对齐图像序列，LW 算法与 Photomatix 取得了非常接近的客观评价指标值。

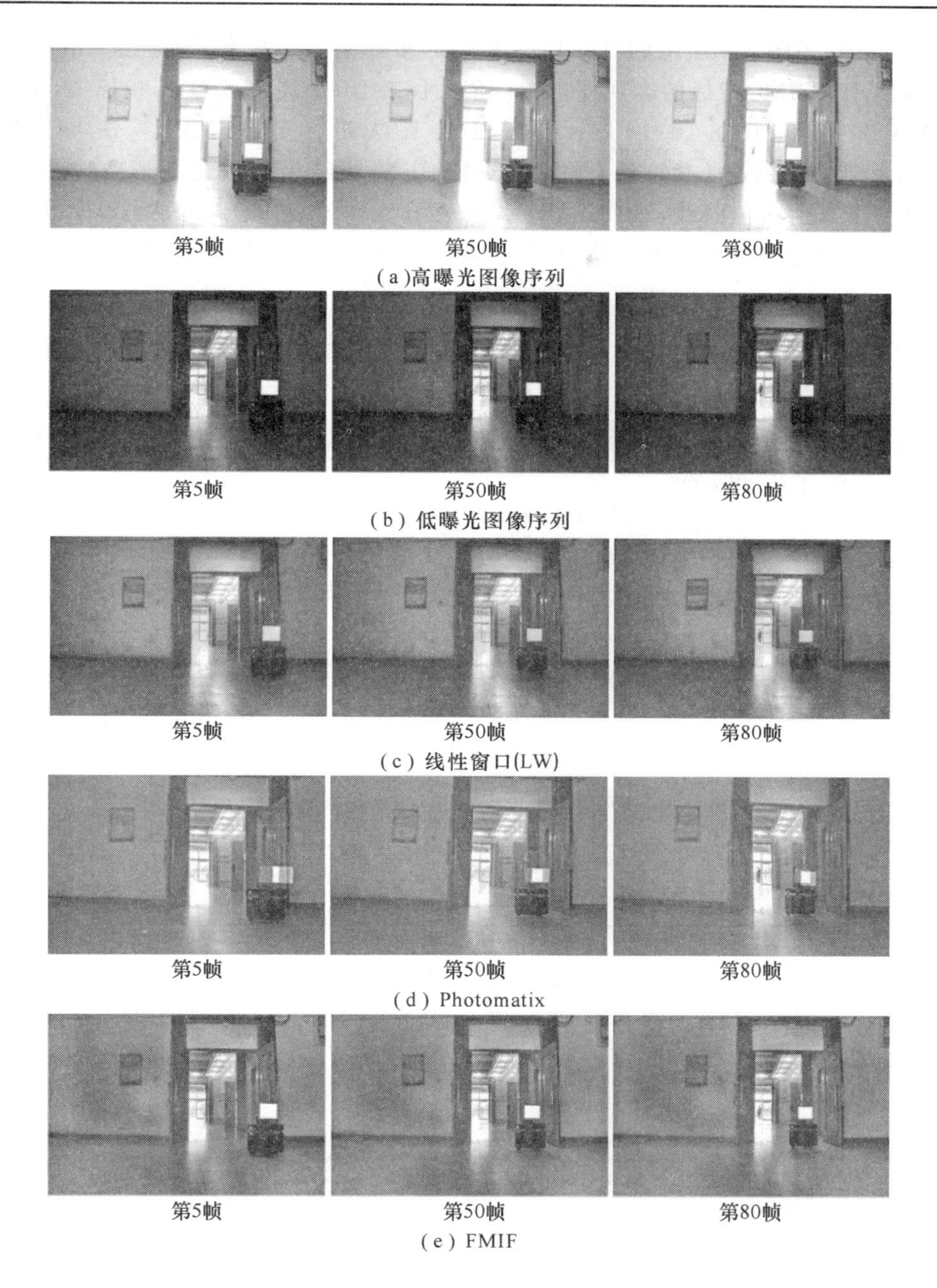

图 8-9　FMIF 算法与 LW、Photomatix 在“Dual-seq Robot”序列上的结果对比

表 8-3　不同算法在“Single-seq Robot”序列的客观评价指标值

度量方法	LW 算法	Photomatix	FMIF 算法
$Q_{AB/F}$	0.451	0.454	0.623
VIF	0.658	0.650	0.872
FSIMc	0.741	0.766	0.866

图 8-10 展示了图 8-9 所示的“Dual-seq Robot”多曝光运动图像序列连续 100 帧的结果，在 $Q_{AB/F}$、VIF 和 FSIMc 指标的客观评价指标值。图 8-10(a)展示了 $Q_{AB/F}$ 指标值，图 8-10(b)展示了 VIF 指标值，图 8-10(c)展示了 FSIMc 算法指标值。FMIF 算法与 LW 算法、Photomatix 相比，对于序列中的每一帧，代表 FMIF 算法结果的黑色菱形曲线在三个指标上，都一直高于其他颜色曲线，表明 FMIF 算法相比 LW 算法和 Photomatix，融合结果图像包含了更丰富、更完整的场景细节信息，具有生动的视觉表观，细节更清晰，视觉效果更加自然。

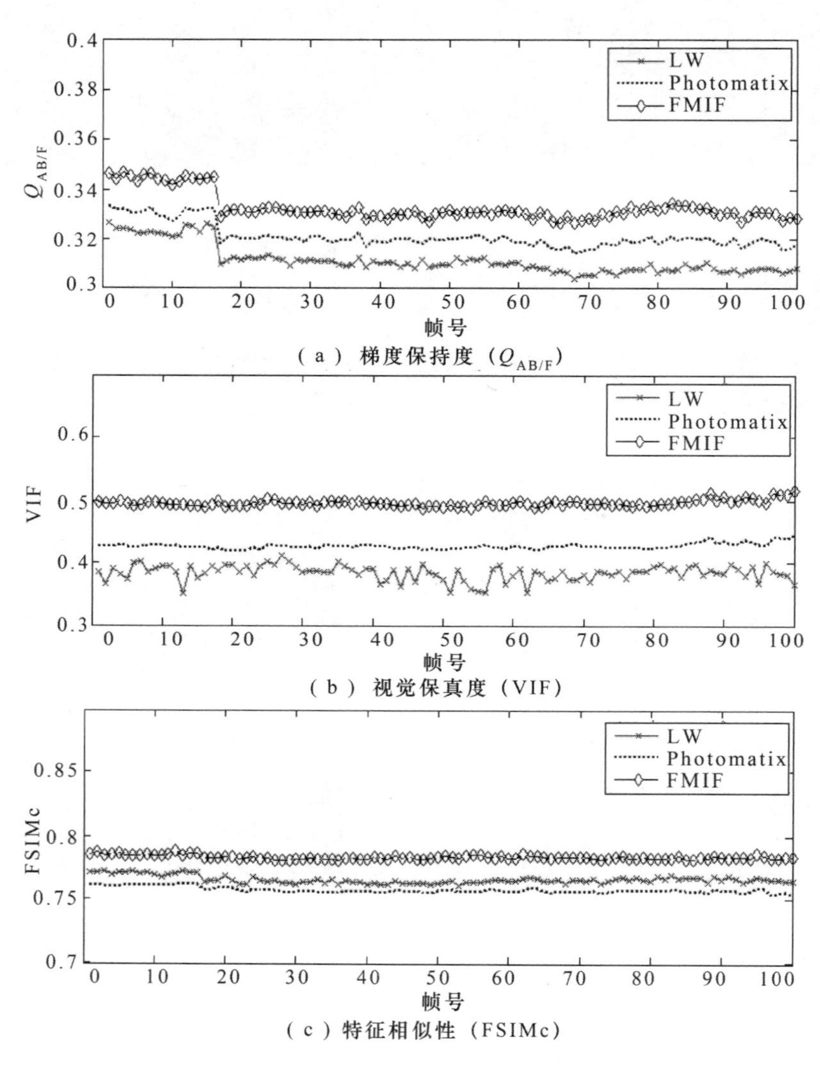

图 8-10 “Dual-seq Robot”图像序列连续 100 帧结果的客观度量指标值

表 8-4 显示了图 8-9 的“Dual-seq Robot”图像序列中连续 100 帧的图像，采用 LW 算法、Photomatix 和 FMIF 算法生成的图像帧在 $Q_{AB/F}$、VIF 和 FSIMc 指标下的度量结果平均值。融合结果显示 LW 算法 $Q_{AB/F}$ 和 VIF 指标最低，Photomatix 的 FSIMc 指标最低，而 FMIF 算法在三种方法中取得了最高的指标值，这和主观视觉分析结果是一致的，表明 FMIF 算法产生了更好的性能，较高的 $Q_{AB/F}$ 指标表明，结果图像中包含了更丰富的边缘纹理细节，VIF 说明结果图像更符合人类视觉系统的感知机制，FSIMc 表明图像中保留了更多显著的结构特征。

表 8-4　不同算法在“Dual-seq Robot”序列的客观指标平均值

度量方法	LW 算法	Photomatix 算法	FMIF 算法
$Q_{AB/F}$	0.383	0.426	0.496
VIF	0.312	0.321	0.333
FSIMc	0.766	0.758	0.783

图 8-11 综合显示了表 8-2～表 8-4 中的结果，给出了表示图 8-5～图 8-9 中的图像序列，在不同算法下生成的多曝光合成图像的 $Q_{AB/F}$、VIF 和 FSIMc 度量结果。结果表明 FMIF 算法表现了最好的性能，这是由于 FMIF 算法采用基于特征的权重估计和基于指导滤波的权重优化，提高了像素权重估计的精度，能够实现多曝光序列的准确融合；另外采用基于一致性敏感哈希的块匹配图像对齐方法，实现了多曝光序列的准确对齐，克服了运动造成的融合结果虚影问题，因此提升了 FMIF 算法的性能。对于全部的多曝光运动图像序列，FMIF 算法相比于 LW、Photomatix，$Q_{AB/F}$ 指标值分别平均提升 29％和 35％，VIF 指标值分别平均提升 25％和 22％，FSIMc 指标值分别平均提升 7％和 11％。实验结果表明，从融合结果的视觉效果和客观评价指标值来看，FMIF 算法确保融合图像具有光照良好的完整清晰的场景细节，提高了整个场景区域的展示能力。

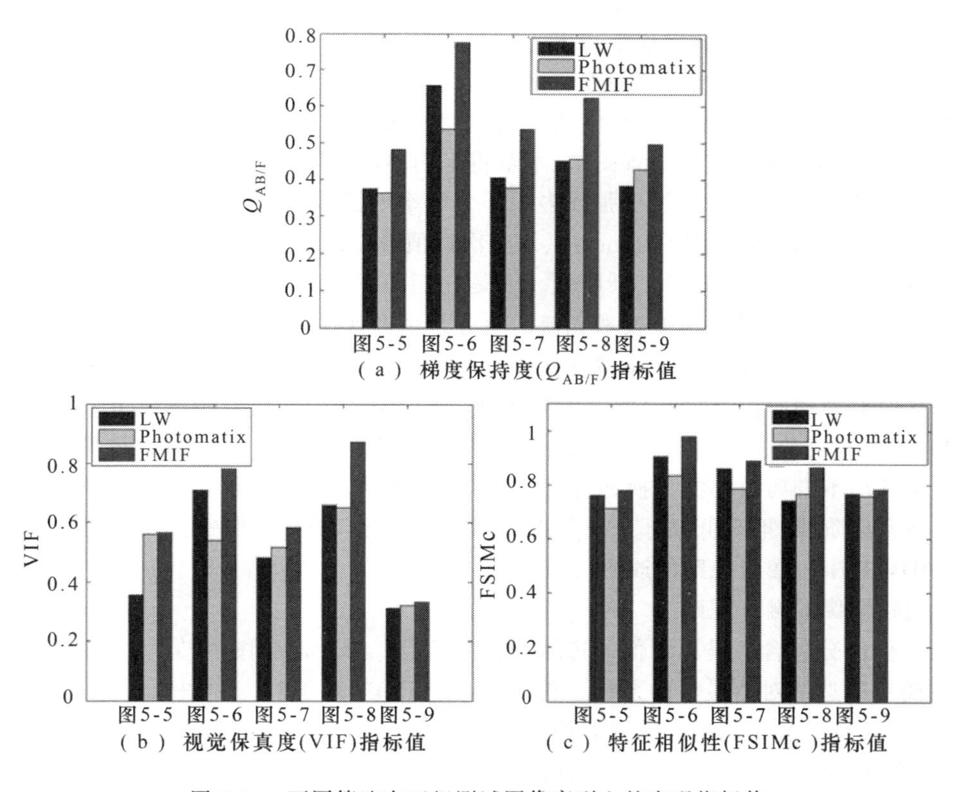

图 8-11　不同算法在五组测试图像序列上的客观指标值

8.3 改进的基于移动不变离散小波变换的运动图像融合

为了提高运动图像的清晰度和细节的表现力，可以通过提高监视器的硬件配置的方式，但是硬件上的提高总是有极限的，这就要求我们从软件上对视频质量进行提高。通过图像超分辨率重建融合技术能够提升图像的识别能力，并综合多源图像信息[50]。已有的方法可以分为几种：从单帧图像上提取信息进行重建；对于多帧图像序列，采用提取前后帧上的特征点进行重建。然而对于两个运动图像序列的融合就没有很好的办法，通常传统的方法是分别执行融合和超分辨率重建。但是，如果先执行超分辨率重建，在执行超分辨率重建时产生的噪音就会被带入到融合的过程中，反之亦然，这会大大降低图像的质量，两个过程总的消耗的时间将会很大。因此，怎样有效地结合两个过程和降低融合后的噪声是本章研究的重点，本章将与传统的超分辨率重建融合算法进行对比实验。

8.3.1 改进的基于移动不变离散小波变换的运动图像融合算法

1. SIDWT-flow 的融合框架

移动不变离散小波变换（Shift Invariant Discrete Wavelet Transform，SIDWT）算法是在离散小波变换（Discrete Wavelet Transform，DWT）算法的基础上实现的具有平移不变性的变换方法。当被用于图像融合时，该算法能够提供更多的图像细节纹理信息，较好地保持图像的平移不变性，有效地减少分解过程中产生的冗余信息。移动不变离散小波变换融合的具体步骤为：输入的运动图像序列被分解为具有平移不变性的小波系数，通过选定的融合规则对小波系数进行融合，通过移动不变离散小波变换的逆变换来得到融合后的图像。对于通过低通滤波器得到的低频图像和相应的高频图像，本章将采用不同的融合规则。

超分辨率重建的目的是通过一张或多张低分辨率的图像生成一个高分辨率的图像，常见的图像插值技术有双线性插值（Bilinear）、双三次插值（Bicubic）和最邻近插值（nearest）。这些图像插值方法简单，运算的时间复杂度低。但是它们不利于高频细节信息的重建。本章提出了一种基于移动不变离散小波变换和光流的超分辨率图像序列融合算法。这个算法由 3 个步骤组成：前期处理、移动不变离散小波变换融合和合成。融合的流程图如图 8-12 所示。

（1）在前期处理阶段，对低分辨率的源图像分别用不同的插值方法进行上采样，以中间帧为参考帧，并通过光流法来进行校正，后用一个低通滤波器把它们分解为高/低频部分。

（2）在移动不变离散小波变换融合阶段，对高/低频部分采用不同的融合规则进行融合。

（3）在合成阶段，把高低频部分融合得到的图像进行合成，得到融合后的高分辨率图像。

2. SIDWT-flow 融合规则的改进

（1）高频图像的融合规则

高频图像部分包含的是原图像的边缘和轮廓信息。对于高频图像转换分解得到的高频部分采用最简单的选绝对值最大的系数。首先是采用 ROA 算子对高频图像的低频部分做边缘提取，然后对比待融合图像的边缘提取图。这个时候就会出现下面三种情况：

① 当前点是两幅图像的边缘点，权重值分别取 0.5，并进行系数的融合。

② 当前点不是两幅图像的边缘点。

通过计算两个点所在区域包含的边缘点的比例来确定融合系数。比例值大的融合权重设为 0.7，比例值小的融合权重则设为 0.3。比例值的计算如下：

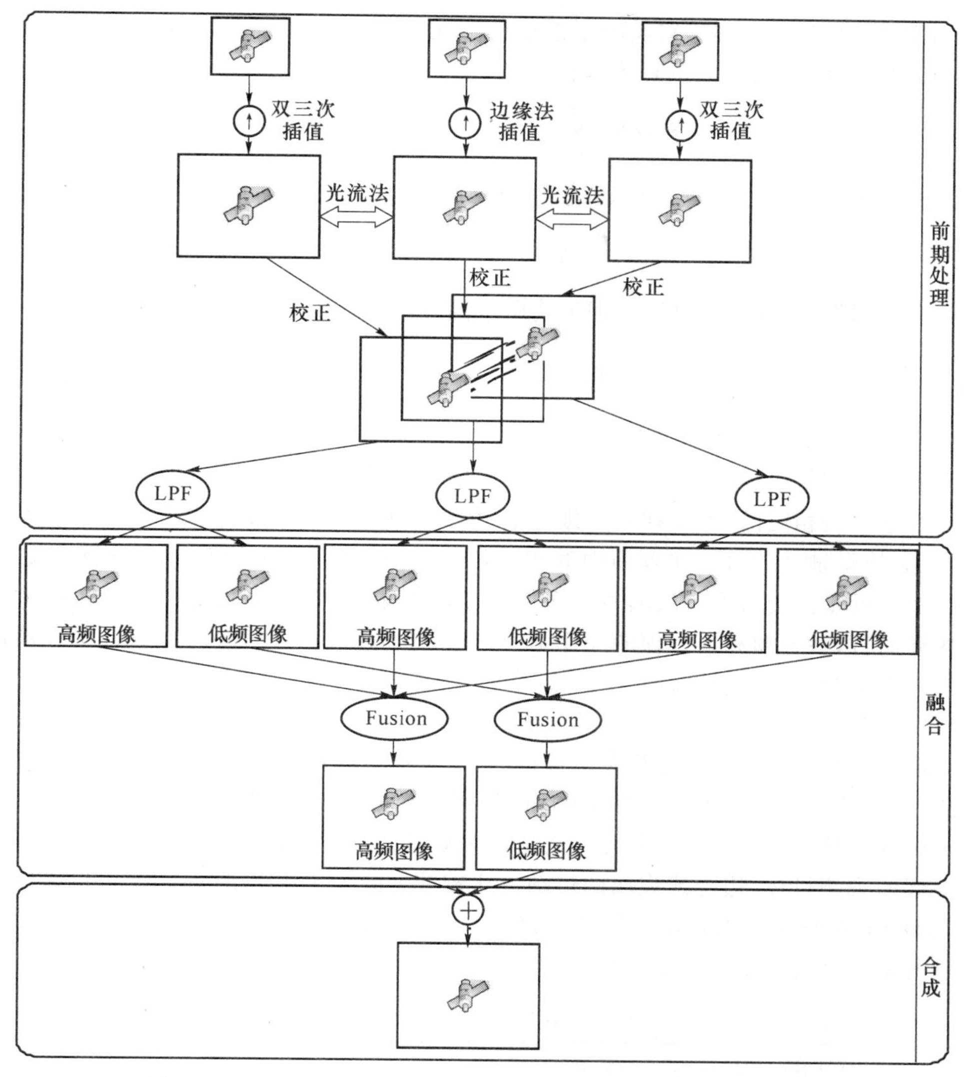

图 8-12　基于移动不变离散小波变换和光流的运动图像融合框架

$$g=\frac{\sum_{i=1}^{N}\sum_{j=1}^{N}e_{i,j}}{N\times N} \tag{8-18}$$

③ 当前点是其中一幅图像的边缘点。

当前点是边缘点的图像的融合权重设为 0.7,当前点不是边缘点的图像的融合权重设为 0.3。得到各自的权重后采用式(8-19)进行系数融合。

$$I_f=\omega_a I_a+\omega_b I_b \tag{8-19}$$

(2) 低频图像的融合规则

低频图像部分包含的是原图像的细节和纹理信息。对于低频图像分解得到的高频部分,采用最简单的选绝对值最大的系数。在融合时将充分考虑图像的灰度值和标准差,同时考虑当前点周围的系数信息。我们把当前点周围的区域当作一个窗口。

λ 代表当前窗口在整个图像中所占的比重。

$$\lambda=\frac{\mathrm{std}_d}{\mathrm{std}} \tag{8-20}$$

std 是整幅图像的标准差,它反映了图像的变化范围,std_d是一个图像窗口的标准差。对于一个 $M \times N$ 的图像来说,它的标准差计算如下:

$$std = \sqrt{\sum_{i=1}^{M}\sum_{j=1}^{N}(y(i,j)-\mu)^2/(M \times N)} \tag{8-21}$$

μ 是图像的平均灰度值,灰度值通过下式得到:

$$\mu = 1/(M \times N)\sum_{i=1}^{M}\sum_{j=1}^{N}y(i,j) \tag{8-22}$$

得到 2 个图像块的比重值后,采用下式所示的方法选择合适的融合系数:

$$I_f = \begin{cases} I_a, & \lambda_a \geq \lambda_b \\ I_b, & \lambda_a < \lambda_b \end{cases} \tag{8-23}$$

3. 基于光流法的图像配准方法

在多源运动图像序列融合过程中,图像表示的是同一场景的不同视角的画面,而且画面所包含的内容基本是相同的,但是在一些细节上,例如传感器抖动,或者在传输时一个画面出现了干扰,就会使得融合的目标在画面中的相对位置不同,就会产生幻影[51]。在融合之前一般都要进行配准校正。通常融合实验直接采用标准数据集图像,可不用配准。对同一个图像序列的图像帧而言,参考帧和前后帧的变化不大,如果想充分利用前后帧的信息,就必须在融合之前进行配准和校正。图像超分辨率可以用下式来描述:

$$y_k = DB_kM_kx + n_k \tag{8-24}$$

其中,y_k 表示第 k 帧图像的低分辨率图像;D 是下采样过程;B_k 是模糊过程;M_k 是扭曲的过程;x 是原始的高分辨率图像;n_k 表示附加的噪声。超分辨率重建的过程就是已知 y_k 求解 x 的一个逆过程。其中扭曲过程本章采用光流法来处理。光流法是用来描述观测者和目标相对运动所引起的观测目标、边缘或表面的运动。比较常见的光流法是 Lucas-Kanade 光流算法。

4. SIDWT-flow 运动图像融合算法步骤

改进的基于移动不变离散小波变换的运动图像融合算法如表 8-5 所示。

表 8-5 SIDWT-flow 运动图像融合算法

算法:基于 SIDWT-flow 的运动图像融合算法
输入:$m \times n$ 分辨率运动图像序列 A、$m \times n$ 分辨率运动图像序列 B、图像块尺寸 $K \times K$、阈值 T 输出:融合后的 $2m \times 2n$ 分辨率运动图像序列 (1) 首先对待融合的图像进行插值上采样。之后进行校正,从待融合的图像序列里选择任意 3 帧图像。中间帧为参考帧。用光流法计算第一、三帧与参考帧之间的光流场。通过光流场对第一、三帧图像进行校正。 (2) 低频滤波阶段,用低通滤波器分别对三帧图像进行滤波,得到各自的高频和低频部分。 (3) 融合阶段。对高(低)频部分进行移动不变离散小波转换,得到各自不同的小波系数,采用不同的融合规则对高(低)频系数进行融合。 (4) 在重构阶段,对得到的融合系数采用移动不变离散小波逆转换,得到融合后的图像。 (5) 当三帧图像序列融合完成后,返回到第(1)步,对下一帧的图像进行融合,直至全部融合完成。

8.3.2 改进的 SIDWT-flow 运动图像融合实验和评价

本章将进行两组实验,分别对单运动图像序列的超分辨率融合和双运动图像序列的融合,验证本章所提出方法的正确性。

1. 实验一:单运动图像序列融合实验

使用 848×480 的高分辨率图像作为参考图像(图 8-13(a)),实验用它和实验结果进行对比。通过下采样得到 424×240 的待处理的图像(图 8-13(b))。分别采用三种不同的插值方法对低分辨率图像进行超分辨率重建。同时使用本章的方法对图像序列进行融合,得到的融合结果如图 8-14(a)(c)(e)(g)所示。采用融合图像与原始高分辨率图像相减得到误差图像。

(a)超分辨率图像(848×480)

(b)下采样图像(424×240)

图 8-13　参考图像和待处理图像

(a) 双三次插值处理图像

(b)双三次插值误差图像

(c) 双线性插值处理图像

(d) 双线性插值误差图像

(e) 最邻近区域插值处理图像

(f) 最邻近区域插值误差图像

(g) SIDWT-flow处理图像 (本章方法)

(h) SIDWT-flow误差图像

图 8-14　融合图像及其误差图像

通过对比这 3 种插值算法可以发现,采用本章所提出的图像超分辨率融合方法得到的图像更加清晰,图像的边缘信息更加明显。对比方法是直接在单帧图像上进行处理,不用考虑前后帧的信息,也不用进行配准和校正,在图像的四周看不到阴影块。本章的方法在融合前要进行校正,这就使得校正后出现一些阴影块。选择不同的配准方法对后面的融合质量影响很大。融合后图像中目标的细节信息有所提高,图像更加清晰,图像边缘部分更加明显。航天飞机的边缘更接近于真实情况、比较自然。通过融合结果的误差图像,也能观察到相同的结果。白色区域出现的越多,相应的误差也就越大。对于图像中的目标航天飞机来说,从图 8-14(a)(d)(f)(h)中可以明显看到,白色线条逐渐变淡。但本章方法的误差图像四周的区域出现大量的白块,这也是图像校正引起的。

分别计算上面四种方法处理结果的信息熵、平均梯度、边缘强度、方差和均值。由表 8-6 可见,本章方法在上面 5 个指标上都有所提高。信息熵比对比方法平均提高 10%左右,信息熵能直接反映出信号中含有的信息量。融合后的信息熵得到提高,这说明融合后的图像含有更多的信息。方差比对比方法提高了 15%左右,它表示了融合图像的对比度。实验结果表明本章方法在实现超分辨率融合方面具有较好的效果。

表 8-6　实验一客观结果

实验	图像	信息熵	平均梯度	边缘强度	方差	均值
Bicubic	(a)	6.209 7	1.448 7	15.596 8	95.788 2	27.610 9
Bilinear	(b)	6.218 8	1.231 9	13.513 3	95.902 8	27.186 4
nearest	(c)	6.214 9	1.379 6	15.028 2	95.788 7	27.467 8
本章方法	(d)	6.306 9	1.556 4	16.661 7	97.104 8	28.100 9

2. 实验二:高曝光和低曝光图像序列融合实验

采用同一场景的高曝光和低曝光运动图像序列进行高分辨率融合实验,如图 8-15(a)和(b)所示。采用六种不同的融合方法作为对比实验。插值过程分别采用双线性插值、双三次插值和最邻近插值。融合过程采用图像平均法和离散小波变换方法(DWT)。因为不是标准库图像,所以要先对其进行配准和校正。把高曝光的原图像(图 8-15(b))作为配准的参考图像,对低曝光的原图像(图 8-15(a))进行校正。首先采用光流法得到它们的光流场,也就是偏移量,再用扭曲函数对低曝光图像进行校正,最后得到校正后的低曝光图像(图 8-15(c))。

(a) 原图像 A

(b) 原图像 B

(c) 校正后的原图像 A

图 8-15　高(低)曝光原图像和校正后的低曝光图像

使用低通滤波器分别得到高(低)曝光图像的低频和高频部分,如图 8-16(a)(b)(d)(e)所示。使用移动不变离散小波变换融合方法以及分别使用不同的融合规则,得到相应的融合图像,如图 8-16(c)(f)所示。融合后的结果展示在图 8-17 中。对图 8-17 中黑框部分进行放大,得到图 8-18,可以对图像的细节进行观察。融合图像的客观指标在表 8-7 中。

（a）A 图像的高频图像

（b）B 图像的高频图像

（c）融合后的高频图像

（d）A 图像的低频图像

（e）B 图像的低频图像

（f）融合后的低频图像

图 8-16　高（低）频图像及其融合图像

（a）DWCWT-flow（本章方法）

（b）Average+Bicubic

（c）Average+Bilinear

（d）Average+nearest

（e）DWT+Bicubic

（f）DWT+Bilinear

（g）DWT+nearest

图 8-17　融合后的图像

表 8-7　实验二客观结果

实验	图像清晰度	信息熵	平均梯度	边缘强度	$Q_{AB/F}$	互信息	交叉熵	相对标准差
Average+Bicubic	2.001 0	6.949 8	1.883 8	20.639 4	0.058 1	1.280 6	3.877 0	0.543 5
Average+Bilinear	1.801 1	6.941 7	1.711 7	18.862 2	0.055 8	1.298 8	3.907 4	0.547 5
Average+nearest	2.128 6	6.949 6	1.970 0	21.338 0	0.058 4	1.340 6	3.878 4	0.542 5
DWT+Bicubic	3.097 8	7.134 5	2.859 1	30.914 6	0.066 3	1.170 5	4.974 9	0.483 8
DWT+ Bilinear	2.759 8	7.130 0	2.566 5	27.953 1	0.064 7	1.190 9	4.879 9	0.489 1
DWT+nearest	3.492 2	7.132 3	3.020 2	32.146 5	0.068 8	1.210 3	4.977 1	0.485 0
SIDWT-flow	3.596 1	7.053 7	3.312 7	35.829 3	0.069 2	1.136 4	3.931 4	0.485 4

图 8-17 展示了七种不同的超分辨率融合方法的融合结果图。高曝光图像的特点是在走道里光线比较强，人物和周围的物体就很清晰，但室内的景物不能看清。低曝光图像的特点是走道里的物体看不清，但是室内的景物可以看清。融合的目的是同时能看清走道和室内的景物，并且越接近肉眼的观察效果越好。采用 DWT 融合方法的融合图像画面明显偏白，并且室内的物体并没有被清晰的显示出来。从图 8-18 局部放大图中(图 8-18(e)(f)和(g))，也能看出墙角偏白，线条变模糊。采用图像平均的融合方法比 DWT 的融合结果稍微好些，但是画面明显变模糊，并且在室内物体的显示上也没有很多改善。采用本章方法所得到的融合结果如图 8-17(a)所示，能清晰地显示走道和室内的景物，并且图像的清晰度有所提高。从图 8-18(a)中也能看出墙和地面的区别很明显。

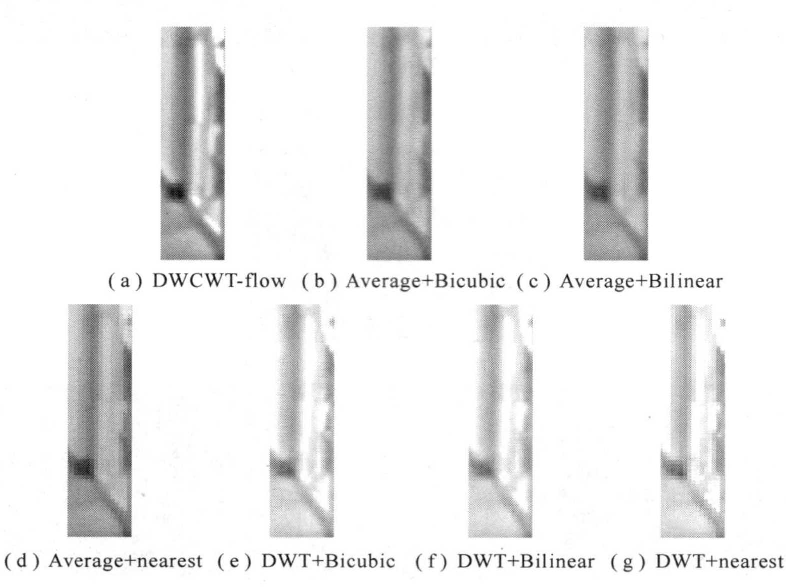

(a) DWCWT-flow (b) Average+Bicubic (c) Average+Bilinear

(d) Average+nearest (e) DWT+Bicubic (f) DWT+Bilinear (g) DWT+nearest

图 8-18 局部放大图

七种融合方法的客观指标如表 8-7 所示。在图像清晰度这一指标上，本章方法比平均融合的要高 1.5 左右，说明本章方法能有效提高融合图像的清晰度。在信息熵这一指标上，本章方法对比 DWT 的方法有所下降，但还是高于平均融合方法。这主要是因为在融合过程中要进行低通滤波处理，导致丢失了一些图像信息。在平均梯度、边缘强度和 $Q_{AB/F}$ 这三个指标上，本章方法都有所提高。互信息这个指标表示融合图像与源图像间的相关性。在这个指标上，本章方法和 DWT 方法的指标有所下降，主要是这两种方法都要对源图像进行转换，而平均融合是直接对原图像进行平均，没有转换和改变。

8.4 基于图像对齐的多曝光运动图像融合算法

高动态范围图像(HDR)具有良好的曝光度，视觉效果更加形象逼真，能够提供真实场景的所有细节。目前主要有两种合成技术，分别是 HDR 成像技术和多曝光融合技术。与 HDR 成像技术相比，多曝光融合技术更加简洁和高效。它直接将捕获的多曝光图像序列组合成为曝光良好的融合图像。然而，大多数融合方法假定捕获的图像序列是针对静态场景的，没有考虑运动目标的影响，直接进行融合容易得到带有明显重影的融合结果。为了解决这一问题，本章提出了基于图像对齐的多曝光运动图像融合算法(MEIDA)。通过在图像融合前进行图像对齐处理，使得最终的融合图像的融合效果良好，同时又消除了重影现象。在图像融合过程中利用拉普拉斯变换，使融合方法获得了更精准的转换系数，改善了融合图像的质量。

8.4.1　基于图像对齐的多曝光运动图像融合算法的提出

为了克服传统的曝光融合方法不适应动态场景的限制，本章提出了一种基于图像对齐的多曝光运动图像融合算法。该算法采用图像对齐将输入图像对齐到参考图像，再对已经实现对齐的多曝光运动图像序列进行融合，从而得到最终的融合图像。利用 MDIFA 算法可以将多曝光运动图像序列进行效果良好的融合，最终得到的融合图像既保留了低曝光图像中显示良好的区域，也保留了高曝光图像中显示良好的区域。MDIFA 算法分为两步：第一步是在多曝光运动图像序列中选择某种曝光度的图像帧作为参考帧，将具有其他曝光度的对应图像帧与该帧图像对齐；第二步是将已经对齐好的图像序列进行融合，最终得到融合效果良好的融合图像。MDIFA 算法的算法流程如图 8-19 所示。

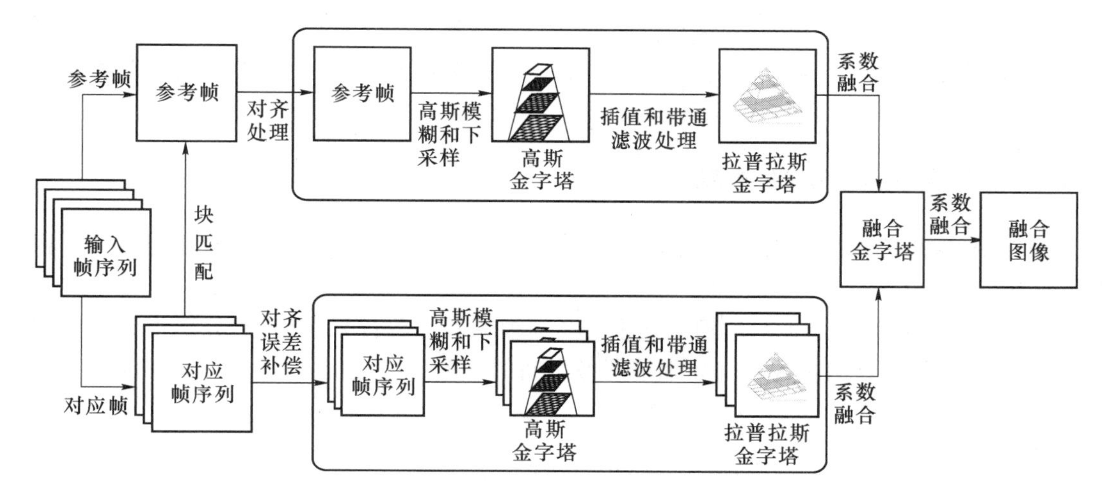

图 8-19　提出的 MDIFA 算法的流程图

从多曝光输入帧序列 $S_1 \cdots S_n$ 中选择合适的曝光度，并将具有该曝光度的图像帧作为参考帧 R，将具有其他曝光度的图像帧序列 $S_1 \cdots S_{n-1}$ 与该参考帧对齐，使得到的对齐帧 $L_1 \cdots L_{n-1}$ 与参考帧相比，除了曝光度不同外，图像中的背景和运动目标都已对齐好。将对齐帧 $L_1 \cdots L_{n-1}$ 以及参考帧 R 一起进行融合处理，得到最终的融合图像 F。

MDIFA 算法的第一步对原始的多曝光运动图像序列进行参考帧的选择。从多种曝光度中选择其中一种，并将这种曝光度的图像帧作为参考帧。利用选择得到的参考帧，将其他对应的图像帧与之进行对齐处理，使得最终的对齐帧，除了曝光度不同之外与参考帧是相同的。即使在图像序列中存在运动目标，经过对齐处理之后，在不同曝光度的对应帧中的运动目标也是对齐的[52]。图像对齐过程包括如下三个步骤：

步骤 1、对于参考帧中曝光良好的区域，对应图像帧可以通过块匹配方法找到与之相似度最高的区域位置，并利用参考帧中的区域来重构输入帧中的对应区域，并赋给对齐帧 L。该过程描述如下：

$$C_r(L,R,\tau) = \sum_{i\in\Omega}(d(L,\tau(R)) + \alpha d(\nabla L,\nabla\tau(R)) + \beta d(\nabla L,\nabla\lambda(R))) \quad (8\text{-}25)$$

其中，Ω 表示图像域，且 $d(x,y) = \| x-y \|^2$。参数 α 被用来平衡对应帧之间颜色和梯度的一致性，参数 β 则被用于平衡对应帧之间的特征一致性。颜色匹配函数 τ 用于描述参考帧与其他对应帧之间的 RGB 数值变化，特征匹配函数 λ 用于描述参考帧与其他对应帧之间的对比度和饱和度的不同。参数 i 表示图像序列中图像的编号。

步骤 2、对于参考帧中过度曝光或欠曝光的区域，其他对应输入帧则保留其原有的对应区域，并添加局部相似性约束，再赋给对齐帧 L，这使得这些区域也能与步骤 1 中得到的区域保持颜色、梯度以及特征的一致性。该过程如式(8-26)所示：

$$C_t(S,L,u) = \frac{1}{p^2}\sum_{i\in\Omega} d(P_i^L, P_{i+u(i)}^S) \quad (8\text{-}26)$$

其中，P_i^S 是一个大小为 $p \times p$，中心点在像素 i 的图像 S 中的块（P_i^L 和 L 的关系与之类似）。$u(i)$ 表示对齐帧 L 与输入帧 S 相对应的块。

步骤 3、在经过了以上两步之后，需要联立式(8-25)和式(8-26)，从而得到最终需要的对齐帧 L^*。

$$L^* = \arg\min_{L,\tau,u}(C_r(L,R,\tau) + C_t(S,L,u)) \quad (8\text{-}27)$$

其中，L^* 即为求得的对齐帧。通过以上的处理得到了效果良好的对齐图像，在参考帧和其他对应输入帧中，背景和运动目标都已经对齐。

8.4.2 多曝光运动图像融合

MDIFA 算法的第二步对得到的图像序列进行融合处理，并得到最终的融合图像。算法步骤如下：

步骤 1、对参考帧和其他对应输入帧进行高斯模糊和偶数行采样处理，分别得到它们的高斯金字塔，完成低频近似图像和高频细节图像之间的分解。该过程如式(8-28)所示：

$$\begin{gathered} G_k(i,j) = \sum\nolimits_{m=-2}^{2}\sum\nolimits_{n=-2}^{2} w(m,n)G_{k-1}(2i+m,2j+n) \\ (1 \leqslant k \leqslant N, 0 \leqslant i \leqslant R_k, 0 \leqslant j \leqslant C_k) \end{gathered} \quad (8\text{-}28)$$

其中，N 为高斯金字塔的最大层数，R_k 和 C_k 分别为高斯金字塔第 k 层图像的行数、列数，$w(m,n)$ 为具有低通特性的窗函数。

步骤 2、将步骤 1 中得到的各帧的高斯金字塔分别进行插值(式(8-29))和带通滤波(式(8-30))处理，得到它们各自的拉普拉斯金字塔。该过程如式(8-29)所示：

$$G_k^* = \text{Expand}(G_k) \quad (8\text{-}29)$$

其中，G_k 为高斯金字塔中第 k 层图像，G_k^* 为插值处理之后得到的金字塔中第 k 层图像，Expand 函数为扩大算子。

$$\begin{cases} \text{LP}_k = G_k - \text{Expand}(G_{k+1}), & 0 \leqslant k < N \\ \text{LP}_n = G_n, & k = N \end{cases} \quad (8\text{-}30)$$

其中，LP_k 表示拉普拉斯金字塔中第 k 层图像。

步骤 3、对步骤 2 中得到的各帧的拉普拉斯金字塔中的每一层都通过比较各帧的系数的绝对值，并选择绝对值最大的系数作为融合后的系数，从而得到融合后的拉普拉斯金字塔每一层的系数。

步骤 4、对步骤 3 中得到的融合后的拉普拉斯金字塔进行重构，得到最终的融合图像；该过程如式(8-31)所示：

$$\begin{cases} G_n = \mathrm{LP}_n, & k = N \\ G_k = \mathrm{LP}_k + \mathrm{Expand}(G_{k+1}), & 0 \leqslant k < N \end{cases} \tag{8-31}$$

其中，G_k 为最终得到的融合图像的高斯金字塔的第 k 层图像。

经过以上四步的处理过程，得到了融合效果良好的融合图像。该融合图像既保留了低曝光图像中显示良好的场景，也保留了高曝光图像中显示良好的场景。在融合过程中对曝光度也进行了处理，最终得到了曝光良好的融合图像。

8.4.3　MDIFA 算法的实验结果与分析

为了对 MDIFA 算法的性能进行客观评价，采用以下三种客观度量指标：梯度保持度($Q_{AB/F}$)、视觉保真度(VIF)和针对彩色图像的特征相似性指标(FSIMc)。其中，$Q_{AB/F}$ 反映了融合图像中边缘信息的保持度，VIF 量化视觉质量的畸变和改善程度，FSIMc 根据图像的低级特征评价图像质量。对于这三种度量方法，评价指标值越高，表示图像融合效果越好。

为了验证我们所提出的 MDIFA 算法的性能，将几种现有的算法与 MDIFA 算法进行对比，并根据实验结果从视觉效果和量化指标两个方面来客观评价 MDIFA 算法。对比算法有 Mertens 等人的算法[53]、Vassilios 等人的算法[54]、Shan 等人的算法[55]以及 Photomatix[56]这四种算法，并采用 $Q_{AB/F}$、VIF 和 FSIMc 这三种量化指标来进行客观评价。我们进行了三组对比实验。其中两组是基于标准的多曝光运动图像序列，另一组是用我们录制的机器人多曝光运动图像序列。

1. 实验一：MDIFA 算法在标准多曝光运动图像序列上的对比实验

在实验一中，将本章提出的基于图像对齐的多曝光运动图像融合算法(MDIFA)在两组标准多曝光图像序列上进行实验，包括“park”“horse”(数据来自 Sing Bing Kang、Jun Hu、Orazio Gallo)。

我们所提出的算法与其他四种对比算法在“park”图像序列上的实验结果如图 8-20 所示。如图 8-20(d)所示，Mertens 等人的算法在天空和汽车区域都会产生明显的重影现象。与之类似，图 8-20(e)中 Vassilios 等人的算法也会在这两个区域产生重影现象，并且还降低了图像的亮度。如图 8-20(f)所示，Shan 等人的算法的融合图像也在天空和汽车区域出现了重影，并且图像整体有些模糊。图 8-20(g)展示了 Photomatix 的实验结果，尽管它去除了融合图像中的重影，但是融合图像整体偏暗，且在建筑物以及天空处有些失真。如图 8-20(h)所示，我们所提出的算法得到的实验结果有着良好的曝光度，并且没有重影现象。除此以外，它保留了原始多曝光图像序列中显示良好的区域，并且与原始的多曝光运动图像序列相比，我们的融合图像显示了更好的视觉效果，更多的场景细节以及更高的对比度。

如表 8-8 所示，在量化指标上，我们所提出的算法在 VIF、$Q_{AB/F}$ 以及 FSIMc 这三个指标上，与其他四种对比算法相比，都取得了最好的实验效果。特别是在 VIF 和 $Q_{AB/F}$ 上，我们所提出的算法获得了非常好的实验结果。

我们所提出的算法与其他四种对比算法在“horse”图像序列上的实验结果如图 8-21 所示。如图 8-21(d)所示，Mertens 等人的算法在马的头部以及影子区域都会产生明显的重影现象。与之类似，图 8-21(e)中 Vassilios 等人的算法也会在这两个区域产生重影现象，并且融合图像的整体亮度偏低。如图 8-21(f)所示，Shan 等人的算法的融合图像也在马的头部和影子区域出现了重影，并且图像整体有些模糊。图 8-21(g)展示了 Photomatix 的实验结果，尽管它的去重影过程去除了融合图像中的重影，但是图像整体偏暗，且在马的鼻子区域图像颜色有些畸变。如图 8-21(h)所示，我们所提出的算法得到的实验结果有着良好的曝光度，并且没有重影现象。除此以外，它保留了原始多曝光图像序列中显示良好的区域，并且与原始的多曝光运动图像序列相比，我们的融合图像显示了更好的视觉效果，更多的场景细节以及更好的光照度和色彩度。

(a) 低曝光图像 (b) 正常曝光图像 (c) 高曝光图像 (d) Mertens等人的算法
(e) Vassilios等人的算法 (f) Shan等人的算法 (g) Photomatix的算法 (h) 本书提出的算法

图 8-20 不同算法在"park"图像序列上的实验结果

表 8-8 不同算法在"park"图像序列上的量化指标对比

量化指标	不同的对比算法				
	Mertens 等人的算法	Vassilios 等人的算法	Shan 等人的算法	Photomatix 的算法	本书提出的算法
VIF	0.427 5	0.332 8	0.388 5	0.352 0	1.264 1
$Q_{AB/F}$	0.282 8	0.198 9	0.208 7	0.155 0	0.697 1
FSIMc	0.772 9	0.816 1	0.794 0	0.763 5	0.885 2

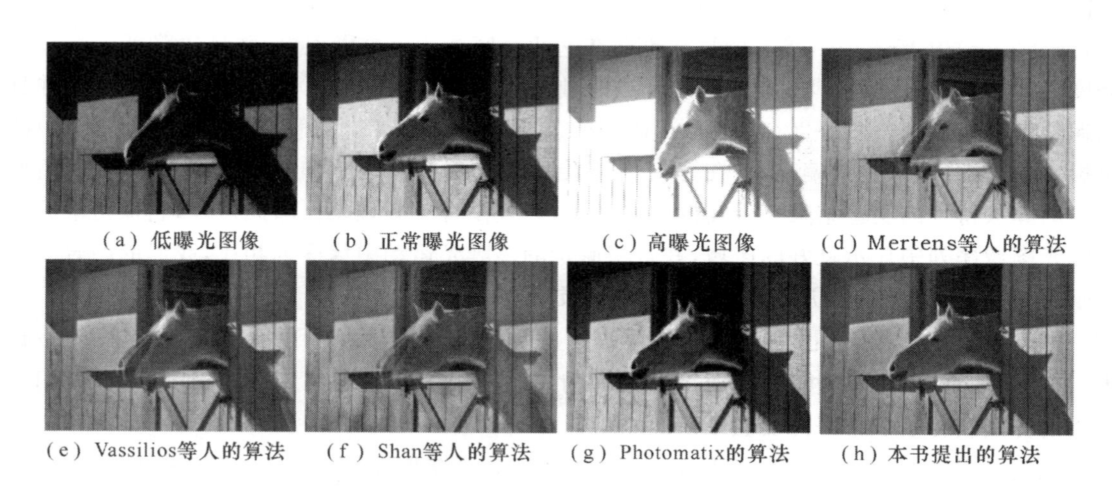

(a) 低曝光图像 (b) 正常曝光图像 (c) 高曝光图像 (d) Mertens等人的算法
(e) Vassilios等人的算法 (f) Shan等人的算法 (g) Photomatix的算法 (h) 本书提出的算法

图 8-21 不同算法在"horse"图像序列上的实验结果

在量化指标上，如表 8-9 所示的不同算法的客观评价指标值。

表 8-9 表明我们所提出的算法在 VIF、$Q_{AB/F}$ 以及 FSIMc 这三个指标上，与其他四种对比算法相比，都取得了最好的实验效果。特别是在 VIF 和 $Q_{AB/F}$ 上，我们所提出的算法获得了好得多的实验结果。在 FSIMc 指标上，我们所提出的算法即使与其他四种算法中的最好结果相比也有 17%的提升。

表 8-9　不同算法在“horse”图像序列上的量化指标对比

量化指标	不同的对比算法				
	Mertens 等人的算法	Vassilios 等人的算法	Shan 等人的算法	Photomatix 的算法	本书提出的算法
VIF	0.282 6	0.241 0	0.243 2	0.146 1	0.670 7
$Q_{AB/F}$	0.272 6	0.224 8	0.177 0	0.113 5	0.623 3
FSIMc	0.765 9	0.774 1	0.767 8	0.684 8	0.905 5

2. 实验二：MDIFA 算法在机器人多曝光运动图像序列上的融合性能对比实验

我们所提出的算法与其他四种对比算法在“robot”图像序列上的实验结果如图 8-22 所示。

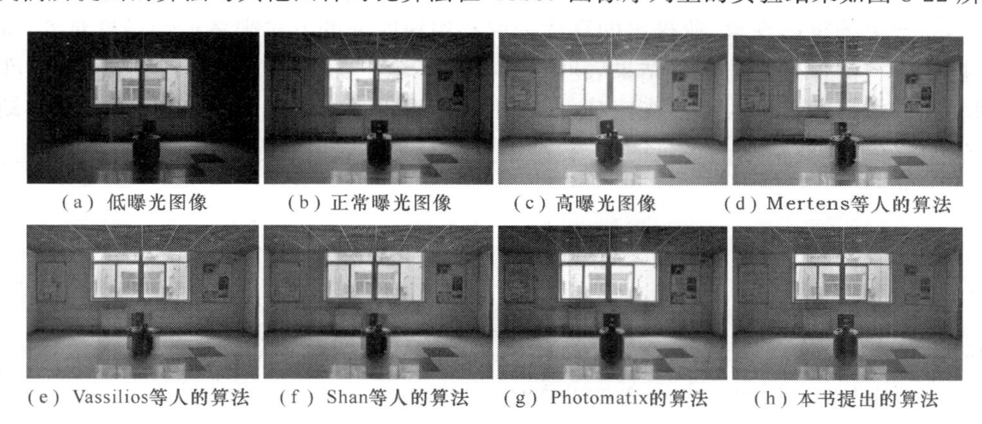

(a) 低曝光图像　(b) 正常曝光图像　(c) 高曝光图像　(d) Mertens等人的算法

(e) Vassilios等人的算法　(f) Shan等人的算法　(g) Photomatix的算法　(h) 本书提出的算法

图 8-22　不同算法在“robot”图像序列上的实验结果

如图 8-22(d)～(f)所示，Mertens 等人的算法、Vassilios 等人的算法以及 Shan 等人的算法，都在机器人区域产生了明显的重影现象。图 8-22(g)显示了 Photomatix 的实验结果，它去除了重影，但亮度偏低，天花板处有些细节损失。本书提出的算法如图 8-22(h)所示，在室内和室外的窗户上都产生了良好的融合效果，并且没有重影现象。此外，我们的融合图像得到了更清晰的机器人和更多的场景细节。

从量化指标上来看，我们可以参见表 8-10 的不同算法的客观评价指标值。

表 8-10　不同算法在“robot”图像序列上的量化指标对比

量化指标	不同的对比算法				
	Mertens 等人的算法	Vassilios 等人的算法	Shan 等人的算法	Photomatix 的算法	本书提出的算法
VIF	1.125 3	1.118 3	1.100 5	1.006 1	1.176 1
$Q_{AB/F}$	0.562 3	0.615 1	0.566 0	0.666 8	0.755 1
FSIMc	0.915 8	0.929 0	0.911 7	0.938 7	0.9430

表 8-10 表明我们所提出的算法在 VIF、$Q_{AB/F}$ 以及 FSIMc 这三个指标上，与其他四种对比算法相比，都取得了最好的实验效果。综合表 8-8～8-10，表明我们所提出的算法取得了令人满意的融合结果。

8.5 本章小结

本章研究了多曝光运动图像序列的融合方法，提出了一种基于特征的多曝光运动图像序列融合算法(FMIF)，解决了由于光照变化导致的场景捕获不完整、细节不清晰的问题。提出了基于特征的权重估计方法，集成相位一致性、局部对比度和颜色饱和度三种图像特征，准确地度量了像素的质量，获取了权重图；基于指导滤波的权重优化方法提升了权重图的准确性，确保能够获得高质量的融合图像；采用基于一致性敏感哈希的块匹配图像对齐方法，解决了目标运动造成的融合图像运动模糊和虚影问题，提升了融合结果的质量。介绍了改进的移动不变离散小波变换融合方法，对分解得到的不同频率的图像部分使用不同的图像系数融合规则。提出了基于图像对齐的多曝光运动图像序列融合算法，为了改善目前的融合算法在处理运动场景时容易产生的重影现象，所提出的算法采取利用块匹配的方法来将运动场景对齐，基于金字塔变换来进行图像融合。实验结果表明对于不同环境下的多曝光图像序列，包括标准多曝光序列和我们拍摄的机器人多曝光序列，所提出算法取得了良好的效果，得到了具有高动态范围的、光照良好的完整清晰的场景图像，提高了整个场景区域的展示能力。

本章参考文献

[1] Qu X B, Yan J W, Xiao H Z, et al. Image Fusion Algorithm Based on Spatial Frequency-Motivated Pulse Coupled Neural Networks in Nonsubsampled Contourlet Transform Domain [J]. Acta Automatica Sinica, 2008, 34(12): 1508-1514.

[2] Chou N, Wu J, Bai B J, et al. Robust Automatic Rodent Brain Extraction Using 3-D Pulse-Coupled Neural Networks (PCNN) [J]. IEEE Transactions on Image Processing, 2011, 20(9): 2554-2564.

[3] An J, Lee S H, Kuk J G, et al. A Multi-Exposure Image Fusion Algorithm without Ghost Effect [C]. Proceedings of IEEE International Conference on Acoustics, Speech and Signal Processing (ICASSP), 2011: 1565-1568.

[4] Kim K, Bae J, Kim J. Natural HDR Image Tone Mapping Based On Retinex [J]. IEEE Transactions on Consumer Electronics, 2011, 57(4): 1807-1814.

[5] Sen P, Kalantari N K, Yaesoubi M, et al. Robust Patch-Based HDR Reconstruction of Dynamic Scenes [J]. ACM Transactions on Graphics, 2012, 31(6):439-445.

[6] Mannami H, Sagawa R, Mukaigawa Y, et al. High Dynamic Range Camera Using Reflective Liquid Crystal [C]. Proceedings of IEEE 11th International Conference on Computer Vision, 2007: 1-8.

[7] Tocci M D, Kiser C, Tocci N, et al. A Versatile HDR Video Production System [J]. ACM Transactions on Graphics (TOG), 2011, 30(4): 41.

[8] Guthier B, Kopf S, Effelsberg W. Algorithms for A Real-Time HDR Video System[J]. Pattern Recognition Letters, 2013, 34(1): 25-33.

[9] Li Z G, Zheng J H, Rahardja S. Detail-Enhanced Exposure Fusion [J]. IEEE Transactions on Image

Processing, 2012, 21(11): 4672-4676.

[10] Kim K, Bae J, Kim J. Natural HDR Image Tone Mapping Based on Retinex [J]. IEEE Transactions on Consumer Electronics, 2011, 57(4): 1807-1814.

[11] Aydin T O, Stefanoski N, Croci S, et al. Temporally Coherent Local Tone Mapping of HDR Video [J]. ACM Transactions on Graphics (TOG), 2014, 33(6):1-13.

[12] Reinhard E, Heidrich W, Debevec P, et al. High Dynamic Range Imaging: Acquisition, Display, and Image-Based Lighting [M]. Morgan Kaufmann, 2010.

[13] Granados M, Ajdin B, Wand M, et al. Optimal HDR Reconstruction with Linear Digital Cameras [C]. Proceedings of IEEE Conference on Computer Vision and Pattern Recognition (CVPR), 2010: 215-222.

[14] Srikantha A, Sidibé D. Ghost Detection and Removal for High Dynamic Range Images: Recent Advances [J]. Signal Processing: Image Communication, 2012, 27(6): 650-662.

[15] Granados M, Ajdin B, Wand M, et al. Optimal HDR Reconstruction with Linear Digital Cameras [C]. Proceedings of IEEE Conference on Computer Vision and Pattern Recognition (CVPR), 2010: 215-222.

[16] Kuang J, Johnson G M, Fairchild M D. iCAM06: A Refined Image Appearance Model for HDR Image Rendering [J]. Journal of Visual Communication and Image Representation, 2007, 18(5): 406-414.

[17] Shen J, Zhao Y, Yan S, et al. Exposure Fusion Using Boosting Laplacian Pyramid[J]. IEEE Trans. Cybern, 2014, 44(9): 1579-1590.

[18] Shen J, Zhao Y, He Y. Detail-Preserving Exposure Fusion Using Subband Architecture[J]. The Visual Computer, 2012, 28(5): 463-473.

[19] Lee C H, Chen L H, Wang W K. Image Contrast Enhancement Using Classified Virtual Exposure Image Fusion [J]. IEEE Transactions on Consumer Electronics, 2012, 58(4): 1253-1261.

[20] Shen R, Cheng I, Basu A. Qoe-Based Multi-Exposure Fusion in Hierarchical Multivariate Gaussian Crf [J]. IEEE Transactions on Image Processing, 2013, 22(6): 2469-2478.

[21] Mertens T, Kautz J, Van Reeth F. Exposure Fusion: A Simple and Practical Alternative to High Dynamic Range Photography [C]. Proceedings of Computer Graphics Forum, Blackwell Publishing Ltd, 2009, 28(1): 161-171.

[22] Shen R, Cheng I, Shi J, et al. Generalized Random Walks for Fusion of Multi-Exposure Images [J]. IEEE Transactions on Image Processing, 2011, 20(12): 3634-3646.

[23] Song M, Tao D, Chen C, et al. Probabilistic Exposure Fusion [J]. IEEE Transactions on Image Processing, 2012, 21(1): 341-357.

[24] Gu B, Li W, Wong J, et al. Gradient Field Multi-Exposure Images Fusion for High Dynamic Range Image Visualization [J]. Journal of Visual Communication and Image Representation, 2012, 23(4): 604-610.

[25] Li X, Li F, Zhuo L, et al. Layered-Based Exposure Fusion Algorithm [J]. IET Image Processing, 2013, 7(7): 701-711.

[26] Zhang W, Cham W K. Reference-Guided Exposure Fusion in Dynamic Scenes [J]. Journal of Visual Communication and Image Representation, 2012, 23(3): 467-475.

[27] Tzimiropoulos G, Argyriou V, Zafeiriou S, et al. Robust FFT-Based Scale-Invariant Image Registration with Image Gradients [J]. IEEE Transactions on Pattern Analysis and Machine Intelligence, 2010, 32(10): 1899-1906.

[28] Zimmer H, Bruhn A, Weickert J. Freehand HDR Imaging of Moving Scenes with Simultaneous Resolution Enhancement [C]. Proceedings of Computer Graphics Forum. Blackwell Publishing Ltd,

2011，30(2)：405-414.

[29] Zhang W，Cham W K. Gradient-Directed Multiexposure Composition [J]. IEEE Transactions on Image Processing，2012，21(4)：2318-2323.

[30] Gallo O，Gelfand N，Chen W C，et al. Artifact-Free High Dynamic Range Imaging[C]. Proceedings of IEEE International Conference on Computational Photography (ICCP)，2009：1-7.

[31] Raman S，Chaudhuri S. Reconstruction of High Contrast Images for Dynamic Scenes[J]. The Visual Computer，2011，27(12)：1099-1114.

[32] Li S，Kang X. Fast Multi-Exposure Image Fusion with Median Filter and Recursive Filter [J]. IEEE Transactions on Consumer Electronics，2012，58(2)：626-632.

[33] Chapiro A，Cicconet M，Velho L. Filter Based Deghosting for Exposure Fusion Video[C]. ACM SIGGRAPH 2011 Posters，2011：33.

[34] Li Z，Zheng J，Zhu Z，et al. Selectively Detail-Enhanced Fusion of Differently Exposed Images with Moving Objects [J]. IEEE Transactions on Image Processing，2014，23(10)：4372-4382.

[35] Wu S，Xie S，Rahardja S，et al. A Robust and Fast Anti-Ghosting Algorithm for High Dynamic Range Imaging [C]. Proceedings of 17th IEEE International Conference on Image Processing (ICIP)，2010：397-400.

[36] Sie W R，Hsu C T. Alignment-Free Exposure Fusion of Image Pairs [C]. Proceedings of IEEE International Conference on Image Processing (ICIP)，2014：1802-1806.

[37] Tico M，Gelfand N，Pulli K. Motion-Blur-Free Exposure Fusion [C]. Proceedings of 17th IEEE International Conference on Image Processing (ICIP)，2010，10：3321-3324.

[38] Qin X，Shen J，Mao X，et al. Robust Match Fusion Using Optimization [J]. IEEE Transactions on Cybernetics，2014：1-12.

[39] Hu J，Gallo O，Pulli K，et al. Hdr Deghosting：How to Deal with Saturation [C]. Proceedings of IEEE Conference on Computer Vision and Pattern Recognition (CVPR)，2013.

[40] Barnes C，Shechtman E，Goldman D B，et al. The Generalized Patchmatch Correspondence Algorithm [C]. Proceedings of ECCV，2010.

[41] Korman S，Avidan S. Coherency Sensitive Hashing [C]. Proceedings of IEEE International Conference on Computer Vision (ICCV)，2011：1607-1614.

[42] HaCohen Y，Shechtman E，Goldman D B，et al. Non-Rigid Dense Correspondence with Applications for Image Enhancement [C]. Proceedings of ACM SIGGRAPH，2011.

[43] Zhang L，Zhang L，Mou X Q，Zhang D. FSIM：A Feature Similarity Index for Image Quality Assessment [J]. IEEE Trans. Image Process. 2011，20(8)：2378-2386.

[44] Yang C C，Kwok S H. Efficient Gamut Clipping for Color Image Processing Using LHS and YIQ [J]. Optical Engineering，2003，42(3)：701-711.

[45] He K，Sun J，Tang X. Guided Image Filtering [J]. IEEE Transactions on Pattern Analysis and Machine Intelligence，2013，35(6)：1397-1409.

[46] Xydeas C S，Petrovič V. Objective Image Fusion Performance Measure [J]. Electronics Letters，2000，36(4)：308-309.

[47] Sheikh H R，Bovik A C. Image Information and Visual Quality [J]. IEEE Transactions on Image Processing，2006，15(2)：430-444.

[48] Shan Q，Jia J，Brown M S. Globally Optimized Linear Windowed Tone Mapping [J]. IEEE Transactions on Visualization and Computer Graphics，2010，16(4)：663-675.

[49] Photomatix. Commercially-Available HDR Processing Software [EB/OL]. http://www.hdrsoft.com/，2012.

[50] 范新胜.基于例子的图像超分辨率重建技术研究[D].国防科学技术大学，2009.

[51] 陈王丽,孙涛,陈喆,等.利用光流配准进行嫦娥一号 CCD 多视影像超分辨率重建[J].武汉大学学报(信息科学版),2014,39(9):1103-1108.

[52] Hu J, Gallo O, Pulli K, et al, Hdr Deghosting: How to Deal with Saturation [C]. Proceedings of IEEE Conference on Computer Vision and Pattern Recognition (CVPR), 2013.

[53] Mertens T, Kautz J, Van Reeth F. Exposure Fusion: A Simple and Practical Alternative to High Dynamic Range Photography[J]. Computer Graphics Forum, Blackwell Publishing Ltd,2009, 28(1):161-171.

[54] Vassilios Vonikakis, Odysseas Bouzos, et al, Multi-exposure Image Fusion Based on Illumination Estimation [C]. Proceedings of Pacific Graphics, 2007.

[55] Shan Q, Jia J, Brown M S, Globally Optimized Linear Windowed Tone Mapping [J]. IEEE Transactions on Visualization and Computer Graphics,2010, 16(4):663-675, 2010.

[56] HDRSoft[EB/OL]. http://www.hdrsoft.com/index.html, 2015.

第9章　基于分散式卡尔曼滤波的自适应多视频传感器融合研究

多视频传感器的融合为提高视频监控系统的鲁棒性和精确性提供了一个有效的途径。本章提出了一种基于分散式卡尔曼滤波的自适应多视频传感器融合算法(ADKFF),引入传感器可信度函数来自适应调节各传感器的测量误差协方差,采用分散式卡尔曼滤波(Decentralized Kalman Filter,DKF)进行融合。自适应策略是当无法获取系统模型测量噪声的统计值时,用来防止滤波器出现发散问题的有效方法。通过引入传感器可信度,DKF 中局部的卡尔曼滤波器的测量噪声的协方差矩阵可以被自适应地调整,从而在融合过程中更正确地决定为每个传感器赋予的权重。此外,DKF 的应用可以充分地利用从多个视频传感器获取的冗余跟踪数据,并给出更为精确的融合结果。

9.1 引　　言

为了使得在监控环境中捕获的运动目标轨迹具有更好的鲁棒性和精确度,许多系统在相同的区域装备了多个视频传感器来产生冗余的信息,并利用这些冗余信息提高系统的监控精确度[1-3]。数据融合技术充分利用输入传感器给出的冗余轨迹数据来提高系统的性能[4]。随着多传感器系统和通信技术的发展,传感器融合在不同的级别和方法中得到应用[5-7]。信号级(也就是像素级)融合是最低级别的融合,在视频监控领域,它利用融合技术生成一个综合的图像,融合图像中每个像素都决定于输入源图像中相应位置的一组像素集[8]。可以使用融合技术来组合相同场景下的同质或异质传感器获取的图像。在实际执行融合方法之前,需要对待融合图像进行正确的空间配准[9]。信号级融合是最严格的,因为它只能融合以图像或视频为输出的图像/视频类传感器。

与信号级融合相比,特征级融合是更高一级的融合技术。待融合的视频传感器可以有不同视野,如不同的视角、离目标不同的距离等,但这些传感器难以在其上应用信号级融合[10]。我们需要从待融合传感器获取的运动图像中提取特征,并将这些特征融合成一种统一的表示格式,如目标位置、速度、运动轨迹及姿态等。在特征级融合传感器获取的数据能够减少信号级融合对配准的严格限制,从而扩展了多传感器数据融合的应用。

在传感器的视角具有很大的偏差时,难以应用信号级融合技术对它们进行融合。一个传统的方法是采用集中式卡尔曼滤波(Centralized Kalman Filter,CKF)进行融合。CKF 将所有从局部传感器得到的观测数据送入一个融合中心,生成融合后的估计结果,该方法生成的融合结果在理论上具有最小的信息损失[11]。在这种方法中,所有的观测数据被视为一个观测矩阵,融合中心承担着绝大部分的计算负担。此外,CKF 在处理有严重错误或高噪声的数据时,精确性和稳定性较低[12]。另一种经典的方法是联邦卡尔曼滤波(Federated Kalman Filter, FKF)融合,该方法通过使用信息共享算子(Information Sharing Factors,ISF),可以生成更为精确的融合估计结果[13]。ISF是基于协方差矩阵计算的,而协方差矩阵不可避免地包含一些估计误差,从而影响最终的融合结果[14]。

此外,研究人员也提出了如使用 Steady-State 卡尔曼滤波器的融合方法[15]、协方差交互(Covariance Intersection,CI)卡尔曼滤波融合方法[16]、标准的分散式卡尔曼滤波融合方法[17]和序列式协方差交互融合方法[18]等。其中,分散式卡尔曼滤波融合方法具有更好的鲁棒性、灵活性和高效性,被广泛地应用到多传感器数据融合。此外,一些自适应融合方法也被提出用来改进融合机制,以获得更加准确和鲁棒性更好的融合结果;这些自适应策略包括加权策略[14,19]和基于模糊逻辑的策略[20,21]。这些融合方法很少应用到实际的视频传感器融合,并且没有考虑输入传感器的可信度,使得出故障的传感器可能会影响融合的过程,从而导致不精确的融合结果。而现有的传感器可信度函数[22,23]达不到大多数实际视频监控系统的要求,如实时性、易于实现等[24]。

针对以上问题,本章提出了基于分散式卡尔曼滤波的自适应多视频传感器融合算法。在融合过程中引入了视频传感器的可信度,可以自适应地调整分散式卡尔曼滤波器中局部滤波器的测量误差协方差,在融合过程中为每个视频传感器分配更为准确的权重,基于此执行自适应融合。此外,DKF可以分散地处理待融合传感器的观测结果,生成局部的估计结果,再将分散处理后的结果在融合中心中进行融合,可以减轻融合中心的计算负担,从而提高系统的运行效率。

9.2 传感器可信度计算

视频传感器质量、视角、传感器与目标的距离以及光照情况的不同,都会影响传感器检测运动目标的能力。在融合过程中,通常采用加权策略来调节不同的输入测量数据。若同等地对待来自不同传感器的输入数据,将会影响滤波器的稳定性,并产生不精确的估计结果[10]。因此,为了获得比从单个传感器所得结果更稳定和精确的融合结果,不能为来自不同传感器的测量数据赋予相同的权重[24]。本章参考文献[25]中提出了一种 Appearance Ratio (AR)测度,该测度建立了一个给出检测到的目标块从参考背景图像中可分辨程度的模型。它标志着检测到的目标块 $b_j^i(k)$ 的可信程度,其中 j 是目标块编号,k 是时间,i 是传感器编号。AR的计算如式(9-1)所示:

$$\mathrm{AR}(b_j^i(k)) = \frac{\sum\limits_{c} \sum\limits_{x,y \in b_j^i(k)} D_c(x,y)}{\sum\limits_{c} \sum\limits_{x,y \in b_j^i(k)} \delta(R_c(x,y))} \tag{9-1}$$

$$D_c(x,y) = |I_c(x,y) - R_c(x,y)| \tag{9-2}$$

其中,D 表示来自传感器视频序列中当前帧 I 与参考的背景帧 R 之间的差异图;c 是相应帧图像的颜色通道数。式(9-1)中的分子表示属于检测目标块的所有像素在差异图上的总和,分母表示属于检测目标块 $b_j^i(k)$ 的所有像素在 $I(x,y)$ 和 $R(x,y)$ 之间差异的可能价差的总和。对于分子、分母中的累加操作,它们都是在空间上基于像素坐标实现的,再按颜色通道 c 累加。采用红、绿和蓝三颜色通道,δ 表示每个像素可能的价差,如式(9-3)所示:

$$\delta(R_c(x,y)) = \max(R_c(x,y), 255 - R_c(x,y)) \tag{9-3}$$

从式(9-3)看出,δ 计算的是当前帧图像上像素(x,y)和相应参考背景帧上相同位置像素之间可能的最大差异。D 是当前帧与背景帧各像素之间的差异的绝对值,而 δ 是最大的差异值。例如,$R_2(x,y)=56$ 表示参考背景帧图像在第二个颜色通道(绿)上(x,y)位置处的像素值为 56。当前帧图像在第二颜色通道上(x,y)像素位置处的最大差异值在此处是 $255-56=199$。因此,δ 可以计算出当前帧图像上像素(x,y)与相应的参考背景帧图像上相同位置处像素相比,在明或暗色调上的最大差异,也就是该像素在背景中最大的可识别程度。从式(9-1)所得的 AR 的值在区间[0,1]之间变化,可以用来表示从输入运动图像上检测到的目标的可信度级别。

图 9-1 显示的是一段地下通道视频中检测到的运动目标的几帧。这组视频从不同的视角,监控了一个行人穿过了一条光照条件比较差的地下通道。由于视角不同,监测到的图像在亮度等方面的质量也不同,可以用来测试可信度函数的有效性。

图 9-1 地下通道图像序列上的运动目标检测结果

图 9-2 给出了从上述视频中监测到的运动目标的可信度值(AR 值),可以看出摄像头 1 中所检测目标块的可信度曲线要高于来自摄像头 2 的可信度。从图 9-1 中看出,摄像头 1 视角下行人的颜色较暗,而其运动过程中相应位置处的背景由于光照原因比较明亮,因此具有较大的颜色反差;而摄像头 2 视角下,行人的颜色始终和背景的颜色比较相近,从而与背景的差异较小,这表示该运动目标在穿过地下通道时,从摄像头 1 的监控背景下比摄像头 2 监控背景具有更高的可识别度,从而摄像头 1 在检测跟踪该运动目标时具有更高的可信度。

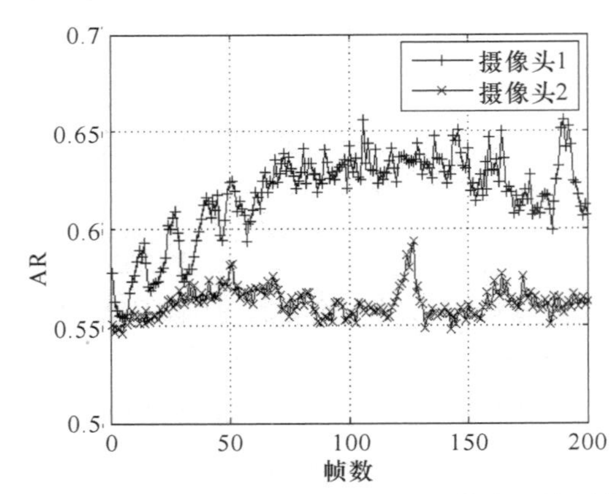

图 9-2 地下通道运动图像序列上摄像头 1 和摄像头 2 检测结果的可信度

9.3　基于分散式卡尔曼滤波的自适应多视频传感器融合算法的提出

本章提出了一种基于分散式卡尔曼滤波的自适应多视频传感器融合算法。如图 9-3 所示，该算法主要包括两个独立的子任务：目标位置的映射任务和多传感器融合任务，其中融合任务是算法的核心部分。采用运动目标跟踪技术检测并跟踪运动目标，给出运动目标的位置信息。采用单应变换分别将来自不同传感器的目标位置映射到监控场景的俯视图，同时对不同传感器的目标位置信息，采用 DKF 的局部自适应滤波器进行滤波，得到优化的运动目标位置状态估计。通过在融合中心融合所有来自不同传感器的优化后的运动目标位置状态估计，得到更加精确、稳定的融合结果。我们仅考虑了两个视频传感器的情况，但 ADKFF 算法可以很容易地扩展到两个以上传感器的情况。

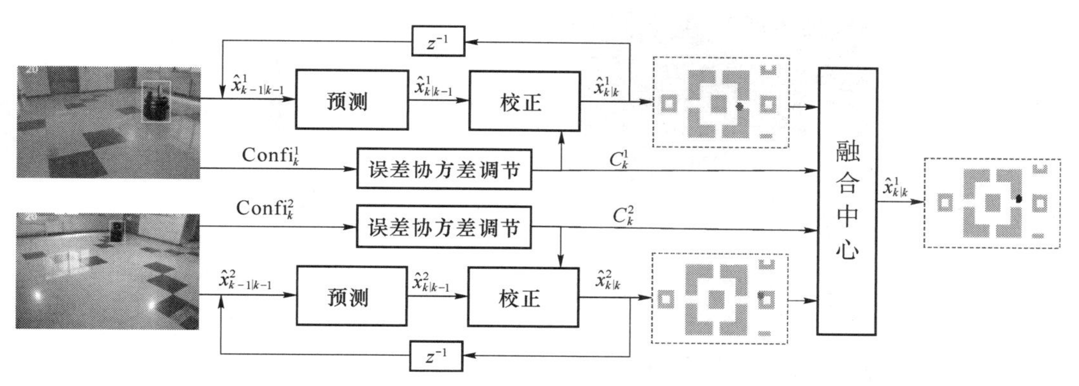

图 9-3　基于分散式卡尔曼滤波的自适应多视频传感器融合算法结构图

9.3.1　目标位置映射

为了更好地融合来自不同视频传感器的位置数据，需要对它们的坐标空间进行统一，因此需要一个共享的坐标平面。将来自不同传感器的位置数据通过单应变换映射到一个统一的俯视图平面上，如图 9-4 所示。这个统一的俯视图平面通常覆盖了监控系统关注的监控区域，不同传感器检测到的目标的运动轨迹等情况都可以反映到该俯视图中。

通过摄像平面上的关键点和相应俯视图平面上对应的关键点之间的匹配，可以计算出单应变换的变换矩阵[26]。由于大部分监控系统中的摄像头是固定的，因而该俯视图和它与不同监控摄像头之间的变换矩阵，可以在监控系统安装时就预先装配入系统，若摄像头有所变动，更新相应的变换矩阵即可。当得到单应变换矩阵之后，就可以进行目标位置的映射。假设坐标位置(x_c, y_c)是监控跟踪器检测到目标的中心点，将该中心点位置映射到包围目标块边界框的底部，将映射后的点(x_g, y_g)作为目标与地面接触的位置，将每个传感器得到的目标位置(x_g, y_g)通过单应变换映射到图视图平面。

将从一个输入传感器所检测到的目标用边界框标示出来，将该目标的位置估计映射到相应的俯视图平面的过程如图 9-5 所示。这个处理步骤可以有效避免因摄像头视角原因引起的映射误差，因为在大部分视角情况下，目标的中心点在摄像平面上的位置会与目标的实际位置有较大的误差。

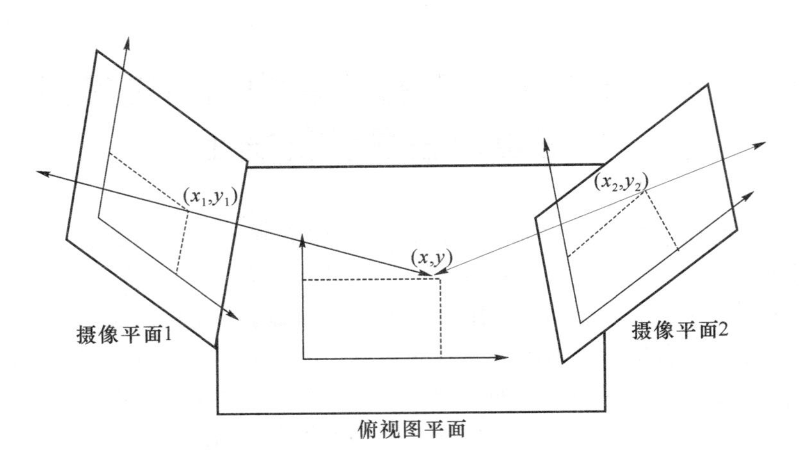

图 9-4　不同传感器的摄像平面和俯视图平面之间的单应变换

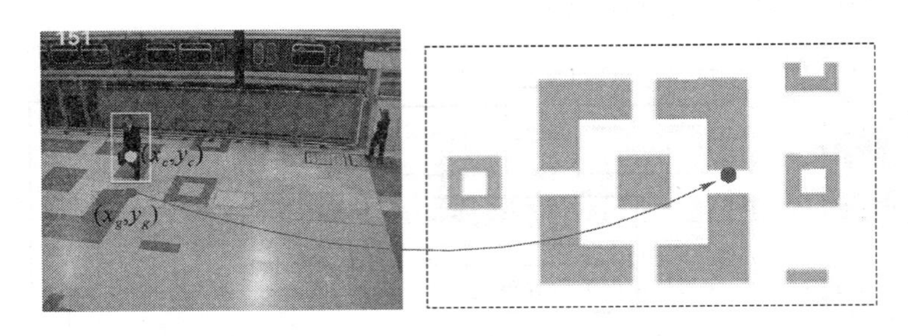

图 9-5　目标位置点到俯视图平面的映射

9.3.2　自适应分散式卡尔曼滤波融合

本章提出的基于分散式卡尔曼滤波的自适应融合算法，可以自适应地调整 DKF 中各 LKFs 的测量误差协方差矩阵，从而可以更准确地决定融合过程中每个传感器的权重。通过合理的权重分配，融合结果将融合更多的来自具有更好可信度的输入传感器。当执行这个融合方法时，从 k-1 时刻的状态估计 $\hat{x}_i(k-1 \mid k-1)$ 预测出一个中间状态估计 $\hat{x}_i(k \mid k-1)$ ，$i=1,\cdots,N$ 表示待融合输入传感器的数量。结合观测向量 $z_i(k)$和传感器可信度 $\mathrm{Confi}_i(k)$，对预测的中间状态估计进行校正，得到 k 时刻校正后的状态估计 $\hat{x}_i(k \mid k)$ 。校正后的状态估计被反馈到预测步骤，作为下一步预测迭代的输入数据，利用所有局部状态估计 $\hat{x}_i(k \mid k)$ 在融合中心生成一个 k 时刻融合后的全局状态估计 $\hat{x}(k)$ 。

1. DKF 中的局部状态估计

ADKFF 算法中，局部状态估计和融合后的全局状态的估计是两个重要的部分，假设估计局部状态使用的局部滤波器 LKFs 的状态向量为 $\boldsymbol{x} \in \mathfrak{R}^n$ ，其处理过程如式(9-4)所示：

$$x(k) = A(k)x(k-1) + w(k-1) \tag{9-4}$$

观测向量 $\boldsymbol{z} \in \mathfrak{R}^m$ 定义如下：

$$z(k) = H(k)x(k) + v(k) \tag{9-5}$$

随机变量 $w(k)$和 $v(k)$分别表示过程噪声和测量噪声，它们是互不相关的零均值高斯白噪声，协方差分别为 Q_k 和 C_k[27]。$n \times n$ 阶状态转移矩阵 $A(k)$关系到 k-1 时刻的目标状态到当前第 k 时刻状态的变换，且在变换过程中带有噪声 $w(k)$。$m \times n$ 阶矩阵 $H(k)$是观测变换矩阵，表示状态变量 $x(k)$ 对观测变量 $z(k)$ 的增益。在实际的目标跟踪中，$\hat{x}_i(k-1 \mid k-1)$ 表示第 i $(i=1,2,\cdots,N)$ 个传感器在 $k-1$ 时刻的状态估计，预测状态 $\hat{x}_i(k \mid k-1)$ 由式(9-6)生成，相应的先验估计误差协方差 $P_i(k \mid k-1)$ 由式(9-7)给出：

$$\hat{x}_i(k \mid k-1) = A(k)\hat{x}_i(k-1 \mid k-1) \tag{9-6}$$

$$P_i(k \mid k-1) = A(k-1)P_i(k-1 \mid k-1)A^T(k-1) + Q(k-1) \tag{9-7}$$

根据这些先验的预测值，可以计算出校正后 k 时刻的状态估计 $\hat{x}_i(k \mid k)$ 和后验估计误差协方差 $P_i(k \mid k)$：

$$\hat{x}_i(k \mid k) = \hat{x}_i(k \mid k-1) + K_i(k)[z_i(k) - \hat{z}_i(k)] \tag{9-8}$$

$$\hat{z}_i(k) = H_i(k)\hat{x}_i(k \mid k-1) + v(k) \tag{9-9}$$

$$\begin{aligned} K_i(k) &= P_i(k \mid k-1)H_i^T(k)[H_i(k)P_i(k \mid k-1)H_i^T(k) + C_i(k)]^{-1} \\ &= \frac{P_i(k \mid k-1)H_i^T(k)}{H_i(k)P_i(k \mid k-1)H_i^T(k) + C_i(k)} \end{aligned} \tag{9-10}$$

$$P_i(k \mid k) = [1 - K_i(k)H_i(k)]P_i(k \mid k-1) \tag{9-11}$$

其中，$K_i(k)$ 是传感器 i 上 k 时刻局部卡尔曼滤波器的增益矩阵。

2. 测量误差协方差矩阵的调整

在以上描述的处理过程中，测量误差协方差矩阵 $\boldsymbol{C}$ 表示滤波器信息的不确定性和不精确性程度，它反映了从输入传感器获得的数据的精确度，在状态估计中扮演着重要作用。在传统的方法中，该矩阵通常被设为一个固定值，相应的传感器也被设定了固定的可信度，这将会影响融合结果，尤其是当输入传感器中存在故障传感器而使得其获取的数据不正确时。我们引入了传感器可信度来自适应地调整测量误差协方差矩阵 $\boldsymbol{C}$。自适应测量误差协方差的计算如式(9-12)所示：

$$\mathbf{C}_i(k) = \begin{pmatrix} c_i^{xx}(k) & c_i^{xy}(k) \\ c_i^{yx}(k) & c_i^{yy}(k) \end{pmatrix} = \begin{pmatrix} c_i^{xx}(k) & 0 \\ 0 & c_i^{yy}(k) \end{pmatrix} \tag{9-12}$$

假设测量误差是非交叉相关的，因此设 $c^{xy}(k)$ 和 $c^{yx}(k)$ 为 0，其中 $c^{xx}(k)$ 和 $c^{yy}(k)$ 定义如下：

$$c_i^{xx}(k) = c_i^{yy}(k) = \mathrm{MV} \times [1 - \mathrm{AR}(b_j^i(k))] \tag{9-13}$$

其中，MV 表示测量误差方差的最大值，是一个常数，通常根据实际情况决定其大小。可以通过这个方程调节测量误差协方差，并给具有更高 AR 值的目标位置分配更高的信任度。否则，具有较低 AR 值的目标位置给予较低的信任度。

当测量数据的误差协方差矩阵 $\boldsymbol{C}_i(k)$ 具有较小的特征值时，说明相应的第 i 个传感器输入的数据具有更好的精确度，反之亦然。利用待融合传感器的可信度，通过在融合过程中给多源输入数据分配不同的权重来调节测量误差协方差矩阵。矩阵 $\boldsymbol{C}_i(k)$ 通过影响局部卡尔曼滤波增益矩阵 $\boldsymbol{K}_i(k)$、后验估计误差协方差 $P_i(k|k)$ 以及校正后的后验状态估计 $\hat{x}_i(k \mid k)$ 来影响最终融合后的全局状态估计，如式(9-8)～式(9-11)所示。

3. 融合中心

当局部的预测状态估计 $\hat{x}_i(k \mid k-1)$，校正后的状态估计 $\hat{x}_i(k \mid k)$ 以及相应的误差协方差 $P_i(k \mid k-1)$ 和 $P_i(k \mid k)$ 都得到后，就可以计算出融合后的全局状态估计 $\hat{x}(k)$。在融合中心的处理中，包括预测和校正两个步骤。预测步骤是基于前一时刻校正后的状态估计：

$$\hat{x}^-(k) = A(k-1)\hat{x}(k-1) \tag{9-14}$$

$$P^{-}(k)=A(k-1)P^{+}(k-1)A^{T}(k-1)+Q(k-1) \tag{9-15}$$

在校正步骤计算得出最终融合后的全局状态估计结果 $\hat{x}(k)$，如式(9-16)和式(9-17)所示。k 时刻的全局状态估计反馈到下一时刻，作为下一时刻预测步骤的输入。

$$\hat{x}(k)=P(k)\left[(P^{-}(k))^{-1}\hat{x}^{-}(k)+\sum_{i=1}^{N}(P_i(k\mid k))^{-1}\hat{x}_i(k\mid k)\right.$$
$$\left.-\sum_{i=1}^{N}(P_i(k\mid k-1))\hat{x}_i(k\mid k-1)\right] \tag{9-16}$$

$$(P(k))^{-1}=(P^{-}(k))^{-1}+\sum_{i=1}^{N}(P_i(k\mid k))^{-1}-\sum_{i=1}^{N}(P_i(k\mid k-1))^{-1} \tag{9-17}$$

局部状态估计中后验估计误差协方差 $P_i(k\mid k)$ 受传感器可信度的影响，从而自适应地为每个输入传感器分配更为准确的权重。融合结果将包含更多来自高可信度的传感器输入的数据。基于分散式卡尔曼滤波的自适应多视频传感器融合算法的算法步骤如表 9-1 所示。

表 9-1　基于分散式卡尔曼滤波的自适应多视频传感器融合算法步骤

基于分散式卡尔曼滤波的自适应多视频传感器融合算法(ADKFF)

输入：待融合视频传感器获取的运动图像序列 A 和 B

输出：融合后的运动目标轨迹

(1) 采用运动目标跟踪方法，得到每个传感器输出运动图像中目标块 $b_j^i(k)$；

(2) 利用式(9-1)计算每个传感器所得目标块的 AR 值，并将其赋值给相应的传感器作为其可信度；

(3) 将不同传感器检测到的目标位置映射到统一的俯视图平面；

(4) 分别计算各传感器相应的预测状态估计及先验估计误差协方差：

$$\hat{x}_i(k\mid k-1)=A(k)\hat{x}_i(k-1\mid k-1)+w(k-1)$$
$$P_i(k\mid k-1)=A(k-1)P_i(k-1\mid k-1)A^{T}(k-1)+Q(k-1)$$

(5) 根据步骤(4)的结果，结合观测向量 $z_i(k)$，对先验估计进行更新，计算校正后的状态估计及后验估计误差协方差：

$$\hat{x}_i(k\mid k)=\hat{x}_i(k\mid k-1)+K_i(k)[z_i(k)-\hat{z}_i(k)]$$
$$P_i(k\mid k)=[1-K_i(k)H_i(k)]P_i(k\mid k-1)$$

计算过程中，自适应地调节测量误差协方差 $\boldsymbol{C}_i(k)$：

$$\boldsymbol{C}_i(k)=\begin{pmatrix} c_i^{xx}(k) & 0 \\ 0 & c_i^{yy}(k) \end{pmatrix}$$

将得到的校正后的状态估计 $\hat{x}_i(k\mid k)$ 反馈给步骤(4)；

(6) 在融合中心对来自不同传感器的局部状态估计进行融合：

预测得到全局的先验状态估计及相应的误差协方差：

$$\hat{x}^{-}(k)=A(k-1)\hat{x}(k-1)+w(k-1)$$
$$P^{-}(k)=A(k-1)P^{+}(k-1)A^{T}(k-1)+Q(k-1)$$

校正得到后验全局状态估计，即融合结果及相应的误差协方差：

$$\hat{x}(k)=P(k)\left[(P^{-}(k))^{-1}\hat{x}^{-}(k)+\sum_{i=1}^{N}(P_i(k\mid k))^{-1}\hat{x}_i(k\mid k)\right.$$
$$\left.-\sum_{i=1}^{N}(P_i(k\mid k-1))\hat{x}_i(k\mid k-1)\right]$$

$$(P(k))^{-1}=(P^{-}(k))^{-1}+\sum_{i=1}^{N}(P_i(k\mid k))^{-1}-\sum_{i=1}^{N}(P_i(k\mid k-1))^{-1}$$

(7) 将融合后的目标运动状态信息也就是目标位置在俯视图上输出，得到融合后的运动目标轨迹。

9.4　ADKFF 算法的实验结果与分析

在多传感器运动图像序列上设计两组实验，验证本章提出的基于分散式卡尔曼滤波的自适应多视频传感器融合算法。在实验中，基于目标在地面上实际的参考运动轨迹，对比了单个传感器和不同融合算法所生成的目标运动轨迹结果。采用视频跟踪中经典的随机漂移模型作为卡尔曼滤波器中的状态转移模型。式(9-13)中的变量 MV 的值设为 6。目标在地面上实际的参考运动轨迹通过手动用鼠标跟踪运动图像序列中的目标与地面接触的位置生成，对所得轨迹进行平滑，得到更加贴近目标实际运动轨迹的结果。采用融合结果与参考运动轨迹之间不同方向的均方根误差(RMSE)和平均位置误差(APE)对融合算法性能进行客观评价。这两个指标的值越小，说明融合结果越精确。

9.4.1　实验一：ADKFF 算法与非自适应融合算法的性能对比

在实验一中，对比的算法包括本章提出的 ADKFF 算法、CKFF 算法、联合卡尔曼滤波融合(FKFF)算法以及标准的分散式卡尔曼滤波融合(DKFF)算法。在实验一中，除了 ADKFF 算法，其他的 CKFF 算法、FKFF 算法以及 DKFF 算法都没有在融合过程中考虑待融合传感器的可信度。采用 PETS2006 数据集（该数据集从网站 http://www.cvg.rdg.ac.uk/PETS2006/上获取）。提取场景 3(选取 7-A)中的一段视频序列，称其为地铁序列。运动图像序列中一个行人进入了监控场景，步行穿过地铁旁边的过道，形成了一个曲线运动轨迹。因为摄像头 2 获取的视频所包含的信息对目标检测没有帮助(该视角下目标离摄像头距离太远，几乎不可能被检测)，只有摄像头 1 和摄像头 3 所获取的视频被用来进行实验。

从图 9-6 的第一行检测结果可以看出，从摄像头 1 的角度来看，场景中的光照条件不是很好，背景中的干扰较大，因此摄像头 1 视野中的背景会干扰目标的检测。从第二行的检测结果可以看出，摄像头 3 的视角下有更加明亮和清晰的场景，运动目标在背景中的识别度也更高。

(a) 摄像头1第1帧　(b) 摄像头1第95帧　(c) 摄像头1第190帧

(d) 摄像头3第1帧　(e) 摄像头3第95帧　(f) 摄像头3第190帧

图 9-6　地铁图像序列上的运动目标检测结果

因此，摄像头 3 给出的目标检测结果比摄像头 1 更加可信。图 9-7 中所示图像序列上摄像头 1 和摄像头 3 检测结果的可信度也确认了这个结论，摄像头 3 给出的结果明显比摄像头 1 有更好的表现。

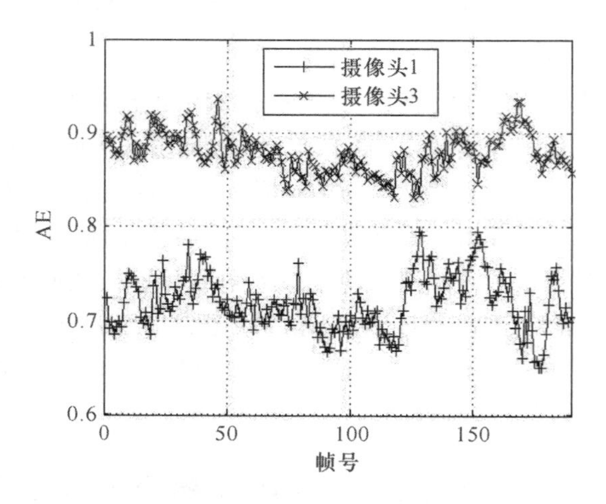

图 9-7　地铁图像序列上摄像头 1 和摄像头 3 检测结果的可信度

图 9-8 给出了来自单个摄像头以及不同融合算法的轨迹结果与目标实际运动轨迹的对比结果。对比图 9-8 中单个摄像头所得结果以及 CKFF 算法、FKFF 算法、DKFF 算法所得结

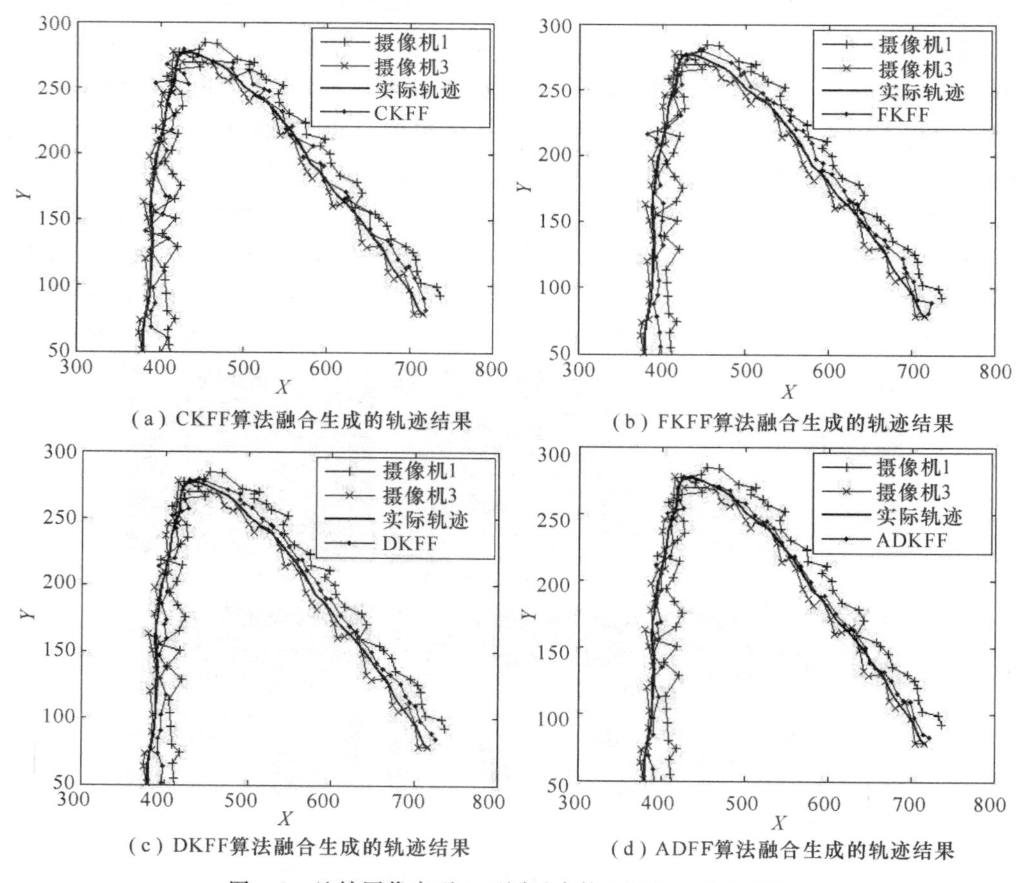

(a) CKFF算法融合生成的轨迹结果

(b) FKFF算法融合生成的轨迹结果

(c) DKFF算法融合生成的轨迹结果

(d) ADFF算法融合生成的轨迹结果

图 9-8　地铁图像序列上不同融合算法的轨迹结果对比

果，可以看出采用 FKFF 算法和 DKFF 算法得到的融合结果比 CKFF 算法更加精确，而 DKFF 算法的结果略好于 FKFF 算法的结果。从图 9-8(d)可以看出，ADKFF 算法给出了最好的融合结果，其所得的目标运动轨迹与实际的运动轨迹更为一致。从图 9-8 中可以看出，由于摄像头 3 给出的图像序列上检测到的运动目标有更高的可信度，因而融合结果主要得益于摄像头 3 检测到的结果，这是由于在融合过程中引入了基于可信度的自适应调节机制。

图 9-9 给出了 CKFF、FKFF、DKFF 以及 ADKFF 这四种融合算法得到的轨迹结果与目标实际运动轨迹之间的位置距离误差(融合估计的位置与相应的实际位置之间的距离)。从图 9-9 中可以看出，从融合轨迹与实际轨迹之间的接近程度来看，ADKFF 算法融合得到的轨迹具有最低的距离误差，具有最好的融合表现。

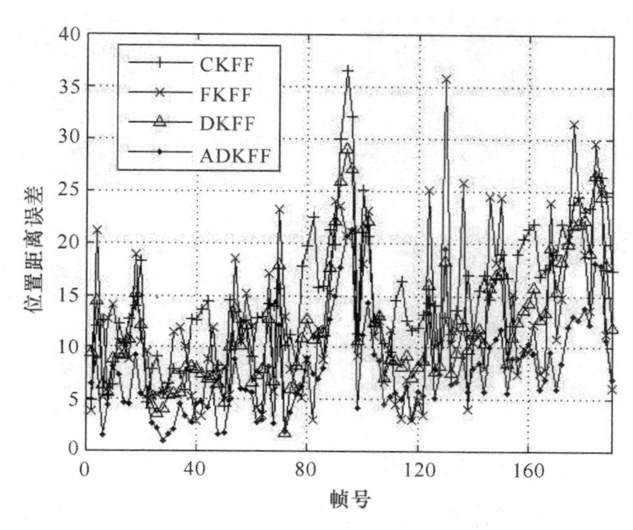

图 9-9　地铁图像序列上不同融合算法所得的轨迹结果位置距离误差

实验一中对单个传感器和不同融合算法的性能做了客观评价，结果如表 9-2 所示。客观评价的指标采用 X 方向、Y 方向的均方根误差以及估计轨迹与实际运动轨迹之间的平均位置误差，这些客观指标的值越低，代表相应的结果具有更好的表现。

如表 9-2 所示，客观评价结果与图 9-8 和图 9-9 所显示的结果一致，FKFF 算法和 DKFF 算法的融合效果比 CKFF 算法的融合结果好，ADKFF 算法的融合结果表现最好。ADKFF 算法在目标位置精确度方面，比 CKFF 算法、FKFF 算法和 DKFF 算法分别提升了 44.2%，38.2%和 34.4%。在没有考虑传感器可信度的情况下，FKFF 算法和 DKFF 算法的表现相近；当引入传感器可信度来自适应地进行融合时，ADKFF 算法的表现有了很大的提升。

表 9-2　地铁图像序列上各运动轨迹结果的 RMSE 和平均位置误差评价

	X-Error	Y-Error	APE
摄像头 1	14.075 0	25.455 9	29.087 9
摄像头 3	5.231 0	4.950 7	7.202 3
CKFF	8.568 8	12.928 9	15.510 7
FKFF	6.008 3	12.634 7	13.990 6
DKFF	6.730 1	11.329 7	13.177 9
ADKFF	4.659 5	7.284 6	8.647 4

9.4.2 实验二:ADKFF算法与自适应融合算法的性能对比

在实验二中,对比了本章提出的 ADKFF 算法与自适应联邦卡尔曼滤波融合(AFKFF)算法[14]以及基于模糊逻辑的自适应卡尔曼滤波融合(FL-AKFF)算法[21],两种对比算法都采用自适应融合算法,采用不同的策略在融合过程中自适应地调整滤波器的测量误差协方差,调整不同传感器的权重。在实验二中,采用我们拍摄的机器人图像序列来测试不同的融合算法,机器人图像序列中使用两台摄像机同时监控一个机器人穿过电梯间的地板。图 9-10 给出了机器人图像序列上运动目标的检测结果。

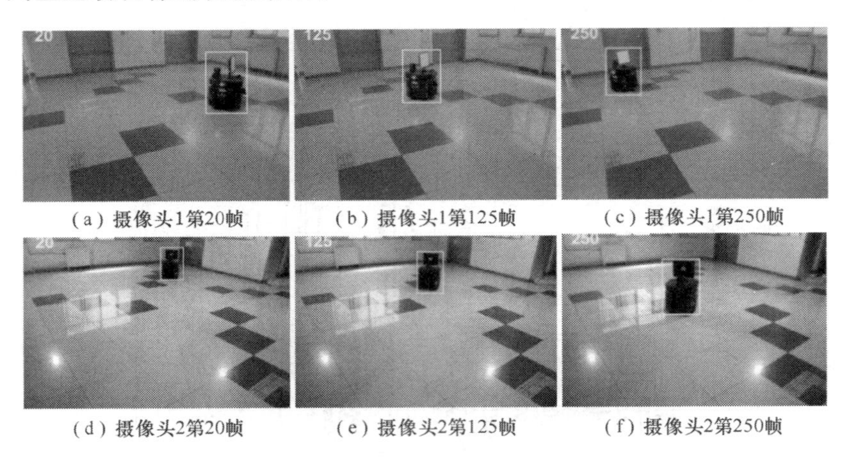

图 9-10 机器人图像序列上的运动目标检测结果

从图 9-10 中可以看出,在摄像头 1 的视野中光照条件比较差。灰暗的光照情况会明显地影响跟踪器,最终影响对目标的检测和跟踪结果。光照条件的影响在实际的监控环境中较为常见。在摄像头 2 的视野中光照条件较好,其所输出的图像数据可以为目标的监控提供更丰富和清晰的信息。机器人图像序列上摄像头 1 和摄像头 2 检测结果的可信度如图 9-11 所示,图中的数据显示从摄像头 2 中所得的检测结果明显好于从摄像头 1 中所得的检测结果。

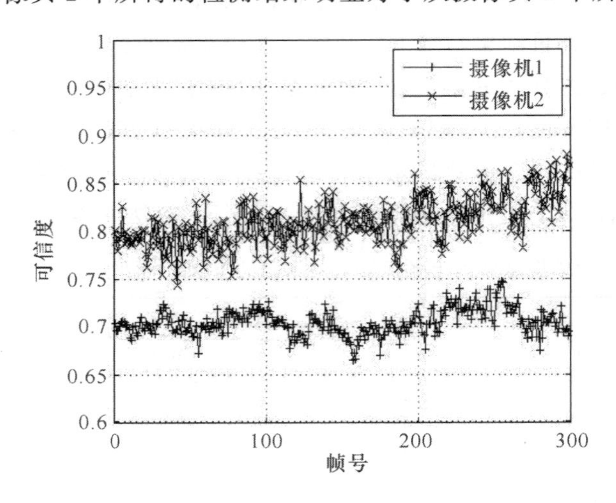

图 9-11 机器人图像序列上摄像头 1 和摄像头 2 检测结果的可信度

来自单个摄像头以及不同融合算法的轨迹结果与目标实际运动轨迹的对比结果在

图 9-12 中给出。对比图 9-12 中的融合结果，可以看出采用 ADKFF 算法得到的融合轨迹结果比 AFKFF 算法和 FL-AKFF 算法得到的轨迹更加靠近目标实际运动的轨迹，FL-AKFF 比 AFKFF 具有更好的融合效果，融合结果更多的获益于在目标检测方面有更高可信度的摄像头 2，这个表现也和图 9-11 所示的摄像头 1 和摄像头 2 检测结果的可信度一致，这是因为在融合过程中采用了传感器可信度和 DKF。

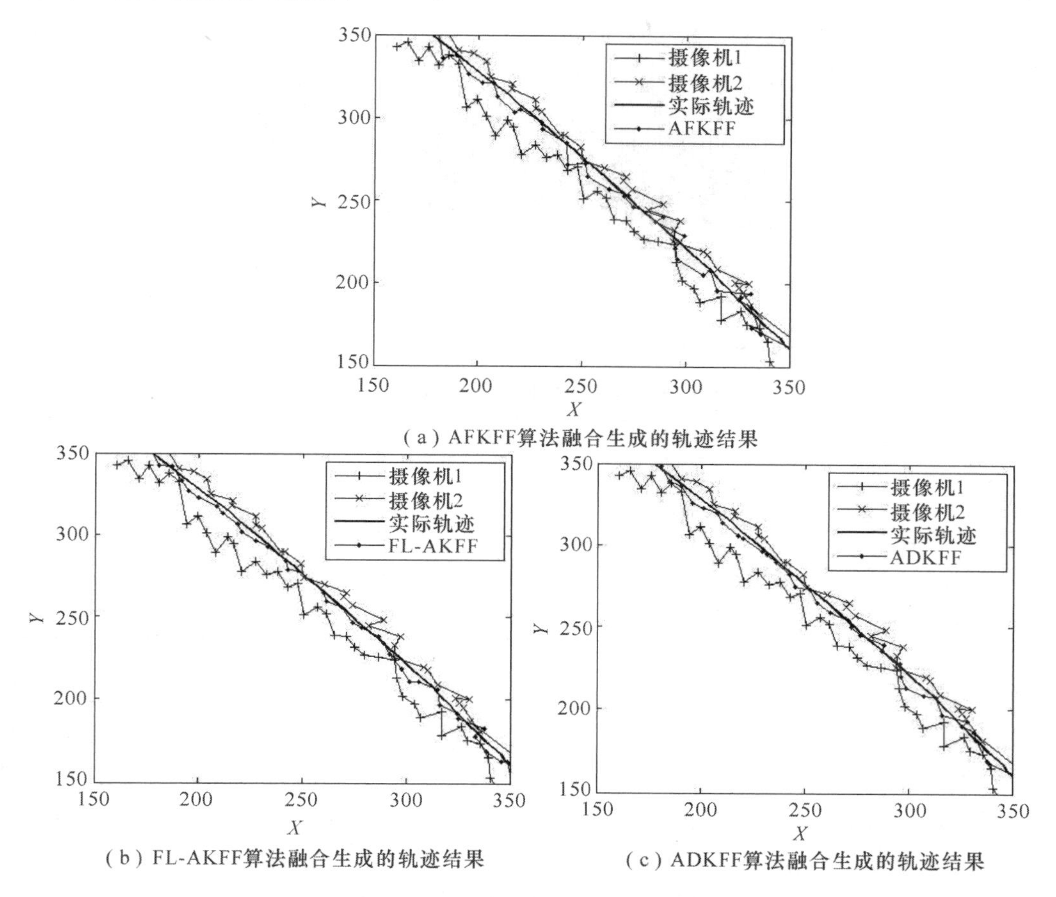

(a) AFKFF算法融合生成的轨迹结果

(b) FL-AKFF算法融合生成的轨迹结果　　(c) ADKFF算法融合生成的轨迹结果

图 9-12　机器人图像序列上不同融合算法的轨迹结果对比

实验二中采用的 AFKFF、FL-AKFF 和 ADKFF 这三种融合算法得到的轨迹结果与目标实际运动轨迹之间的位置距离误差如图 9-13 所示。从图 9-13 可以看出，采用 AFKFF 算法得到的融合结果产生的位置误差最大；采用 ADKFF 算法得到的融合轨迹的位置误差较小。

实验二对不同融合算法的融合结果做了客观评价。采用了 X 方向和 Y 方向的均方根误差(RMSE)以及平均位置误差作为客观评价指标来检验不同的融合方法。客观评价结果如表 9-3 所示。可以看出与目标实际的运动轨迹相比，ADKFF 算法的融合结果具有最小的误差，比 AFKFF 算法和 FL-AKFF 算法在位置精度方面分别提升了 17.1%和 10.2%。这些定量的评价结果与图 9-12、图 9-13 所示的可视化结果一致，说明 ADKFF 算法在融合效果方面优于 AFKFF 算法和 FL-AKFF 算法，这是因为在融合过程中引入了传感器的可信度。

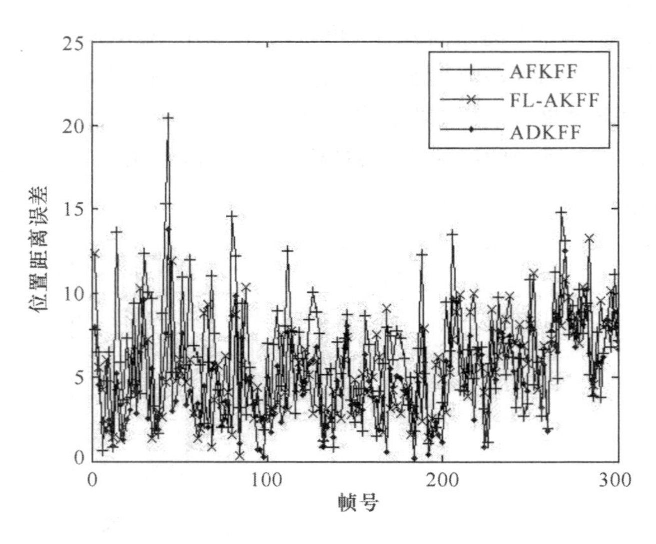

图 9-13 机器人图像序列上不同融合算法的轨迹结果位置距离误差

表 9-3 机器人图像序列上各运动轨迹结果的 RMSE 和平均位置误差评价

	X-Error	Y-Error	APE
摄像头 1	20.365 5	7.148 7	21.583 7
摄像头 2	7.541 2	4.054 2	8.561 9
AFKFF	5.834 6	4.420 8	7.320 3
FL-AKFF	5.575 8	3.829 7	6.764 4
ADKFF	4.983 1	3.466 3	6.070 2

从 AFKFF、FL-AKFF 和 ADKFF 这三种自适应融合算法的对比结果中可以看出，当在融合过程中引入了自适应调节步骤后，融合结果有了较好的提升。ADKFF 算法融合性能高于其他两种对比算法，FL-AKFF 算法所得结果好于 AFKFF 算法，这是因为 AFKFF 和 FL-AKFF 算法都采用了增加卡尔曼滤波残差协方差的实际值和理论值之间的一致性策略，自适应地调整误差协方差，但是都局限于融合系统内部。当输入数据具有较大误差或噪声时，仅用系统内部的调整很难得到精确的结果。ADKFF 算法采用传感器可信度来调整不同输入数据的权重，传感器的可信度来自于系统外部，独立于融合系统，因此具有更准确的自适应调节能力。FL-AKFF 算法的结果好于 AFKFF 算法，这是因为采用了模糊逻辑推理系统来调节测量误差协方差，模糊逻辑推理系统在调节该协方差时具有更好、更稳定的调节能力。

9.5 本章小结

本章提出了一种基于分散式卡尔曼滤波的自适应多视频传感器融合算法（ADKFF），有效地提高监控系统中目标跟踪结果的鲁棒性和精确性。在融合过程中，ADKFF 算法引入了传感器可信度来评估传感器在目标检测方面的性能，采用传感器的可信度自动调节局部卡尔曼滤波器的测量误差协方差矩阵，从而自适应地在融合过程中为待融合视频传感器分配更加准确的权重。此外，将分散式卡尔曼滤波融合框架引入到视频传感器融合当中，使得来自不同视频传感器的冗余跟踪数据得到充分利用，并以一种高效的方式给出更加精确的融合结果。

ADKFF 算法可以有效减少因不正确的目标跟踪和位置映射引起的目标位置误差。在监控视频序列上验证了 ADKFF 算法的有效性，并与 CKFF 算法、FKFF 算法、DKFF 算法、AFKFF 算法和 FL-AKFF 算法做了对比。在目标位置精确度方面，ADKFF 算法比 CKFF 算法、FKFF 算法和 DKFF 算法分别提升了 44.2%，38.2%和 34.4%；与自适应的 AFKFF 和 FL-AKFF 算法相比分别提升了 17.1%和 10.2%。

本章参考文献

[1] Aghajan H, Cavallaro A. Multi-camera Networks: Principles and Applications [M]. Academic Press, 2009.

[2] Snidaro L, Visentini L, Foresti G L. Intelligent Video Surveillance: Systems and Technology [M]. CRC Press, 2009: 363-388.

[3] Li B, Yan W. A Sensor Fusion Framework Using Multiple Particle Filters for Video-Based Navigation [J]. IEEE Transactions on Intelligent Transportation Systems, 2010, 11(2): 348-358.

[4] Denman S, Lamb T, Fookes C, et al. Multi-spectral Fusion for Surveillance Systems [J]. Computers and Electrical Engineering, 2010, 36(4): 643-663.

[5] Loreto S, Jose M M, Ander A, et al. RGB-D, Laser and Thermal Sensor Fusion for People Following in a Mobile Robot [J]. International Journal of Advanced Robotic Systems, 2013, 10(10): 799-811.

[6] Federico C. A Review of Data Fusion Techniques [J]. The Scientific World Journal, 2013,2013(2): 544-554.

[7] Christoph S, Fernando P L, Marco K. Information Fusion for Automotive Applications-An Overview [J]. Information Fusion, 2011, 12(4): 244-252.

[8] Atousa T, Guillaume M. An Iterative Integrated Framework for Thermal-Visible Image Registration, Sensor Fusion, and People Tracking for Video Surveillance Applications [J]. Computer Vision and Image Understanding, 2012, 116(2): 210-221.

[9] Chan A L, Schnelle S R. Fusing Concurrent Visible and Infrared Videos for Improved Tracking Performance [J]. Optical Engineering, 2013, 52(1): 177-182.

[10] Snidaro L, Visentini I, Foresti G L. Fusing Multiple Video Sensors for Surveillance [J]. ACM Trans. on Multimedia Computing, Communications and Applications, 2012, 8(1): 191-194.

[11] Chong C Y, Mori S. Optimal Fusion for Non-Zero Process Noise [C]. Proceedings of 16th International Conference on Information Fusion, Istanbul, Turkey, 2013: 365-371.

[12] Xu J, Song E B, Luo Y T, Zhu Y M. Optimal Distributed Kalman Filtering Fusion Algorithm without Invertibility of Estimation Error and Sensor Noise Covariances [J]. IEEE Signal Processing Letters, 2012, 19(1): 55-58.

[13] Li Z G, Tian X Y. The Application of Federated Kalman Filtering in The Information Fusion Technique [C]. Proceedings of Cross Strait Quad-Regional Radio Science and Wireless Technology Conference, Harbin, 2011, 2: 1228-1230.

[14] Zhang H, Sang H S, Shen X B. Adaptive Federated Kalman Filtering Attitude Estimation Algorithm for Double-FOV Star Sensor [J]. Journal of Computational Information Systems, 2010, 6(10): 3201-3208.

[15] Qi W J, Zhang P, Deng Z L. Weighted Fusion Robust Steady-State Kalman Filters for Multisensor System with Uncertain Noise Variances [J]. Journal of Applied Mathematics, 2014,2014(1):1-11.

[16] Julier S J, Uhlmann J K. General Decentralized Data Fusion with Covariance Intersection [M]. Handbook of Multisensor Data Fusion Theory and Practice, Second ed, CRC Press, 2009, 319-342.

[17] Markus S S, Kristian K. Performance Analysis of Decentralized Kalman Filters under Communication Constraints [J]. Journal of Advances in Information Fusion, 2007, 2(2): 65-75.

[18] Deng Z L, Zhang P, Qi W J, et al. Sequential Covariance Intersection Fusion Kalman Filter [J]. Information Sciences, 2012, 189(7): 293-309.

[19] Deng Z L, Zhang P, Qi W J, et al. The Accuracy Comparison of Multisensor Covariance Intersection Fuser and Three Weighting Fusers [J]. Information Fusion, 2013, 14: 177-185.

[20] Ibarra-Bonilla M N, Escamilla-Ambrosio P J, Ramirez-Cortes J M, et al. Pedestrian Dead Reckoning with Attitude Estimation Usinga Fuzzy Logic Tuned Adaptive Kalman Filter [C]. Proceedings of IEEE Fourth Latin American Symposium on Circuits and Systems, Cusco, 2013: 1-4.

[21] Li J, Lei Y H, Cai Y Z, et al. Multi-sensor Data Fusion Algorithm Based on Fuzzy Adaptive Kalman Filter [C]. Proceedings of the 32nd Chinese Control Conference, Xi'an, China, 2013: 4523-4527.

[22] Wang Z, Bovik A C, Sheikh H R. Image Quality Assessment: From Error Visibility to Structural Similarity [J]. IEEE Transactions on Image Processing, 2004, 13(4): 600-612.

[23] Correia P L, Pereira F. Objective Evaluation of Video Segmentation Quality [J]. IEEE Transactions on Image Processing, 2003, 12(2): 186-200.

[24] Xu T, Cui P. Data Fusion of Integrated Navigation System Based on Confidence Weighted [J]. Acta Aeronautica Et Astro-nautica Sinica, 2007, 28(6): 1389-1394.

[25] Snidaro L, Foresti G L, Niu R, et. al. Sensor Fusion for Video Surveillance [J]. In Proceedings of the 7th International Conference Information Fusion, 2004, 2: 739-746.

[26] Hartley R, Zisserman A. Multiple View Geometry in Computer Vision (2nd Edition) [M]. New York: Cambridge Univ. Press, 2004.

[27] Shen X J, Luo Y T, Zhu Y M, et al. Globally Optimal Distributed Kalman Filtering Fusion [J]. Sci China Inf Sci, 2012, 55(3): 512-529.

第 10 章　运动图像融合系统实现

10.1　多传感器运动图像的跨尺度分析与融合系统实现

本章基于本书前 9 章的研究成果，在运动图像跨尺度分析算法、基于特征相似性的多传感器运动图像序列融合算法、基于三维 Shearlet 变换的多传感器运动图像序列融合与降噪算法、基于特征的多曝光运动图像序列融合算法的研究基础上，设计并实现了多传感器运动图像的跨尺度分析与融合系统（MTAFS）。本系统建立了一种从空间、时间、频率角度分析运动图像的跨尺度分析框架，实现了不同模态多传感器运动图像的融合、存在噪声干扰的多传感器运动图像的融合与降噪以及不同曝光尺度的运动图像的融合，弥补了单个传感器不能有效捕获完整场景的缺陷，克服了运动图像捕获过程中由于目标运动、遮挡、噪声干扰以及光照变化所引起的运动图像质量下降的问题，从而可以为视觉导航系统提供完整、清晰、连贯和稳定的场景运动图像。

10.1.1　MTAFS 系统总体架构

多传感器运动图像的跨尺度分析与融合系统的框架结构包括三个逻辑层次：数据层、逻辑层和用户层。其中，逻辑层是系统的核心层，负责系统主要功能的执行。系统的总体架构如图 10-1 所示。

（1）数据层：负责存储系统中跨尺度分析与融合要处理的数据对象，存储来自各种视频传感器捕获的运动图像及视频序列，主要包括可见光传感器拍摄的运动图像、红外传感器拍摄的运动图像和多曝光运动图像等。

（2）逻辑层：MTAFS 系统的核心组成部分，负责对数据层中的多传感器运动图像和视频数据进行跨尺度分析与融合处理。本层次包含了以下几个功能模块：跨尺度分析、多传感器融合、融合与降噪和多曝光融合。跨尺度分析模块采用本书提出的运动图像跨尺度分析算法，实现多传感器运动图像分析与时空能量计算和融合。多传感器融合模块采用本书提出的基于特征相似性的多传感器运动图像序列融合算法，实现不同模态传感器捕获的运动图像序列的精确融合，合成互补信息，消除冗余，并对融合效果从客观定量评价指标方面进行性能评价。融合与降噪模块采用本书提出的基于三维 Shearlet 变换的多传感器运动图像序列融合与降噪算法，实现多传感器运动图像的融合与降噪，获取高质量的无噪声融合运动图像，并采用客观定量评价指标对融合与降噪结果进行性能评价。多曝光融合模块主要是克服场景光照变化对运动图像捕获质量的影响，该模块采用本书提出的基于特征的多曝光运动图像序列融合算法，实现了不同曝光度图像序列的融合，得到了曝光良好的融合图像，展示了完整清晰的场景细节，并对融合结果采用客观定量评价指标进行性能评价。

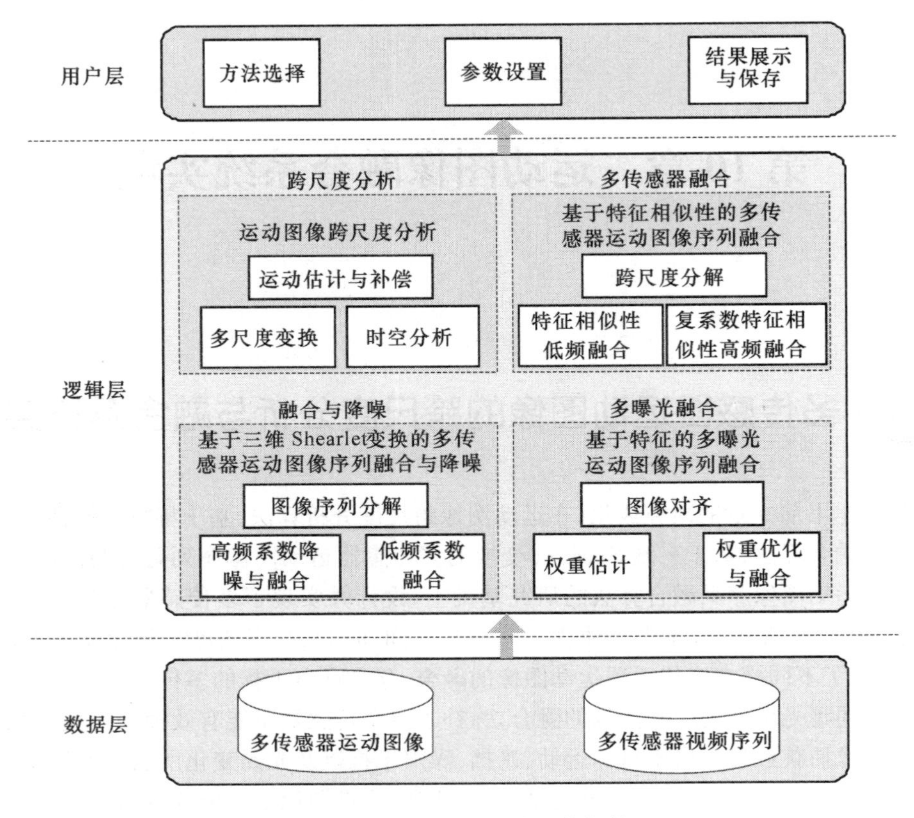

图 10-1　MTAFS 系统总体架构

(3) 用户层：设计友好的人机交互接口界面，为用户提供处理方法选择接口以及相关参数设置接口，并向用户展示多传感器运动图像跨尺度分析和融合结果，同时提供对结果图像和视频的客观指标评价值，对处理结果进行保存，从而实现人机间的友好交互。

10.1.2　主要功能模块设计与实现

本章分别对系统的主要功能模块的设计与实现进行描述，包括跨尺度分析、多传感器融合、融合与降噪和多曝光融合模块，并给出各模块的功能及运行结果，从而说明系统在处理多传感器运动图像跨尺度分析和融合中的有效性。图 10-2 为多传感器运动图像的跨尺度分析与融合系统主界面。

10.1.3　跨尺度分析模块

跨尺度分析模块实现本书提出的运动图像跨尺度分析算法，从时间、空间和频率角度实现多传感器运动图像的分析，有效描述边缘、纹理、运动细节特征，找出运动图像中的重要信息。

本模块的后台功能完成运动图像跨尺度分析，并在此基础上进行时空能量计算和基于时空能量的融合。运动图像跨尺度分析包括运动估计与补偿、多尺度变换和时空分析三个步骤。运动图像跨尺度分析构建从时间、空间、频率分析运动图像的框架，在此框架上计算时空能量，并实现运动图像融合。系统还集成了其他两种三维多尺度分析方法，分别为三维离散小波变换(3D-DWT)、三维双树复小波变换(3D-DTCWT)分析方法，实现了基于两种方法的时空能量计算和融合。

图 10-2　多传感器运动图像的跨尺度分析与融合系统主界面

跨尺度分析模块的前台用户操作界面如图 10-3 所示。为用户提供了输入图像序列选择和展示接口,可以灵活选择要处理的图像数据,单帧展示或连续播放。为用户提供了算法选择和分解层数及分解帧数参数设置交互接口,用户可以用不同的运动图像分析算法对图像序列进行分析,并可根据需要设定分解层数和相邻帧图像的个数,分解层数一般设定为 3 层或 4 层,相邻帧图像个数一般为 3、5、7 等。将运动图像分析后的低频系数、高频系数、时空能量和融合结果分别进行存储,并可将结果展示给用户,设定了结果展示选择接口,用户可以选择要展示的不同信息。

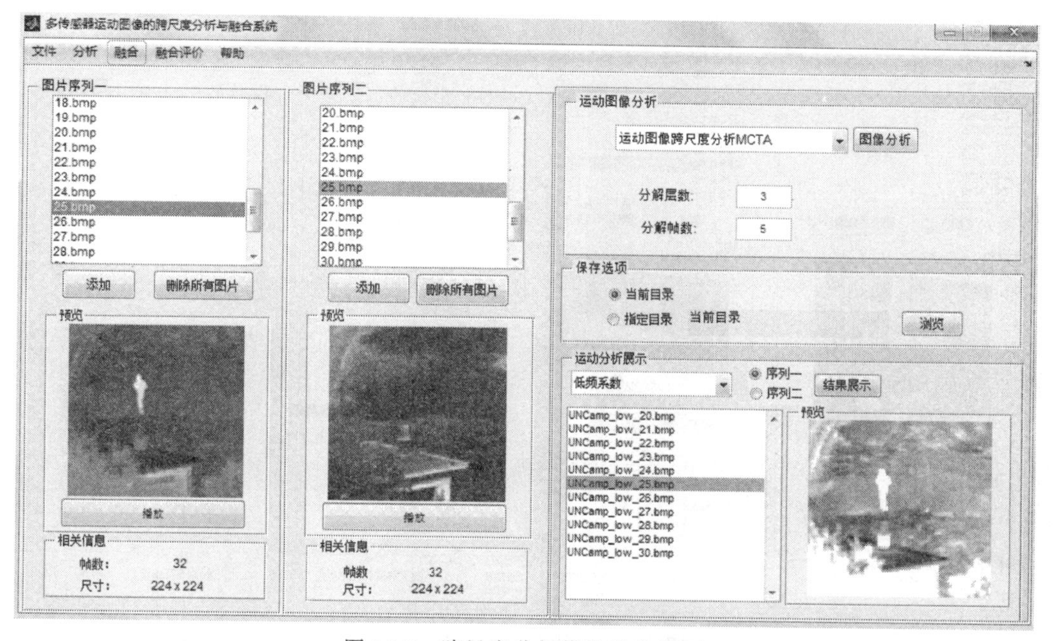

图 10-3　跨尺度分析模块操作界面

1. 多传感器融合模块

多传感器融合模块实现本书提出的基于特征相似性的多传感器运动图像融合算法，实现对不同模态传感器拍摄的运动图像序列的精确融合。不同模态传感器捕获到的场景细节不同，图像之间存在互补和冗余特性，特征相似性能够准确判断图像之间的互补或冗余特征，有效融合互补信息，消除冗余，提升融合运动图像质量。

本模块的后台处理功能包括：跨尺度分解、特征相似性低频系数融合和复系数特征相似性高频系数融合。本模块实现本书提出的基于特征相似性的多传感器运动图像序列融合算法。采用跨尺度分析算法 MCTA 实现序列的跨尺度分解，获取低频和高频系数，采用基于时空特征相似性度量 SFSIM 的融合策略实现低频系数融合，采用基于时空复系数特征相似性度量 SCFSIM 实现高频系数融合。本模块集成了五种其他融合算法进行对比，为用户提供直观的对比结果，五种算法分别是基于离散小波变换(DWT)、三维离散小波变换(3D-DWT)、双树复小波变换(DT-CWT)、三维双树复小波变换(3D-DTCWT)融合方法以及基于 3D-UDCT 变换和时空结构张量的视频融合方法(3D-UDCT-salience)。除此以外，还包含了性能评估功能，对融合结果从信息熵(IE)、互信息(MI)、梯度保持度($Q_{AB/F}$)、时空梯度保持度($DQ_{AB/F}$)和帧间差图像的互信息(IFD_MI)五个客观指标方面进行定量评价。

多传感器融合模块的前台用户操作界面如图 10-4 所示。本模块为用户提供了输入图像序列载入、图像展示以及算法选择和参数设置交互接口。系统将运动图像融合结果存储到用户指定的目录中，用户可以根据需要设定存储路径。本模块还设置了融合结果展示界面，将融合结果展示给用户，用户可以直观地对结果进行视觉效果评价。性能评估区域显示了融合结果的客观度量指标值，即信息熵(IE)、互信息(MI)、梯度保持度($Q_{AB/F}$)、时空梯度保持度($DQ_{AB/F}$)和帧间差图像的互信息(IFD_MI)五个客观指标值，使用户可以从定量分析角度观察到融合算法的性能。

图 10-4　多传感器融合模块操作界面

2. 融合与降噪模块

融合与降噪模块实现本书提出的基于三维 Shearlet 变换的多传感器运动图像序列融合与降噪算法，实现对有噪声的运动图像序列完成同时融合与降噪。在融合的过程中消除噪声像素，只保留有用的图像细节信息，从而降低噪声对融合过程的影响，提升融合图像质量，获取无噪声融合结果。

本模块的后台主要完成图像序列分解、高频系数降噪与融合以及低频系数融合功能，实现本书的基于三维 Shearlet 变换的多传感器运动图像序列融合与降噪算法 SIFD，实现运动图像融合与降噪。还集成了两种对比方法供用户对比使用，第一种方法是 3D-DTCWT 融合算法与 3D-DTCWT 降噪算法的组合，命名为 3DDTCWT-FD；第二种方法是 3D-UDCT-salience 融合算法与 3D-UDCT 降噪算法的组合，命名为 3DUDCT-FD。为了客观地评价不同的融合与降噪算法的性能，为用户提供了性能评价功能，包括信息熵（IE）、互信息（MI）、梯度保持度（$Q_{AB/F}$）、时空梯度保持度（$DQ_{AB/F}$）和帧间差图像的互信息（IFD_MI）、峰值信噪比（PSNR）和均方根误差（RMSE）七个度量方法，从不同的角度进行性能评估。

本模块的前台用户操作界面如图 10-5 所示。用户可以在交互界面中添加或删除要处理的运动图像序列，并可以预览图像，还为用户显示了载入的图像序列包含的帧数以及图像大小。为用户提供了结果保存选项，用户可以设定处理结果存储路径。用户选择执行某种融合与降噪算法以后，会自动将处理结果保存到用户指定目录当中，供用户查看。本模块也为用户提供了查看运行结果的展示功能，能够为用户展示选定的运行结果，同时性能评估展示区域，为用户展示了运行结果的客观评价指标值，即信息熵（IE）、互信息（MI）、梯度保持度（$Q_{AB/F}$）、时空梯度保持度（$DQ_{AB/F}$）和帧间差图像的互信息（IFD_MI）、峰值信噪比（PSNR）和均方根误差（RMSE）指标值。

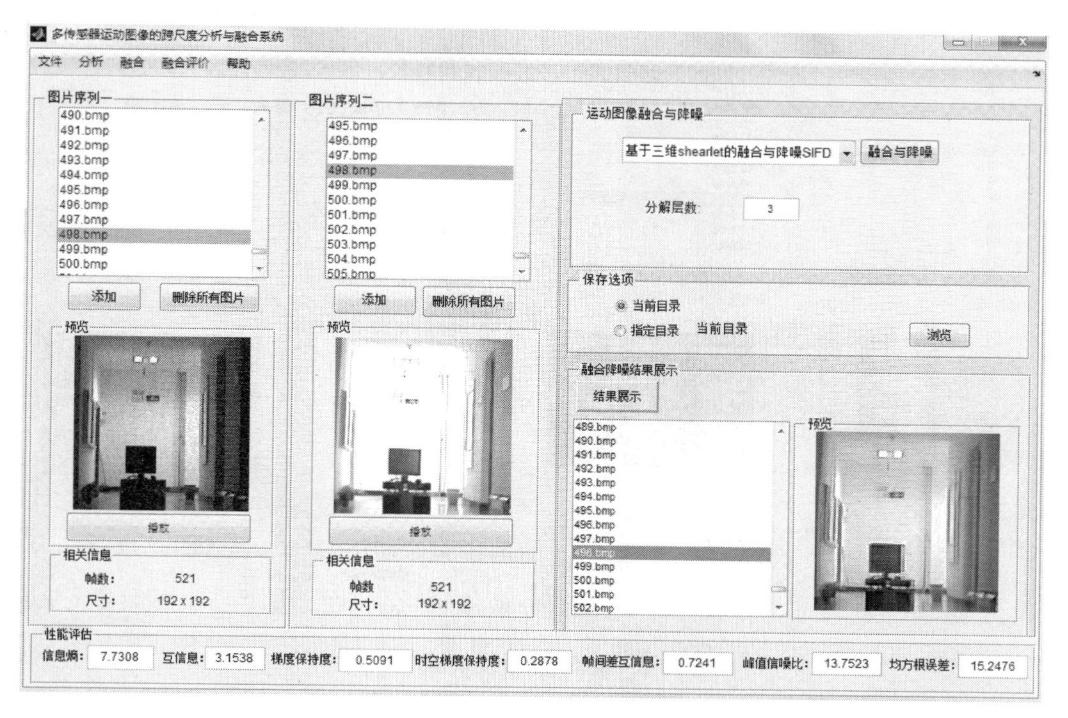

图 10-5　融合与降噪模块操作界面

3. 曝光融合模块

多曝光融合模块实现本书提出的基于特征的多曝光运动图像序列融合算法，实现不同曝光度下拍摄的多曝光图像序列的融合，目的是在光照变化的环境下，采用多曝光融合的方法捕获到场景的完整清晰的细节，克服光照变化对图像质量的影响，获取到视觉效果良好的场景图像。

本模块后台功能实现本书所述的基于特征多曝光运动图像序列融合算法(FMIF)，包括图像对齐、权重估计和权重优化与融合步骤，可以实现动态场景的多曝光图像序列融合，获取到曝光良好的高动态范围场景图像。可以自动检测载入的是单个图像序列数据还是两个图像序列数据，如果是单个图像序列，则将单个图像序列融合为曝光良好的一帧图像，如果载入的是两个图像序列，则执行序列间对应图像帧的多曝光融合，得到融合后的曝光良好的图像序列。集成了多种方法可为用户提供性能对比，分别是曝光融合算法(EF)、线性窗口(LW)方法。本模块提供了评价算法性能的客观评价功能，包括梯度保持度($Q_{AB/F}$)、视觉保真度(VIF)和针对彩色图像的特征相似性指标(FSIMc)三个客观评价指标。

多曝光融合模块的前台用户操作界面如图 10-6 所示。用户可以通过交互界面添加或删除要处理的多曝光图像序列，并可以预览图像，查看图像帧数和图像尺寸。系统为用户提供了结果保存选项，用户可以设定处理结果存储到当前路径或任意指定存储路径。用户选择执行某种多曝光图像处理算法以后，本模块会自动将处理结果保存到用户指定目录当中。执行完成后，用户可以通过前台的结果展示区域查看处理效果，单击图像列表中的图像名称可以在预览框中查看其视觉效果。在性能评估区域展示了梯度保持度($Q_{AB/F}$)、视觉保真度(VIF)和针对彩色图像的特征相似性指标(FSIMc)三个客观评价指标值。

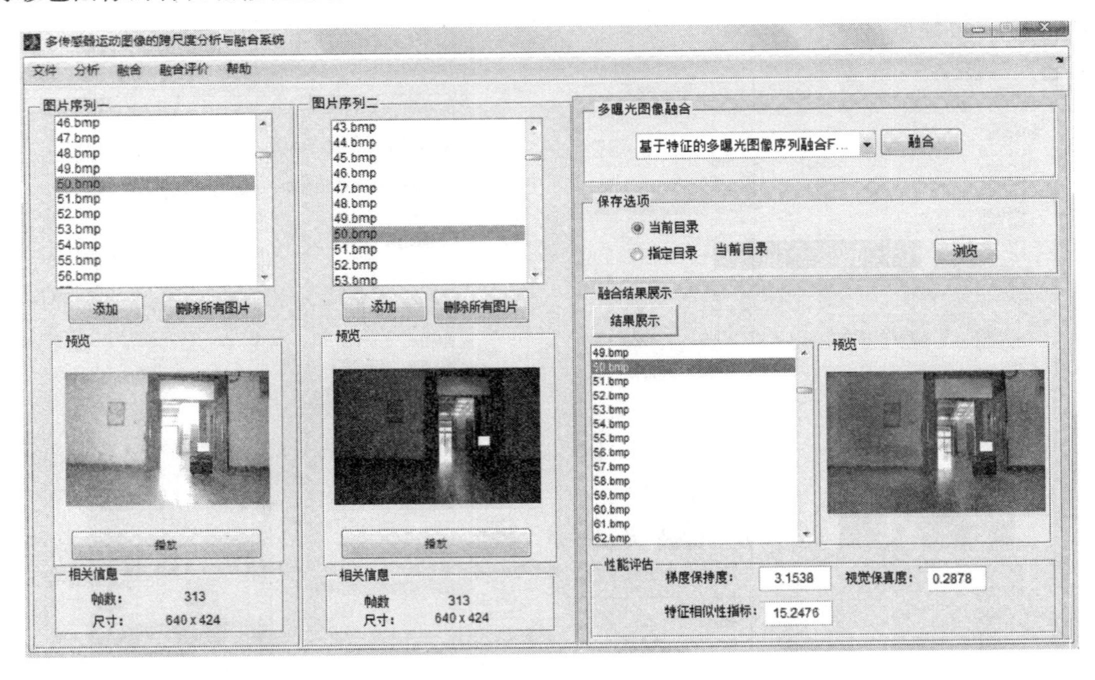

图 10-6 多曝光融合模块操作界面

10.2　多源运动图像的跨尺度配准与融合系统实现

本章基于本书的研究成果，在基于局部三值模式的运动图像配准算法、基于局部分形维数和离散小波框架变换的运动图像融合算法、基于统一离散曲波变换和时空信息的运动图像融合算法和基于分散式卡尔曼滤波的自适应多视频传感器融合算法的研究基础上，设计实现了多源运动图像的跨尺度配准与融合系统。该系统可实现对运动图像的预处理（旋转、缩放、模糊、加噪声），以及对不同光照亮度变化、不同视角或发生放射变化情况下的运动图像配准，可实现像素级运动图像融合以及难以在像素级实现的多视频传感器特征级的融合，可提供视觉质量更高、包含信息更丰富、更加综合的运动图像融合，同时也提供更为鲁棒和精确的运动目标监控。

10.2.1　系统总体架构

本章构建的多源运动图像的跨尺度配准与融合系统的框架结构可分为三个逻辑层次：数据采集层、逻辑层和用户层。逻辑层是本系统的核心部分，主要包括预处理模块、配准模块、像素级融合模块以及特征级融合模块，各模块独立封装成组件，可独立变化扩展。系统的总体架构如图 10-7 所示。

（1）数据采集层

负责采集系统中预处理、配准和跨尺度融合处理的数据对象，主要包括视觉传感器拍摄的运动图像，以及已经配准好的待融合多源运动图像序列等，并将其进行存储。

（2）逻辑层

实现对采集到的运动图像和视频数据的跨尺度配准与融合处理。该层包括：预处理模块、配准模块、像素级融合模块和特征级融合模块。其中预处理模块可以实现运动图像的旋转、缩放、模糊以及加噪声。配准模块采用本书提出的基于局部三值模式的运动图像配准算法，实现旋转、缩放、模糊、光照等不同条件下运动图像的配准。像素级融合模块实现基于局部分形维数的运动图像融合功能和基于时空信息的运动图像融合功能。基于局部分形维数的运动图像融合采用本书提出的基于局部分形维数和离散小波框架变换的融合算法，实现运动图像的像素级融合，可以用来融合多聚焦、多曝光以及可见光-红外运动图像，融合后的图像可提升运动目标的细节清晰度以及可识别程度，系统可对融合效果从客观定量评价指标方面进行性能评估。

基于时空信息的运动图像融合采用本书提出的基于统一离散曲波变换和时空信息的运动图像融合算法，结合图像空间域信息和时间维度的信息，实现可见光-红外运动图像的像素级融合；可对融合效果从客观定量评价指标方面进行性能评估。特征级融合模块利用本书提出的基于分散式卡尔曼滤波的自适应多视频传感器融合算法，实现不同视角、距离和光照情况下视频序列的特征级融合。

（3）用户层

提供友好的用户接口界面，为用户展现系统各个功能模块处理过程以及处理后运动图像的视觉效果及其客观指标评价结果，并对处理结果进行保存。该层还提供相关参数选择和方法选择接口，从而实现用户和系统的交互操作。

系统中涉及的不同层次中包含的不同功能模块，都是通过各自的接口与总体系统通信，可以根据用户需求进行进一步的扩展和完善。

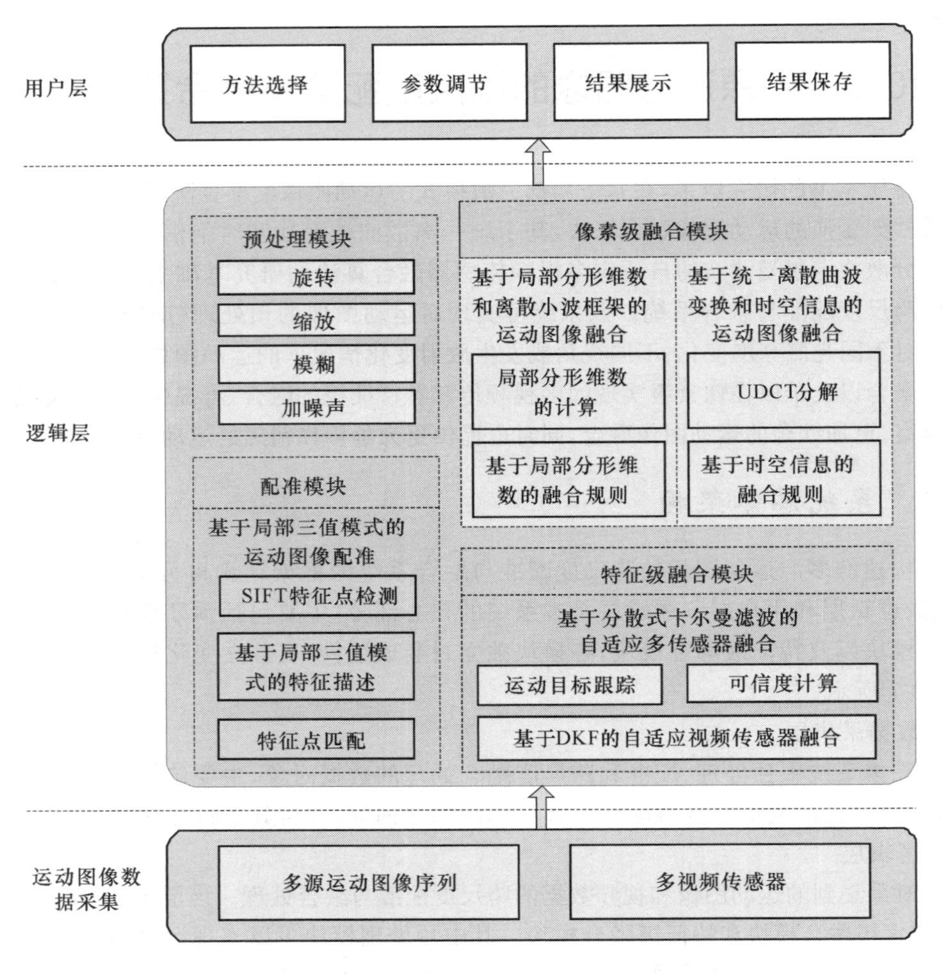

图 10-7　多源运动图像的跨尺度配准与融合系统总体架构

10.2.2　主要功能模块设计与实现

1. 预处理模块

预处理模块实现对输入运动图像的基本预处理，目的是为后面其他功能模块提供数据输入。本模块的后台处理包括四个功能：图像旋转、图像缩放、图像模糊以及图像加噪声。旋转功能通过按系统输入的尺度参数对输入图像进行0°～360°之间的顺时针旋转；缩放功能使用双线性插值方法，按系统输入的尺度参数对输入的原图像进行缩放；模糊功能使用输入参数决定模糊窗口的大小，按固定的窗口对输入图像进行窗口区域取平均的滤波，得到模糊图像；加噪声功能也是按输入参数给输入图像加入一定量的校验噪声。

本模块的前台用户操作界面如图 10-8 所示。系统为用户提供了预处理操作选择和处理尺度输入两个交互接口，不同的预处理操作对输入尺度的范围有一定的要求。如旋转功能要求输入尺度参数在[0,360]范围内；缩放功能是将输入图像的尺寸乘以输入的尺度参数得到缩放后图像的尺寸；模糊功能是先建立一个输入参数大小的固定窗口，然后用该窗口对输入图像进行均值滤波，输入参数越大，得到图像的模糊程度越大；加噪声功能是在原图像中按输入尺度参数加入校验噪声，尺度越大，噪声越大。系统会将预处理后的视觉效果图展示给用户，并提供保存功能。

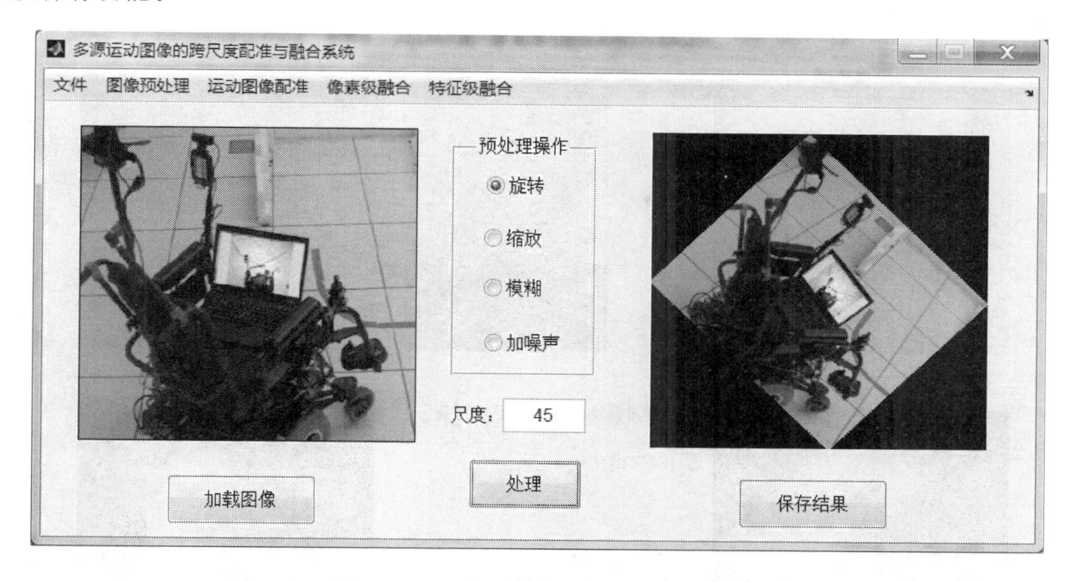

图 10-8 运动图像预处理模块操作界面

2. 配准模块

配准模块实现对不同尺度、平移或旋转变化、不同亮度条件下得到的运动图像的跨尺度配准,实现发生尺度、平移或旋转、亮度变化的待配准图像与参考图像对齐配准,得到拼接后的图像扩展视野或者得到重叠部分图像进行下一步的融合。

本模块的后台处理包括如下几个功能:特征点的提取、特征点匹配和配准图像的拼接融合。特征点提取功能通过对待配准图像进行特征提取,采用 LTP 特征描述算子对特征点进行描述;对描述后的特征点分两步分别进行基于相对距离的最邻近与次邻近之比的粗匹配和基于 RANSAC 的精匹配,得到两幅图像间的变换矩阵;用双线性插值方法将两幅图像拼接融合在一起。系统中还集成了其他两种比较算法,分别为经典的 SIFT 配准算法和 SURF 配准算法,在提取特征点后分别使用各自的 SIFT 和 SURF 特征描述算子对特征点进行描述。

本模块的前台用户操作界面如图 10-9 所示。系统为用户提供了配准算法选择和算法阈值设定两个交互接口,用户可以自由地设定不同级别匹配阈值,决定特征点对之间的匹配结果数目,并可选择不同配准算法对输入的待配准图像进行配准处理。系统将处理后的视觉效果图展示给用户,可以通过点击各自对应的按钮实现提取特征点的显示、匹配特征点对之间的连线以及配准后融合在一起的配准结果。在最下方同时输出最后配准时使用的变换矩阵。

3. 像素级融合模块

像素级融合模块实现两种不同的运动图像融合:基于局部分形维数的融合和基于时空信息的融合。其中基于局部分形维数的融合没有使用时间维度的信息,仅是逐帧地处理运动图像序列中的图像;基于时空信息的融合不但考虑了当前帧中空间域的信息,也考虑了在时间维度上前一帧和后一帧的信息,构建时空融合规则,实现融合任务。

(1) 基于局部分形维数的融合模块

基于局部分形维数(LFD)的融合模块在像素级实现对多源运动图像的融合,如多聚焦图像融合、多曝光图像融合以及可见光-红外图像融合。目的是在融合阶段采用 LFD 作为评判图像中像素清晰度的度量指标,让更多清晰丰富的纹理信息从待融合图像转移到融合图像中去。

图 10-9 图像跨尺度配准模块操作界面

本模块的后台处理包括如下几个部分:图像中像素重要性度量、图像多尺度变换、分解系数的融合和性能评估。图像中像素重要性度量功能采用本书提出的 LFD 来检测;实现运动图像中每个像素纹理清晰度的度量。图像多尺度变换功能采用 DWFT 方法处理;分解系数的融合采用本书提出的基于局部分形维数区域能量的融合规则实现。系统中还集成了其他三种对比算法可供用户选择,分别为基于离散小波变换的融合算法(DWT-F)、基于传统的离散小波框架变换的融合算法(DWFT-F)和基于非下采样轮廓波变换的融合算法(NSCT-F)。性能评估功能对融合效果从空间频率、$Q_{AB/F}$和互信息三个客观指标方面实现定量的性能评估。空间频率可以评估单帧图像清晰度和视觉质量;$Q_{AB/F}$和互信息能有效评价融合图像从待融合图像中转移的有效信息量。

本模块的前台用户操作界面如图 10-10 所示。系统为用户提供了源图像载入、算法选择和融合中图像分解层数选择这三个交互接口,用户可以选择不同的融合算法对待融合运动图像进行融合处理。对于对比的三种融合算法,系统会将融合后的运动图像的视觉效果图展示给用户;对于提出的 LFD-DWFT 算法,系统提供计算并显示待融合图像局部分形维数图的功能,可以使用户直观地看出两幅原图像中不同像素清晰程度的直观表现。系统还将融合效果的性能评估结果,即空间频率、$Q_{AB/F}$和互信息三个客观指标值反馈给用户。

(2) 基于时空信息的融合模块

基于时空信息的融合模块是在像素级实现对待融合运动图像进行融合,目的是同时提取运动图像序列在空间尺度和时间维度的细节信息,提高融合过程中融合图像时间一致性及稳定性,进一步提升融合质量。

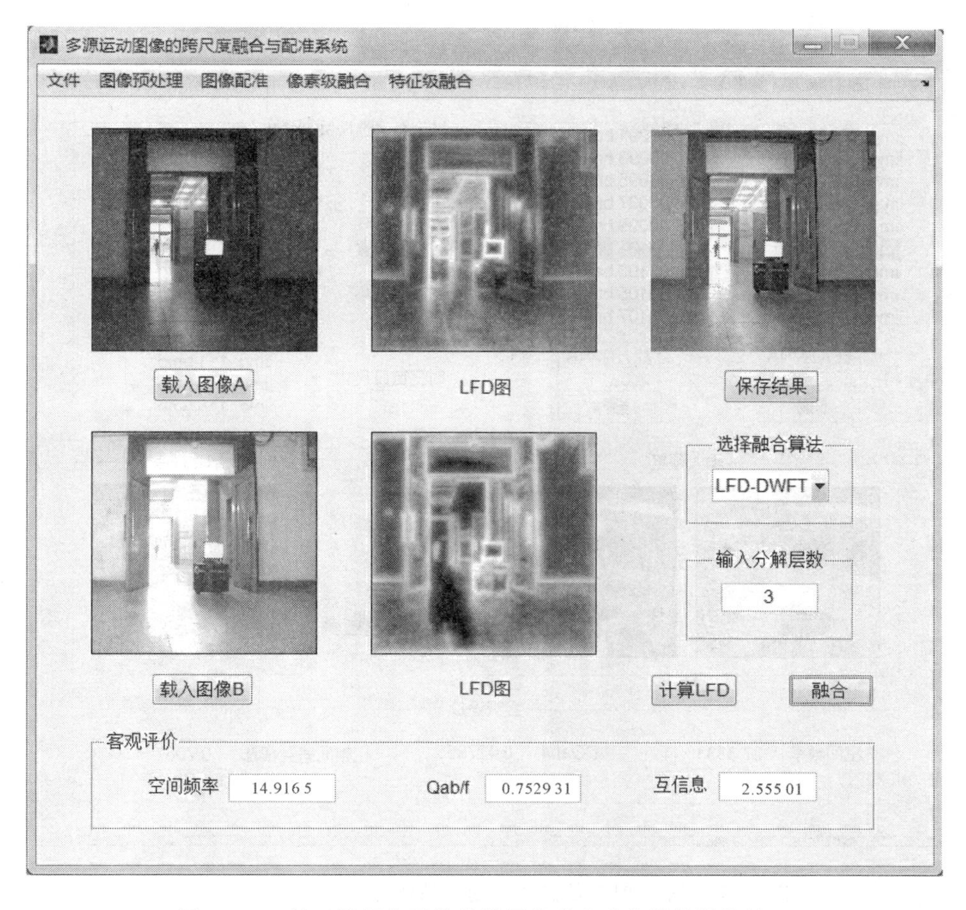

图 10-10 基于局部分形维数的图像融合功能模块操作界面

本模块的后台处理主要包括三个部分:运动图像多尺度分解、基于时空信息的融合规则设计和性能评估。运动图像多尺度分解功能利用能更好地提取运动图像中时空信息的统一离散曲波变换方法(UDCT),实现运动图像序列的多尺度分解功能;采用本书中提出的基于统一离散曲波变换和时空信息的融合算法(UDCT-ST)进行融合,并得到融合结果。系统还集成了另外两种对比算法供用户选择,分别为基于轮廓波变换的时空融合(CT-T)算法和基于双树复小波变换的时空融合算法(DT-CWT-T)算法;这两种对比算法都采用低频系数取平均、高频系数取最大的融合策略。性能评估功能对补偿效果从空间频率、$DQ_{AB/F}$和帧间差互信息这三个客观指标方面实现定量的性能评估。

本模块的前台用户操作界面如图 10-11 所示。用户可以通过交互界面载入原始运动图像序列,并可预览图像;用户可以在界面中选择融合算法,并为融合算法中选择多尺度分解的层数,还可以设置时空区域窗口的尺寸大小。待用户选择融合算法后,系统会在后台完成融合处理,并将处理结果显示在一个列表中,用户可以通过单击列表中不同的帧,在下面的预览窗口预览融合结果的视觉效果,并对融合结果进行保存。系统会将融合效果的性能评估结果,即空间频率和 $DQ_{AB/F}$ 和帧间差互信息这三个客观指标值在下方反馈给用户。

4. 多视频传感器融合模块

多视频传感器融合模块实现运动图像的特征级融合,目的是根据不同视频传感器检测目标的可信度,自适应地实现不同视角、距离和光照情况下运动图像序列中运动目标的轨

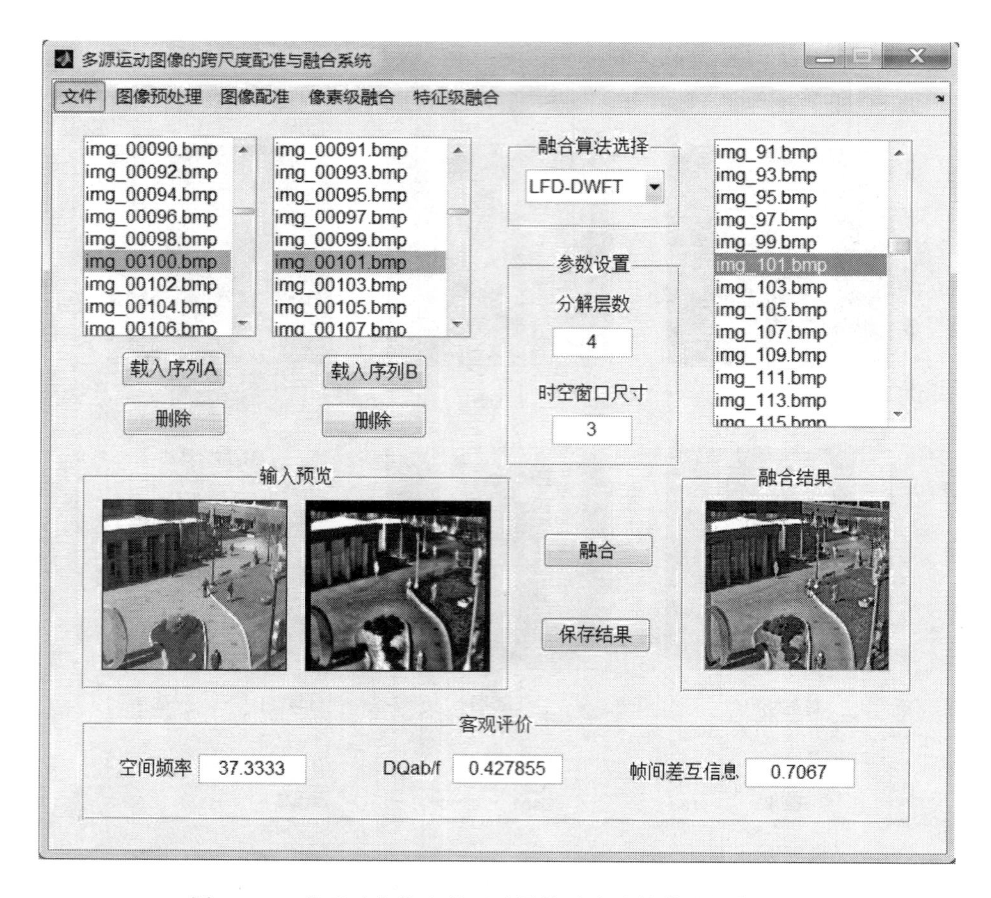

图 10-11　基于时空信息的运动图像融合功能模块操作界面

迹特征融合，使得融合结果更多地得益于可信度高的传感器，提升运动目标跟踪的鲁棒性与精确度。

本模块的后台处理主要包括四个功能：运动目标跟踪、跟踪可信度估计、目标运动轨迹融合。采用跟踪算法在运动图像序列上进行运动目标跟踪，获取运动目标的区域和位置；根据运动目标区域计算目标区域从背景中的可识别程度作为可信度，并将目标位置映射到监控场景的俯瞰图上。基于获取的运动目标位置与可信度，采用本书提出的基于分散式卡尔曼滤波的自适应多视频传感器融合算法（ADKFF）对连续时间上的目标运动轨迹进行融合，可获得融合不同传感器捕获的目标轨迹信息。本模块中还集成了基于模糊逻辑的自适应联邦卡尔曼滤波融合算法（FL-AFKF）算法供用户选择。目标真实的运动轨迹是通过手动用鼠标跟踪运动目标获得，仅用于评估多视频传感器融合结果的精确度，验证融合算法的有效性。

本模块的前台用户操作界面如图 10-12 所示。用户可以通过交互界面载入原始运动图像序列，并可在图像中显示运动目标跟踪效果。在跟踪的同时，计算来自不同图像序列运动目标的可信度，并在跟踪窗口对应的位置显示归一化之后的跟踪可信度。为了更好地显示融合效果，用户还需要在系统中载入相应图像序列监控场景的俯瞰图和所用序列中运动目标真实的运动轨迹，载入后真实运动轨迹会显示在俯瞰图上。可以选择相应的融合算法开始融合，系统会在后台响应不同的算法，在跟踪和可信度计算的同时，将融合结果显示在俯瞰图上，可以对比出融合结果与真实轨迹之间的差别。

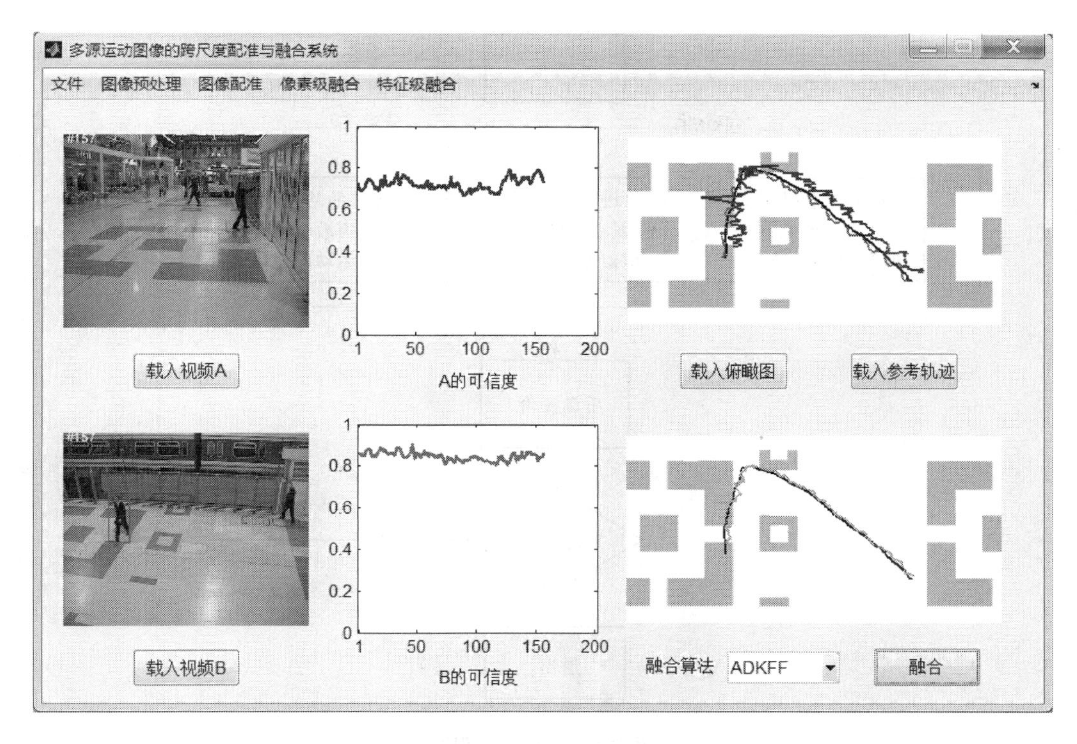

图 10-12　特征级多传感器融合功能模块操作界面

10.3　运动图像序列融合系统开发

本书提出了一种基于稀疏表示的运动图像序列融合算法、一种改进的基于双树复小波的区域相似度图像融合算法和一种改进的基于 SIDWT 的运动图像融合算法。本章设计并实现了基于以上三种算法的运动图像序列融合系统，并对以上算法的有效性进行了验证。

10.3.1　系统的总体设计

本章开发的验证系统将运动图像序列融合算法进行了整合，并对其融合图像进行客观评价。图 10-13 为系统的流程图。

基于三维稀疏表示的多源空间运动图像融合算法模块实现了本书提出的运动图像序列融合算法，并且实现了对比实验中的几种运动图像融合算法。

改进的基于双树复小波的区域相似度图像融合算法模块实现了本书提出的融合算法。可以选择不同的融合规则进行实验，同时提供了用于对比的融合算法。

改进的基于移动不变离散小波变换的运动图像融合算法模块以本书基于移动不变离散小波变换的运动图像序列超分辨率融合算法为基础，实现了光流场检测、校正、低通滤波和融合的全过程。

融合图像质量评价部分将常见的融合图像客观评价指标进行了实现，包括信息熵、互信息、边缘强度和 $Q_{AB/F}$ 等。用户可以直接得到融合图像的各种指标。

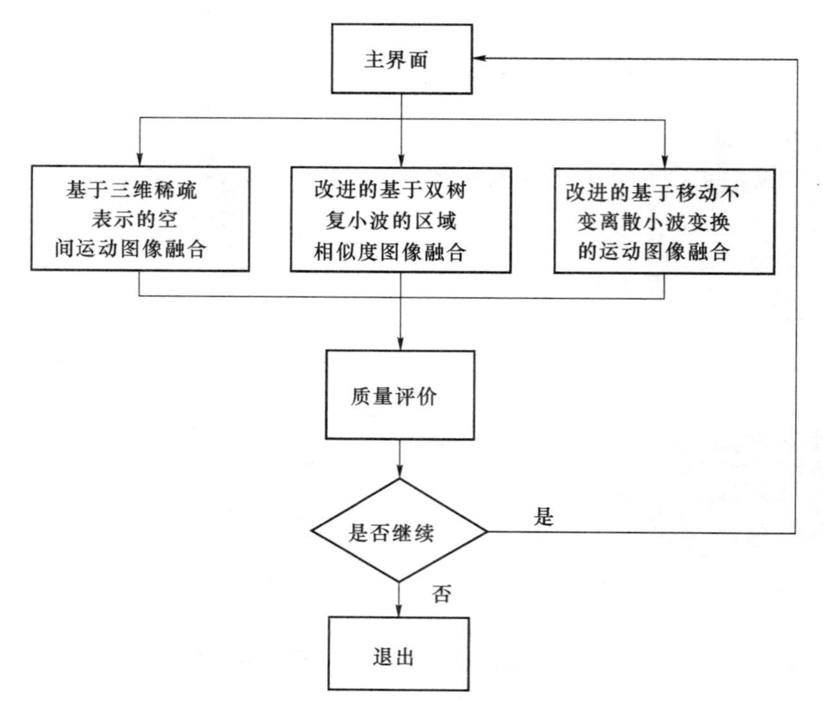

图 10-13 系统流程图

10.3.2 系统详细设计与实现

1. 系统详细设计

本章融合系统的各模块完成了之前章节所述算法功能的实现。主要包括基于三维稀疏表示的多源空间运动图像序列融合模块、基于双树复小波的区域相似度图像融合模块、基于移动不变离散小波变换的运动图像融合模块和图像质量评价模块四个部分。

基于三维稀疏表示的运动图像融合模块既实现了所提出的方法，还加入了相关问题的传统处理方法。基于双树复小波的区域相似度图像融合算法模块包含了所提出的算法、DWT插值和移动不变离散小波变换融合算法，提供多种融合规则的选择。基于移动不变离散小波变换的运动图像融合模块包含了所提出的基于移动不变离散小波变换的运动图像融合算法，实现了光流场计算、校正、低通滤波和融合的全过程。图像客观评价模块包括计算图像信息熵、$Q_{AB/F}$和互信息等。

融合系统的功能结构图如图 10-14 所示。

(1) 基于三维稀疏表示的空间运动图像融合

本模块主要代码包含在 GEN_DIC_ZZH. m 和 KSVD_3D_FUSION. m 中。GEN_DIC_ZZH 函数包含了图像滑动窗口块的转换和字典生成功能。KSVD_3D_FUSION 函数实现了系数分解、融合及最后逆变换得到融合图像的功能。该模块的流程图如图 10-15 所示。

(2) 改进的基于双树复小波变换的区域相似度图像融合

本模块主要代码包含在 Band_Pass_Fusion_Simply. m 和 Low_Pass_Fusion_Simply. m 中。主要实现了高频和低频系数的各种融合规则。2D-DTCWT_FUSION. m 实现了图像转换和融合的过程。该模块流程图如图 10-16 所示。

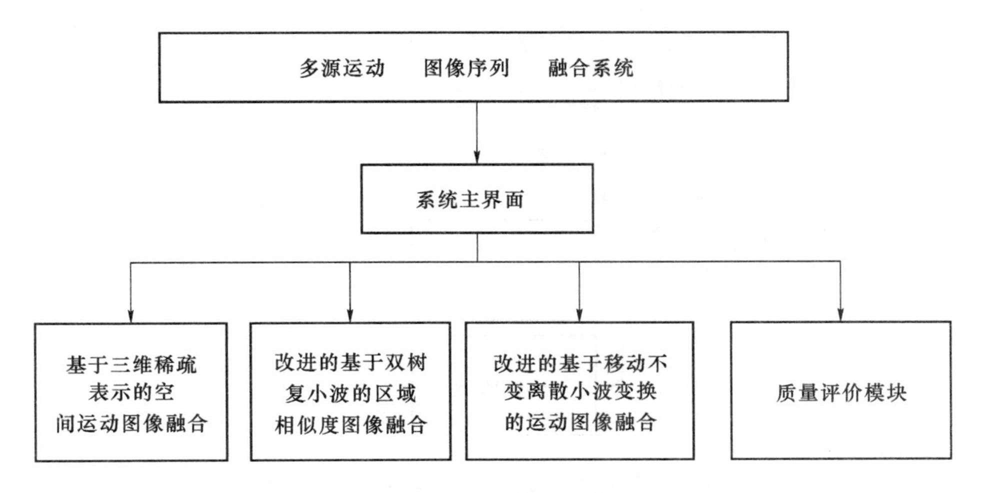

图 10-14　验证平台功能结构图

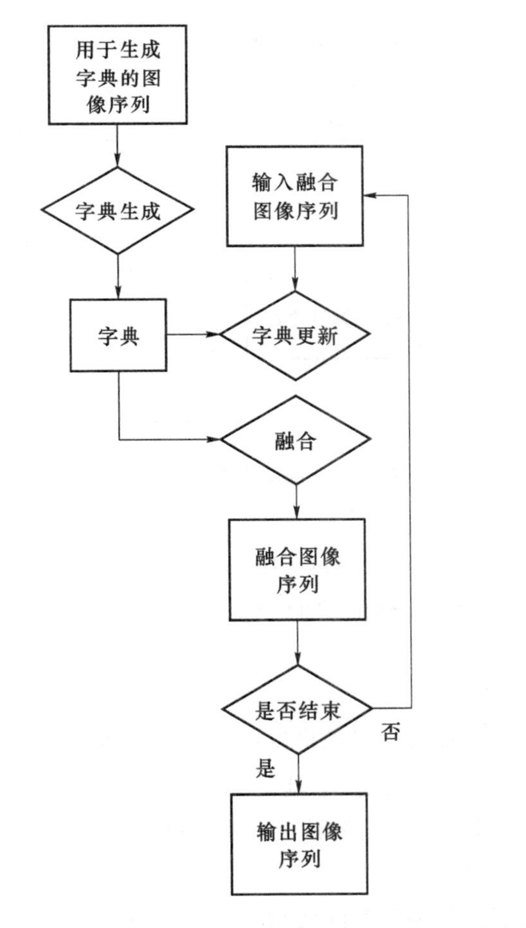

图 10-15　基于三维稀疏表示的多源空间运动图像融合算法模块

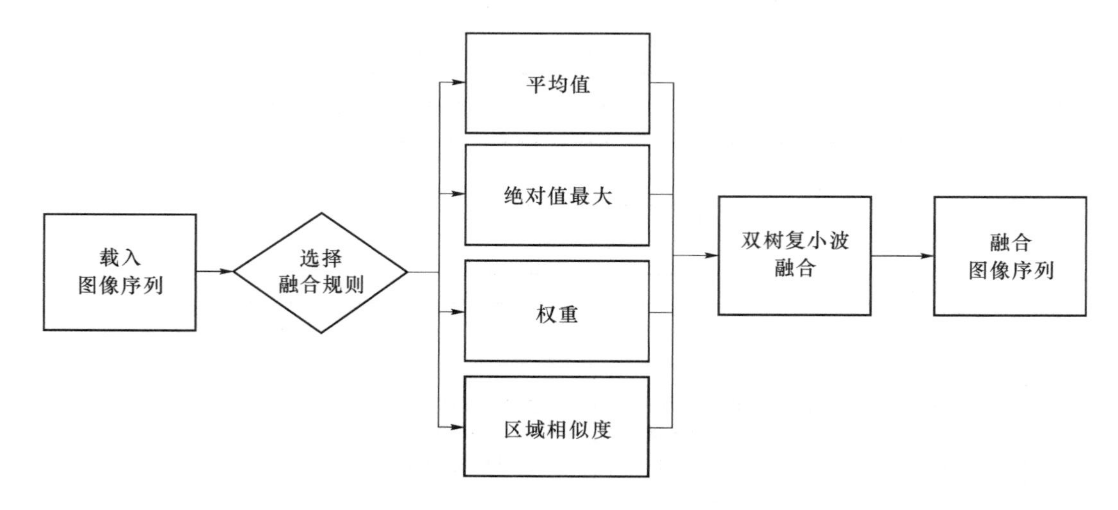

图 10-16　基于双树复小波的区域相似度图像融合算法模块

(3) 改进的基于移动不变离散小波变换的运动图像融合

本模块主要代码包含在 SIFTFlow. m 中，实现了光流法，能进行光流场的计算。WarpImage. m 实现了根据光流场进行图像校正的算法。Get_High_Low_Pass_Band. m 实现了取得图像高低频图像的方法。SIDWT_Fusion. m 实现了根据不同频率的图像采用不同融合规则进行融合的代码，把高低频的融合图像组和就得到融合图像，流程图如图 10-17 所示。

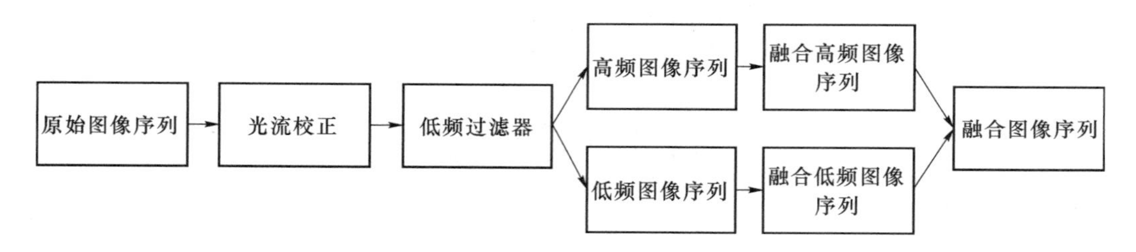

图 10-17　基于移动不变离散小波变换的运动图像融合算法模块

(4) 质量评价

本模块主要代码包含在 Fuse_Assess_Image. m 中，包含了融合前的图像序列和处理后图像的载入功能，计算图像客观指标的功能分别包含在 Mutinf()，Avg_Gradient() 和 Space_Frequency() 函数中。

2. 系统实现

(1) 系统主界面。用户通过主界面可以选择不同的图像融合模块。本模块的主要代码保存在 MainFrame. m 文件中，分别提供了基于三维稀疏表示的多源空间运动图像融合方法模块、基于双树复小波的区域相似度图像融合算法模块、基于光流的运动图像序列超分辨率融合算法模块的入口。具体的实现如图 10-18 所示。

(2) 基于三维稀疏表示的多源空间运动图像融合算法模块。本模块提供了 3D 稀疏表示的字典生成和更新功能，根据生成的字典进行运动图像序列的融合。处理后的融合图像能显示在程序界面中，本模块界面如图 10-19 所示。

图 10-18　系统主界面

图 10-19　基于三维稀疏表示的多源空间运动图像融合算法模块界面

(3) 改进的基于双树复小波的区域相似度图像融合算法模块。本模块提供了一种新的基于区域相似度的图像融合规则。模块中提供了平均值、绝对值最大和权重的对比方法。处理后的图像序列能显示在程序界面中。本模块界面如图 10-20 所示。

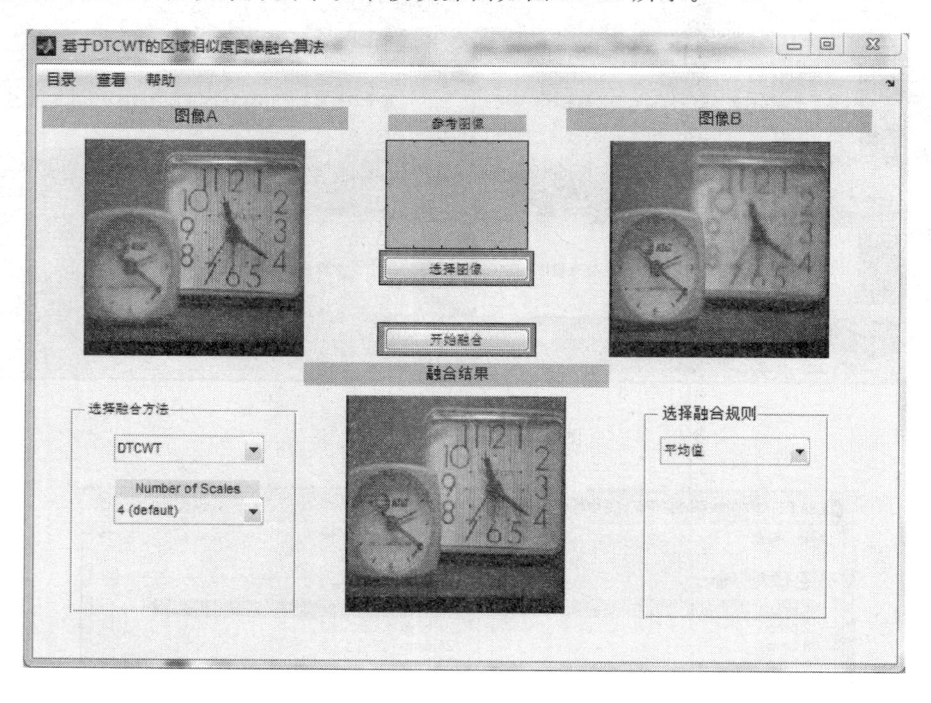

图 10-20　基于双树复小波的区域相似度图像融合算法模块界面

(4) 改进的基于移动不变离散小波变换的运动图像融合算法模块。本模块实现了图像序列的超分辨率融合功能,并提供了文件夹的输入口。为了直观的展示融合的结果,将提供融合图像序列展示功能。该模块界面如图 10-21 所示。播放界面如图 10-22 所示。

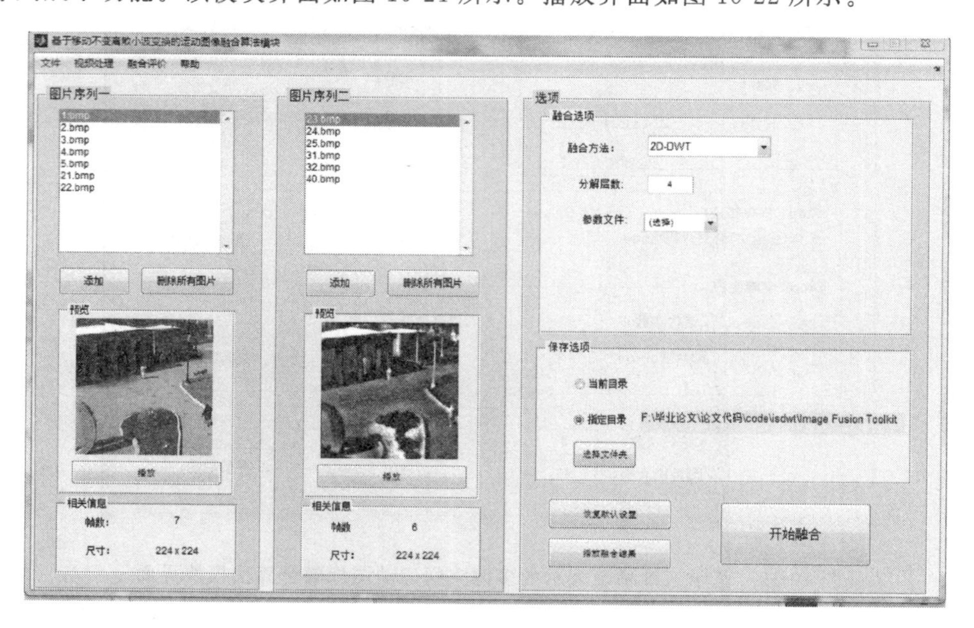

图 10-21　基于移动不变离散小波变换的运动图像融合算法模块界面

图 10-22　融合结果播放

（5）图像质量客观评价模块。本模块实现了多种客观图像评价指标，包括信息熵、平均梯度、边缘强度和互信息等，用户首先从系统中选择用于比较的融合前和融合后的图像序列，单击“评价”按钮就能得到融合图像的评价指标。同时给出了整个图像序列各指标的平均值。本模块的界面图如图 10-23 所示。

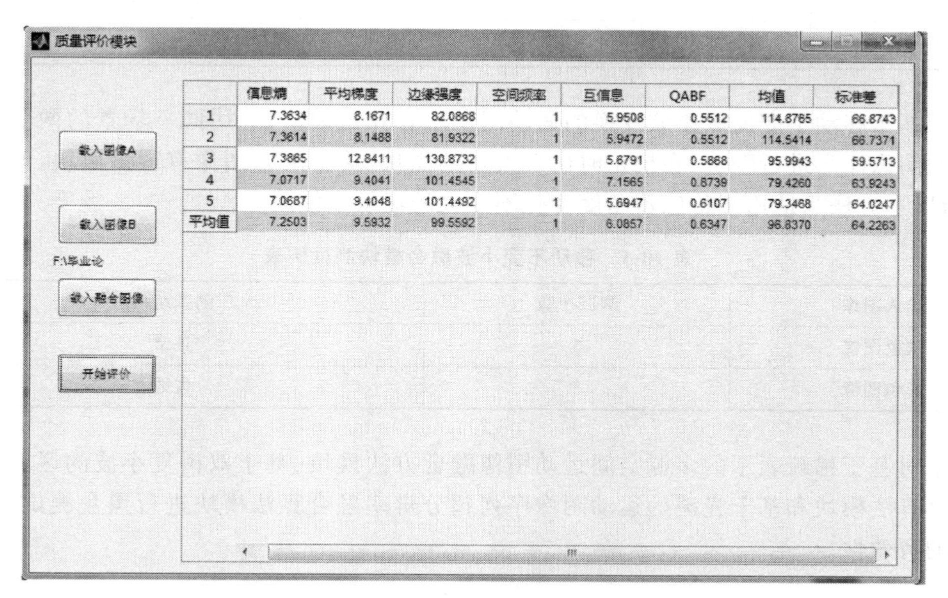

	信息熵	平均梯度	边缘强度	空间频率	互信息	QABF	均值	标准差
1	7.3634	8.1671	82.0868	1	5.9508	0.5512	114.8765	66.8743
2	7.3614	8.1488	81.9322	1	5.9472	0.5512	114.5414	66.7371
3	7.3865	12.8411	130.8732	1	5.6791	0.5868	95.9943	59.5713
4	7.0717	9.4041	101.4545	1	7.1565	0.8739	79.4260	63.9243
5	7.0687	9.4048	101.4492	1	5.6947	0.6107	79.3468	64.0247
平均值	7.2503	9.5932	99.5592	1	6.0857	0.6347	96.8370	64.2263

图 10-23　图像质量评价模块界面

10.3.3　系统测试

1. 测试环境

CPU 型号是 Intel(R)-Core(TM) i5-3470，主频为 3.19 GHz，内存大小为 4.00 GB。操作

系统是 Windows 7,64 位专业版 Service Pack1。

2. 测试方法

表 10-1　三维稀疏表示融合模块测试表

输入图像	测试个数	测试结果
标准图像	5	正常
空间图像	5	正常
不同尺寸图像	10	不同尺寸的图像融合报错
不同格式图像	10	Gif 动态图像报错
非配准图像	2	可以融合,但是融合结果错误

测试基于三维稀疏表示的空间运动图像融合算法模块时,选用空间图像序列 space 进行测试。将 space 序列保存为不同的格式,测试该模块对于不同文件格式的适应能力。由于本方法在实验时字典的生成是采用的待融合图像,所有这里采用一些和待融合图像无关的图像进行字典的生成。经测试该模块有很好的容错性。用空图像序列或者帧数少于 6 的图像序列作为测试用例,这时程序会给出相应的提示。

对于基于双树复小波的区域相似度图像融合算法模块,选用标准图像序列作为测试序列,设置了多种亮度,验证了该模块的正确性。

表 10-2　区域相似度融合模块测试表

输入图像	图像类型	测试个数	测试结果
单个图像	不同格式	10	Gif 动态图像报错
多个图像	不同尺寸	10	不同尺寸的图像无法评价

对于基于移动不变离散小波变换的运动图像融合算法模块,选用同一场景的两个视角差别较大的图像序列进行融合,在校正时出现大量的黑块,使得融合图像有很多黑块,信息大量丢失,所以本方法只适用于传感器角度变化不太大的场景中使用。

表 10-3　移动不变小波融合模块测试例表

输入图像	测试个数	测试结果
灰色图像	5	正常
彩色图像	5	失败

本章对基于稀疏表示的多源空间运动图像融合方法模块、基于双树复小波的区域相似度图像融合算法模块和基于光流的运动图像序列超分辨率融合算法模块进行黑盒测试,并验证了算法的有效性。

10.4　多源图像融合工具设计与实现

为了能够方便地对不同路径的图像进行融合、测试、评价,简化操作流程,同时也能够对不同的方法做出对比,本章开发了基于 Matlab 的通用图像融合工具包。对比不同融合方法的优劣，分析不同方法的客观评价指标，展示最终的融合结果。

10.4.1　需求分析

本章基于空间合作，主要针对空间交会对接中可能出现的图像融合场景，设计和实现多源图像融合工具。

（1）在功能需求方面，该图像融合工具需要能够快速选择待融合图像，可以选择不同的融合规则，不同的融合方法进行融合实验，对于得到的融合结果，可以展示到相应的界面，并能够保存相应的融合结果，而且可以选择不同的客观评价方法（如均值、方差、空间相似度等）对融合后的结果进行评价和分析。

（2）在性能需求方面，该工具包能够提供不同的融合算法，这些算法一方面能够达到图像精确融合的目的，另一方面又能够适应对实时性要求较高的融合方案。

（3）在工具包的扩展需求方面，本工具包基于空间合作基础上，可以针对空间交互对接中可能出现的图像融合场景，提供融合算法的相应的接口以及相应的用户响应接口，方便未来融合算法的扩充。

（4）从运行环境需求和软件交互方面，本工具包可以提供较好的 UI 交互，节省复杂的操作流程，图像融合后的结果反馈和评价反馈简单明了。

10.4.2　系统设计

1. 系统总体设计

（1）图像融合工具。该模块能提供不同融合方法的融合操作，包括基于小波变换、基于拉普拉斯金字塔变换、基于梯度金字塔变换、基于 UDCT 变换、基于 NSCT 变换、基于 SCDPT 变换等融合方法，能得到和保存相应的融合结果。

（2）图像评价工具。该模块包含两个子模块，其一是单源图像融合工具，即不需要标准图像，只需要融合结果的评价程序。包含的评价指标主要有：边缘保持度、信息熵、均值、方差等，输入单个融合结果图像后，该模块能计算得到该融合图像的评价指标。其二是多源图像融合工具，需要输入标准图像和融合结果图像，包含的评价指标有：结构相似性（SSIM）互信息等。输入两个图像后，该模块能得到图像与标准图像之间的信息差、评价指标。

基于对软件需求以及功能性的分析，得到五个系统模块，具体如图 10-24 所示。输入模块：能够对图像融合，以及融合评价需要用到的源图像进行输入操作。图像输出模：能够输出不同融合算法得到的融合结果图像，融合模块：主要包括两个小模块，基于变换域的图像融合以及基于显著性目标的图像融合。融合评价模块：包括单源图像融合评价模块以及多源图像融合评价模块。

2. 系统详细设计

图 10-24 是多源图像融合工具模块图，图 10-25 是多源图像融合工具流程图。

系统模块的详细设计主要是图像融合模块以及图像融合评价两个模块的设计。图像融合模块：能够与输入输出模块有比较好的松耦合，图像融合模块需要能够提供相应的融合接口，输入为原始图像，输出为图像融合结果。为了能够更好地比较多个不同算法的优劣，图像融合模块需要能够有选择不同算法的功能性设计。图像融合评价模块：对于融合评价也需要有相应的输入和输出，因此需要提供一个可以输入图像、输出融合结果的接口。由于存在单源评价和多源评价两种策略，需要能有选择相应策略的功能性设计，并且能够提供一个扩展接口用于图像评价准则的添加与替换。

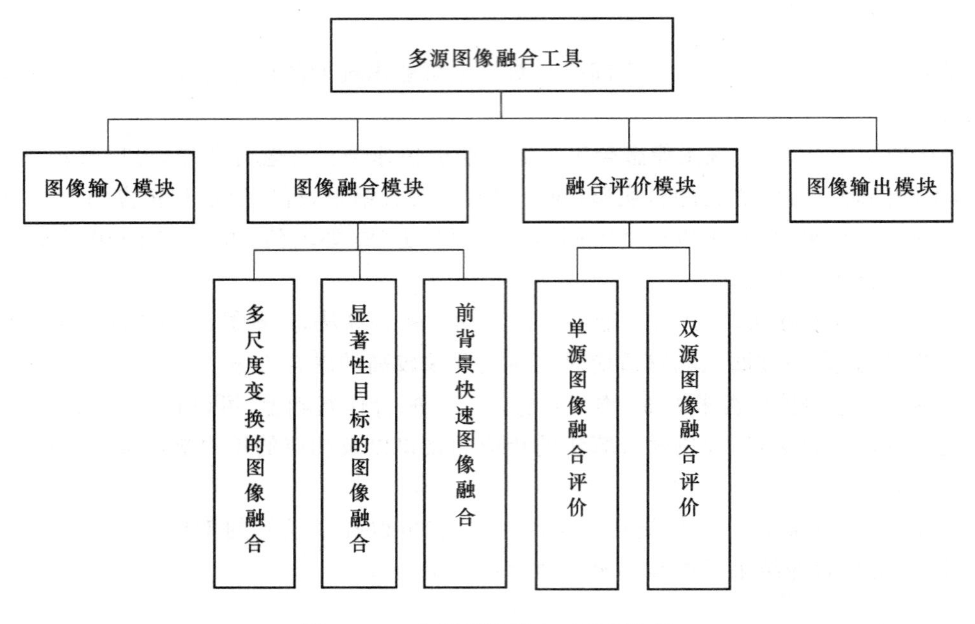

图 10-24　多源图像融合工具模块图

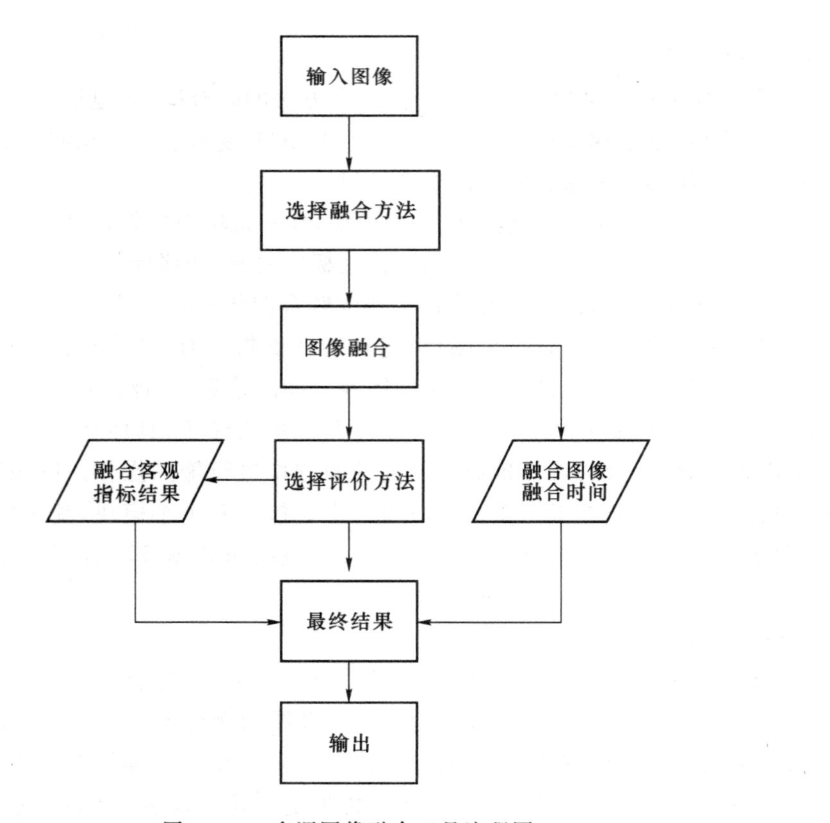

图 10-25　多源图像融合工具流程图

10.4.3　基于 SCDPT 变换与结构相似性的多源图像融合模块

1. 模块结构

在基于 SCDPT 变换与结构相似性的多源图像融合模块中，主要实现了小波变换、拉普拉斯变换、梯度金字塔变换、对比度金字塔变换、UDCT 变换、NSCT 变换以及 SCDPT 变换等，图 10-26 是基于 SCDPT 变换与结构相似性的融合流程图。

图 10-26　基于 SCDPT 变换与结构相似性的融合流程图

该模块的界面实现主要通过 Matlab 的 GUI 实现，主要包含上述的七个不同的多尺度变换融合算法，其实现是封装在七个不同的函数中，分别为 Fuse_Dwt()、Fuse_Laplace()、Fuse_Gradient()、Fuse_Contrast()、Fuse_Udct()、Fuse_Nsct()以及 Fuse_Scdpt()，选择融合算法，则会调用 Menu 相关的 Callback 函数，Callback 函数调用上述的七个不同的函数。

2. 模块展示

图 10-27 是多源图像融合工具融合模块界面图。

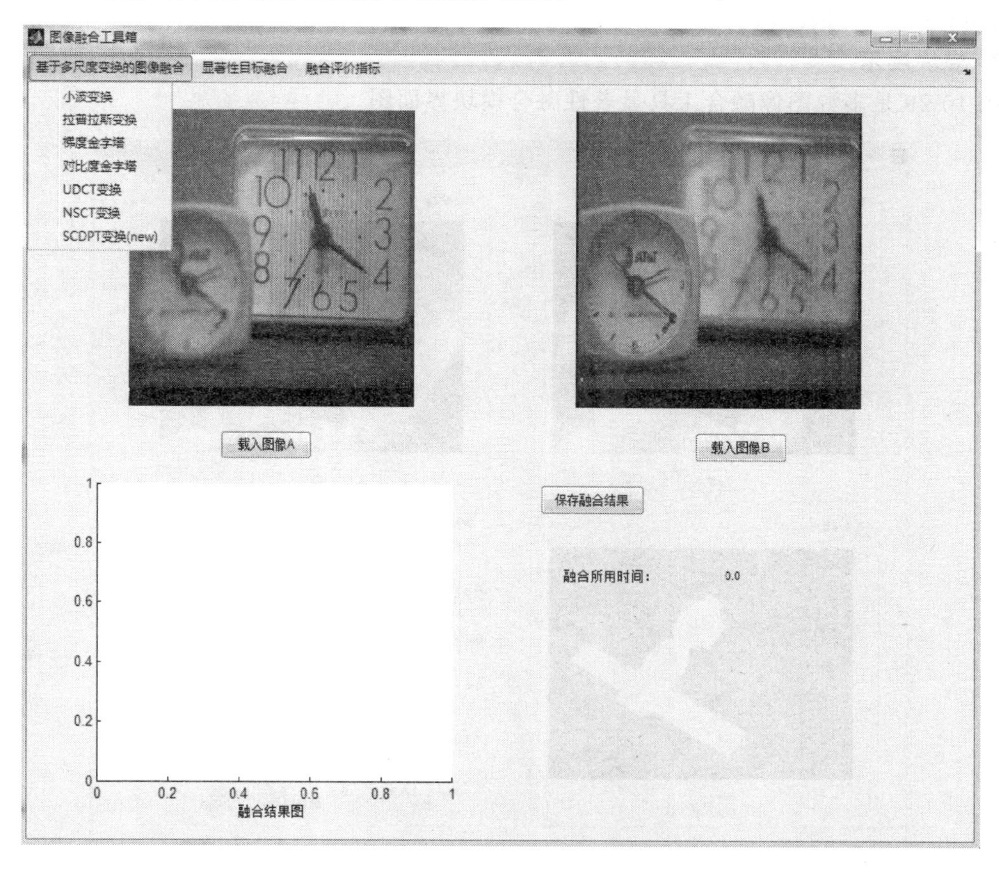

图 10-27 多源图像融合工具融合模块界面图

10.4.4 基于显著性目标区域融合模块

1. 模块结构

在基于显著性目标的融合模块中，为了更为直观地看到显著性目标的切割区域，本章在实现时将显著性区域也分割出来，载入相应的源图像后，单击“融合”按钮，系统首先会对图像进行显著性分割，将分割后的图像显示到界面，然后调用显著性目标融合算法，最终将融合结果显示到 Matlab 界面中，如图 10-28 所示。

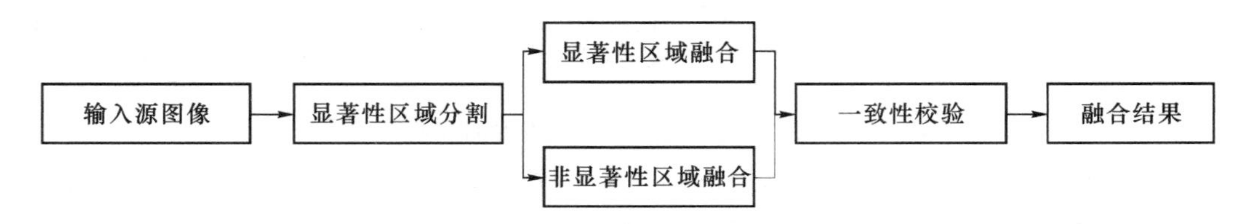

图 10-28　基于显著性区域融合模块流程图

显著性目标融合模块的实现主要封装在 Fuse_Salience()中，主要包括以下三步，首先是调用显著性区域分割，通过 Matlab 调用相应的 C++ 程序处理，得到显著性区域图。对显著性区域和非显著性区域分别进行融合，并保存边缘信息点的位置。通过边缘位置实现一致性校验，调用 Consist_Check()实现。

2. 模块展示

图 10-29 是多源图像融合工具显著性融合模块界面图。

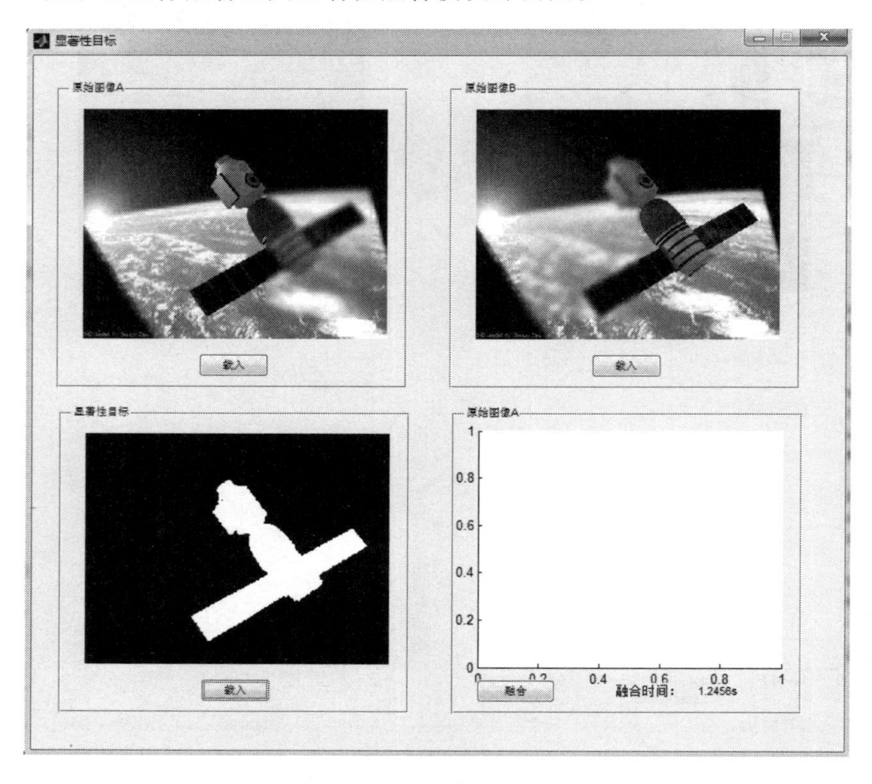

图 10-29　多源图像融合工具显著性融合模块界面图

10.4.5　基于前背景分离的图像融合模块

1. 模块结构

前、背景图像融合模块的实现类似于显著性目标融合模块的实现，选择输入相应的源图像后，单击“融合”按钮，系统会首先对图像进行前、背景分离，然后调用基于前、背景分离的快速图像融合算法，即可产生相应的融合结果，并显示融合所用的时间，单位为秒。为了能够更直观地表述前、背景融合的特征，在实现时，界面中会显示提取出来的前景信息，具体实现如图 10-30 所示。

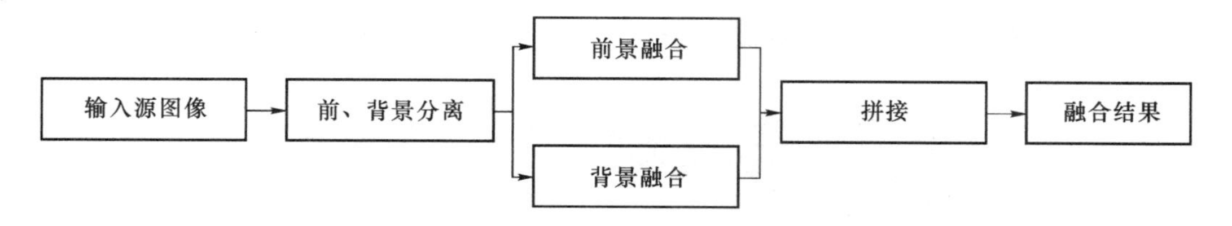

图 10-30　基于前、背景分离的融合模块流程图

该模块融合算法的实现主要包含三步，其实现封装在函数 Fuse_BackFore()中。首先是前、背景分离，调用前背景分离函数 GetBackFore()获取前景和背景。然后是对前景调用和背景调用相应的融合算法以获取前景融合图像和背景融合图像，分别封装在 Fuse_Back()和 Fuse_Fore()中。最后对图像进行平均加权融合得到融合结果。在 Matlab 中通过调用按钮的 Callback 函数，间接调用 Fuse_Backfore 函数从而得到融合结果，并实现到 GUI 界面中。

2. 模块展示

图 10-31 是多源图像融合工具前、背景融合模块界面图。

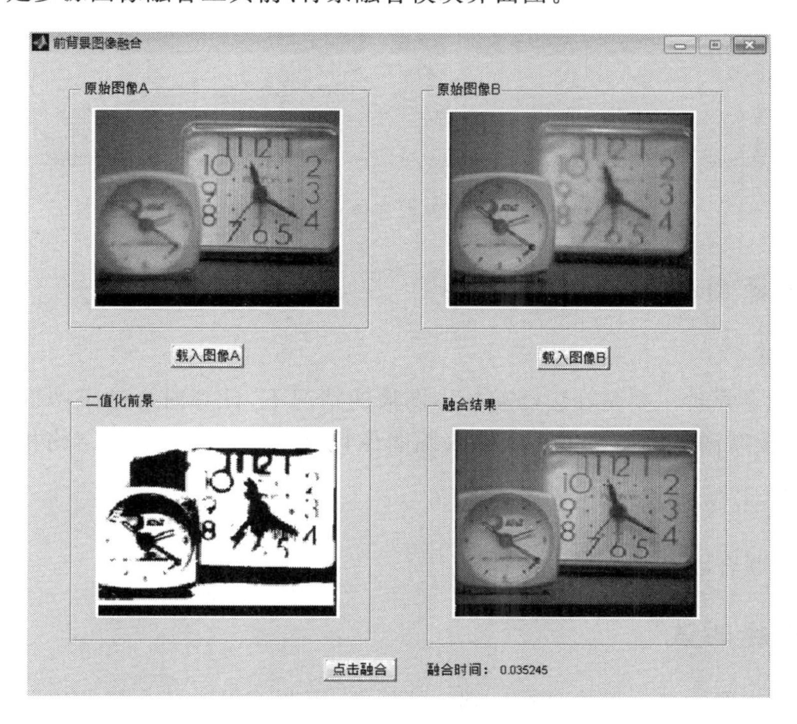

图 10-31　多源图像融合工具前、背景融合模块界面图

10.4.6 单源图像融合评价模块

1. 模块结构

单源图像融合评价主要是从单个融合结果来计算相应的客观评价指数。单源评价系数包括平均梯度、边缘强度、信息熵、均值、标准差等，选择相应的融合结果即可显示该融合结果的评价指标。

2. 模块展示

图 10-32 是单因素评价准则界面图。

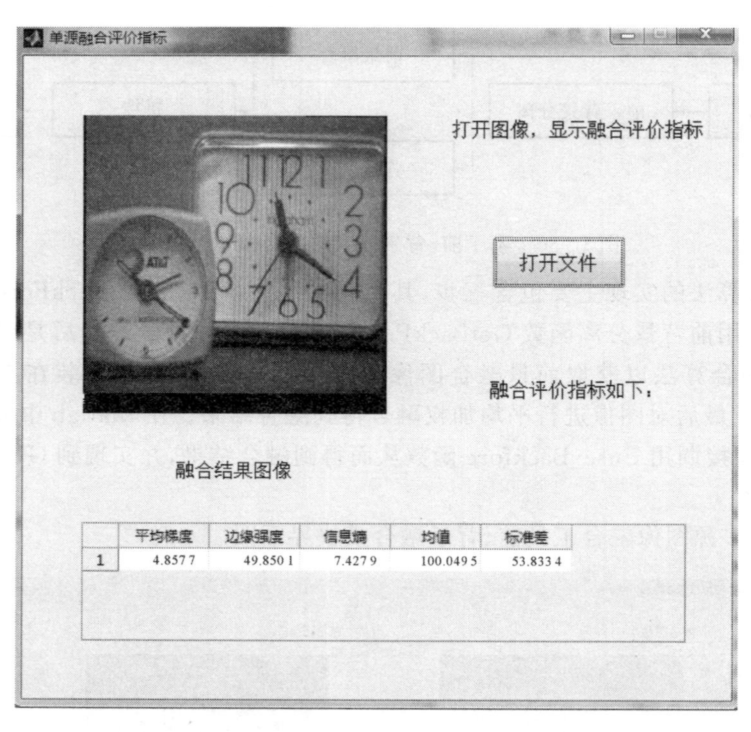

图 10-32 单因素评价准则界面图

10.4.7 多源图像融合评价模块

1. 模块结构

双源图像融合评价主要是在已经有标准图像的情况下，计算融合结果图像与标准图像的差异性，以此来反映融合的质量。实现的双源图像评价系数包括 SSIM 结构相似性、交叉熵、相对标准差等。

2. 模块展示

图 10-33 是联合因素评价标准界面图。

10.4.8 系统测试

考虑到融合工具中各大模块具有松耦合的特征，因此可以对各个模块单独地进行黑盒测试。本章主要从以下几个方面对融合模块进行了测试。

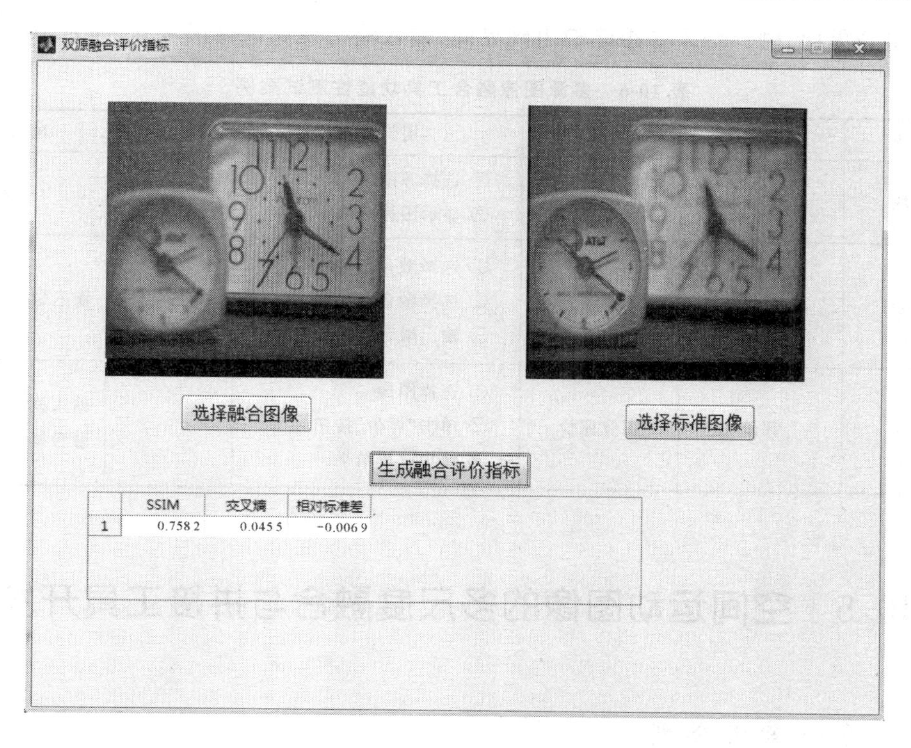

图 10-33　联合因素评价标准界面图

表 10-4　多源图像融合工具融合模块测试

输入图像	测试个数	测试结果
标准图像	5	正常
空间图像	5	正常
不同尺寸图像	10	不同尺寸的图像融合报错
不同格式图像	10	Gif 动态图像报错
非配准图像	2	可以融合，但是融合结果错误

(1) 测试融合算法的正确性。考虑容错性以及图像尺寸、格式等各种边界条件，选择不同的输入图像，包括标准融合图像、非标准融合图像、不符合输入格式的图像、空间图像、大尺度图像、小尺寸图像、非配准图像等，测试结果如表 10-4 所示。

(2) 测试融合评价准则的正确性。输入不同的标准图像，分别对单因素和多因素融合评价标准进行不同图像的测试，以判断得到的融合评价标准和标准图像的评价标准是否相符，如表 10-5 所示。

表 10-5　多源图像融合工具评价模块测试表

输入图像	图像类型	测试个数	测试结果
单个图像	不同格式	10	Gif 动态图像报错
多个图像	不同尺寸	10	不同尺寸的图像无法评价

(3) 除了对融合工具的正确性进行测试之外，还需要对融合工具的用户交互、输入输出等功能性模块进行相关的测试，包括是否能够快速地选择相应的算法、是否能够产生相应的评价

标准并输出到界面、融合结果是否能输出到界面、输入输出模块是否正常等，如表 10-6 所示。

表 10-6 多源图像融合工具功能性测试案例

所属模块	相关需求	用例标题	用例步骤	优先级	前置条件
输入模块	读取信息	读取	① 选择源图像 ② 显示图像结果	1	无
图像融合	进行融合	图像融合	① 选择融合图像 ② 选择融合算法 ③ 输出融合结果	2	输入模块开发完成
图像评价	评价	图像评价	① 选择图像 ② 单击“评价”按钮 ③ 输出评价结果	3	输入模块完成图像融合模块完成

10.5 空间运动图像的多尺度融合与拼接工具开发

10.5.1 系统需求分析

本章设计并实现空间运动图像的多尺度融合与拼接工具，集成了小波变换、UDCT 变换、双树复小波、NSCT、SCDPT 等多种图像融合算法。程序包中的融合算法由不同的融合方法与不同的融合规则构成，对于航天空间交会对接过程中所产生的，由航天测控网所获取的多源图像信息进行提取、配准、融合等处理过程，使处理过后的图像所包含的信息更加丰富、更加清晰，能够为航天空间交会对接过程提供更加准确的决策依据。

模拟用户从传感器或空间交会对接过程中的图像信息，采用不同的图像融合和拼接方法对图像进行处理，得到融合或拼接后的图像。用户可以选择评价模块对融合后的图像进行客观指标的分析，客观指标应包括：平均梯度、信息熵、空间频域、互信息以及 $Q_{AB/F}$ 等。

10.5.2 空间运动图像的多尺度融合与拼接工具架构设计

空间运动图像的多尺度融合与拼接工具的功能模块主要包括：图像读取模块、预处理、图像融合模块、网络传送模块、图像评价、图像拼接等主要功能模块。主要功能如表 10-7 所示。

预处理模块：包括图像灰度变换、直方图均衡化、均值滤波、中值滤波、傅里叶变换等方法。

图像读取模块：在该模块中用户可以打开本地图像库中的图像，或局域网中共享目录下的图像，用户可以选择单幅图像后进行预处理，也可选择两幅或多幅图像进行融合或拼接处理。

图像融合模块：该模块提供了多种图像融合的方法，主要有小波方法、NSCT 方法、UDCT 方法、双树复小波方法、SCDPT 方法、分层图像融合方法等。

网络传送模块：采用 Socket 的方式，用户绑定服务端 IP 和端口后，可以与服务器端进行通信。客户端与服务器端建立连接后，可以通过连接进行文本、图像信息的传递，并以此来模拟空间交会对接过程中网络图像信息的传递。

图像评价模块：该模块提供了图像评价功能，采用主观图像的对比来进行主观评价，采用客观评价指标对图像进行评价。采用的主要客观评价指标包括平均梯度、空间频域、信息熵、互信息以及 $Q_{AB/F}$ 等。

图像拼接模块：该模块提供了图像的配准与拼接功能，图像经过配准后可采用该模块的功能进行图像的拼接。

表 10-7　运动图像的多尺度融合与拼接工具的详细功能需求

使用者	功能模块	具体需求分析
工具包使用者	图像预处理	对图像进行裁剪、配准等预处理
	图像获取	通过系统提供的按钮打开要处理的图像信息
	图像融合	提供多种融合算法
		提供高、低频的融合规则
		提供融合后的图像，允许用户保存
	图像评价	提供对结果图像进行评价的方法
	网络传输	模拟服务器连接功能
		模拟服务器与客户端传输信息
		关闭远程连接
	图像拼接	图像的配准等预处理
		进行图像拼接过程，并保存拼接后的图像

系统采用的架构图如图 10-34 所示。

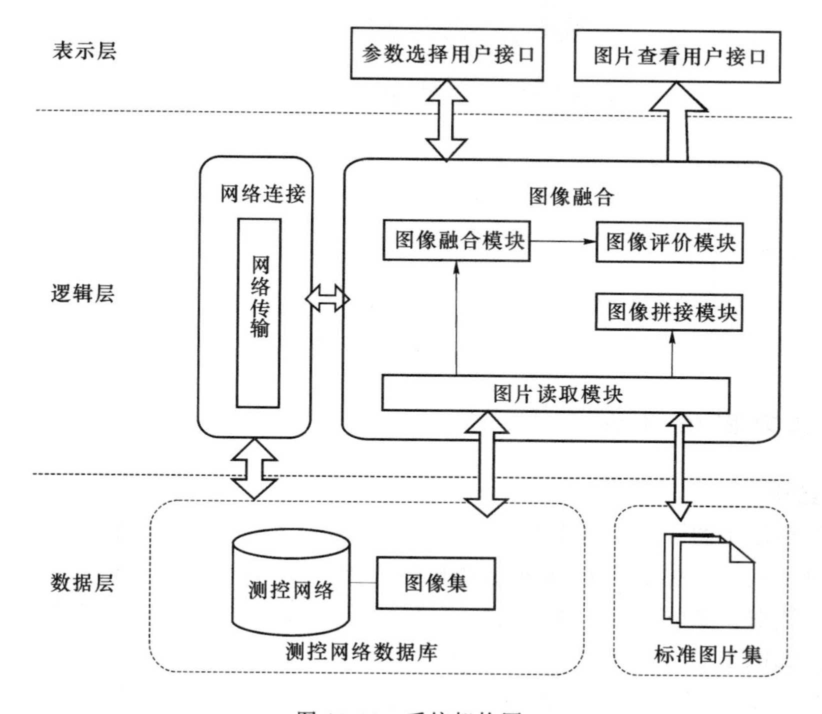

图 10-34　系统架构图

系统主要功能结构图如图 10-35 所示。

系统主要功能界面如图 10-36 所示。

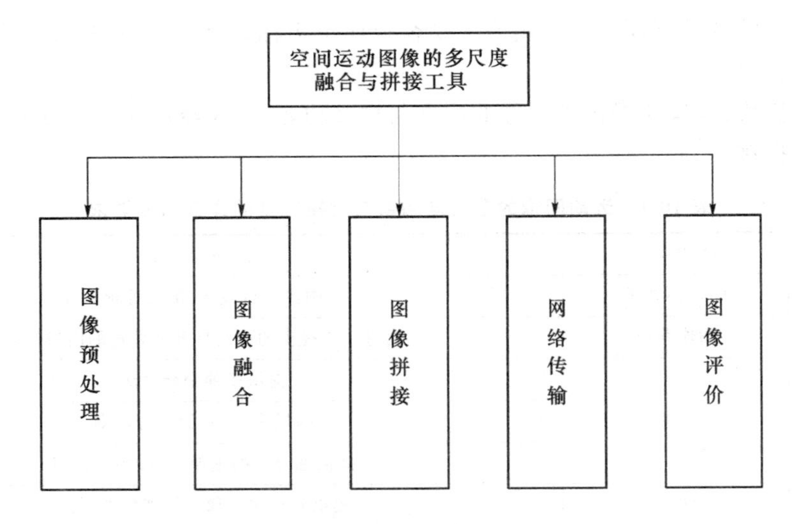

图 10-35　系统功能结构图

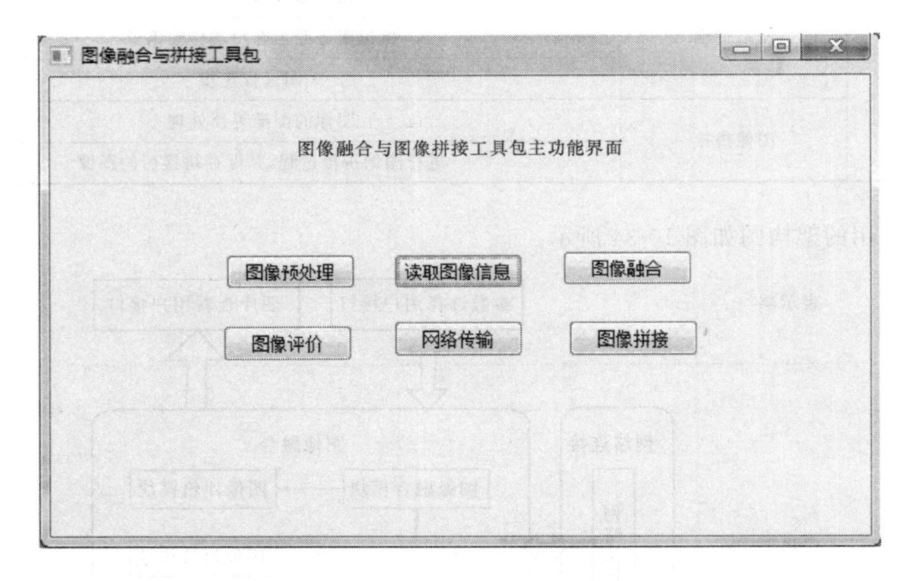

图 10-36　系统主要功能界面

10.5.3　读取图像模块

1. 模块结构

读取图像模块是图像融合与拼接工具包的一个前置的模块，该模块实现将本地图像读取并将其将其显示到工具包系统中，通过选择按钮选择本机中的图像，可以通过动态增加按钮，来动态确定要读取图像的个数。通过选择网络接口，可以从共享服务器中读取图像，选择图像模块的流程图如图 10-37 所示。

该模块的实现封装在类 ReadFile 中，类的成员方法包括 ReadFileA ( )，ReadFileB ( )，ReadFromNet()。其中，函数 ReadFileA ()是“图像选择 A”按钮的事件响应函数，ReadFileB ()是“图像选择 B”按钮的事件响应函数，ReadFromNet ()是通过网络传输图像的函数，通过按钮的消息函数来对应实现读取图像信息的功能。

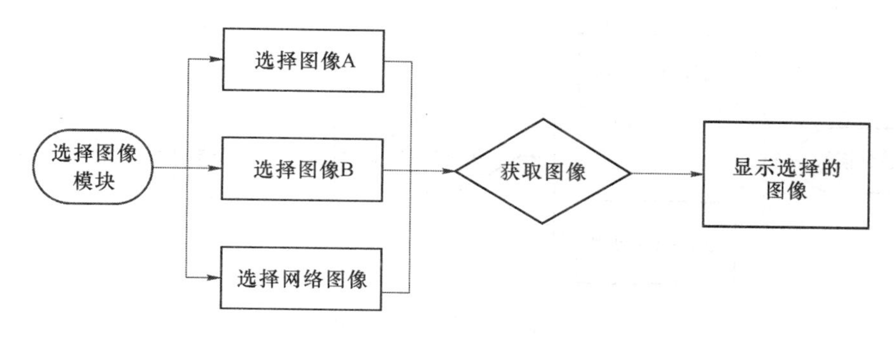

图 10-37　选择图像模块流程图

2. 模块展示

该模块主要由图像显示控件和读取控件构成，其中图像空间用来显示图像信息，读取控件用来读取文件。当使用网络模式打开图像时，图像会默认按照图像 1 和图像 2 的顺序显示在图形界面中。

10.5.4　图像预处理模块

1. 模块结构

图像预处理模块实现图像灰度变换、直方图均衡化、均值滤波、中值滤波、傅里叶变换等功能，如图 10-38 所示。

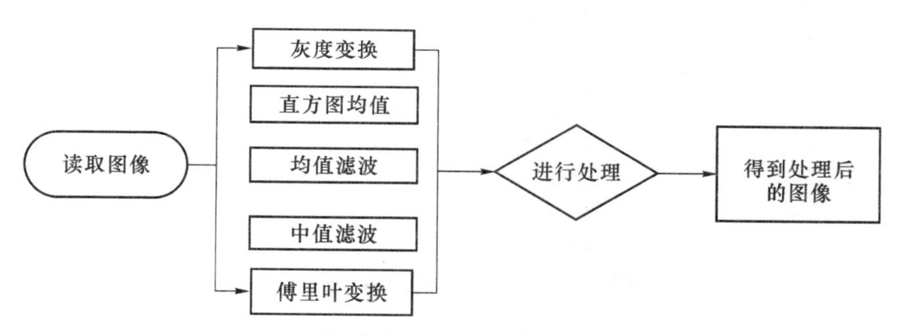

图 10-38　预处理过程

本模块的主要功能封装在类 ImagePrePocess 中，类的主要成员函数包括 Huidu()，Zhifangtu()，Junzhi()，Zhongzhi()，Fuliye()等，其中，函数 Huidu()是灰度变化的函数，Zhifangtu()是直方图均值函数，Junzhi()是均值滤波函数，Zhongzhi()是中值滤波函数，Fuliye()是傅里叶变换函数。

2. 模块展示

图像预处理模块包括：图像灰度变换、直方图均衡化、均值滤波、中值滤波、傅里叶变换等。

10.5.5　图像融合模块

1. 模块结构

图像融合模块实现了多种图像融合算法与高低频融合规则的组合选取，算法执行完成后，系统产生图像融合后的结果图像，并展示在程序的主界面中，用户可以直观地看到生成的结果，同时可以选择保存文件功能，将融合后的图像进行保存等操作，如图 10-39 所示。

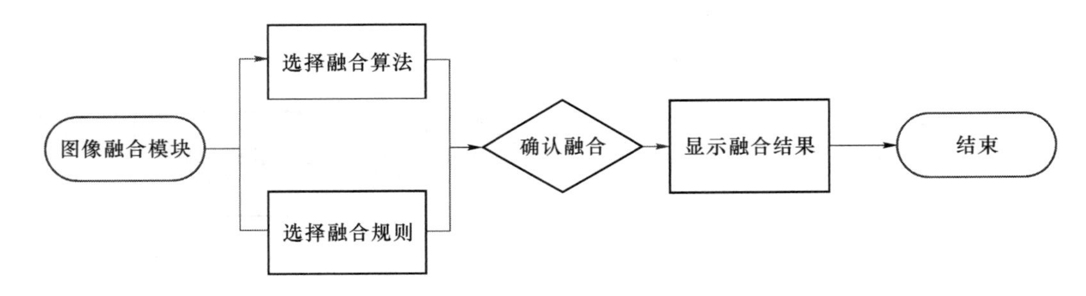

图 10-39　图像融合模块

该模块主要函数被封装在类 ImageFusion 中，包括 GetFusionMethod()，GetHighPartRule()，GetLowePartRule()，OnOpenImageA()，OnOpenImageB()，OnCbnSelchangeCombo1() 和 nCbnSelchangeCombo2() 等。其中用来实现多种分解规则的函数是 GetFusionMethod()；GetHighPartRule()，GetLowePartRule() 是用来选择不同高低频分解规则的函数；而 OnCbnSelchangeCombo1() 和 nCbnSelchangeCombo2() 则是实现高低频不同融合规则的函数。

2. 模块展示

该模块设计了如图 10-40 所示的展示界面。主要构成包括三个 VC++ 图像显示控件，其中两个用来显示两幅待融合的图像，fusion image 图像显示控件展示图像融合后的结果图像。

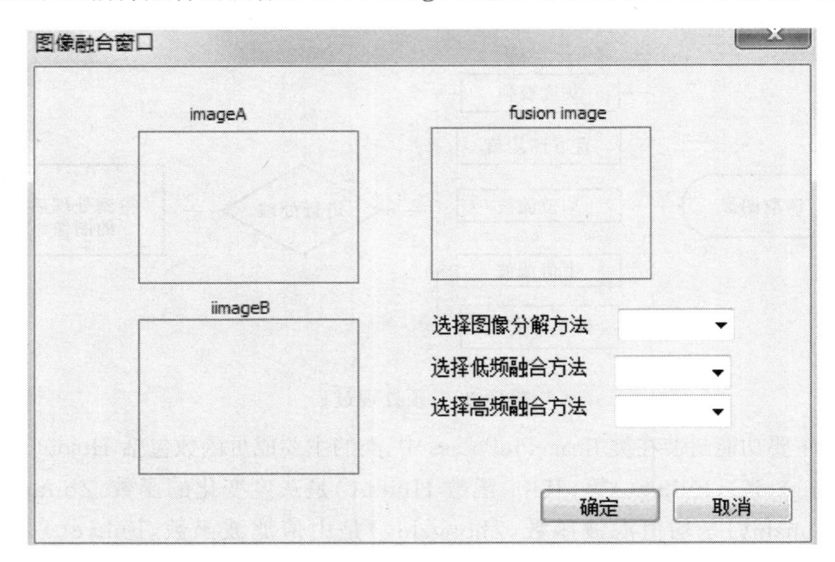

图 10-40　图像融合窗口

10.5.6　网络传输模块

该模块模拟空间网络传送环境下的信息交换与获取过程，通过 socket 编程的方式实现服务器与本地文件的传输。通过这种方式从服务器传输图像到本地，做图像的融合或拼接处理时只需从本地读取图像即可，也可直接从服务器读取，如图 10-41 所示。

网络传输模块由建立连接、发送信息、接收信息等构成，由于 TCP 连接较为复杂，故本章选取 UDP 方式。UDP 方式主要包括报文的发送和接收，具体过程如表 10-8 和表 10-9 所示。

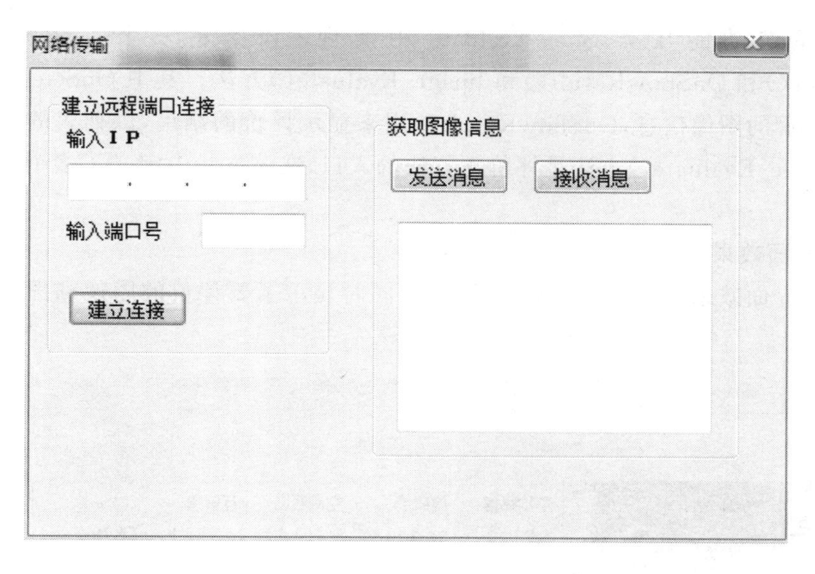

图 10-41　网络传输窗口示意图

表 10-8　UDP 发送

1	建立 socket 连接，为下一步传输做准备
2	在初始化对话框的函数中创建 socket；用 m_message_UDP 来表示要发送的报文
3	设置目的地址功能，在地址赋值函数中将字符串地址赋值给 sockt_addr_in 形式的地址
4	读取文本框的内容并发送给对象地址
5	完成发送过程，结束连接

该模块的页面效果如图 10-41 所示，页面中显示了建立连接、发送消息、接收消息的功能。

表 10-9　UDP 接受过程

1	初始化接收环境，创建 m_recvSock 接收对象
2	获取本机 IP，并绑定套接字
3	添加一个 pRecvThread 属性，并在初始化窗口函数中创建子线程
4	编写子线程运行函数，用来处理子线程。报文的接收等操作在该子线程中完成
5	传输完成，退出子线程和主线程
6	完成接受过程，关闭连接

10.5.7　图像评价模块

1. 模块结构

该部分主要是对经过融合处理后的图像做出客观上的评价，如图 10-42 所示。

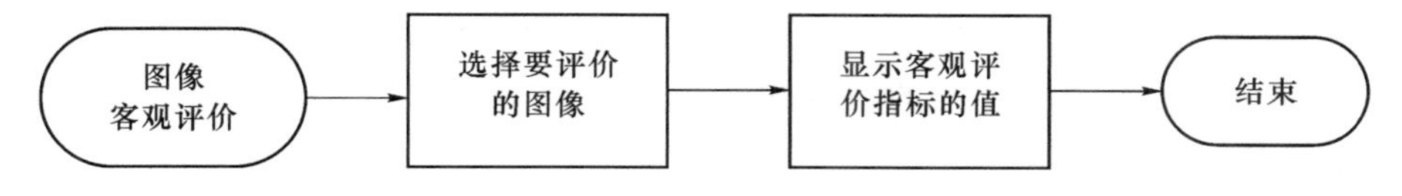

图 10-42　图像评价模块结构图

该部分系统功能在类 ShowEvaluate 中实现。该类由三个方法构成，分别是 OnSelectImage()和 OnShowResult()和 Image_Evaluate()方法。其中 OnSelectImage()方法用来选取待评价的图像信息，OnShowResult()用来显示评价的结果，以列表的形式在图像界面中显示，Image_Evaluate()方法是评价主方法的入口，在该方法中定义了多个评价指标的实现过程。

2. 模块界面效果

该模块的界面效果如图 10-43 所示，界面中同时显示了要评价的图像和图像所对应的评价指标的值。

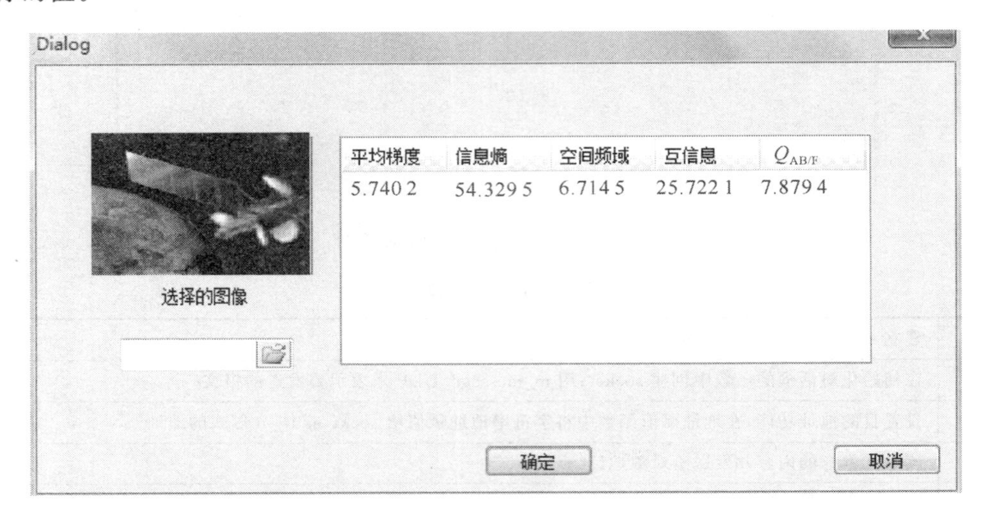

图 10-43　性能分析模块结构图

10.5.8　运动目标提取模块

1. 模块结构

该模块的主要功能是对图像的显著性目标区域进行分割，首先将待融合的图像使用图像分割的方法分割成多个区域，计算每个小区域的对比度和每个区域颜色的对比度，用每个区域和其他区域对比度加权和来为此区域定义显著性值，根据区域的不同显著性特征，将图像中的目标区域和非目标区域区分开，如图 10-44 所示。

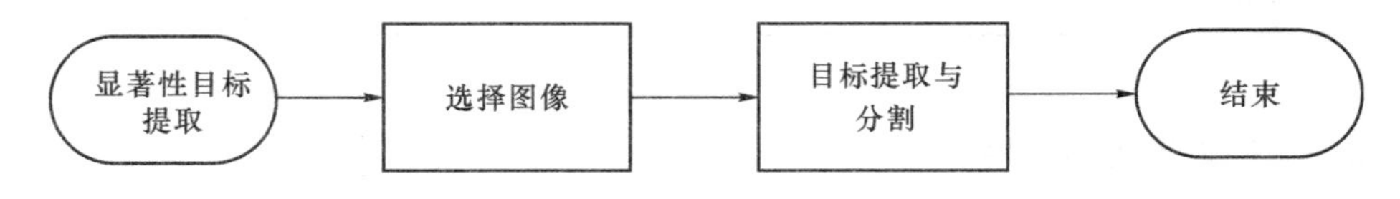

图 10-44　运动目标提取模块结构图

该部分功能主要封装在类 SaliencyDetection 中。该类主要包含三个方法，分别是 OnSelect()，OnSailencyDetection()，OnShow()。其中 OnSelect()方法用来打开图像，OnSaliencyDetection()方法是主要的功能方法。

2. 模块展示

显著性目标提取模块如图 10-45 所示。窗口主要由两部分构成：一部分是图像选择功能，用来打开要进行处理的图像信息；另一部分是主要的功能点。

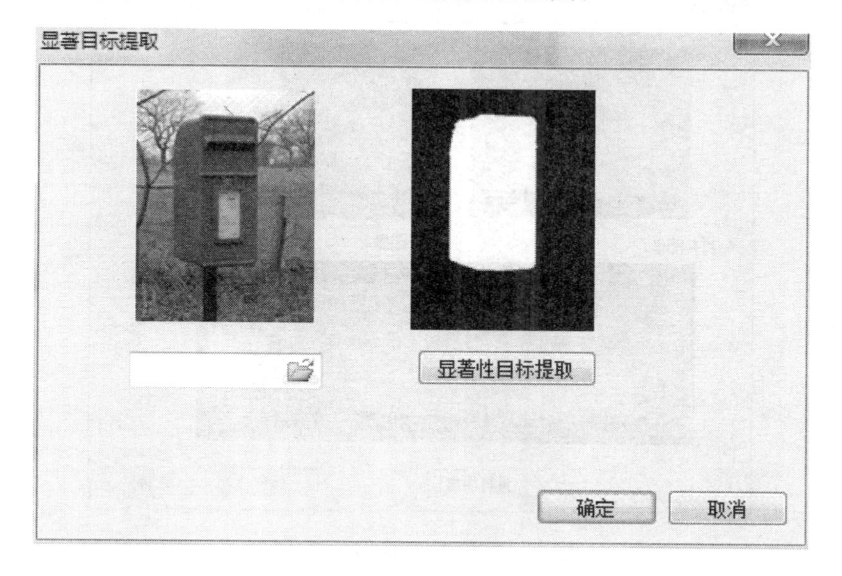

图 10-45　显著性目标提取模块结构图

10.5.9　图像拼接模块

1. 模块结构

该模块主要实现了图像的拼接功能。通过对图像进行配准和拼接，对拼接后图像进行了显示。

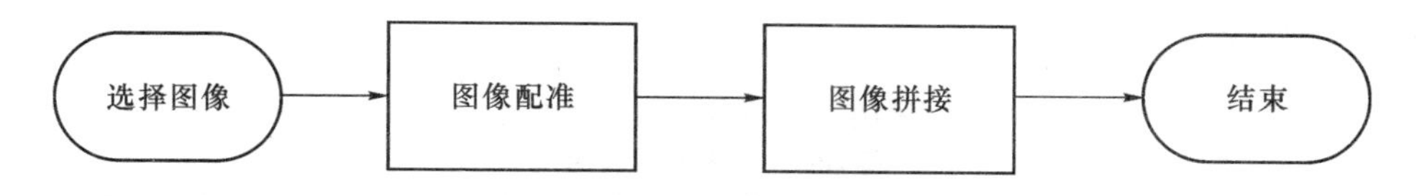

图 10-46　图像拼接模块结构图

本模块主要功能在类 ImageStiching 中实现。该类的成员函数主要包括 OpenFile1，OpenFile2 和 Stiching 三个方法，其中 OpenFile1 和 OpenFile2 用来打开待拼接图像的信息，Stiching 方法用来进行图像的拼接操作。

2. 模块展示

图像拼接模块如图 10-47 所示。窗口上半部分分别为两个选择图像的按钮，用来选择待拼接的两幅图像。窗口的下半部分是拼接完成后的图像显示部分。

10.5.10　系统测试

本章对空间多源数据分析与跨尺度融合工具系统的功能进行了测试，如图 10-48 所示。

部分系统测试用例如表 10-10 所示。

测试结果分析：通过测试用例对系统进行了测试，有效地保证了系统功能的完善性和性能的稳定性。

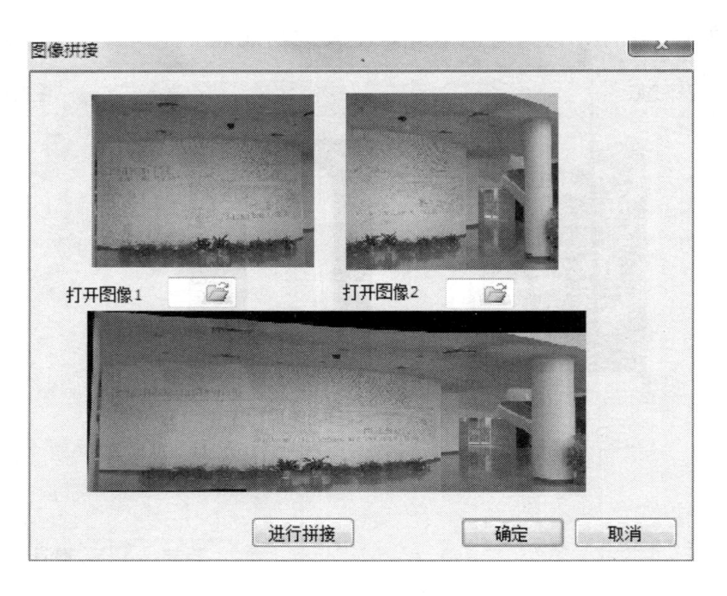

图 10-47　性能分析模块结构图

图 10-48　测试用例管理工具

表 10-10　系统测试用例

所属模块	相关需求	用例标题	用例步骤	优先级	前置条件
读取图像	读取信息	读取	① 单击“选择图像”按钮； ② 显示读取的图像信息	1	无
图像预处理	预处理	图像预处理	① 选择图像； ② 选择预处理功能； ③ 输出预处理结果	1	完成图像读取的工作
图像融合	进行融合	图像融合	① 选择待融合图像 1 和图像 2； ② 选择高、低频融合规则； ③ 选择融合算法； ④ 显示融合结果	2	读取图像模块开发完成
图像评价	评价	图像评价	① 选择图像； ② 单击“评价”按钮； ③ 输出评价结果	3	读取图像模块开发完成；图像融合模块开发完成
运动目标提取	提取	目标提取	① 选择图像； ② 单击“目标提取”按钮； ③ 输出结果	2	读取图像模块开发完成

10.6　跨尺度图像和信息融合系统的开发

本章基于本书的研究内容和成果，设计并实现跨尺度运动图像融合与评价系统，对上述实验进行模块划分、界面设计并进行功能实现。

10.6.1　跨尺度图像和信息融合系统总体设计

跨尺度图像与信息融合验证系统分为三个部分：图像融合部分、运动图像信息融合部分和图像融合指标评价部分。三个部分与公用的输入、输出模块，共同构成了验证系统的五大模块。跨尺度图像与信息融合验证系统的系统结构如图 10-49 所示。

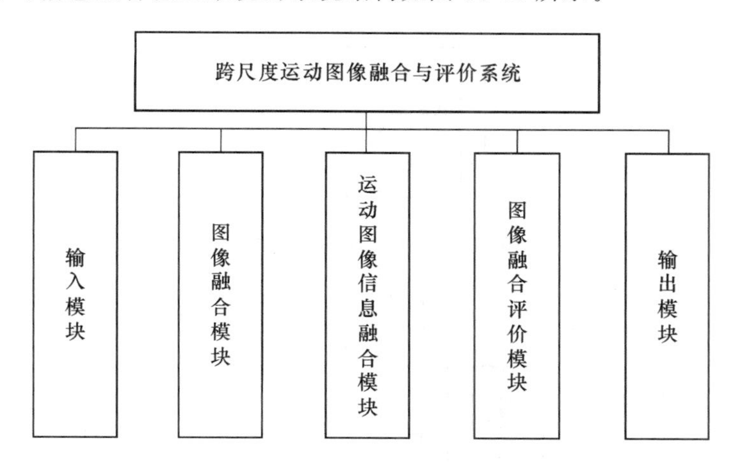

图 10-49　跨尺度图像与信息验证系统模块构成

（1）输入模块。用户可通过选择文件，进行图像或图像序列的加载。在用户选择图像后，输入模块将用户选择的图像或图像序列进行加载，并为用户提供可视化的图像与图像序列浏览窗口。输入模块将加载后的图像显示于系统主面板上，供用户即时进行观察。

（2）图像融合模块。用户可在图像融合模块进行多种图像融合算法的运行。用户可在图像模块进行各种融合参数的选择，并进行图像融合。融合后的融合结果即时显示于系统主面板上，并与融合前图像并排以便用户进行对比。图像融合模块功能如图 10-50 所示。

（3）运动图像信息融合模块。用户可在该模块运行多种信息融合算法。可在该模块进行信息融合，并实时观察融合结果以及各种参考指标。运动图像信息融合模块负责将用户所选择图像序列进行实时播放、实时信息融合、置信度计算和运动轨迹的展示。运动图像信息融合模块功能如图 10-51 所示。

（4）图像融合评价模块。用户可在该模块进行图像融合结果的评价，包括：基于单帧的图像融合结果评价、基于参考帧的图像融合结果评价以及基于双参考帧的图像融合结果评价，评价指标包括本书提出的算法等。图像融合评价模块功能如图 10-52 所示。

（5）输出模块。用户可使用该模块将融合结果进行输出。

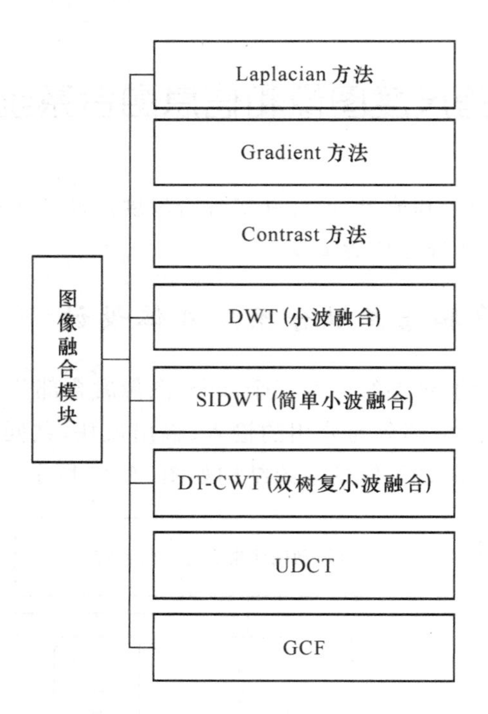

图 10-50　图像融合模块功能

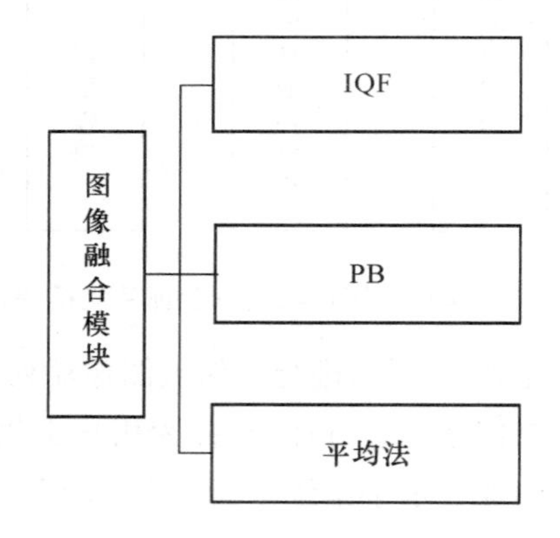

图 10-51　运动图像信息融合模块功能

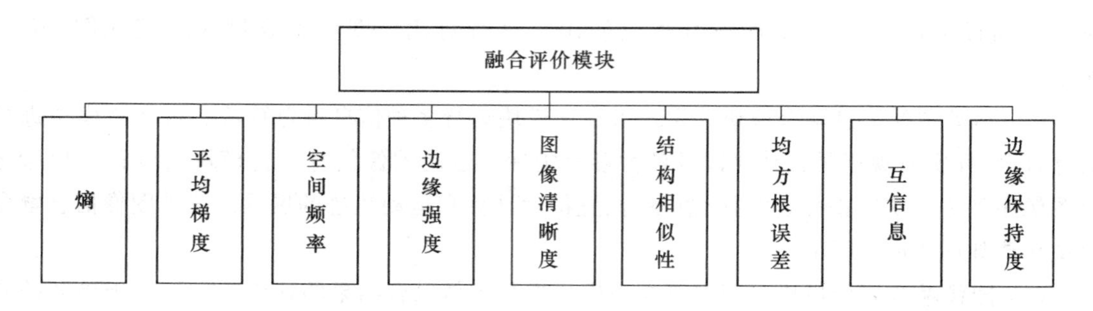

图 10-52　图像融合评价模块功能

10.6.2 系统设计过程

在图像融合模块，本系统采用了基于金字塔变换的 Laplacian、Gradient、Contrast 算法，以及基于小波变换的 DWT、SIDWT 和 DTCWT 算法，以及 UDCT 等多种融合算法，在融合策略的选择上，提供了包括所提出算法在内的各种融合策略。在运动图像信息融合模块，用户可以进行所提出算法、基于参考文献算法和传统平均法的信息融合实验。在图像融合指标评价模块，用户可进行熵、平均梯度、空间频率、边缘强度、图像清晰度、结构相似性、均方根误差以及互信息和边缘保持度的评价。

1. 系统界面与模块设计

在系统界面的设计上，本系统设计了三个界面，分别对应于基于高斯滤波和 canny 算子的小波图像融合、基于信息量的射影变换多摄像头融合、基于 sobel 算子和 SSIM 的边缘保持度评价指标计算。将五个模块重组为三个界面，从而完成界面的最终设计。

Mainmenu. m，主界面模块。负责进行 UI 建立，为用户提供菜单、操作界面和输入输出接口以及图像展示。

Fusion. m，图像融合模块。为主界面模块提供函数，完成对图像的融合。

Video. m，信息融合模块。为主界面提供信息融合功能，并进行信息融合的实时视频展示。

Evaluate. m，融合评价模块。为主界面提供图像融合评价功能。

2. 系统实现结果

(1) 系统主界面。系统主界面包括欢迎界面和菜单界面，用户可在菜单界面进行具体的融合操作选择。主界面如图 10-53 所示。

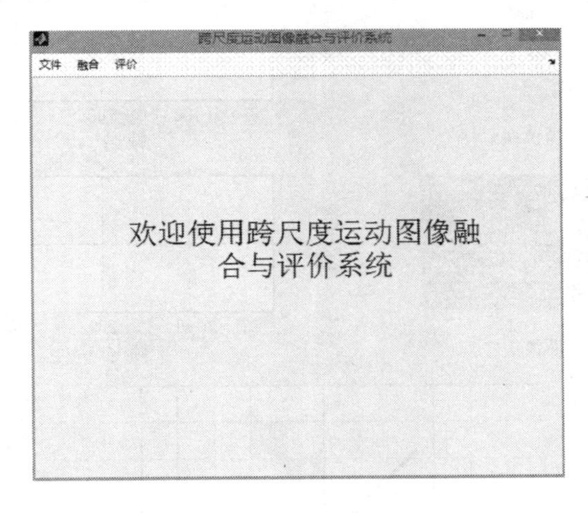

图 10-53 跨尺度运动图像融合与评价系统

(2) 图像融合界面。用户可进行图像的输入，并选择融合参数，得到融合结果。图像输入与图像融合界面如图 10-54 所示。

(3) 运动图像信息融合界面。用户可以实时观看融合图像序列、置信度计算和融合结果。运动图像信息融合界面如图 10-55 所示。

(4) 图像融合指标评价界面。用户可以选择输入图像，并进行各项指标的评测。评价包括基于单帧、参考帧和双参考帧的评价算法。图像融合指标评价界面如图 10-56 所示。

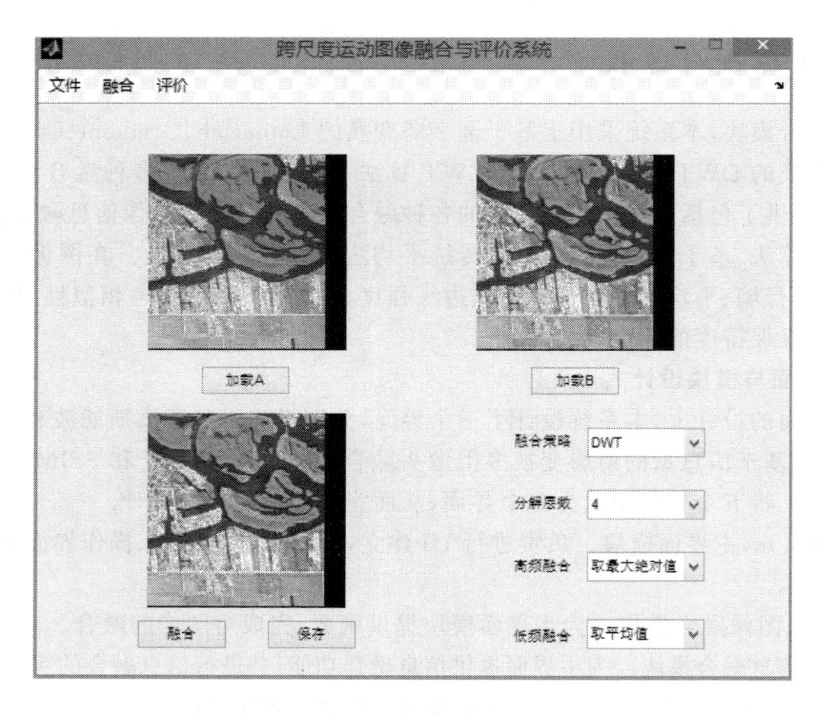

图 10-54 图像输入与图像融合界面

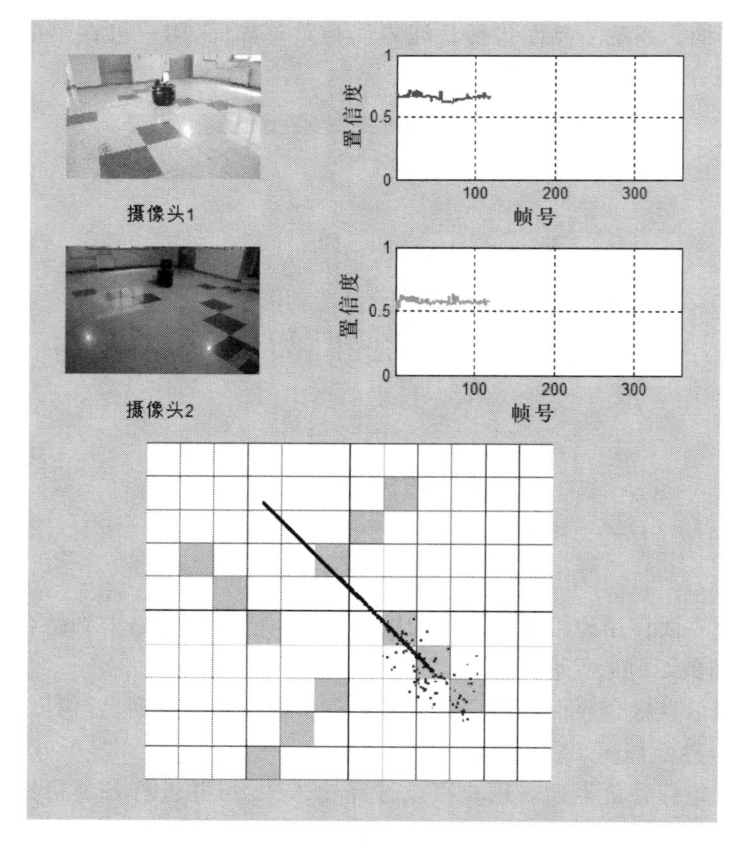

图 10-55 运动图像信息融合界面

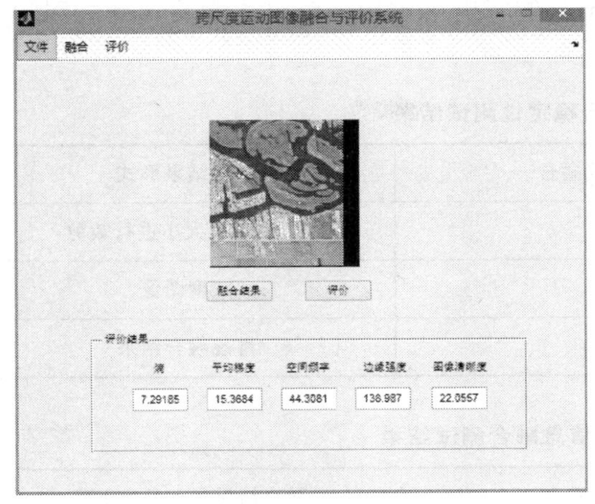

(a)基于单帧的评价界面

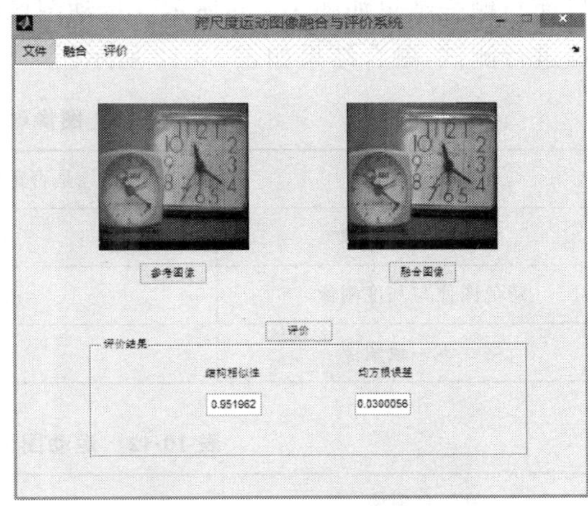

(b)基于参考帧的评价界面

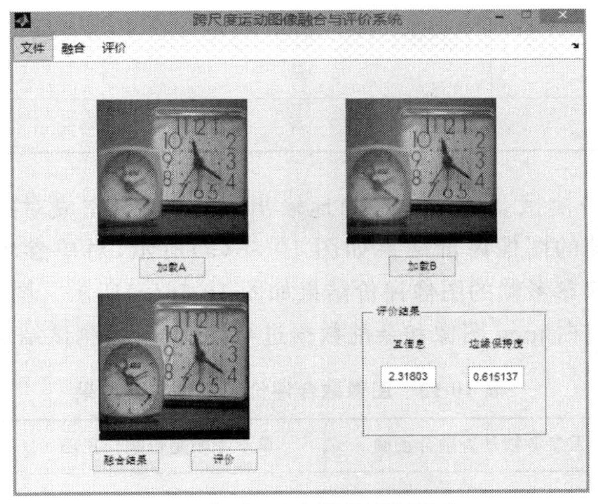

(c)基于双参考帧的评价界面

图 10-56　图像融合评价指标界面

10.6.3　系统测试

1. 测试环境

本实验使用的测试环境为 Dell3010 台式计算机，CPU 型号是 Intel(R) Core(TM) i5-3470，主频为 3.19GHz，内存大小为 4.00GB。操作系统为 Windows 8.1。

2. 测试结果

(1) 图像输入与图像融合测试。该实验使用 Clock 图像进行实验，并采用多种算法和多种指标完成对图像的融合。融合界面与融合结果如图 10-56 所示。信息融合测试实验选用了 3 组图像进行实验，以确定系统的稳定性。三组实验的实验结果如表 10-11 所示。本系统对于图像融合的稳定性作的一系列的设计均起到了良好的效果。

(2) 运动图像信息融合测试。该实验使用机器人序列进行实验，将坐标信息和图像信息输入，并进行信息融合。该系统能正确地根据选用的融合策略进行置信度的计算和图表显示，并将运动图像序列进行播放和实时输出融合结果，并将融合结果指标保存在预设数组中。融合界面与融合结果如图 10-56 所示。运动图像信息融合测试采用了两组正确数据和一组错误数据进行测试,融合结果如表 10-12 所示。

表 10-11　图像融合稳定性测试结果

待融合图像	是否正确融合	融合结果形式
大小不匹配图像	是	以图像 A 大小进行裁剪
彩色图像与灰度图像	是	灰度图像
格式不一致图像	是	常规融合结果

表 10-12　运动图像信息融合测试结果

待融合图像	是否正确融合	融合结果是否显示正确
室内图像序列	是	是
机器人图像序列	是	是
长度不一致图像	否	否

(3) 图像融合评价测试。该系能正确地输出评价指标,完成对图像融合的指标评价工作。其中,对无参考帧的图像评价结果如图 10-56(a)所示,对单参考帧的图像评价结果如图 10-56(b)所示,对双参考帧的图像评价结果如图 10-56(c)所示。图像融合指标评价测试采用了彩色 jpeg 图像、黑白 jpeg 图像和杂乱数据进行评价测试,测试结果如表 10-13 所示。

表 10-13　图像融合评价稳定性实验结果

待融合图像	无参考帧是否融合正确	单参考帧是否融合正确	双参考帧是否融合正确
彩色 jpeg 图像	是	是	是
黑白 jpeg 图像	是	是	是
杂乱数据	否	否	否

10.7　本章小结

本章基于本书的研究成果,设计并实现了多传感器运动图像的跨尺度分析与融合系统(MTAFS)。MTAFS 系统平台运行稳定,在多传感器运动图像跨尺度分析与融合中取得了较好的性能,提供了运动图像的跨尺度分析方法以及能够有效处理不同模态运动图像、噪声污染运动图像和光照变化运动图像的融合方法,提升了运动图像的场景表示能力,验证了所提出算法的有效性。

本章基于本书的研究成果,设计并实现了多源运动图像的跨尺度配准与融合系统,设计了多源运动图像的跨尺度配准与融合系统的总结架构,给出了核心逻辑层各个主要的功能模块的设计与实现,给出了系统各个模块前台和后台的具体设计。系统取得了较好的跨尺度配准与融合效果，提升了运动图像的视觉分辨率和细节清晰度，验证了所提出算法的有效性。

本章开发了运动图像序列融合系统，主要功能包括改进的基于双树复小波的区域相似度图像融合算法模块和改进的基于移动不变离散小波变换的运动图像融合算法模块；本章完成了多源图像融合工具的设计与实现，包括图像输入模块、图像融合模块、融合评价模块和图像输出模块；本章实现了空间运动图像的多尺度融合与拼接工具，实现了多种图像融合算法和拼接算法，主要功能包括图像预处理模块、打开图像模块、融合图像模块、网络传送模块、图像的性能分析与评价、显著性目标提取、图像拼接模块等；本章实现了跨尺度运动图像融合与评价系统，主要功能包括输入模块、图像融合模块、运动图像信息融合模块、图像融合评价模块和输出模块。